中国区域环境保护丛书
上海环境保护丛书

上海环境科学研究

《上海环境保护丛书》编委会　编著

U0231612

中国环境出版社·北京

图书在版编目（CIP）数据

上海环境科学研究/《上海环境保护丛书》编委会
编著. —北京：中国环境出版社，2014.9
（中国区域环境保护丛书. 上海环境保护丛书）
ISBN 978-7-5111-2065-6

Ⅰ．①上… Ⅱ．①上… Ⅲ．①环境科学—研
究—上海 Ⅳ．①X321.251

中国版本图书馆 CIP 数据核字（2014）第 202432 号

出 版 人	王新程	
责任编辑	周 煜	
文字编辑	曹 玮	
责任校对	尹 芳	
封面设计	彭 杉	

出版发行 中国环境出版社
（100062 北京市东城区广渠门内大街 16 号）
网 址：http://www.cesp.com.cn
电子邮箱：bjgl@cesp.com.cn
联系电话：010-67112765（编辑管理部）
010-67174097（区域图书出版中心）
发行热线：010-67125803，010-67113405（传真）

印 刷	北京中科印刷有限公司	
经 销	各地新华书店	
版 次	2014 年 11 月第 1 版	
印 次	2014 年 11 月第 1 次印刷	
开 本	787×960 1/16	
印 张	30	
字 数	405 千字	
定 价	88.00 元	

《中国区域环境保护丛书》

总编委会

《中国区域环境保护丛书》

总编委会办公室

顾　　问　刘志荣

主　　任　王新程

常务副主任　阚宝光

副　主　任　李东浩　周　煜　吴振峰

《上海环境保护丛书》

《上海环境科学研究》

编写人员

蔡新华　龚玲玲　宋壮源　蔡　颖　阮仁良
冷熙亮　沈正希　唐家富　谈建国　蔡智刚
付融冰

总序

继承历史，不断创新，努力探索中国环保新道路

　　环境保护事业伴随着中国改革开放的进程已经走过了30多年的历史，这30多年来，几代环保人经过艰苦卓绝的探索、奋斗，使我国的环境保护事业从无到有，从小到大，从弱到强，从默默无闻到进入国家经济政治社会生活的主干线、主战场和大舞台，我们的环保人创造了属于自己的辉煌历史。

　　毛泽东说过，"看历史，就会看到前途"，"马克思主义者是善于学习历史的"。从过去的30多年，我们能切实感受到环境保护事业的发展壮大，更切实感受到环境保护事业的美好前景和未来；作为继往开来的环保人，我们同样感受着我们这一代环保人必须承担起的历史责任。我们必须继承前辈们的优良传统，继承他们积累的丰富经验，根据新的形势、新的任务、新的要求，在探索中国环保新道路的征程中奋力前行，全面开创环境保护的新局面。

　　可以说，中国环境保护的历史就是不断探索中国环保新道路的历史。20世纪70年代初，立足于工业化起步和局部地区环境污染有所显现的现实，我们开始探索避免走先污染后治理的环保道路。特别是改革开放30多年来，付出了艰辛的努力，在新道路的探索中，环保

事业不断发展，探索重点与时俱进，国家环保机构也实现了"三次跨越"。在1973年第一次全国环保会议上提出的"全面规划、合理布局、综合利用、化害为利、依靠群众、大家动手、保护环境、造福人民"的32字方针的基础上，20世纪80年代确立了环境保护的基本国策地位，明确了"预防为主、防治结合，谁污染谁治理，强化环境管理"的三大政策体系，制定了八项环境管理制度，向环境管理要效益。进入90年代后，提出由污染防治为主转向污染防治和生态保护并重；由末端治理转向源头和全过程控制，实行清洁生产，推动循环经济；由分散的点源治理转向区域流域环境综合整治和依靠产业结构调整；由浓度控制转向浓度控制与总量控制相结合，开始集中治理流域性区域性环境污染。步入"十一五"以来，我们按照历史性转变的要求，确立了全面推进、重点突破的工作思路，提出从国家宏观战略层面解决环境问题，从再生产全过程制定环境经济政策，让不堪重负的江河湖泊休养生息，努力促进环境与经济的高度融合，积极实践以保护环境优化经济增长的路子。这一系列重大决策部署和环保系统坚持不懈的努力，大大推进了探索环保新道路的历程，积累了丰富的经验。历任环保部门的老领导都是探索中国环保新道路的先行者，几代环保人都是探索中国环保新道路的实践者。

历史是宝贵的财富，继承历史才能创造未来。探索中国环保新道路必须继承几代环保人积累下来的宝贵财富。有了继承才有创新，因为每一个创新都是对过去实践经验的总结和升华。因此，学习和掌握环境保护的历史，既是我们工作的需要，也是我们作为环保人的责任。

《中国区域环境保护丛书》（以下简称《丛书》）的编纂出版为我们了解、学习环境保护的历史提供了独特的平台。《丛书》是2008年在我国实施改革开放30周年和我国环境保护工作开创35周年之际启动的一项重大环境文化建设工程，第一次从区域环境的角度，对我国环境保护的历史进行了全面系统的总结、归纳和梳理，充分展现了 30 多年来我国各省市自治区环境保护工作取得的卓越成就，展现了环境保护事业不断发展壮大的历史，展现了几代环保人不懈奋斗和追求的历程。

要继续探索中国环保新道路，继承是基础，创新是动力。当前，积极探索中国环保新道路，已经成为环保系统的普遍共识和自觉行动。我们要努力用新的理念深化对环境保护的认识，用新的视野把握环境保护事业发展的机遇，用新的实践推动环境保护取得更大的实际成效，用新的体制机制保障环境保护的持续推进，用新的思路谋划环境保护的未来。以环境保护优化经济发展，以环境友好促进社会和谐，以环境文化丰富精神文明，为经济社会全面协调可持续发展作出更大贡献。

环境保护新道路是一个海纳百川、崇尚实践、高度开放的系统工程，是一个不断丰富、不断发展、不断提高的过程，在探索的道路上需要所有环保人前赴后继、永不停息。当前，新的探索已经起步，前进的路途坎坷不平。越是身处逆境，越是形势复杂，越要无所畏惧，越要勇于创新。要以海洋一样博大的胸怀，给那些勇于探索、大胆实践的地方、单位、个人创造更加宽松的环境，提供施展才华的舞台，让他们轻装上阵、纵横驰骋。要继承 30 多年来探索环境保护新道路实践的伟大成果，借鉴人类社会一切保护环境的有益经验，站在新的历史起点上，大胆实践，不断创新，将中国环境保护新道路的探索推向一个新的阶段！

环境保护部部长

《中国区域环境保护丛书》总编委会主任

二〇一一年六月

目录

第一章 绪 论

第一节 自然环境概述

一、地理位置

上海市位于东经 120°51′～122°12′，北纬 30°40′～31°53′，地处太平洋西岸，亚洲大陆东沿，长江三角洲前缘，东濒东海，南临杭州湾，西接江苏、浙江两省，北界长江入海口。上海正处于我国南北弧形海岸线中部，交通便利，腹地广阔，地理位置优越，是一个良好的江海港口（图 1-1）。

二、地质地貌

上海市在大地构造位置上处于扬子地块的东南边缘，江南隆起带向北东东的延伸方向，地质历史上先后经历了基底形成、地块增生及褶皱盖层形成、滨太平洋大陆边缘活动带三个主要发展阶段，形成了以断裂和单斜构造为主的基底构造。新构造期的持续沉降，使区内接受沉积形成了普遍厚达 300～500 m 的松散沉积层。

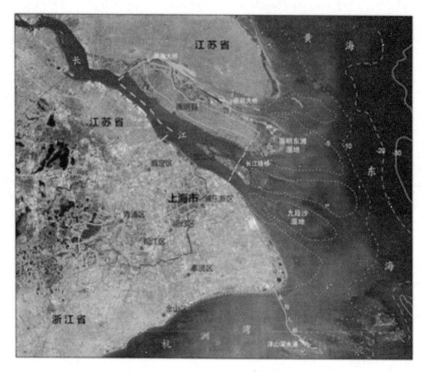

图 1-1 上海市地理位置图

陆域基岩除西部松江—金山一带呈残丘零星出露外，广为新近系—第四系松散层覆盖。基岩面埋深起伏变化较大，总体上南西埋藏浅，北东埋藏深，自南西向北东呈三级阶梯状下降的特征，最大高差可达600 m。岩石圈因物性差异和断裂构造控制，在垂向和横向上具有明显的分层和分块特征。区内浅部发育有前震旦纪、震旦纪、寒武纪—志留纪、晚侏罗世、晚白垩世、古近纪和新近纪沉积。

上海市陆域除西南部零星出露海拔百米以下的火山岩剥蚀残丘外，主要为第四纪松散物质堆积地形，即在新生代海侵旋回和构造沉降的背景下，通过以长江水流携带的泥沙为主与海洋潮流的共同作用下，逐渐堆积形成了坦荡的滨海平原。全区地势低平，略呈东高西低倾斜，地面高程一般 2.2～4.5 m，其中高程在 4.0 m 以下的地区约占全区总面积的一半。

　　全市地貌单元按成因类型可划分为三角洲平原、滨海平原和湖积平原 3 种类型。此外，还有散布于西部的松江、青浦、金山等区的 10 多座剥蚀残丘和岛屿，以及分布于沿岸地带的潮坪、边滩。上海境内的湖积平原与滨海平原的分界在江苏太仓—上海外冈—徐泾—邬桥—漕泾一线，即以贝壳沙堤构成的冈身带西侧作为分界。次一级地貌单元可按地貌的成因与形态差异划分为若干亚区，三角洲平原分为河口沙坝、汊道和长江支流河道冲积平原，滨海平原分为长江三角洲滨海平原和杭州湾滨海平原，湖积平原分为潟湖平原和湖积高地、湖积低地和湖泊洼地。更次一级的地貌单元可按地貌形成过程进一步划分为不同的期次：将距今约 1 400 年以来形成的三角洲河口沙坝、汊道划分为老、中、新 3 期，将距今约 6 500 年以来形成的三角洲滨海平原划分为古、早、中、晚、新等多期。

三、气候气象

1. 气候与气象概况

　　上海属北亚热带海洋性季风气候，四季分明，日照充分，雨量充沛。主要气候特征是：春季温暖湿润，夏季炎热多雨，秋季天高气爽，冬季较寒冷少雨雪，全年雨量适中，季节分配比较均匀。冬季受西伯利亚冷高压控制，盛行西北风，寒冷干燥；夏季在西太平洋副热带高压控制下，多东南风，暖热湿润；春秋是季风的转变期，多低温阴雨天气。

　　上海年平均气温 15.4～16.2℃，中心城区高于郊区。全年以 7 月、8 月最热，月平均气温 27.3～27.8℃；1 月最冷，月平均气温 3.0～3.7℃。年极端最高气温多在 36～38℃，极端最低气温一般 -8～-5℃，其中极端最高气温为 40.5℃，极端最低气温为 -12.1℃。雨水丰沛，年降水量在 1 150 mm 左右，雨日约 133 天，一年中 61%的雨量集中在 5—9 月，这 5 个月的月平均雨量都在 100 mm 以上，并时有暴雨出现。年平均相对湿度 77%～82%。年平均风速中心城区 2.8 m/s，郊区 3.0～3.6 m/s，春季最大，冬、夏次之，秋季最小。夏季盛行东南风冬季多为西北风。

2. 四季气候概况

春季：始于 3 月中下旬，春长两个多月。早春回暖快，但升温不稳定，时常出现"乍暖还寒"的天气。4 月平均气温 14.2℃，5 月升至 19.3℃。"清明时节雨纷纷"是春季气候的重要特点。4 月、5 月两月平均雨日各有 12～13 天，是全年最多的月份之一，其中又以 4 月下旬至 5 月中旬春雨最多。

夏季：5 月下旬至 6 月上旬日平均气温升至 22℃以上，已是初夏季节。此时，一年一度的主要雨季——梅雨接踵而至，雨季长约 20 天。梅雨期间持续阴雨，且常有暴雨，雨量 200 多毫米，空气湿度增大。梅雨过后，雨止云消，进入高温盛夏季节。7 月中旬至 8 月中旬是全年最热的时期，平均气温高达 28℃。8 月下旬至 9 月中旬因受台风影响的机会较多，高温缓解，雨量明显增多，时有暴雨出现。夏季日最高气温超过 35℃的日数平均出现 10 天左右，但近 10 年来明显增多，然而 40℃以上的酷热日极罕见。夏季易出现突发性强对流性天气，受城市热岛效应等影响，中心城区出现的概率较高。

秋季：9 月下旬夏止秋始，秋风带来凉意。10 月的平均气温已在 18℃左右，这时雨量明显减少，晴朗少云。平均风速 2.5～3.3 m/s，为全年最小的月份，天高云淡，阳光充足，冷暖适宜，是室外活动和旅游的最佳季节。入秋后降温快，11 月平均气温已降至 12.3℃，秋季较短暂，不足 2 个月，是四季中最短的季节。

冬季：平均在 11 月下旬至 12 月初入冬，至次年 3 月春暖花开，历时近 4 个月，为四季中最长的季节。冬季的特点是，前冬雨雪较少，天晴风静，气温干冷；2—3 月雨雪增多，多阴雨天气，最低气温低于零度的日数平均每年约 35 天，但低于-8℃仅在个别年份出现。降雪天气不

多，平均 7 天左右，积雪日仅约 3 天。与北方相比，上海冬季并非严寒，
12 月平均气温 6.3℃，最冷的 1 月平均气温 3.9℃，在晴和的冬日，进行
户外活动仍是适宜的。

3. 气温特点

（1）年平均气温。1950—2008 年，上海徐家汇站的年平均气温总体
呈上升趋势（图 1-2）。1950 年，上海年平均气温为 15.8℃，到 2008 年
平均气温为 17.5℃，其线性增温率为 0.4℃/10 a。上海气候的变暖主要表
现在 1980 年以后，1950—1980 年，上海年平均气温略有降低，1980—2008
年，年平均气温以 1.0℃/10 a 极显著增加，尤其是 1995 年以后，年平均
气温几乎全部是正距平。

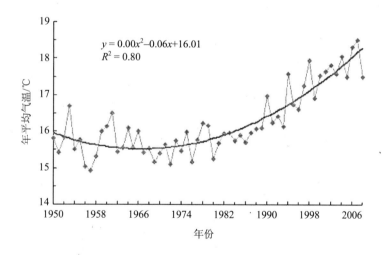

图 1-2　1950—2008 年上海徐家汇站年平均气温变化

2001—2005 年，上海地区（11 个气象站平均，下同）年平均气温
为 16.9℃，比常年平均（1971—2000 年，下同）偏高 1.1℃。市区气温
最高，年平均气温达 17.7℃，郊区在 16.3～17.3℃，崇明和南部的奉贤、
南汇、金山较低，为 16.3～16.7℃，其他地区为 16.9～17.3℃。与常年

相比，除奉贤偏高 0.7℃，其余地区偏高 0.9～1.3℃。

（2）极端最高气温。1950—2008 年，上海徐家汇站年极端最高气温以 2007 年和 2003 年最高，为 39.6℃，而以 1965 年最低，为 35.1℃（图 1-3）。49 年间，极端最高气温以 0.3℃/10 a 的速度升高，其中在 1950—1975 年，极端最高气温以 0.6℃/10 年呈下降趋势，而在 1975—2008 年，极端最高气温以 0.9℃/10 a 的趋势升高。以 1971—2000 年平均极端最高气温 36.8℃为常年值，极端最高气温在 1960—1989 年为较明显的负距平时期，1990—2008 年，除 1999 年外，极端最高气温均为正距平。

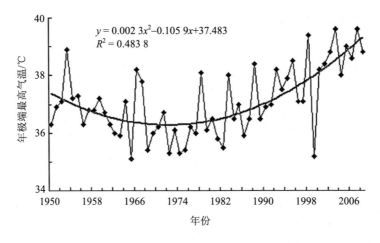

图 1-3　1950—2008 年上海徐家汇站年极端最高气温变化

2001—2005 年，上海地区极端最高气温为 37.7（崇明）～39.6℃（市区、宝山）。市区日最高气温≥35℃的平均高温日数达 27 天，比常年偏多 18 天，郊区的高温日数为 5～18 天，崇明和南部沿海的南汇、奉贤、金山地区少，近郊和内陆多；市区达日最高气温≥37℃的平均日数达 7 天，崇明、南汇、奉贤和金山仅有 1 天，其他地区为 3～4 天。2010 年 8 月 13 日，浦东日最高气温达 40.5℃，均创上海地区有气象记录以来最高值。

（3）极端最低气温。1950—2008 年，年极端最低气温以 2006 年最高（0℃），而以 1977 年最低（−10.1℃）（图 1-4）。49 年间，年极端最低气温以 0.7℃/10 a 的速率线性极显著增加。在 1985 年以前，极端最低气温总体呈缓慢升高趋势，但变化在统计上不显著（0.2℃/10 a），而从 1985—2008 年，极端最低气温以 1.7℃/10 a 的速率快速升高。以 1971—2000 年平均极端最低气温（−5.6℃）为常年值，极端最低气温在 1994 年前多数为负距平，1994—2008 年，极端最低气温已连续 15 年正距平。2001—2005 年，上海地区极端最低气温为 −6.8（奉贤、崇明）～−5.0℃（市区）。上海地区自 1873 年以来低温的历史极值是 −12.1℃，出现在清光绪十八年十二月初二（公元 1893 年 1 月 19 日）。

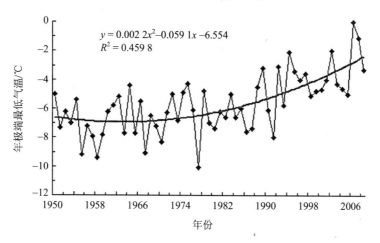

$$y = 0.002\,2x^2 - 0.059\,1x - 6.554$$
$$R^2 = 0.459\,8$$

图 1-4　1950—2008 年上海徐家汇站年极端最低气温变化

（4）气温的空间变化。1961—1980 年，上海地区年平均气温空间相差较小，市区和宝山年平均气温较高，为 15.7℃，崇明年平均气温最低，为 15.2℃（图 1-5（a））。1981—1990 年，上海市区和远郊间年均气温差缓慢增加，市区年均气温最高，为 16.0℃，崇明年均气温最低，为 15.2℃（图 1-5（b））。1991—2000 年，上海市区和远郊间年均气温差快速增加，市区年均气温最高，为 16.9℃，崇明年均气温最低，为 15.7℃

（图 1-5（c））。在近郊，闵行、嘉定和宝山年均气温分别为 16.4℃、16.6℃和 16.4℃。2001—2008 年，市区年均气温仍然最高，为 17.9℃，崇明年均气温最低（16.5℃），市区与崇明年均气温差增加到 1.4℃（图 1-5（d））。

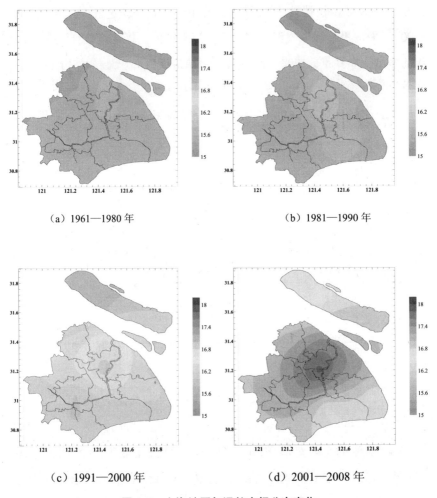

（a）1961—1980 年　　　　　　　（b）1981—1990 年

（c）1991—2000 年　　　　　　　（d）2001—2008 年

图 1-5　上海地区气温的空间分布变化

4．降水特点

（1）年降水量。1950—2008 年，上海徐家汇站的年降水量总体上略有增加，但增加趋势在统计上不显著（图 1-6）。年降水量在 1978 年最少，为 772.3 mm，而在 1999 年最多，为 1 793.7 mm。1950—1970 年，年降水量以 165.1 mm/10 a 减少，而 1970—2008 年，年降水量以 70.7 mm/10 a 增加。汛期（6—9 月）是上海全年降水量最多的月份，汛期多年平均降水量占年平均总降水量的五成左右。由此可见，汛期降水对上海全年降水有重要贡献。

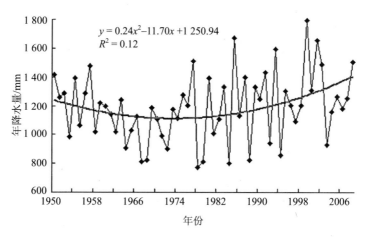

图 1-6　1950—2008 年上海徐家汇站年降水量变化

2001—2005 年，上海地区平均年降水量 1 108 mm，较常年平均偏少 4%。降水量分布大体呈东多西少的态势，受城市影响，市区及其东侧浦东新区年降水量最多，为 1 199～1 299 mm，松江最少，为 983 mm，其他地区在 1 032～1 119 mm。与常年平均相比，市区偏多 9%，南汇、金山和青浦偏少 7%～8%，松江偏少 16%，其余地区与常年平均持平。2001—2005 年，全市年平均降水日数 120 天，比常年平均偏少 13 天，降水日数地区差异较小，最多的金山有 127 天，最少的宝山为 114 天，其他地区在 116～122 天。日降水量≥50 mm 的暴雨日数全市平均为 2.3 天，较常年平均偏少 0.8 天，最多的崇明有 3.8 天，最少的松江仅 1.2 天，其他地区在 1.6～3.0 天。

（2）四季降水量。2001—2005 年，上海地区四季降水冬季偏多，秋季偏少，春、夏季正常。全市冬季（12 月—次年 2 月）降水量 217 mm，较常年偏多 48%，各地降水量在 197（崇明）～235 mm（金山），南部略多于北部。季内各月降水均偏多，12 月较常年同期平均偏多 1 倍，1 月、2 月分别偏多 31% 和 33%。

春季（3—5 月）降水量 271 mm，较常年偏少 7%，各地降水量在 232（崇明）～295 mm（奉贤），地区分布上呈南部多于北部。季内 3 月降水偏少 28%，4 月与常年同期持平，5 月偏多 7%。

夏季（6—8 月）降水量 450 mm，较常年偏少 6%，各地降水量在 351（松江）～572 mm（市区），地区分布上呈北部多于南部。季内 6 月降水偏少 16%，7 月偏少 34%，8 月偏多 34%。

秋季（9—11 月）降水量 169 mm，较常年偏少 28%，市区和浦东新区降水量最多，为 198～211 mm，其他地区在 144（崇明）～175 mm（奉贤）。季内 9 月、10 月的降水量分别偏少 32% 和 49%，11 月偏多 6%。

（3）汛期降水。对上海地区 11 个站汛期各月降水量对全年总降水量的贡献进行分析并发现（图 1-7），1960—2007 年汛期中徐家汇站 6—8 月降水量占全年总降水量的百分比有明显增加趋势，而 5 月、9 月或是二者之和的降水量对全年总降水量的贡献率均存在减少趋势。上海近郊（如闵行）、远郊（如崇明）的情况（图略）与此一致。由此表明，上海地区汛期（6—9 月）中的降水集中期存在缩短的趋势，且集中降水有提早结束的趋势。

（4）降水的空间变化。图 1-8 为 1960—2007 年前后两时段各站汛期（6—9 月）降水量的线性变化趋势，可以看出，1960—1980 年的中心城区和郊区的汛期降水呈现出一致的增加趋势（尽管各站的增加趋势大小并不一致）；而 1980 年以来，中心城区（徐家汇和浦东站）的汛期降水存在增加趋势，而郊区的汛期降水呈现为减少趋势。由此表明，在气候增暖的背景下，上海城郊的汛期降水变化存在空间分布不均的特征，城区降水存在增加趋势，而郊区则相反，呈现减少趋势。

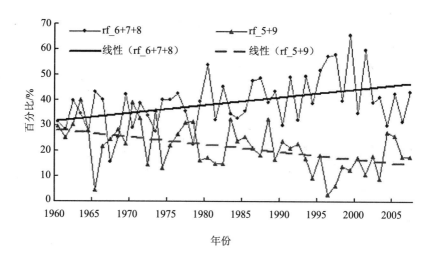

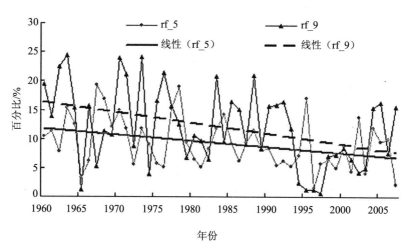

图 1-7　1960—2007 年上海汛期不同时段降水占全年总降水百分比演变

（rf_6-8、rf_5-9、rf_5、rf_9 分别表示 6—8 月、5—9 月、5 月、9 月）

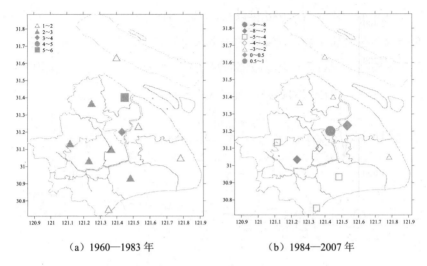

（a）1960—1983 年　　　　　　（b）1984—2007 年

图 1-8　上海汛期降水量的线性变化趋势（单位：mm/100 a）

5．日照特点

（1）年日照时数。1950—2008 年，上海徐家汇站日照时数累年平均值为 1 905 h，年日照时数最多为 1967 年（2 277 h），最少为 2007 年（1 522 h），两者相差 755 h，占累年平均值的 39.6%。在 20 世纪 50—70 年代（1950—1980 年），上海日照时数偏多，年日照时数均大于累年平均值。1980 年以后，上海日照时数急剧减少，1980—2008 年这 29 年期间除 8 年（1985—1988、1994、1995、1998 和 2004 年）日照时数略高于累年平均值外，其余年份均低于累年平均值（图 1-9）。总体来看，过去 59 年间，上海日照时数以 63.4 h/10 a 的线性趋势显著减少。

2001—2005 年，上海地区平均年日照时数 1 894 h，较常年平均偏少 30 h。崇明和金山年日照时数最多，达 2 046～2 057 h，市区和青浦最少，仅 1 746～1 748 h，其他地区在 1 829～1 963 h。与常年平均相比，金山偏多 117 h，崇明、奉贤分别偏多 37 h 和 86 h，市区、宝山分别偏少 130 h 和 154 h，其余地区偏少 19～79 h。

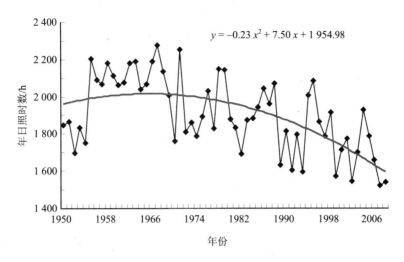

$$y = -0.23\,x^2 + 7.50\,x + 1\,954.98$$

图 1-9 1950—2008 年上海徐家汇站年日照时数变化

（2）四季日照时数。过去 50 年间，上海地区日照时数除在春季呈略微增加趋势外，在其余三个季节均呈减少趋势，其中以夏季减少趋势最为显著（图 1-10）。春季日照时数以 3.6 h/10 a 的趋势增加，秋季日照时数以 13.2 h/10 a 的趋势减少，但春季和秋季日照时数的相关系数都没有通过 $\alpha = 0.01$ 的显著性检验，表明春季的增加趋势和秋季的减少趋势在统计上均不显著。夏季和冬季日照时数的趋势系数分别为 -39.8 h/10 a 和 -23.4 h/10 a，并且下降趋势的相关系数都通过了 $\alpha = 0.01$ 的显著性检验，表明夏季和冬季的下降趋势显著。各季节日照时数的年际变化也是以夏季变化幅度最大，其日照时数最多年和最少年相差 482.3 h，春、秋和冬季分别相差 237.4 h、293.8 h 和 365.6 h。

2001—2005 年，上海地区四季的日照时数冬季和夏季偏少，秋季偏多，春季与常年持平。全市冬季平均日照时数为 344 h，比常年偏少 48 h；春季平均日照时数为 466 h，偏多 3 h；夏季平均日照时数为 575 h，偏少 16 h；秋季平均日照时数为 503 h，偏多 24 h。

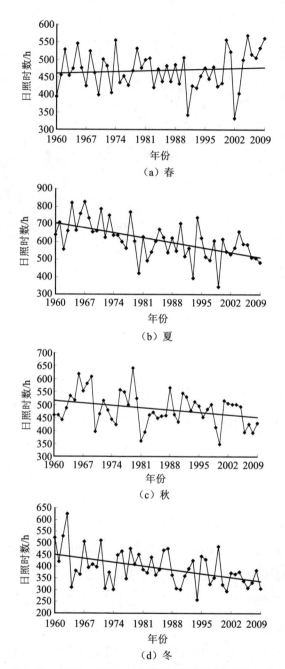

图 1-10　1960—2009 年上海地区日照时数季节变化

6. 风特点

（1）年平均风速。1960—2009 年，上海徐家汇站年平均风速为 2.6 m/s，宝山站年平均风速为 3.7 m/s。年平均风速在近 50 年呈显著下降趋势，徐家汇和宝山年平均风速都以每 10 年 0.4 m/s 的速率下降（图 1-11）。

图 1-11　1960—2010 年上海年平均风速变化

（2）年主导风向。以 1971—2009 年统计，上海徐家汇站年主导风向为 E 风向，频率为 9.6%，其次以 SE 和 ESE 风向频率较高，分别为 8.8%和 8.4%，SSW 风向频率最低，为 2.3%。

（3）四季盛行风向。冬季（以 1 月为代表）风向以 WNW 和 NW 风向最多，出现频率分别为 12.2%和 12.1%，其次以 NNW 风向频率较高，为 11.1%，SSW 风向频率最低，为 1.8%。春季（以 4 月为代表）风向以 SE 和 ESE 风向最多，出现频率分别为 12.8%和 11.3%，其次以 E 风向频率较高，为 9.1%，SSW 风向频率最低，为 2.8%。夏季（以 7 月为代表）风向以 SE 和 SSE 风向最多，出现频率分别为 13.4%和 13.1%，其次以 S 风向频率较高，为 12.9%，NNW 风向频率最低，为 2.4%。秋季（以 10 月为代表）风向以 E 风向最多，出现频率为 11%，其次以 NE 风向频率较高，为 9.4%，SSW 风向频率最低，为 1.7%。

7. 气象灾害

上海位于太平洋西岸，地处长江三角洲东端，面临东海，与太平洋相通，扼长江入海咽喉，一年中冬夏长、春秋短，气候多变，并且经常会发生台风、暴雨、洪涝、大风、雷击、龙卷风、冰雹、浓雾、寒潮、大雪、高温等各种气象灾害，对人民生命财产和经济建设均有着严重影响。1949—2005 年，上海市遭受 10 亿元以上经济损失的风灾（台风、龙卷风等）就有 16 次。

热带气旋（台风）是在热带洋面上形成的大气涡旋，按其近中心最大风速的大小分为台风、强热带风暴、热带风暴和热带低压 4 个等级。台风所经之处，常有狂风、暴雨和巨浪，若适逢天文大潮，"风暴潮"三碰头，可能决堤毁塘，导致毁灭性的灾难。1949—2005 年，影响上海的热带气旋（台风）共有 162 次，平均每年 3 次，最多年有 8 次，最少年无台风影响。其中伴有 10 级以上大风的台风占总次数的 24%，伴有暴雨的台风占 35%。一次台风影响上海的时间平均为 2.6 天，最长 8 天，最短 1 天。2001—2005 年，影响上海台风共有 9 次，平均每年有 2 次。

暴雨、洪涝也是上海市主要的气象灾害，产生于台风、梅雨、气旋、强对流等天气系统中，特别是持续时间长、强度大的暴雨，会引起城市积水，造成交通阻断、农田淹没等灾害。据全市 11 个市区、县气象站资料统计，1959—2005 年，全市共有 482 个暴雨日（11 个站中任一站日雨量≥50 mm 即为 1 个暴雨日），年平均暴雨日 10.3 天。其中≥100 mm 的大暴雨日共 73 个，年平均 1.6 天；≥200 mm 的特大暴雨日 7 天，为 6~7 年一遇。

1977 年 8 月 21—22 日，上海百年来最大的特大暴雨出现在宝山县塘桥，24 小时最大降雨量达 581.3 mm，12 小时最大降雨量是 563.0 mm，1 小时最大降雨量是 151.4 mm，均为历年降雨强度极值。2008 年 8 月 25 日早晨，上海徐家汇气象站 7 时至 8 时 1 小时雨量达 117.5 mm，为该站有气象记录 130 余年来所未见。由于雨量过于集中，远超过上海市每小时 27～36 mm 的排水能力，造成全市 150 余条段马路积水 10～40 cm，11 000 余户民居进水 5～10 cm，全市受灾人口近 5 万，约 4 600 hm^2 农田受灾。

雷电、冰雹、龙卷风、飑线等均属于强对流天气系统，具有范围小、局部性强、时间短、天气变化剧烈等特点，一旦发生，会造成严重的灾害。

上海雷电记载始见于明正德十五年（公元 1520 年），至今已有 400 多年历史，据 1951—2000 年观测资料统计，雷暴日数年平均 28.3 天，最多年 49 天（1956 年），最少年 12 天（1951 年）。1956 年 7 月，全月有 19 个雷暴日，尤以 2 日、7 日、12 日最烈，雷击致死 20 人，伤 28 人。2001—2005 年上海市雷暴日数平均为 22.4 天，比常年平均少 6 天，崇明县为雷暴日数最多地区。近 50 年来，全市由于雷击死亡的多达 100 多人。

龙卷风是世界上风速最强的旋风，影响范围狭小，但具有惊人的破坏力，造成的灾情极其严重。1956 年 9 月 24 日，3 个龙卷风袭击上海南汇、川沙、奉贤、嘉定、杨浦等区县，造成 68 人死亡、842 人受伤、倒塌房屋约 1 000 间、财产数百万元的重大损失。上海龙卷风记载始见于南宋淳熙十一年（公元 1184 年），1949 年后记录比较详细，自 1954—2005 年共出现龙卷风日 110 天，年均龙卷风日数为 2.1 天，最多年达 8 天（1969 年）。2001—2005 年共出现龙卷风日 9 天，年均 1.8 天，接近常年平均。

冰雹是从积雨云中降落下来的冰球或冰块，来势凶猛，强度大，还常伴有大风暴雨，是上海灾害性天气之一。1983 年 4 月 28 日，川沙县最大雹块重达 600 多克。1975 年 5 月 30 日，冰雹和大风袭击上海郊区 9 个县，造成 35 人死伤，7.5 万亩农田损坏，2 800 多间民房损坏等重大的灾害。上海冰雹记载始见于南宋绍兴五年（公元 1135 年），1956—2005 年共出现冰雹日 142 天，年均冰雹日数为 2.8 天，最多年达 9 天。2001—2005 年共出现冰雹日 12 天，年均冰雹日为 2.4 天，接近常年平均。2002 年 4 月 2 日，冰雹袭击南汇、松江等区，受灾农田 3 000 多亩，经济损失 173 万元。

雾是空气中水汽凝结或凝华的结果，水平能见度小于 1.0 km，称为雾；水平能见度小于 200 m 称为浓雾。浓雾是上海严重的气象灾害之一，对海陆空交通、供电、人体健康等方面都有严重影响。上海市年平均雾日为 39 天，最多一年达 96 天。1961—1990 年，能见度小于 200 m 的年平均浓雾日为 8.7 天，主要出现在 11 月、12 月和 1 月。2001—2005 年，上海市各区县雾日数年平均为 22.3 天，比常年平均要少 16 天。

寒潮是上海冬半年重要灾害性天气，据清光绪九年（1883 年）至民国三十年（公元 1941 年）、1951—1990 年的观测资料统计，上海降雪年平均日数为 6 天，积雪年平均日数为 2.8 天。寒潮带来气温剧降、大风冰雪、霜冻严寒等，给农业、交通、城市建设及人民生命健康造成很大危害。1951—2005 年冬半年（10 月至次年 4 月）影响上海的寒潮过程共有 218 次，平均每个冬半年 4 次，最多年有 10 次；上海极端最低气温为 −12.1℃，出现在清光绪十八年十二月初二（公元 1893 年 1 月 19 日）；2000 年 10 月至 2005 年 4 月影响上海寒潮过程共有 15 次，平均每个冬半年 3 次，比常年平均少 1 次。

干旱在 1949 年以前是上海主要的自然灾害之一。新中国成立之后，加强了水利建设，发展机电灌溉，干旱之年虽然能使农业减少损失，但旱情引起的水资源缺乏、水质恶化和环境污染等仍威胁着工农业生产和人民生活。上海主要是秋冬旱和伏旱。1988 年秋冬持续干旱，降水量只有常年同期的 1/5，致使 360 万亩秋播作物苗期生长受严重影响，因干旱半个月发生 400 多起火警火灾事故。

高温对上海特大城市的工农业生产和人民生活带来严重影响。据清同治十二年（公元 1873 年）至 2000 年徐家汇和龙华站观测资料，上海≥35℃高温日数年平均为 12.4 天，最多年达 55 天（1934 年）；≥37℃高温日数年平均为 2.4 天，最多年达 34 天（1934 年）。历史最高气温为 40.2℃，出现在民国二十三年（公元 1934 年）7 月 12 日。民国三十一年（公元 1942 年）夏季，高温酷暑，≥35℃高温日达 44 天，流行霍乱和伤寒，一周收尸 600 余具。2001—2005 年，徐家汇站≥35℃年平均高温日数为 27.2 天，比常年平均多 18.2 天。

四、水系水文

上海位于长江三角洲东缘，太湖流域下游，东濒东海，南临杭州湾，北依长江口，西接江苏、浙江两省。上海的水系由沿江沿海水域和陆域水系构成。

长江河口段、杭州湾北侧和东海临岸组成了宽阔的沿江沿海水域，崇明、长兴、横沙三岛为长江河口岛分别独立成系。

上海的陆域水系属太湖流域，以黄浦江为主干贯穿全市，形成干支流交叉纵横的河网水系。按照流域和上海市水利总体规划，全市以长江口、黄浦江、苏州河、蕴藻浜等骨干河道为界，划分为嘉宝北片、蕴南片、淀北片、淀南片、青松大控制片、浦东片、太北片、太南片、浦南西片、浦南东片、商榻片，以及长江口崇明、长兴、横沙三岛共 14 个区域（水利控制片），实施分片综合治理。商榻片及浦南西片为流域行洪通道。

全市现有河道 33 127 条，长 24 915 km，河网密度 3.93 km/km²，面积 569.6 km²；湖泊 26 个，面积 73.1 km²。河道（湖泊）总面积 642.7 km²，河面率为 10.1%。上海沿江沿海区由于受到河、海两相共同作用，以及长江口三级分汊四口入海、杭州湾河口喇叭形等河势特征的影响，水文现象复杂。

"十一五"期间，全市年平均地表径流量 30.20 亿 m^3，折合年径流深 475.3 mm，比多年平均值增加 24.2%。其中，以 2009 年为最大，年地表径流量达到 34.6 亿 m^3；2006 年最小，达 27.64 亿 m^3。上海市五年平均浅层地下水资源量为 9.07 亿 m^3，以 2008 年为最大，达 10.24 亿 m^3。

长江徐六泾水文站测得五年年均径流量约 2.65 万 m^3/s，折合年来水量约为 8 480 亿 m^3，较多年平均值减少 10%。

黄浦江干流全长 82.5 km，河宽 300～700 m，其上游在松江区米市渡处承接太湖、阳澄淀泖地区和杭嘉湖平原来水，贯穿上海市至吴淞口汇入长江。"十一五"期间通过黄浦江松浦大桥断面年均径流量为 460 m^3/s，折合年来水量约为 144 亿 m^3，比多年平均值增加约 34%。年均径流量最小的年份为 2006 年，达 381 m^3/s，其他年份年均径流量为 460～490 m^3/s。

第二节　社会经济状况

一、行政区划的变迁

1977 年，上海市市区面积为 140.86 km^2。从 1978 年起，为适应城市建设发展的需要，上海市陆续把市郊结合部的一些零星区域划入市区管理。1984 年 7 月，市区经历了较大的行政区划调整，有 109 km^2 的土地划入市区，使市中心城区扩大到约 258 km^2。根据城市发展的需求，上海市先后进行了增设区级建制、区县建制合并、撤县建区和合并区级建制等行政区划调整。同时，为适应农村经济体制改革的发展要求和适应城市建设和管理的需要，上海市对乡镇和街道办事处也做了行政区划调整。

1.区县级行政区划调整

（1）新设区建制。宝钢是我国改革开放初期最大的国家经济建设重点项目，1978年开始建设。为适应宝钢地区建设发展的需要，更好地全面规划地区建设，加强行政管理，1980年10月，经国务院批准，恢复吴淞区建制。恢复设立的吴淞区行政区域，增加划入了原宝山县的25 km²区域。

1981年2月，为有利于加强闵行、吴泾地区的行政领导，统盘规划工业布局和公用事业建设，改善生产和生活条件，鼓励市区居民职工迁往该地区定居，经国务院批准，恢复闵行区建制。恢复设立的闵行区行政区域，增加划入了原上海县的部分区域。

（2）区县合并。吴淞区恢复后驻地与宝山县的政府同在一地，机构重叠，规划不统一，行政管理效率低。为统一规划建设，促进城乡一体化，有利于宝钢建设和推进上海北翼地区经济的发展。1988年1月，经国务院批准，撤销吴淞区、宝山县建制，设立了上海市第一个城乡合治体制的宝山区。

闵行区恢复后与上海县共处一地，县中建区，区中有县，由于交叉管理，矛盾日益突出。为优化资源配置、提高行政管理效率，1992年9月，经国务院批准，撤销闵行区、上海县建制，设立新的闵行区。

（3）撤县建区。嘉定县是上海市郊区科学文化发达、经济繁荣的地区之一，随着县域城镇的迅速发展，大量的工业、人口向县域其他地区扩散、疏解，大大加快了城市化进程。1992年10月，经国务院批准，撤销嘉定县建制，设立嘉定区。

20世纪90年代初期，党中央、国务院做出了浦东开发开放的重大战略决策。随着浦东开发进入实质性启动，浦东地区三区（黄浦区、南市区、杨浦区）和两县（川沙县、上海县）共同管理的体制已难以适应发展需要。为统筹规划，加强管理，加快浦东开发、开放的步伐，1992年

10 月，经国务院批准，撤销川沙县建制，在原川沙县区域和上海县的三林乡、黄浦区、南市区、杨浦区在浦东地区的区域范围，设立浦东新区。

随着上海经济结构调整、经济运行方式改变、社会结构转型、城市功能提升，上海将发挥长江流域经济发展的龙头作用和担负建设国际性经济、金融、贸易、航运中心之一的重任。《上海市城市总体规划》对上海的城市布局结构做了重要调整，规划把郊区作为上海城市发展的重要方向，使上海城市拥有一个地域宽广、经济发达、城市化水平较高的"大郊区"，促进市区和郊区经济、社会同步发展。为此，上海市自 1992年实施嘉定县撤县、设区、行政区划调整之后，又先后实施了金山、松江、青浦、南汇、奉贤五县撤县设区。

（4）区与区合并。随着上海经济发展和城市建设的不断加快，市中心区的区域面积、人口规模等发生了很大的变化，部分建制区的规模偏小，区域布局不尽合理，制约了区域功能的释放，也造成了市中心区域规划不协调、公共设施边际效益不高和行政成本偏高等问题。为使上海市的行政区划更加适应上海改革发展需要和上海新一轮《上海市城市总体规划》的要求，上海市先后对黄浦区、南市区和卢湾区进行了行政区划调整。

黄浦概况：2000 年 6 月，经国务院批准，撤销原黄浦区和南市区建制，设立新的黄浦区。黄浦区位于上海城市的中心，地处黄浦江和苏州河合流处的西南端。东界和南界均为黄浦江，与浦东新区隔江相望；西界为成都北路、金陵西路、金陵中路、西藏南路、肇周路、制造局路、高雄路、江边路，与静安、卢湾区接壤；北界为苏州河，与虹口区、闸北区为邻。全区总面积 12.49 km²。

卢湾概况：卢湾区位于上海市中心南部，全区面积 8.03 km²，其中陆地面积 7.54 km²，水域面积 0.49 km²。区界北至延安中路、金陵西路，与黄浦区、静安区交界；东至西藏南路、肇周路、制造局路、高雄路、江边路，与黄浦区接壤；西至陕西南路、瑞金南路，与静安、徐汇区为邻；南至黄浦江河道中心线，与浦东新区相望。

　　2011 年 6 月 8 日，上海市卢湾、黄浦两区行政区划调整方案获国务院正式批复，黄浦区、卢湾区两区建制撤销，设立新的黄浦区。批复要求，行政区划调整涉及的各类机构要按照"精简、统一、效能"的原则设置，涉及的行政区域界线要按规定及时勘定，所需人员编制和经费由上海市自行解决。要严格执行中央关于厉行节约的规定和国家土地管理法规政策，加大区域资源整合力度，优化总体布局，促进区域经济社会协调健康发展。

　　卢湾、黄浦行政区划调整是涉及上海长远发展的一件大事。上海中心城区原有区划已不能适应发展的需要，部分区管辖范围狭小、发展受限的情况突出。黄浦、卢湾均处于上海中心城区的核心区域，黄浦面积为 12.49 km^2；卢湾东临黄浦区，与浦东新区隔黄浦江相望，面积为 8.03 km^2。黄浦、卢湾两地汇集了金融证券、现代服务、商贸物流、休闲旅游和文化创意等产业的优势资源。外滩、南京东路、淮海中路、新天地、豫园等上海著名地标都在此区域内。2010 年上海世博会浦西园区也坐落在这一区域的临江地带。

　　两区行政区划调整有利于上海中心城区政府管辖规模趋于合理，有利于优化城市功能布局，也有利于提高行政管理效率。调整后，新的黄浦区面积达 20.5 km^2，户籍人口 90.9 万。

　　（5）三岛合并。《上海市城市总体规划》将崇明岛作为 21 世纪上海可持续发展的重要战略空间，要求把崇明建设成为具有国际先进水平的现代化综合生态岛。为统一崇明、长兴、横沙三岛规划建设，"三岛"作为一个整体联动开发，有利于对区县发展实行分类指导，实施差别政策，更好地整合和优化资源，发挥其各自特色，进而形成优势互补、功能互补的格局。2005 年 5 月，经国务院批准，原宝山区长兴乡、横沙乡整建制划入崇明县。

　　（6）设立浦东新区。浦东新区开发开放，是党中央高瞻远瞩作出的重大战略决策，浦东新区在上海建设现代化国际大都市和四个"中心"

进程中已具有十分重要的地位。为更好地贯彻全面、协调、可持续的科学发展观，实施"科教兴市"总战略，加快推进浦东功能开发和建设，增强浦东地区发展的后劲，发挥集聚、规模和乘数效应，使浦东地区的功能开发进入一个新的阶段。经国务院批准，2009 年 4 月，撤销南汇区建制，其行政区域划入浦东新区。

2. 乡镇、街道级行政区划调整

（1）撤社建乡。1983 年，根据中共中央、国务院发出的《关于实行政社分开建立乡政府的通知》的精神，在市郊全面开展政社分开的建乡工作，截至 1984 年 5 月，全市共建立 205 个乡政府。

（2）撤乡建镇。1984 年 11 月，国务院批转民政部《关于调整建镇标准的报告》，上海市开展了撤乡建镇行政区划调整试点工作，先期完成了 10 个乡的设镇调整。截至 1999 年年底，全市郊区镇调整为 194 个（不含中心城区的 10 个镇），乡保留 8 个。从 2000 年开始，上海郊区进入较大规模的乡镇行政区划调整。截至 2008 年 8 月底，全市郊区乡镇调整至 105 个乡镇（不含中心城区的 7 个镇），乡镇共减少 97 个，调整减幅为 48.02%。调整后乡镇平均面积约 54.75 km^2、平均人口约 5.19 万，并出现了一批面积 100 km^2 以上，人口 8 万人以上规模较大的镇。

（3）街道办事处调整。上海市市中心城区的街道办事处大都建于 20 世纪 50 年代初期，辖区偏小。改革开放以后，社会、经济、政治和文化生活发生重大变化，街道办事处的社会职能也不断增强和扩展。为提高街道办事处的城市管理水平和增强公共服务能力，各区政府根据《上海市街道办事处暂行条例》有关规定，对街道办事处设置的规模，进行适当的调整。上海市街道办事处由 1980 年年底的 116 个调整至 1996 年年底的 98 个。上海市从 1997 年起，对部分街道办事处又进行了调整撤并。截至 2008 年 8 月，全市共撤销街道办事处 18 个，新建街道办事处 21 个。全市共有街道办事处 101 个。2008 年 8 月—2010 年 12 月，行政区划又做了适当的调整，全市现辖 17 个区、1 个县，99 个街道办事处、109 个镇、2 个乡。

二、人口状况

1. 常住人口概况

表 1-1 常住人口概况一览表

年份	常住人口/万人	按性别分		按户籍非户籍分		按区域分	
		男性	女性	户籍人口	外来人口	中心城区	郊区（县）
2005	1 778.42	894.9	883.5	1 340.02	438.40	654.42	1 124.00
2006	1 815.08	913.0	902.1	1 347.82	467.26	649.67	1 165.41
2007	1 858.08	935.8	922.3	1 358.86	499.22	649.28	1 208.80
2008	1 888.46	956.6	931.8	1 371.04	517.42	652.97	1 235.49
2009	1 921.32	964.9	956.4	1 379.39	541.93	652.97	1 268.35

注 1. 本表户籍人口不包括离开上海、外出（市外）半年以上上海市户籍人口；

　　2. 本表外来人口为来沪半年以上人口；

　　3. 中心城区包括黄浦、卢湾、徐汇、长宁、静安、普陀、闸北、虹口、杨浦 9 个区，郊区（县）包括剩余的 9 个区县。

2. 户籍人口概况

表 1-2 户籍人口概况一览表

年份	户籍人口/万人	按性别分		按农业非农业分		按年龄构成分			
		男性	女性	农业	非农业	17 岁及以下	18～34 岁	35～59 岁	60 岁及以上
2005	1 360.26	683.51	676.75	211.32	1 148.94	161.07	323.47	609.35	266.37
2006	1 368.08	686.66	681.42	194.78	1 173.30	154.07	328.86	609.54	275.62
2007	1 378.86	691.08	687.78	181.92	1 196.94	149.95	334.08	608.00	286.83
2008	1 391.04	695.57	695.47	174.48	1 216.56	147.15	336.07	607.25	300.57
2009	1 400.70	699.25	701.45	164.54	1 236.16	146.11	337.12	601.76	315.70

3. 历年人口变化统计情况

表 1-3　历年人口变化一览表

年份	人数/万人	自然增长率/‰
2005	−1.98	−1.46
2006	−1.68	−1.24
2007	−0.14	−0.10
2008	−1.03	−0.75
2009	−1.44	−1.02

三、经济发展与产业结构

2008—2012 年，全市人民在党中央、国务院和中共上海市委的坚强领导下，高举中国特色社会主义伟大旗帜，以邓小平理论、"三个代表"重要思想为指导，深入贯彻落实科学发展观，攻坚克难，砥砺奋进，加快推进"四个率先"，加快建设"四个中心"，开启了创新驱动、转型发展的新局面。

五年来，上海市积极应对国际金融危机的严重冲击和自身发展转型的严峻考验，努力摆脱传统发展模式的束缚，经济保持持续平稳健康发展，经济发展方式转变迈出实质性步伐。经济增长的质量与效益明显提高，全市生产总值年均增长 8.8%、2012 年突破 2 万亿元，地方财政收入从 2007 年的 2 103 亿元提高到 2012 年的 3 744 亿元，单位生产总值能耗"十一五"期间下降 20%、近两年再下降 10.5%，主要污染物排放量超额完成削减目标。金融中心建设取得重大进展，股指期货等金融创新顺利推进，大型商业银行二总部、上海清算所等功能性机构加快集聚，各类金融机构累计 1 227 家，金融市场交易额达到 528 万亿元，股票市场、期货市场规模跃居全球前列。航运中心建设取得新突破，起运港退税等一批先行先试政策启动实施，上海港集装箱吞吐量连续三年位居世界第一，浦东国际机场货邮吞吐量连续四年位居世界第三。贸易中心建设步伐加快，关区和上海市进出口总额分别达到 8 013 亿美元和 4 368 亿美元，商品销售总额达到 53 795 亿元，社会消费品零售总额年均增长 13.8%。产业结构调整成效明显，第三产业增加值占全市生产总值的比重提高到 60%，战略性新兴产业规模突破 1 万亿元，大型客机等一批国家重大项目落地。经济发展对投资拉动、房地产业、重化工业、加工型劳动密集型产业的依赖减弱，消费对经济增长的贡献率上升到 70%以上，房地产业增加值占全市生产总值的比重从 2007 年的 7.7%下降到 2012 年的 5.4%，五年淘汰高污染、高能耗落后产能 4 760 项。科技创新能力明显提高，张江国家自主创新示范区启动建设，上海光源、光刻机研制等取得重大突破，全社会研发经费支出相当于全市生产总值的比例达到 3.16%。知识产权创造、运用、保护、管理全面加强，每万人口发明专利拥有量达到 17.2 件。人才发展环境进一步优化，高层次人才不断集聚。滚动实施环保三年行动计划，环保投入相当于全市生产总值的比例保持在 3%左右，新增绿地 5 500 hm^2。

四、城市化建设

城市化改变了上海的城市面貌，改善了上海人民的居住。新中国成立 60 年以来，上海的城市建设和发展使得上海的城市面貌发生了深刻的改变。一批批体现同时期最新规划设计、最前卫建筑理念、最先进建筑水平的标志性建筑相继拔地而起：四通八达的高速公路、高架道路和 400 多公里的轨道交通网络业已建成，同时大力营造了多处城市森林公园和湿地，使得城市生态和谐优美，反映了上海这座城市的不断发展和完善。

上海市民的居住条件自新中国成立以来逐步改变。苏州河边棚户密集、闸北等区曾经遍布"滚地龙"。1951 年，市政府投资 6 000 余万元兴建了曹杨、控江等 18 个新村，并逐渐拆除棚户和简屋。与此同时，一些工厂和学校兴建了"筒子楼"作为临时居住场所。从那时起，"老公房"、"筒子楼"走进了成千上万上海人的生活，并影响了上海 50 年之久。进入 20 世纪 90 年代，上海加速完成对成片危棚简屋的改造，在 1992 年至 2000 年的第一轮旧城改造中，总计有 200 万居民搬出了棚户区、老房子，他们沿着尚未建设成熟的地铁和公路，一步步离开了市中心，而他们曾经的房屋所在地则被改造成了一栋栋的高档楼盘。大批住宅小区拔地而起，从 90 年代初开始的高层塔式到如今遍布上海的高层板式，再到花园别墅社区生态建筑，住房的市场化进程把改变写进每一个上海人的生活里。伴随城市化进程而表现的上海住宅产品的每一次演变、城市居住版图的每一次扩张，都为上海这座城市的人居品质演进留下了最生动的注释。

城市化建设也体现在交通方面。自 1991 年起，上海以平均两年一座跨江大桥的速度，相继建造了南浦大桥、杨浦大桥、奉浦大桥、徐浦大桥，直到 2003 年建成通车的卢浦大桥，试图彻底贯通浦东。与大桥对接的则是中心城区大规模的立交、环线建设，至 1999 年，耗资超过 182 亿元的上海"申"字形高架路网基本建成，当时的报道称——"城市地面道路交通矛盾得到有效缓解"。

浦东也是上海城市化建设的一个缩影。20 世纪 80 年代末 90 年代初，邓小平果断拍板，继续改革开放的思路，大力开发浦东。而在"宁要浦西一张床，不要浦东一间房"的年代，浦东相比于浦西，有着丰富的土地资源。国务院明确了上海加快发展现代服务业和先进制造业建设国际金融中心和国际航运中心的战略定位。重大政策调整随即而来，2009 年 5 月初，国务院同意撤销上海市南汇区，并将其划并入浦东新区。行政区划调整后的浦东新区，面积将超过 1 210 km^2，较之先前扩大了一倍之多，这一调整，最直接的益处是带来了大量的土地资源，还直接服务于航运中心。利好消息亦纷至沓来——2009 年 11 月 4 日，上海迪士尼项目报告获核准落户浦东；11 月 17 日，中国商飞总装制造中心落户浦东机场附近地区。

到"十五"期间，上海第一个经国务院批准的《上海市城市总体规划（1999—2020 年）》的诞生，将郊区纳入上海城市总体规划的范畴。到 2008 年上海郊区的城镇化率已达 70.5%，城镇建成区面积达 1 000 km²，建成区人均公共绿地面积达 20 m²，三年累计整治小河道 2 324 条，中小河道整治长度 17 067 km，关闭乡镇水厂 61 座，改造郊区供水管网 2 429 km，建设郊区污水管网 16 km。列入村庄改造计划的乡镇 45 个，行政村 108 个，农户 21 429 户，共投入市级财政资金 1.88 亿元。对县（区）域城镇建设、农田保护、产业聚集、村落分布、生态涵养等空间布局做了合理安排。实现"住有所居——人人享有适当的住房"。

世博会的召开提升了上海城市化水平。上海世博会的主题是"城市，让生活更美好"。这也是世博历史上第一次以城市为主题的世博会。在上海世博会期间，各国政府和人民围绕主题，通过展示、活动、论坛等形式，充分展现了城市的文明成果，深入交流了城市发展经验，有效传播了先进的城市理念，积极探索了城市建设和人类居住的新模式，适时提供了和谐社会的缔造和人类可持续发展的生动例证。

总体上，上海将逐步确立国际大都市的城市地位，将培育特大型经济中心城市综合功能。通过浦东的开发开放、城市基础设施建设不断推进、"四个中心"建设全面启动等来实现上海经济社会的协调发展。

五、新农村建设

推进社会主义新农村建设是党中央针对我国新的历史发展时期明确提出的重大历史任务，为了坚定不移地贯彻落实好这一重大战略决策，建设社会主义新农村已经成为上海市"十一五"期间发展的重点。2006 年中共上海市委八届九次全会，顺利通过了《关于推进社会主义新郊区新农村建设的决议》。就此，上海新郊区新农村建设的蓝图，清晰地展现在全市人民面前，而全市人民的目光，也前所未有地跳出市区 600 km² 的界限，投向郊区那更为广阔的 6 000 km² 的发展空间。这是上海历史上的第一次，上海市委把全会的主题聚焦为新郊区新农村建设；上海市委以决议的形式，提出了社会主义新郊区新农村的建设目标、推进政策和工作措施。

上海作为一个现代化的大都市，应该也必须有现代化的新农村；上海有现代化的第二、第三产业，应该也必须有现代化的第一产业；上海有富裕的城市人口，应该也必须有富裕的农村人口；上海有繁荣繁华的城市环境，应该也必须有适宜人居的农村环境。上海建设社会主义新郊区新农村的总体要求浓缩为具体的 30 个字：规划布局合理、经济实力增强、人居环境良好、人文素质提高、民主法制加强。要让郊区的农民，真正在新郊区新农村建设"率先"和"走在全国前列"的过程中，感受到城乡的统筹发展，体会到这是一个惠及农村群众的民心工程。

为推进上海新农村建设，上海市委、市政府提出"试点先行、政策聚焦"的要求，基本确定 9 个新农村建设试点先行区。《上海年鉴（2007）》"专记"中设立"新农村建设"分目，主要记述新农村建设的政策、公共财政的投入、农村教育、医疗卫生服务等总体情况，9 个试点先行区实施的基本情况，包括进度、数据和特点等。

世博会加快了农村基础设施建设，优化了农村生态环境。世博会筹备期间，上海进一步加强农村基础设施建设，基本完成新建、改建农村公路任务，加快进行农村危桥改造，提前实现了农村道路"村村通"。开展"万河整治"活动，进行农村供水管网改造，新建农村污水处理厂和建设污水管网。完善农村环境卫生保洁员制度，建立农村生活垃圾"户集、村收、镇运、区县处置"的收集处置系统，解决了农村生活垃圾的处理问题，大大改善了农村生态环境。开展了农村自然村落综合整治和改造，推进农民新村建设，改善了农村居住生活环境。绿化美化农村环境，实施黄浦江上游涵养林建设，充分利用公路两侧、河流护坡、田间道路、农村宅田等进行植树造林，发展一批大型片林和果园，使上海农村增加了 100 多万亩林地，生态环境得到优化。加强完善了农村环境保护，强化对耕地、水资源、生物资源的监督管理，为生产绿色、无污染农产品提供良好的发展条件，为农村居民提供优良的人居环境，使上海农村的"天更蓝，地更绿，水更清，居更美"，实现农村和城市和谐共存、融合发展。

世博会促进了上海生态农业的发展。生态农业是现代农业的一种模式，它是在保护、改善农业生态环境的前提下，运用系统工程方法和现代科学技术建立起来的资源、环境、效率、效益兼顾的综合性现代农业生产体系。这几年来，上海紧紧抓住世博机遇，按照生态农业要求，全面规划、调整和优化农业结构，提高综合生产能力，加快转变农业发展方式，以节地、节水、节肥、节能和综合利用为目标，开发农业生态环境保护和资源综合利用技术，推进循环农业建设。通过种植、养殖、加工结合，推广果林地、农田、水域养殖、农户庭院等立体种养模式等，使农业物质循环和能量多层次综合利用，提高农业生态效益。

实行废弃物资源化利用，实施秸秆综合利用和机械化还田，严禁秸秆焚烧，降低农业成本，把发展生态农业与改善生态环境、防治污染、维护生态平衡结合起来。采取切实有效措施，减少农药、化肥使用量，推广绿肥种植、商品有机肥使用、测土配方施肥技术、实行科学轮作、恢复提高地力，创造良好的农业生态环境。进一步建立健全生态补偿机制，对全市的生态保护区、水源保护区、基本农田和纯农业地区实行生态补偿，确保上海农业生态环境的进一步优化。

世博会对上海品牌建设、农产品质量安全体系建设起了极大推动作用。从 2008 年起，上海启动了 158 家世博农产品生产基地建设，围绕质量安全可追溯制度的建立，全面实施标准化生产，做到按生产技术规程组织生产。认真执行植保员签名等"十项"制度，做到生产过程农产品质量安全有效控制，完善加强质量检测制度，做到不检测不上市，不合格不出场，不承诺不出售。为农产品生产基地场和农民专业合作社配备速测室和检测人员，一般农户以镇为单位配置检测室和检测人员。全面启动了世博农产品质量安全保障工作。健全农产品质量安全检测网络，强化农产品质量安全检测，建立和完善可追溯制度，严格动物防疫检疫管理，建立农产品产地准出和市场准入制度。推进各类优质农产品认证；确保上市农产品质量可追溯和安全放心：对 12 个蔬菜基地的品牌实施条形码和质量安全查询系统管理，通过蔬菜条形码、QS 标志或批号获取蔬菜的溯源信息，获得生产企业和基地农事操作信息；对 158 家重点基地实施田间档案管理，并及时地输入"蔬菜生产安全监管信息平台"查验；对 30 万亩最低保有量蔬菜，全面建立和实施田间档案制度，建立全市蔬菜种植大户的档案信息，实施产地准出制度，把上市蔬菜纳入信息化管理。开展迎世博重点产品生产基地质量可追溯制度建设的培训工作，围绕田间档案记载、信息上网和安全使用农药等相关内容，分期分批举办"迎世博"重点农产品生产基地负责人、科技指导员和植保员培训班，全面推进农产品质量可追溯制度建设。加强对农户安全使用农药的宣传告知和管理，发放《蔬菜农药安全使用告知书》《蔬菜质量安全监管责任书》和《上市蔬菜质量安全承诺书》，增强农户的法制意识。建立和健全市、区（县）、镇（乡）、村级和村民小组五级农产品质量安全监管网络，对农户和生产单位签订《质量安全责任书》和《蔬菜质量安全承诺书》，实现网格化管理，上海农产品质量安全管理体系日臻完善。

世博会还为上海郊区带来大批游客。据不完全统计，到 2009 年年底，上海已建成各类乡村旅游景点 100 多个，年接待规模达万人以上的乡村旅游景点 70 余个，其中有 16 个景点被国家旅游局评为国家农业旅游示范点。农业旅游还提升了当地农产品的品牌知名度。游客体验了到田头、果园亲手采摘新鲜果蔬的乐趣，亲眼见识了沪郊优质农产品的生产状况，熟悉了它们的品牌，使乡村旅游区的农产品知名度逐渐提高。

通过筹办世博会，上海加快了"世博农园"、"世博农家"建设，把上海市农业旅游景点串珠成线、串点成片，有利于带动和促进乡村旅游业的发展，提升郊区乡村旅游水平。世博会期间，上海各区县都有 3～5 个农业旅游精品景点，全市建成 60 家左右"世博观光农园"和 200 家左右的"世博农家"，以此在世博会期间不断掀起上海市农业旅游观光休闲活动的高潮，真正做到农村让城市更精彩。

2011 年 9 月 30 日，上海新农村建设投资股份有限公司由上海市供销合作总社联合金山、闵行、宝山、浦东、奉贤、嘉定、南汇、松江八家区供销社发起设立，经上海市工商行政管理局核准成立，注册资本 3 亿元人民币，于 2011 年 10 月起试运行。新农村投资公司将聚焦上海新农村建设和上海城乡一体化建设，通过投资新农村建设项目和城镇化建设项目、投资与"三农"相关的新兴产业，参与"为农服务"设施建设和农村金融服务体系建设，加快系统内存量资源优化配置，努力成为上海市供销合作社参与上海新农村建设、服务城乡统筹发展的投融资运作平台。新农村投资公司将秉承"合作、共赢、创新"的经营理念，加快对城镇化建设项目、资产资源整合项目、新兴产业发展项目的前瞻性布局，为加快上海新农村建设发挥积极作用。

上海新农村建设案例：

华亭镇，位于上海市的西北部嘉定区，古风悠远，历史悠久，底蕴深厚，水秀地灵，名胜众多，人文荟萃。翻开近 800 年历史，这里风流人物辈出，精彩华章不断，是江南久负盛名的历史文化名城。从古到今，嘉定展现给世人的荣耀，并不是一瞬间的光彩，而是在不断跨越和创新中勾画出了日益夺目的光辉。

改革开放以来，富有开拓精神的嘉定人，以顽强的毅力和超前的思路锐意进取，不断开拓，走出了一条持续、稳定、健康的发展道路。近年来，面对新的机遇和挑战，中共上海市嘉定区委、区政府坚持以科学发展观为指导，认真贯彻党的十六大和十七大精神，将"发展"作为第一要务，站在更高的起点上，攻坚克难，开拓进取，在加快转变经济发展方式、全面统筹城乡发展、大力推进社会事业发展、切实改善民生等方面取得了新的成效，保持了新时期经济社会又好又快发展的良好势头。2007年，全区实现增加值559.9亿元，同比增长15.6%。完成财政总收入达到183.2亿元。全区经济和社会各项事业再次取得了历史性进展。

特别值得一提的是，近年来，在华亭镇党委书记钱锦良的带领下，全镇人民团结一致、齐心协力，结合自身的实际，因地制宜，科学发展，选择以毛桥村作为试点、以"村容整洁"为切入点、以"农宅改造"为突破口，扎实、稳步、有序地推进了社会主义新农村建设。以不懈的努力和富有成效的发展模式，为全面推进华亭镇新农村建设做出了有益探索并取得了显著成效。

三年的不懈努力，华亭镇发生了巨大的变化；创新和突破，使农村面貌焕然一新；新经济增长点初步显现；农民增收渠道更多样化；民主管理机制更加健全；社会风尚文明和谐。2006年华亭镇毛桥村被国家农业部命名为全国35个社会主义新农村建设示范点之一，成为上海新农村建设一道亮丽风景线。

如今，改造后的毛桥村知名度和影响力有了极大提高，通过有效整合现代农业园区核心区"华亭人家"的旅游资源，华亭镇的农业休闲旅游特色产业正在逐步形成。"华亭人家——毛桥村"现已成为全国农业旅游示范点。

毛桥村试点的改造成功，带动了全镇各项事业的有效发展：2007年实现增加值9.06亿元，同比增长12.1%；全镇财政总收入3.4亿元，同比增长14%；实现工业总产值36.4亿元，同比增长11.6%。私营经济2007年完成上缴税收总额3.07亿元，同比增长36.6%。此外，该镇占地22 km²的嘉定现代农业园区，2012年，已建成设施良田3 300亩，规模化优质粮田示范基地3 000亩以及蔬菜基地2 000亩，生产的有机无公害蔬菜瓜果分销上海各大超市。至此,华亭镇——一个正在崛起的现代新农村,以其特有的新姿向人们展示着无穷的魅力。

第三节 经济、社会的科学发展

2009 年 4 月 14 日,《国务院关于推进上海加快发展现代服务业和先进制造业 建设国际金融中心和国际航运中心的意见》(以下简称《意见》)正式印发,这是国家第一次具体提出推进上海国际金融中心和国际航运中心建设的发展目标、主要任务和政策措施。上海市委、市政府围绕全面贯彻落实国务院《意见》,抓紧开展了一系列工作,国际经济、金融、贸易、航运中心建设取得了积极成效。

一、上海"四个中心"建设总体情况

自 20 世纪 90 年代以来,以邓小平、江泽民同志为核心的两代领导集体和以胡锦涛同志为总书记的党中央,一直对上海国际经济、金融、贸易、航运中心建设给予关怀、寄予厚望。1991 年,邓小平同志视察上海时强调:"中国在金融方面取得国际地位,首先要靠上海。"1992 年,江泽民同志在党的十四大报告中提出:"尽快把上海建成国际经济、金融、贸易中心之一,带动长江三角洲和整个长江流域地区经济的新飞跃。"2006 年,胡锦涛总书记在全国"两会"上海代表团发言时指出:"上海要率先转变经济增长方式,率先提高自主创新能力,率先推进改革开放,率先构建社会主义和谐社会,大力推进国际经济、金融、贸易、航运中心的建设。"

二、主要目标和重点领域

1996 年,国务院两次在上海召开专题会议指出:"建设上海国际航运中心既是我国经济发展的需要,也是积极参与国际经济竞争的需要,意义重大。"2001 年,国务院在批复《上海市城市总体规划》中指出:

"把上海市建成经济繁荣、社会文明、环境优美的国际大都市，国际经济、金融、贸易、航运中心之一。"2009年4月，国务院正式发布《意见》，从国家战略和全局的高度，进一步明确了加快上海国际金融中心和国际航运中心建设的总体目标、主要任务和政策措施。多年来，在国家的大力支持下，上海加快推进国际经济、金融、贸易、航运中心建设，取得了积极进展。

2013年，上海坚持以提高经济质量效益为中心，狠抓经济发展方式转变，经济运行呈现稳中有进、稳中向好的积极态势。全市生产总值比上年增长7.7%，地方财政收入比上年增长9.8%，居民消费价格指数比上年上涨2.3%。着力提升"四个中心"功能，成功推出国债期货、沥青期货、黄金交易基金，推行航空货邮中转集拼、跨境电子商务等试点，集聚中国建设银行上海中心、上海国际能源交易中心、波罗的海国际航运公会上海中心等功能性机构，金融市场交易额达到639万亿元，集装箱水水中转比例提高到45.4%，商品销售总额超过6万亿元。鼓励运用新技术、新商业模式、新制度推进产业升级，加大力度支持现代服务业和战略性新兴产业发展，推动新型显示、高端医疗器械等重大项目发展，制定新一轮促进企业技术改造的实施意见。金融、信息服务、文化创意等现代服务业保持两位数增长，电子商务、互联网金融等新业态和邮轮经济迅速发展，第三产业增加值占全市生产总值的比重提高到62.2%。实施国务院批复的张江示范区发展规划纲要，向张江示范区下放一批审批权限，落实股权奖励个人所得税分期缴纳等支持创新政策。新承担国家科技重大专项任务94项，促进光刻机、重大新药等科技成果产业化，全社会研发经费支出相当于全市生产总值的比例达到3.3%左右。强化知识产权保护和管理，每万人口发明专利拥有量达到20.3件。启动碳排放交易试点，发布实施节能减排地方标准，淘汰落后产能660项，单位生产总值能耗比上年下降3.5%以上。

三、前景与展望

20 世纪 90 年代初浦东开发开放以来,上海经历了 20 多年的经济高速增长。2008 年,上海人均 GDP 首次跨越 1 万美元大关,标志着上海步入中等发达城市行列。"十一五"期末上海已基本形成建设"四个中心"的基础设施框架。但随着土地、劳动力等商务成本上升,资源、环境、能源约束加大,创新创业活力不足的问题更加凸显;另外,随着人均收入水平持续提高,产业结构、投资结构、消费结构面临变化;而且2008 年金融危机后,国际需求结构也出现明显变化,围绕产业、技术、市场、标准的竞争更加激烈,各种形式的保护主义抬头,对上海高度外向型经济体系构成较大挑战,上海经济社会发展已步入转型阶段。

为此,只有把经济增长更多地建立在创新驱动、结构优化、内外需协调、社会发展的基础上,才能把握机遇和应对新的挑战,推动经济社会可持续发展。2014 年,上海将加快建设"四个中心",推进产业结构调整。实现经济转型升级,关键在于结构调整。要持之以恒推动产业结构优化升级,提高产业国际竞争力,在构建新型产业体系中实现经济更有效率、更加公平、更可持续的发展。

推进"四个中心"建设,发展现代服务业。积极配合国家金融管理部门,推动原油期货上市、保险交易所建设,集聚功能性金融机构,支持互联网金融等新业态、民营金融等新型机构发展,提升陆家嘴—外滩金融集聚区服务功能,切实防范金融风险。聚焦航运服务业升级,发展航运金融、航运保险、海事法律、邮轮经济等高端航运服务业,争取扩大起运港退税试点范围,支持浦东机场做大货邮转运规模,推动航运衍生品发展。发挥大市场、大流通优势,建设大宗商品交易平台,优化发展现代物流,实施商业转型提速、竞争力提升计划,促进传统商业与电子商务融合发展。推进世界著名旅游城市建设,鼓励信息消费、旅游消费、健康消费、体验消费等服务类消费,带动生产性服务业和生活性服务业加快发展。

第二章　区域环境状况与环境问题

第一节　环境状况

在上海市委的高度重视和正确领导下，在全社会共同努力下，上海坚持生态文明引领和环保优化发展的理念，强化环境保护和环境建设协调推进机制，全面完成了污染减排和第五轮环保三年行动计划年度目标，加快推动了环境管理制度创新和污染防治体系建设，加快破解民生热点难点问题，环境保护工作取得阶段性进展。全年全社会环保投入占生产总值的比重保持在 3% 左右，环境质量总体保持稳定。

近 5 年（2008—2012 年）来，上海市空气质量状况逐步改善，环境空气质量 API 优良率总体呈上升趋势。水质量状况：黄浦江总体水质状况基本保持稳定，苏州河总体水质状况呈 U 形变化，略有好转，长江口总体水质状况基本持平。噪声质量状况基本保持稳定。

一、中心城区环境质量

上海市 2011 年的环境状况公报显示，中心城区考核断面水质综合污染指数为 1.01～5.68，平均水质综合污染指数为 2.34，中心城区河道总体水质劣于郊区河道。

上海市 2010 年的环境状况公报显示，中心城区考核断面水质综合污染指数为 1.05～4.18,平均水质综合污染指数为 2.32,总体水质与 2009年基本持平。

1. 黄浦区环境质量状况

"十一五"期间,黄浦区大气、噪声等环境质量状况总体呈现明显改善的局面。2009 年,大气中二氧化硫年日平均浓度为 0.028 mg/m³,比 2006 年下降了 44%;二氧化氮年日平均浓度为 0.063 mg/m³,比 2006年下降了 11.3%;可吸入颗粒物年日平均浓度为 0.072 mg/m³,比 2006年下降了 14.3%,三项主要污染物均值全部达到空气质量二级标准。2009年全年空气质量指数平均值为 59,优良天数 338 天,优良率达到 92.6%,比 2006 年的 89%提高了 3.6 个百分点。声环境质量有所改善,2009 年城市道路交通昼间平均值为 69.8 dB(A),区域噪声昼间平均值为 56 dB(A),分别比 2005 年下降了 2.1 dB(A)和 0.3 dB(A)。

2. 静安区环境质量状况

"十一五"期间,静安区空气质量明显改善,区域环境空气质量优良率均大于 89%,2009 年,环境空气质量优良率达到 91%。二氧化硫(SO$_2$)2006—2008 年每立方米含量均小于 0.06 mg,2009 年达到了0.03 mg;二氧化氮(NO$_2$)2006—2008 年每立方米含量均小于 0.07 mg,2009 年达到了 0.066 mg;可吸入颗粒物(PM$_{10}$)2006—2008 年每立方米含量均小于 0.1 mg,2009 年达到了 0.076 mg;以上指标年平均值均优于国家二级标准。区域降尘量 2006 年平均为 7.6 t,2007 年平均为 7 t,2008 年平均为 7.5 t,2009 年平均为 6.4 t,有较明显的下降。区域环境噪声平均值 2006 年白天为 57.8 dB(A)、夜间为 48.6 dB(A),2007 年白天为 57.8 dB(A)、夜间为 47.9 dB(A),2008 年白天为 56.9 dB(A)、夜间为 48.1 dB(A),2009 年白天为 57.0 dB(A)、夜间为 47.4 dB(A),均达到了国家Ⅱ类区标准。

通过加大污染治理力度，督促污染工业企业搬迁或调整产业结构，目前全区已无产生严重污染的工业企业。2009 年与 2005 年同比，化学需氧量（COD）等污染物排放总量削减率为 21.5%。主要污染物处理处置水平 6 项指标全部达标。

3. 普陀区环境质量状况

"十一五"以来，普陀区环境质量持续改善。通过河道整治和引清调水，区域水环境质量大为改善。河道基本得到整治，出现了一批"面清、岸洁、有绿、有景"的景观河段，水环境功能区达标率从 2006 年的 29.8%提升至 2010 年的 48.6%。大气环境质量逐年提高，区域空气质量优良率连续五年高于 85%。区域平均降尘量逐年下降，全区扬尘污染得到了较好的控制。区域声环境质量保持稳定，达到国家 II 类区标准，并于 2009 年通过"环境噪声达标区"复验。生态建设不断完善，人均公共绿地面积从 2005 年的 5 m² 提高到 6 m²，绿化覆盖率从 2005 年的 20%提高到 23.5%，全区生态环境得到进一步改善。

4. 长宁区环境质量状况

"十一五"期间，长宁区域水环境质量明显提升，河道水质持续改善，目前全区 80%以上河道基本消除黑臭。大气环境质量稳步改善，环境空气质量优良率连续五年来均保持在 85%以上，2010 年全区环境空气质量优良率超过 90.4%，PM_{10}、SO_2、NO_x 等主要污染物浓度量呈下降趋势。声环境质量基本稳定，全区区域环境噪声连续五年达标，在交通流量不断增大情况下，道路交通噪声没有明显上升，保持在标准值上下。

5. 闸北区环境质量状况

"十一五"期间，闸北区水环境治理取得初步成效，彭越浦、走马塘重点河道水质基本消除黑臭,"十一五"期间全区综合水质改善率达到18.3%;大气环境质量稳步改善,环境空气质量优良率连续五年保持在85%以上,2008—2010年连续三年全区环境空气质量优良率超过90%,空气中二氧化硫、氮氧化物和可吸入颗粒物等主要污染物浓度呈下降趋势,2010年与2005年相比,分别下降了43%、11.1%、33.5%。区域平均降尘量从2005年的9.7 t/(km²·月)下降到2010年的7.8 t/(km²·月),2006年建成"扬尘污染控制区";区域声环境质量保持稳定,2009年全区通过"环境噪声达标区"复验。

6. 虹口区环境质量状况

"十一五"期间,虹口区主要污染源排放强度和排放总量呈下降趋势。大气环境质量稳步改善,主要环境空气质量指标达到国家二级标准。2010年环境空气质量优良率为91.0%,与2006年相比上升了3.1个百分点。2010年二氧化硫(SO_2)API平均值低于全市年平均值,在全市18个区县中位列第三。2010年年底,虹口区地表水水质综合标识指数均值为4.710,达到V类水标准,达到相应功能区要求,比2005年的水质综合标识指数均值6.000降低了1.290,基本消除了黑臭。2010年区域噪声昼间56.7 dB(A)、夜间45.6 dB(A),均符合区域环境噪声II类标准。道路交通噪声昼间71.2 dB(A)、夜间63.9 dB(A),与2005年道路交通噪声昼间71.8 dB(A)、夜间63.4 dB(A)相比,基本持平,仍超过区域环境噪声IV类标准。目前全区人均绿地面积5.08 m²,是2005年年末人均绿地面积4.63 m²的1.09倍,绿地覆盖率达到了20%,完成了"十一五"规划目标任务。

7. 杨浦区环境质量状况

"十一五"期间,杨浦区环境空气质量均达到国家二级标准,环境空气质量优良率呈现总体改善趋势。与2006年相比,2010年空气质量一级天数增加 61 天，优良天数增加 14 天，空气优良率增加 4.5%，PM_{10} 浓度下降 7.8%，SO_2 浓度下降 47.3%，氮氧化物浓度升高 8.2%。2010 年杨浦区空气污染指数（API）优良率在上海 18 个区县中居第 11 位，在 9 个中心城区中居第 4 位。

8．徐汇区环境质量状况

"十一五"期间，徐汇区扎实推进节能降耗、环境保护和生态建设，建立健全节能减排工作机制，顺利完成了节能减排的阶段性目标，五年单位增加值综合能耗下降 20.3%。滚动实施环保三年行动计划，环境保护和生态建设成效明显，在实现经济快速发展的同时有效改善了环境质量。节约集约使用土地，不断提高资源综合利用效率，土地、环境、生态指标均按照时间节点完成预期目标。资源节约型与环境友好型城区建设取得积极成效。

二、郊区环境质量

上海市 2011 年的环境状况公报显示，2011 年，上海郊区考核断面水质综合污染指数为 0.40～3.28，平均水质综合污染指数为 1.57，郊区河道总体水质优于中心城区。

2010 年，郊区考核断面水质综合污染指数为 0.43～3.32，平均水质综合污染指数为 1.62，总体水质较 2009 年有所好转。郊区河道总体水质优于中心城区。

1．青浦区环境质量状况

2006 年，青浦区的环境质量进一步改善。全区环境空气质量中，二氧化氮年平均浓度达到一级标准；二氧化硫、总悬浮颗粒物年平均浓度达到二级标准，全区空气环境质量优良率达到 86.3%。全区水环境质量中，区域河流对照国家地表水 IV 类标准，除总氮、氨氮、总磷外，其余项目均达到相应的Ⅳ类标准，区饮用水水源地地表水基本上达到相应的Ⅲ类标准。

2007 年，青浦区环境空气质量总体保持稳定，空气质量指数达到二级和优于二级的天数为 321 天，优良率为 87.9%，年内全区区域平均降尘量为 6.0 t/（km^2·月）。全区水环境质量中，地表水环境质量基本保持上年水平，青西地区水质优于青东地区，与 2006 年相比，饮用水水源安全管理河道的水质有所改善。

2008 年，青浦区的环境质量进一步改善。全区环境空气质量中，二氧化氮年平均浓度达到一级标准；二氧化硫、总悬浮颗粒物年平均浓度达到二级标准，全区空气环境优良率达到 91.0%，优良天数 333 天，比 2007 年增加 12 天。青浦城区降尘量为 5.7 t/（km^2·月）。全区骨干河道水质基本保持稳定，淀山湖水质综合标识指标为 3.751，比 2007 年明显改善。区集中式饮用水水源地水质达到国家规定的Ⅲ类水标准。

2009 年，青浦区环境空气质量中，可吸入颗粒物、二氧化氮、二氧化硫、总悬浮颗粒物年平均值达到二级标准，全区空气环境优良率 92.3%，优良天数 337 天，比 2008 年增加 4 天。全区降尘年均值为 5.6 t/（km^2·月），水环境质量总体上与 2008 年基本持平。

2010 年，青浦区环境空气质量中，可吸入颗粒物二氧化氮、二氧化硫、总悬浮颗粒物年平均值达到二级标准，全区空气环境优良率 90.4%，优良天数 330 天。其中空气质量达到一级的天数有 117 天，比上年减少 1 天，占总天数的 32.0%；二级的天数有 213 天，比上年减少 6 天，占总天数的 58.4%；三级的天数有 35 天，比上年增加 7 天，占总数的 9.6%。2010 年，除空气质量达到一级的天数外，空气质量日报中首要污染物全部为可吸入颗粒物，共有 248 天，占总数的 67.9%。从监测的三项空气常规指标来看，2010 年污染负荷率贡献最大的为 PM$_{10}$，其次是 NO$_2$，污染贡献最小的是 SO$_2$。全区降尘年均值为 5.5 t/（km^2·月），维持在全市较低水平。2010 年青浦区淀山湖、饮用水水源地和骨干河流水环境质量总体呈现持续改善的态势。从水质综合污染指数来看,相比 2009 年,水质改善率分别为 13%、11%和 3%;"十一五"期间,水质改善率分别为 29%、50%和 10%。水环境质量总体上与 2009 年基本持平,淀山湖水环境质量略有改善。

2. 宝山区环境质量状况

2011 年,宝山区环境空气质量总体良好,各监测点位的优良率均有不同程度的提升。友谊、杨行和吴淞地区空气质量优良率分别为 94.2%、91.4%和 86.2%,较 2010 年分别上升了 4.1 个、4.1 个和 6.2 个百分点。其中友谊地区全年超过一半的天数空气质量为优,比 2010 年多 58 天;吴淞地区有 106 天空气质量为优,较 2010 年大幅提高 33 天;而杨行地区空气质量为优的天数也有 87 天,较 2011 年多 18 天。区域环境空气质量各月份的变化较大,2 月、3 月、7 月、8 月、9 月和 10 月区域空气质量最好,友谊、杨行和吴淞三地区的优良率均超过 90%。友谊地区 1月、4 月、6 月、11 月和 12 月优良率超过 90%,杨行地区 1 月、4 月及6 月优良率超过 90%,11 月优良率超过 80%,12 月空气质量相对较差,优良率为 74.2%,吴淞地区 11 月和 12 月优良率超过 80%,6 月为 76.7%。而由于受北方沙尘暴的持续影响,5 月的空气质量总体较差,全年 2 天重度污染天气分别出现在 5 月 2 日和 3 日。

3. 闵行区环境质量状况

"十一五"期间,全区地表水水质在上游来水不利的条件下基本保持稳定且总体好转,氨氮、总磷等主要污染物呈逐年下降趋势,溶解氧有所上升,中心城区河道基本消除黑臭;环境空气质量优良率连续 8 年保持在 85%以上且逐年上升,2010 年达到 92.1%;城市区域环境噪声基本达标,夜间噪声逐年下降,交通干道噪声逐年改善。先后获得"国家生态区"、"全国绿化模范城区"、"中华宝钢环境优秀奖"等一系列荣誉称号，并在 2009 年被国家环保部列为"生态文明建设试点区"，2010 年闵行区生态城区建设项目又被联合国授予"环境友好型城市示范项目"。2010 年闵行区民生指标满意度调查显示，91%的居民对区域环境状况表示满意。

4．浦东新区环境质量状况

"十一五"期间监测结果显示，浦东新区环境空气污染较轻，空气质量状况总体良好，环境空气中主要污染物二氧化硫、二氧化氮和可吸入颗粒物年均浓度均达到国家环境空气二级标准，环境空气质量总体水平有所改善，其主要污染物年均浓度呈下降趋势。2010 年环境空气质量为优良的天数有 338 天，优良率为 92.6%，较 2006 年优良率上升了 0.3 个百分点。

"十一五"期间，浦东新区地表水以劣Ⅴ类水质为主，2010 年功能达标率仅为 14.7%，水质污染严重。分析表明，浦东新区地表水的主要污染项目为氨氮、总磷及五日生化需氧量，受生化型污染影响的特征明显。

"十一五"期间，浦东新区的声环境监测结果显示，城市区域环境噪声和功能区环境噪声基本达到《声环境质量标准》（GB 3096—2008）中相应功能类别的标准要求，声环境质量基本趋于平稳，但道路交通噪声夜间超标严重，未能达到相应功能类别的标准要求。

5．奉贤区环境质量状况

通过全区共同努力，第三轮环保三年行动计划实施成效显著。创造了三个历史之最：环保基础设施投入历史之最，共投资近 35 亿元；主要污染物排放削减历史之最，三年削减 COD 近 17 000 t；环保创建成果取得历史之最，创建 2 个全国环境优美乡镇和 2 个市级生态村，实现烟尘控制全覆盖。同时全区的环境质量继续保持良好，全民环保意识普遍得到提高。第三轮环保三年行动计划顺利完成，取得了奉贤环保工作基础性和前瞻性的巨大成就。2009 年启动了第四轮环保三年行动计划。至今，整体推进顺利，已完成投资 19.8 亿元，启动 73 项，整体项目启动率 91.3%，完成 31 项，完成率 38.8%。区域环境质量得到明显改善。经统计，2007—2010 年，奉贤区的环境空气质量逐年呈上升趋势，2007—2010 年平均环境空气质量优良天数为 92.5%，全市平均为90.6%。水环境质量总体水质呈改善趋势，主要河道水质稳中趋好，重点整治河道水质得到改善，农村部分水体自净能力差的河道得到有效遏制。

6. 嘉定区环境质量状况

2011 年，嘉定区的环保工作以"削减总量、提高质量、防范风险、优化发展、强化基础"为主线，以污染减排、三年行动计划、专项行动等为重点，认真履行环境保护行政管理职能，全力促进区域经济建设与环境保护和谐发展。全区环境质量总体保持稳定，空气质量优良天数为340 天，优良率达 93.2%，高于全市平均水平，水环境质量稳中趋好，区控断面综合水质指数与 2010 年同期基本持平，水质改善率位居全市前列。

7. 松江区环境质量状况

"十一五"期间，松江区环境质量稳中趋好，大气环境质量稳步改善，环境空气质量优良率稳定控制在 88%以上，2006—2010 年均达到90%以上，空气中主要污染物呈下降趋势，水环境质量呈趋好态势，主要水体水质基本保持稳定。

8. 金山区环境质量状况

2009 年，金山区的地表水环境质量功能达标率为 42.3%，环境空气质量功能区达标率为 95.1%，生态保留用地覆盖率为 17.4%，绿化覆盖率为 37.14%，固体废弃物无害化处理率和危险废物安全处置率均达到 100%。

9. 崇明县环境质量状况

2000 年起，崇明县按照"标本兼治"、"重在治本"、"三个并举"、"突出污染减排"的既定目标滚动实施了四轮环保三年行动计划。经过不懈努力，基本形成了污水、固废、废气治理等环境基础设施体系和生态发展格局，重点区域环境整治效果明显，环境管理体系不断完善，全县整体环境质量持续提高。第四轮环保三年行动计划施行期间，县委、县政府以《崇明生态岛建设纲要（2010—2020 年）》为统领，以国家生态县创建为契机，加强环境保护和环境建设，全面完成化学需氧量、二氧化硫总量控制目标。连续三年环境空气质量优良率达到 90% 以上，水环境与声环境质量均达到功能区标准。

第二节 主要要素环境质量

一、水环境质量

2010 年，上海市水环境质量总体较 2009 年有所好转。与 2009 年相比，黄浦江和苏州河总体水质状况有所改善，长江口总体水质状况略有下降。

1. 黄浦江

根据上海市水环境功能区划和相应的水质控制标准，黄浦江淀峰和松浦大桥 2 个断面水质控制标准为 II 类水，临江断面水质控制标准为 III 类水，南市水厂、杨浦大桥和吴淞口 3 个断面水质控制标准为 IV 类水。

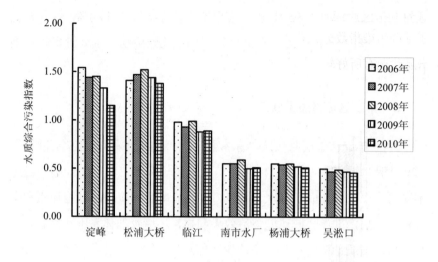

图 2-1　2006—2010 年黄浦江水质综合污染指数

与 2009 年相比，2010 年黄浦江临江和南市水厂断面水质综合污染指数分别上升 1.1% 和 2.0%，淀峰、松浦大桥、杨浦大桥和吴淞口断面水质综合污染指数分别下降 13.5%、4.2%、1.9% 和 2.1%。黄浦江总体水质状况有所好转。

2006—2010 年的监测数据表明，2006—2008 年，黄浦江总体水质状况基本保持稳定，2009 年起黄浦江总体水质状况有所好转。

作为上海市主要出境控制断面的黄浦江杨浦大桥断面化学需氧量浓度从 2005 年的 18.32 mg/L 下降至 2010 年的 13.91 mg/L，降幅达 24.1%。

2. 苏州河

根据上海市水环境功能区划和相应的水质控制标准，苏州河白鹤断面水质控制标准为 IV 类水，黄渡、华漕、北新泾桥、武宁路桥和浙江路桥 5 个断面水质控制标准为 V 类水。

与 2009 年相比，2010 年苏州河白鹤和黄渡断面水质综合污染指数分别上升 1.0% 和 1.4%，华漕、北新泾桥、武宁路桥和浙江路桥断面水质综合污染指数分别下降 10.4%、10.0%、12.7% 和 13.7%，苏州河总体水质状况有所好转。

2006—2010 年的监测数据表明，苏州河总体水质状况有所好转。

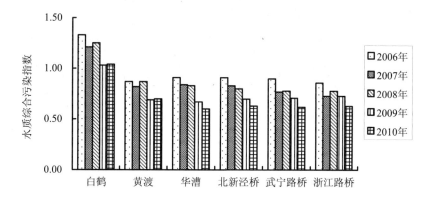

图 2-2　2006—2010 年苏州河水质综合污染指数

3. 长江口

根据上海市水环境功能区划和相应的水质控制标准，长江口水域水质控制标准为 II 类水。

与 2009 年相比，2010 年长江口浏河、吴淞口、白龙港和朝阳农场断面水质综合污染指数分别上升 9.1%、1.1%、6.5% 和 9.1%，徐六泾断面水质综合污染指数下降 3.0%，竹园断面水质综合污染指数持平。长江口总体水质状况略有下降。

2006—2010 年的监测数据表明，长江口总体水质状况有所好转。

作为国务院与上海市政府签订的"十一五"总量减排目标责任书确定的考核断面，长江口朝阳农场断面 2010 年高锰酸盐指数、化学需氧量和氨氮浓度均达到功能区标准，分别为 2.45 mg/L、6.06 mg/L 和 0.42 mg/L，比 2005 年分别下降了 10.2%、13.0% 和 27.4%。

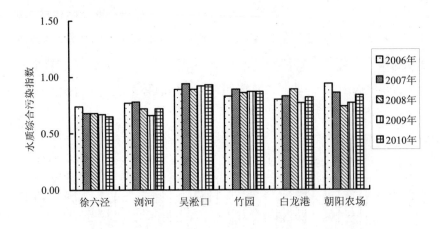

图 2-3　2006—2010 年长江口水质综合污染指数

4．水环境质量考核断面

2010 年，全市水环境质量考核涉及徐汇、长宁、普陀、闸北、虹口、杨浦、宝山、闵行、浦东、嘉定、金山、松江、奉贤、青浦、崇明 15 个区县的 41 条河道计 58 个断面，水质综合污染指数（选择溶解氧、高锰酸盐指数、五日生化需氧量、氨氮、总磷 5 项主要污染物，采用Ⅲ类水标准计算得出，下同）为 0.43～4.18，平均水质综合污染指数为 2.03，总体水质与 2009 年基本持平。其中，中心城区考核断面水质综合污染指数为 1.05～4.18，平均水质综合污染指数为 2.32，总体水质与 2009 年基本持平；郊区考核断面水质综合污染指数为 0.43～3.32，平均水质综合污染指数为 1.62，总体水质较 2009 年有所好转。郊区河道总体水质优于中心城区。

2010 年，15 个区县的水质综合污染指数为 0.45～3.75，其中，普陀区最高，崇明县最低。与 2009 年相比，崇明县、浦东新区、青浦区、虹口区、长宁区、宝山区和金山区总体水质有所好转，杨浦区总体水质有所下降，其余 7 个区总体水质基本持平。

15 个区县中，虹口区、奉贤区和崇明县所有考核断面的水质均达到相应的水环境功能区要求，浦东新区、金山区、杨浦区、宝山区、嘉定区和松江区部分断面达到相应的水环境功能区要求，其余 6 个区考核断面的水质均未达到相应的水环境功能区要求。与 2009 年相比，浦东新区增加 2 个达标断面，宝山区和嘉定区各增加 1 个达标断面，杨浦区减少 1 个达标断面，其余 11 个区县达标断面数不变。

二、环境空气质量

2010 年，上海市环境空气质量总体较 2009 年有所好转。上海市环境空气质量为优良的天数有 336 天，较 2009 年增加 2 天。优良率为 92.1%，较 2009 年上升 0.6 个百分点。全年首要污染物为可吸入颗粒物的有 352 天，占总数的 96.4%；首要污染物为二氧化氮的有 9 天，占总数的 2.5%；首要污染物为二氧化硫的有 3 天，占总数的 0.8%；可吸入颗粒物和二氧化氮同为首要污染物的有 1 天，占总数的 0.3%。

2006—2010 年的监测数据表明，上海市环境空气质量优良率总体呈上升趋势，已连续两年高于 90%。

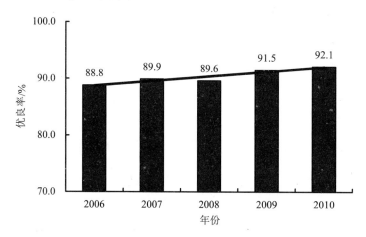

图 2-4　2006—2010 年上海市环境空气质量优良率变化趋势图

1．可吸入颗粒物

2010 年，上海市可吸入颗粒物年日均值为 0.079 mg/m³，达到国家环境空气质量二级标准，较 2009 年下降 0.002 mg/m³。

2006—2010 年的监测数据表明，上海市可吸入颗粒物年日均值均达到国家环境空气质量二级标准，且总体呈下降趋势。与 2005 年相比，2010 年上海市可吸入颗粒物年日均值下降了 10.2%。

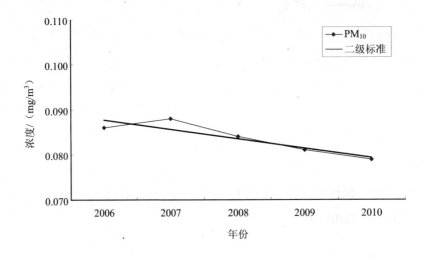

图 2-5　2006—2010 年上海市可吸入颗粒物（PM₁₀）变化趋势图

2．上海市 SO_2 年变化趋势

2010 年，上海市二氧化硫年日均值为 0.029 mg/m³，达到国家环境空气质量二级标准，较 2009 年下降 0.006 mg/m³。

2006—2010 年的监测数据表明，上海市二氧化硫年日均值均达到国家环境空气质量二级标准，且总体呈下降趋势。与 2005 年相比，2010 年上海市二氧化硫年日均值下降了 52.5%。

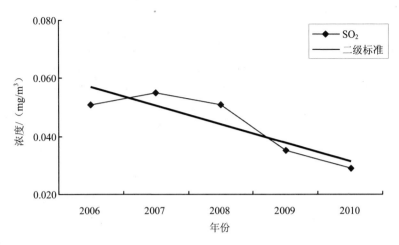

图 2-6　2006—2010 年上海市二氧化硫（SO₂）变化趋势图

3. 上海市 NO₂ 年变化趋势

2010 年，上海市二氧化氮年日均值为 0.050 mg/m³，达到国家环境空气质量二级标准，较 2009 年下降 0.003 mg/m³。

2006—2010 年的监测数据表明，上海市二氧化氮年日均值均达到国家环境空气质量二级标准，且总体呈下降趋势。与 2005 年相比，2010 年上海市二氧化氮年日均值下降了 18.0%。

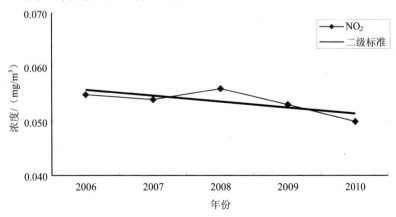

图 2-7　2006—2010 年上海市二氧化氮（NO₂）变化趋势图

4. 酸雨和降尘

2010 年，全市降水 pH 平均值为 4.66，酸雨频率为 73.9%，较 2009 年下降 1.0 个百分点。

全市区域平均降尘量为 7.0 t/（km²·月），道路降尘量年均值为 12.7 t/（km²·月），与 2009 年相比，区域降尘量下降 0.4 t/（km²·月），道路降尘量下降 8.7 t/（km²·月）。

2006—2010 年的监测数据表明，2006—2008 年，上海市酸雨污染呈逐年上升趋势，2009 年起上海市酸雨污染呈逐年下降趋势。

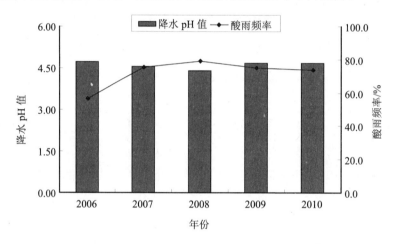

图 2-8　2006—2010 年上海市酸雨频率和降水 pH 值变化趋势图

5. 上海市 PM_{10} 年变化趋势

图 2-9 是 2000—2010 年上海市大气 PM_{10} 年日平均浓度的历史变化趋势。2000 年以来，上海在大气环境治理方面全面推进，煤烟型污染治理、扬尘污染控制和机动车污染控制均取得了明显成效，PM_{10} 浓度总体呈下降趋势，近年来基本保持在 0.08～0.09 mg/m³。均达到国家二级标准的规定限值。

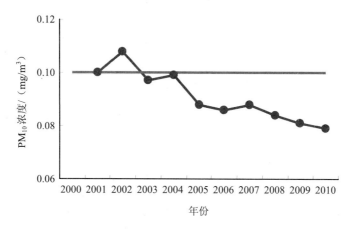

图 2-9　2000—2010 年上海市大气中 PM_{10} 浓度年际变化

6. 上海市 $PM_{2.5}$ 年变化趋势

图 2-10 是上海市环境监测中心所监测到的 2006—2010 年上海市四个点位大气中 $PM_{2.5}$ 年日平均浓度的历史变化趋势。由图可见，近年来各点位 $PM_{2.5}$ 年均浓度呈现上升趋势，2010 年各点位维持在 $0.042\sim0.058$ mg/m^3，总体水平较高，这也是造成上海市能见度较差的原因之一。

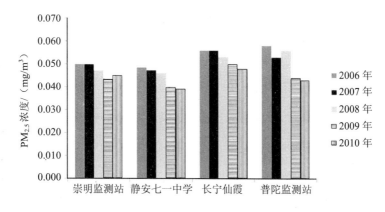

图 2-10　2006—2010 年上海市大气中 $PM_{2.5}$ 浓度年际变化

7. 上海市 O_3 年变化趋势

图 2-11 是 2006—2010 年由上海市环境监测中心监测到的上海市 5 个臭氧监测点位大气中 O_3 年均浓度的历史变化趋势。由图可见，2006 年以来，以青浦淀山湖为代表的郊区 O_3 浓度略有下降，而另外三个点位臭氧浓度整体呈现上升趋势。2010 年五个点位 O_3 年均浓度介于 $0.054 \sim 0.070\,8\ \text{mg/m}^3$，超标率介于 6.6%～26%之间。

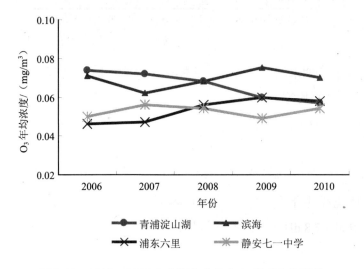

图 2-11 2006—2010 年上海市大气中 O_3 浓度年际变化

三、声环境质量

上海市声环境质量可分为环境噪声和交通噪声。上海的噪声问题最早反映在道路交通上。清同治七年（1868 年），上海法租界公董局在年度报告中就提及独轮车行走时发出的烦人的声音。清光绪七年（1881 年）上海公共租界工部局在年报中已把噪声称为公害，并在民国元年（1912 年）提出了汽车喇叭扰民问题。新中国成立后，随着上海的工业发展，工厂机器设备运行噪声逐渐成为声环境质量变坏的主要原因。由于上海工厂与居民区、商业区混杂，一直到 20 世纪 90 年代以前，工业噪声时常引起厂群矛盾。"八五"期间，随着机动车辆的急剧增加，道路交通噪声又成为环境噪声的污染源。同时，城市建设蓬勃发展和第三产业的兴起，建筑施工、文化娱乐、集市贸易、商店营业等社会生活噪声又渐渐成为上海声环境的重要污染源。

上海最早对环境噪声做定量化调查是在 1974 年下半年。1976—1977 年，开展了市中心区域环境噪声普查。1980 年以后，噪声被列入全市常规监测项目。从此，上海的声环境质量逐渐有了比较全面的、定量化的概念。

"九五"期末的全市环境噪声监测结果显示，区域环境噪声昼间和夜间时段的平均等效声级分别为 56.6 dB 和 49.2 dB，道路交通噪声为 70.5 dB 和 64.1 dB；"十五"期末区域环境噪声有所上升，昼间和夜间时段的平均等效声级分别为 57.3 dB 和 49.8 dB，道路交通噪声有所上升，昼间和夜间时段的平均等效声级为 72.0 dB 和 65.8 dB；"十一五"期末区域环境噪声下降明显，昼间和夜间时段的平均等效声级分别为 54.9 dB 和 47.8 dB，道路交通噪声下降明显，昼间和夜间时段的平均等效声级分别为 69.8 dB 和 64.4 dB。

近年来，上海市区域环境噪声基本保持稳定，交通噪声主要来源于陆路、水上及航空三个方面，鉴于噪声污染的即时性和衰减性，位于上海市郊区的航空噪声污染对市区的影响可忽略，铁路上海站自铁路外环线建成通车后，噪声污染也局限于城区边缘一线，对整个市区尚不构成大的威胁，苏州河航运自 2005 年起全面禁止挂桨机船的通行，已经做到还苏州河沿岸以安静环境。因此，上海市的交通噪声更多地来自地面道路、高架道路。

2010 年，上海市区域环境噪声达到相应功能的标准要求，但道路交通噪声夜间时段未能达到相应功能的标准要求。

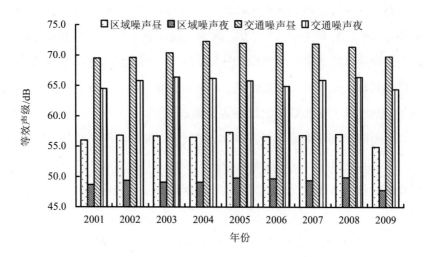

图 2-12　2001—2009 年上海市区域环境噪声

1．区域环境噪声

2010 年，上海市区域环境噪声昼间时段的平均等效声级为 55.8 dB，较 2009 年上升 0.9 dB；夜间时段的平均等效声级为 48.3 dB，较 2009 年上升 0.5 dB。

2006—2010 年的监测数据表明，上海市区域环境噪声在 55 dB 左右，均达到相应功能的标准要求，总体保持稳定。

表 2-1　2010 年上海市网格环境噪声声级分布

噪声范围/dB	＞70	65～70	60～65	55～60	50～55	≤50
测点数/个	1	2	21	127	76	22

2．道路交通噪声

2010 年，上海市道路交通噪声昼间时段的平均等效声级为 69.8 dB，与 2009 年持平；夜间时段的平均等效声级为 64.3 dB，较 2009 年下降 0.1 dB。主要道路交通干线昼间和夜间时段的平均车流量分别为 1 744 辆/ h 和 899 辆/ h，与 2009 年相比，昼间和夜间时段的平均车流量分别减少 98 辆/ h 和 49 辆/ h。

2006—2010 年的监测数据表明，上海市道路交通噪声夜间时段均未能达到相应功能的标准要求；2006—2008 年上海市道路交通噪声昼间时段未能达到相应功能的标准要求，2009 年起达到相应功能的标准要求，总体呈逐年下降趋势。

四、辐射环境质量

上海市辐射环境质量总体情况良好。

1. 电离辐射

环境天然放射性水平方面，对 γ 辐射空气吸收剂量率、γ 辐射累积剂量的监测及气溶胶、雨水沉降物、水汽、地表水、地下水、海水、土壤等样品的分析结果表明，上海市大气、水体、土壤等介质中的放射性核素浓度处于正常水平，全市各监测点的 γ 辐射空气吸收剂量率与历年的监测结果相当。

核与辐射技术应用方面，对伴生放射性矿物利用设施、医院核医学科、加速器使用场所、密封放射源使用场所及射线装置使用场所周围环境的监测结果表明，γ 辐射水平均符合《电离辐射防护与辐射源安全基本标准》（GB 18871—2002）中规定的年累积剂量限值。

2. 电磁辐射

电磁辐射环境方面，上海动物园、共青森林公园、龙华烈士陵园、世纪公园、上海滨海森林公园、人民公园、奉贤古华园、嘉定孔庙、商业区（人民广场）、工业区（青浦工业区）、住宅区（中远两湾城）及交通干线（轨道交通三号线）共 12 个背景点的电磁辐射水平监测结果表明，工频电场强度为 0.085～0.200V/m，工频磁感应强度为 0.017～0.237 μT，综合电场强度为 0.24～0.42V/m。与历年相比，上海市电磁辐射环境背景水平无明显变化。

电磁辐射污染源方面，对东方明珠等广播发射塔、500 kV 南桥变电站等 4 个变电站、500 kV 桥行输电线等 4 条高压送电线、卫星地球站、浦东机场雷达站、移动通信基站、磁悬浮列车及电气化铁路周围环境电磁辐射水平进行了监测，结果表明主要伴有电磁场或产生电磁辐射（非电离部分）的设施周围环境中的工频电场强度、工频磁感应强度和综合电场强度均符合《500 kV 超高压送变电工程电磁辐射环境影响评价技术规范》（HJ/T 24—1998）的推荐限值规定和《电磁辐射防护规定》（GB 8702—88）中的相关规定。

五、生态环境质量

1. 上海市绿化发展

生态环境建设是社会、经济发展的重要组成部分，世界各国高度重视环境保护，把生态建设放到决定人类生存和发展的高度。绿化是生态建设的主体，是有生命的基础设施建设，对保持社会经济持续高效发展和改善人民的生活质量具有重要作用，已成为衡量国家文明和可持续发展能力的重要标志。

（1）城市绿化建设成就

上海绿化经历还清历史欠账、功能性提升、跨越式发展等重要阶段，30 年来绿地建设快速推进，绿化管理不断加强，为民服务能力显著提升。2003 年创建为国家园林城市，2005 年绿化行业被授予"市文明行业"。

结合旧区改造、城市产业结构优化，持续推进城区大型公共绿地建设。1986—1998 年，绿化建设处于稳定增长阶段。党的十一届三中全会以后，上海城市绿化建设进入了相对稳定发展的阶段。特别是土地有偿使用、引进外资参与城市建设等政策推行以来，结合城市道路交通、市政基础设施以及城市居住区的规划建设，绿化建设成效显著，其中比较有代表性的是城市外环绿带的启动建设、陆家嘴中心绿地、滨江大道、上海大观园、植物园、共青森林公园、东平国家森林公园、佘山国家森林公园等。郊区各区县基本实现每个郊县县城一个公园的目标。20 年间绿地年均增长 413 hm^2。1981 年年底，上海市绿地面积 1 772.27 hm^2，其中：公共绿地 404.19 hm^2，绿化覆盖面积 2 067.25 hm^2，人均公共绿地面积 0.46 m^2，绿化覆盖率 6.14%。到 1998 年年底，市区绿化总面积达到 8 278 hm^2，其中公共绿地面积 2 777 hm^2，人均公共绿地面积达到 2.96 m^2/人，绿化覆盖率为 19.1%。

1998—2000 年，绿化建设处于快速发展阶段。1998 年以来，根据市委、市政府关于进一步加强城市环境建设的指示精神，特别是原上海市市委书记黄菊提出的"形成以促进人的全面发展为中心的社会发展体系和人与自然较为和谐的生态环境"的要求，坚持"建管并举"、"重在有质"，上海积极探索具有时代特征、上海特色的绿化发展之路。紧紧围绕改善上海生态环境这个目标，遵循科学合理，因地制宜的原则，改以住"见缝插绿"为"规划建绿"，结合大市政建设，旧城改造、污染工厂搬迁等，辟出成片土地建设绿地。按照生态学理论，城乡一体，平面绿化与空间绿化相结合，形成具有特大城市特点的绿化发展之路，城市绿化建设取得突破性进展，城市生态环境质量得到较大改善。

1998—1999 年，各区县实施了每个街道至少建设一块 500 m^2 以上和一块 3 000 m^2 以上的公共绿地，经过近 2 年努力，全市分别建了 140 块和 120 块。

2000 年起，实施中心城每个区至少建设一块 4 hm^2 以上的大型公共绿地，建成了约 20 块；郊区开展了"一镇一园"的建设和营建大面积人造森林的活动；组织实施《生物多样性计划》。在未来三年内，城市绿化常用植物将从 500 种增加到 800 种。

"十五"以来，绿化建设逐步还清了"欠账"，步入了跨越式发展阶段。绿化建设紧紧抓住"十五"、"十一五"期间城市枢纽型、功能性、网络化重大基础设施建设机遇，积极推进城市绿化建设。

"十五"期间，上海市绿化建设不断克服土地、资金、动拆迁等瓶颈制约，保持了年均新建 500 hm² 公共绿地的增幅，确保了上海绿化主体指标的持续稳定增长。相继建成新江湾城公共绿地、滨江森林公园、炮台湾湿地公园、广中路绿地等一大批大型公共绿地，内环线内基本实现出门 500 m 有一块 3 000 m² 以上的公共绿地。全长 98 km 宽度 500 m 的外环绿带一期工程 2 610 hm² 已经建成，1 475 hm² 的二期工程正在展开建设；上海辰山植物园已于 2010 年 4 月开园。

"十一五"期间，克服绿地建设困难，遵循绿化系统规划，抓住举办世博会、重大基础设施建设、旧区改造和城市产业结构优化等机遇，建设了一批大型公共绿地，如外环生态专项绿地、世博园区绿地、外滩滨江绿地、徐汇滨江绿地、南园滨江绿地、长风生态绿地、大连路绿地、顾村公园等，特别是建成了以科研、科普和休闲旅游为主的辰山植物园。加强了居住区、工业园区、河道、铁路、轨道交通、高速公路沿线的绿化建设。推动了屋顶绿化、垂直绿化、悬挂绿化和阳台绿化等立体绿化。

2010 年年底，全市绿化覆盖面积 130 160 hm²，其中公园绿地面积 16 053 hm²。城市绿地率达到了 34%，城市绿化覆盖率达到 38.15%，人均公共绿地达到 13 m²。

30 年来，全市公园绿地净增 15 648.81 hm²，绿化覆盖率增加 32.01 个百分点，人均公共绿地增加 12.54 m²，人均公共绿地从 30 年前的一双鞋到一间房的跨越发展。这些绿地建设的建成对提升上海的生态环境质量，缓解市中心热岛效应、改善人民生活环境等起到了重要作用。

（2）主要特点

绿化建设发展理念明确。2000 年以来，上海成功申办世博会、"1966"

城乡规划体系建设的启动实施、建设资源节约型和环境友好型城市目标的提出等，均为推进上海市城市绿化建设提供了难得的历史机遇。但城市绿化建设也面临着土地、资金、动拆迁等方面的严峻挑战。在分析研判的基础上，确定了今后一个时期上海市绿化发展的总体思路为"四个转变"，即：在工作重心上，从重建设向重管理转变。在继续保持绿地建设发展稳步增长的基础上，着力将工作重心进一步向管理转移，切实把"重在管理"的要求落实到绿化工作的各个环节。在发展理念上，从重数量向重质量转变。按照建设资源节约型、环境友好型社会的要求，坚持科技创新，注重建设管理的集约化、资源化，不断提升绿地建设的内涵品质和养护管理质量。在结构布局上，从单一领域向多领域转变。按照建设生态型城市的要求，大力发展屋顶绿化、垂直绿化，推进道路林网、河道林网建设，不断改善城市生态环境。在系统功能上，从单一功能向多功能转变。注重体现绿化的多种属性，在突出绿地生态功能的基础上，不断优化、拓展绿地功能，提升城区绿地服务社会市民的综合服务功能，增强绿地的生态、经济综合效益。

绿化建设规划定位明确。立足于上海实现"四个率先"、建设"四个中心"和现代化国际大都市的整体战略目标和目标要求，上海市坚持科学、合理、高起点、高标准地组织编制城市绿化规划，指导城市绿化建设持续发展。

根据《上海市城市总体规划》《上海市绿化系统规划》，按照"建设资源节约型、环境友好型城市目标"、"城郊一体化，体现大都市圈思想，完善与现代化国际大都市相匹配的具有特大型城市特色的绿化系统和生态环境系统"的规划理念，以及"环、楔、廊、园、林"全面发展的绿化结构，上海市组织编制了《上海市中心城公共绿地规划》《上海市城市森林规划》、协同编制了《上海市基本生态网络规划》，不断完善城市绿化规划，强化城市绿线管理工作。

基本明确绿化建设重点实施"三环、三带、四片、五区、六楔、十廊、多园"的布局结构。三环：沿外环线、郊环、与水环形成宽度不等的绿环；三带：沿海岸线形成三条沿海防护基干林带；四片：建设金山化工区、吴泾化工区、奉贤化工区、宝山宝钢地区的防污染隔离林；五区：崇明东滩鸟类自然保护区、长江口中华鲟自然保护区、九段沙湿地自然保护区、金山三岛自然保护区、水源地保护区；六楔：桃浦、大场、东沟、张家浜、北蔡、三林楔形绿地；十廊：沿高等公路干线和滨水沿岸的十条绿廊；多园：中心城区公园绿地、新城公园绿地及新市镇公园绿地等多个公园绿地。同时，通过老公园改造、应急避难场所建设、片林功能提升、开放湿地、立体绿化建设等进一步提升城市绿化功能。

加强城市绿线管理。在组织编制城市绿化规划的同时，上海市不断加强城市绿线管理工作。在控制性详细规划中，实行了不同类型用地的界线，规定了绿化率控制指标和绿化用地界线的具体坐标；在修建性详细规划中，以控制性详细规划为依据，明确了绿地布局，提出了绿化配置的原则和方案，划定了绿地界线。上海市还建立了绿线审批、调整以及社会公开等绿线管理机制，并主动接受社会监督。

绿化科技能力得到增强。围绕建设国家级园林城市和城市森林发展目标，相继开展重大科研攻关，形成了发展理念、支撑技术、机制创新、政策保障等为主的一批科研成果，为绿化的发展提供了发展依据。开展"华东植物区系重要资源植物迁地保护与可持续利用的研究"、"水生植物引种及应用研究"等各类科研攻关和技术推广课题100余项，在核心期刊发表学术论文100多篇，获得专利12项，"城市特殊环境绿化的植物资源选育及应用研究"、"城市绿地有害生物预警信息系统构建及生态控制技术"等11个项目获上海市科技进步奖。

强化应用性技术的研究和示范推广，新技术、新品种、新模式、新工艺在绿化实际中得到广泛应用，部分研究内容还形成了自主知识产权，提升了绿化发展的质量、水平。实施"春景秋色"示范工程，加强新优品种的引种和推广，特别在全市推广开花灌木、色叶树种等取得明显进展，建成了一批示范工程。上海绿地常见植物达到了 860 种。开发和推广了枯枝落叶等绿化废弃物利用和培肥技术，重点开展节水、节能、节材、节地等节约型绿化工作；完善有害生物预警防控体系；解决屋顶绿化等立体绿化的植物选择、栽培基质、防渗漏等技术难题。

强化行业发展标准建设，提高绿化建设质量。编制国家城镇建设行业标准"城镇污水处理厂污泥处理园林绿化用泥质"（CJ 248—2007）、城市园林绿化评价标准（GB/T 50563—2010）、城市绿地设计规范（GB 50420—2007）；上海市地方标准"绿化栽培介质"（DB31/T 288—2003）、绿化林业信息获取及管理标准（DG/TJ 08-2043—2008）以及"屋顶绿化技术规范"等国家、市和行业的规范和标准 16 项。

2007 年以来，上海市认真贯彻落实《建设部关于建设"节约型"城市园林绿化的意见》精神，结合公园绿地的改造调整和新建绿地，大力推进以节水、节能、节材、节地和树枝综合利用为重点的节约型绿化建设。

结合城市枢纽型、功能型、网络化重大基础设施建设，大力推进附属绿地、廊道绿化建设，成为绿化建设的有力补充。

廊道绿化辐射面广，是连接城区和郊区绿色生态系统的重要载体，在城市绿地系统中凸显越来越重要的作用。近年来，上海市坚持道路绿化与道路建设相同步，不断加大道路绿化的资金投入。2004 年以来，上海市先后建成了申苏浙皖、莘奉金等多条高速公路，上海市公路总里程达到 11 496.735 km，其中，国、省道可绿化里程 1 455.617 km，已绿化里程 1 452.288 km，绿化率达到 99.7%。同时，结合上海市沪嘉高速公路、外环线等多条公路的整修，积极推进公路绿化改造，进一步优化植物配置，有效改善和美化了道路交通环境，逐步形成了"点成景、线成荫、片成林"的绿色通道。

在着重开展城市道路绿化建设的同时，上海市还大力推进河道、铁路线、轨道线等沿线的绿化建设。上海市绿化、水务管理部门联合制定了《上海市河道绿化建设导则》。根据河道的基本功能、立地条件、周边环境，实施绿化工程,在丰富河道景观、加快恢复河流生态系统的基础上,营造市民亲水游憩平台。2006—2008 年,上海市新建沿河绿化 2 460 万 m^2。

市区绿化管理部门严格控制单位附属绿地的建设管理,对单位改扩建项目要求变动绿地树木的,坚持要求不少于单位原有绿地面积,对于有条件的单位可增加绿地面积,并严格控制大树搬迁,最大限度地确保单位绿化建设成果。截至 2010 年年底,上海市附属绿地总面积达到 18 589 hm^2,新建居住区平均绿地率达 40%。

(3)基本经验

①领导重视是绿化得以快速发展的保证。各级领导高度重视绿化建设,将其作为提高生态质量、改善区域投资环境的重要手段,提上重要议事日程。历年来,市委、市政府、市人大、市政协领导率先垂范,参与义务植树活动,带动了全民义务植树活动的全面开展。1994 年被上海市政府定为"环境保护年"、"城市绿化年"。外环线环城绿带、世纪公园等一大批绿化林业项目在 90 年代得以启动建成。市领导经常过问绿化工作,进行多次专题工作调研,确保了绿化深层次问题的解决。市、区两级政府对城市建设和环境保护投入大幅增长,制定了上海市大绿地建设和生态专项补贴政策,市补贴资金上百亿元,有力推进绿化建设。结合上海市连续推动的四个"三年环保行动计划",以责任制形式把绿化建设各项目标任务落到实处。

②适时把握机遇是绿化快速发展的根本。随着上海的经济发展,为加快生态环境建设提供了有利的条件。绿化工作紧紧抓住机遇,主动适应形势发展需要,盛世兴绿。一是抓规划。根据城市总体规划编制了中心城公共绿地规划和城市森林规划,使绿化林业规划纳入了全市总体发展平台,成为国民经济发展的重要组成部分。二是抓研究。相继开展《上海现代化国际大都市绿化模式探索与研究》《上海世界级城市绿色生态建设研究》《上海现代城市森林发展研究》等课题,为绿化的发展奠定了基础。

③突出重点是绿化整体发展的关键。为加快上海市绿化林业建设步伐，解决市民对绿化林业的迫切需要，"十五"期间有重点地推进了影响大、生态环境改善快的工程。如外环绿带全面合拢；新建了延中绿地、黄兴绿地、长寿绿地、徐汇绿地、东方绿舟、辰山植物园等一批质量好的"绿色明珠"；以 500 m 服务半径为标准，构建 3 000 m^2 以上的公共绿地体系建设。通过重点工程的带动，有效地推动了面上绿化、林业的整体发展。

④调动社会力量是绿化发展的重要手段。在发挥政府行政推动和投入绿化建设作用力的前提下，还充分利用市场机制的调节作用激活绿化生态效应的影响力，引导社会企业和单位投入绿化建设，出现了投资渠道的多元化，经营形式的多样化。区域绿化环境建设成为企业投资的重要杠杆。

（4）存在问题

虽然上海城市绿化建设和管理取得比较显著的成就，但与市民需求和国际大都市的客观要求相比较，还存在一定的距离，主要表现在：

①绿化整体发展还不平衡。绿化发展不够均衡，绿地现状布局不尽合理；规划中楔形绿地的建设仍然滞后，城区绿地与郊区林地之间的连接度还不高，立体绿化发展不够系统，功能完善、布局合理的绿化网络系统还没有完全形成。城市绿化建设受到拆迁、资金和土地等关键因素的制约，投入成本增长显著，绿化建设难度明显增大，如外环生态专项、生态廊道，新建公共绿地项目的推进面临很大困难。

②绿地社会服务功能仍需拓展。部分公园、绿地因建成时间较长，配套基础设施仍有许多欠账，功能上与需求不相适应。部分绿地（带）新居民区集结，原有绿地功能与现状需求不相配套。部分道路沿线绿带、河道沿线绿带以生态功能为主，没有配套设施。公园绿地中防灾救灾避难以及无障碍设施建设等涉及社会公共安全的服务功能还需要进一步拓展。

③绿地质量还需进一步提升。部分绿地的植物配置种植密度偏大，群落配置垂直层结构过于复杂，造成绿地群落稳定性不高，植物景观多样性不够丰富，易诱发植物病虫害；河道绿化和道路绿化形式仍比较单一，绿地结构有待优化，生态景观有待提升。

（5）"十二五"绿化建设形势分析和发展规划

"十二五"时期是我国全面建设小康社会的关键时期，是深化改革开放、加快转变经济发展方式的攻坚时期，是上海加快推进"四个率先"、加快建设"四个中心"和建设社会主义现代化国际大都市的关键期，是上海经济、社会、城市发展进入战略转型的新阶段，也是绿化行业持续推进城乡环境建设、全面加强城市管理、切实维护城市安全运行的重要五年。"十二五"期间，绿化需要适应上海城市发展的总体要求，围绕上海建设宜居城市的目标，实现绿化行业全面、持续、快速发展。

①形势分析。

正确把握绿化发展的机遇：一是把握上海社会经济发展转型中的机遇。"十二五"期间，上海在促进经济结构发展转型、加快经济建设的同时，将进一步加快市政等重大基础设施建设，致力于服务公众的社会发展，致力于加强公益性基础设施建设。绿化作为有生命的基础设施建设，对于提升人民生活质量起到十分重要的作用。二是把握低碳和节能环保举措中的机遇。低碳和节能环保是全球关注的热点问题。上海作为特大型城市，人口密集，土地资源匮乏，生态环境承载能力的刚性约束日益明显。作为城市生态文明建设的重要方面，城市绿化在维护城市生态安全、建设资源节约型和环境友好型城市、推进低碳经济、打造宜居环境、推动休闲旅游产业等经济和促进就业等方面具有不可替代的作用，是落实低碳发展、落实节能环保工作举措的重要途径。三是把握城市管理世博后续效应的机遇。为举办世博会，包括绿化在内的城市基础设施建设和城市管理，有了质的提升，如何固化现有成果，建立长效管理机制，是世博后绿化行业面临的重大课题。与此同时，世博会中展示了大量的城市发展理念、环境保护模式、绿化建设方式等成功经验和案例，需要进一步消化、吸收、转化、推广。四是把握新一轮城市发展中带来的机遇。"十二五"期间，上海将进一步加快城市的战略转型，提升郊区发展能级，推动城乡一体化、郊区城镇化建设。在重大基础设施布局、大型旅游项目、新型城镇建设中，需要生态先行。对此，加强生态环境的保护，加快绿化建设任务艰巨而繁重。

正视绿化面临的挑战：一是推进绿化发展的矛盾性问题仍未有效解决。用地仍是制约绿地发展的重要因素，绿地建设面临高难度、高成本的动拆迁，制约越来越明显；受城市建设的影响，绿地资源的保护、已规划绿地实施的难度进一步加大。二是行业管理与社会多样要求、市民多元需求仍不适应。部分公园、绿地的基础设施、服务功能、服务质量还需要进一步改善和提升；部分绿地的面貌相对较差，未形成长效的养护管理机制；绿化管理的手段、方法需要进一步创新。三是绿化行业的基础能力还比较薄弱。实施管养分开机制后，对管理要求的落实提出了更高要求；绿化行业就业门槛相对较低，绿化养护一线从业人员年龄偏大，技术能力较弱，绿化行业的机械化程度不高，也对行业水平的整体提升产生了影响。

发展指导思想：高举中国特色社会主义伟大旗帜，以邓小平理论和"三个代表"重要思想为指导，深入贯彻落实科学发展观，顺应国际"低碳化绿色潮流"与上海城市战略转型要求，生态优先、科技引领、因地制宜、全民参与，做到"四个注重"：注重城乡一体绿化建设和管理；注重网络化和立体化发展方向；注重资源性和节约型绿化模式；注重法制化和规范化工作标准，提升绿化生态质量，拓展绿地综合功能，为加快推进"四个率先"、加快建设"四个中心"和社会主义现代化国际大都市而努力奋斗！

发展基本原则：一是统筹协调原则。根据国际大都市可持续发展的需求，因地制宜，突出重点，统筹绿化建设与管理，统筹公共绿化与社会绿化，统筹平面绿化与立体绿化，确保绿化系统规划的有序推进。二是功能提升原则。拓展城市生态绿化空间，提升绿地综合服务功能，提高绿地服务质量，多视角、多途径、多功能，推进城市绿化有序发展。三是资源节约原则。加大科技投入，加快技术推广，倡导规划设计人性化，群落配置生态化，材料选择自然化、资源能源节约化，推进节约型绿化建设，促进绿地的高效、可持续。四是常态长效原则。继续坚持条牵头、块推进的工作机制，落实工作重心下移，做实街镇的工作思路；依靠法规、规范，合理协调城市建设、经济发展与生态资源保护的关系，最大限度地保护绿地、树木资源；积极研究和探索建立绿地管理的手段，形成长效工作机制。

发展规划目标：一是总体目标。根据上海城市战略转型与生态文明建设要求，上海绿化发展目标是，到 2015 年，上海城乡绿化生态的系统性、均衡性、功能性明显增强；落实绿化的系统、生态、精细、节约理念，绿地建设持续推进，绿化发展空间不断拓展，绿地质量水平明显提高；加大资金投入，加强科技研究和推广，行业队伍整体素质提升，绿化管理不断加强，法制法规保障有力，长效机制初步建立，绿化管理的制度化、规范化、常态化、网格化明显形成。到 2020 年基本建立与生态宜居城市相适应的城乡绿化生态网络体系框架。二是主要指标。到 2015 年，全市新建绿地 5 000 hm²，其中公共绿地 2 500 hm²；实现城市绿化覆盖率 38.5%，城市绿地率 34%，人均公共绿地 13.5 m²。新建公共建筑屋顶绿化比例占适宜屋顶绿化的公共建筑的 95% 以上；公共绿地枯枝落叶资源化利用率达到 60% 以上；绿化有害生物危害率控制在 5% 以内；绿地常见植物种类达到 920 种。

②主要任务：一是坚持同步基础设施建设，加快绿地发展。加快实施基本生态网络结构体系的建设，形成中心城以"环、楔、廊、园、林"为主体，中心城周边地区以市域绿环、生态间隔带为锚固，市域范围以生态廊道、生态保育区和自然湿地为基底，初步形成"环形放射状"的

基本生态网络空间体系框架,扩大城乡绿色生态空间。结合基础设施建设、旧区改造、郊区新城和新农村建设,进一步推进大型公共绿地、楔形绿地、大型居住区绿地建设,因地制宜结合河道等建设人工湿地,基本建成外环绿带,启动郊环绿带等结构性绿地建设,分层次有重点地推进新城绿地建设;积极推进构建镇级公园体系,完善城镇绿地空间网络布局;重点实施虹桥商务区等大型项目配套绿化建设。积极推进崇明现代化综合生态岛建设。把握市政道路、新建居住区配套绿化建设质量,加强与河道、铁路、公路等主管部门的协调,调动部门绿化的积极性,形成推进绿化发展整体合力。二是坚持资源综合利用,推进节约型绿化发展。大力推广适生植物和乡土植物,营建近自然植物群落,降低绿地建设与养护的投入;因地制宜,适当减少色块比例,增加小乔木或高大落叶乔木比例。推进绿地结构调整和功能提升试点,抓好土壤改良工作,提高现有绿地的生态景观质量。创造条件增加行道树种植,发展城市林荫道。大力发展屋顶绿化、垂直绿化、桥柱绿化、窗台绿化等立体绿化;在完善屋顶绿化技术规范的基础上,加快立体绿化相关规划、建设、管理、激励等方面政策法规的研究和制订,从制度上确保立体绿化的建设。三是坚持科技集成创新,提高园艺和生物多样性水平。调整植物引种目标和方式,从单纯增加物种数量为主转为紧密结合绿地质量和服务功能提高,增加高观赏型、环境修复型、健康保健型和特殊生境适应型植物的筛选和推广;分析评估植物引种的经验,挖掘推广植物的应用潜力,加大栽培和养护技术研究和推广,编制新优植物栽培养护技术规范。围绕城市生物多样性建设,开展上海地区本土濒危或灭绝物种的小种群恢复研究,促进野生种群及数量恢复和生境重建。四是规范绿化建设管理,提升行业整体建设水平。建立、完善绿地建设项目库,加强建设计划、设计方案管理、工程招投标、质量安全管理等,完善项目建设管理。建立健全绿化保障与应急储备机制,加大涉及苗木储备、肥料介质、病虫害防控、机械设备、防汛防台等绿化应急保障物资的投资力度。

重点实施工程：按照上海市绿化系统规划，发掘潜力，大力推进结构性绿地建设，按照"中心城按规划补绿、新城大力建绿、新市镇一镇一园"的原则推进公园绿地建设，构建城市生态安全屏障。一是生态专项建设。"十二五"期间，加快外环生态绿带建设，基本建成外环生态工程；建成滨江森林公园二期、顾村公园二期、七宝文化公园等大型休憩绿地。二是楔形绿地建设。推进浦东张家浜、东沟、桃浦等楔形绿地建设。三是大型公共绿地、防护绿地建设。结合工业区搬迁、旧区改造以及沿苏州河、黄浦江岸线公共开放空间建设，继续加快推进普陀长风、徐汇滨江、新江湾城、宝山吴淞等中心城区公共绿地建设。四是新城、新市镇公园绿地建设。结合嘉定新城、南桥新城、青浦新城等建设，加快公共绿地的先行启动或同步建设，到 2015 年，结合新城建设公共绿地总量 600 hm²；抓住城镇发展的大好机遇，推进"一镇一园"建设，同时对已建成的镇级公园实施基础设施、服务设施、植物群落的综合改造，计划新建镇级公园 10 个左右。

2. 上海市林业发展

上海是我国改革开放的前沿，是我国经济、金融、贸易和航运中心。上海地处长江入海口，是长江三角洲冲积平原的一部分，境内除西南部有少数孤立低丘外，均为坦荡低平的平原，平均海拔 4 m 左右。上海属温和湿润的亚热带季风气候，充沛的温光资源和丰富的水资源是绿化林业发展得天独厚的自然条件。

（1）大力推进林业建设，促进林业持续发展

改革开放以前，上海林业主要以农村"四旁"植树、栽种竹园等为主，生产的产品多数用于制作小农具、搭建牲畜棚舍以及食用竹笋等。20 世纪 50 年代末 60 年代初，上海郊区先后建立了一批国营林场和国营苗圃，但除了松江佘山、崇明东平等少数规模较大的林场外，基本上是无规模化的林地。60 年代末至 70 年代，随着水杉的大面积推广，上海

林业建设步入加快发展阶段。郊区结合改土治水、兴修水利等农田基本建设，林业建设掀起了以营造农田林网为主体的植树造林高潮，先后涌现出青浦县练塘乡林家草大队等一批农田林网建设先进典型。

以平原绿化达标为抓手，逐步构建林业防护体系。改革开放以后，上海林业经历了从慢到快、从小到大、从传统到现代的发展历程。80年代中期，由于全国粮食连年丰收，粮食结构性过剩的矛盾突出，种粮效益持续下滑，郊区农民积极要求调整种植结构，市委、市政府确定了"稳粮、调棉、保菜，发展市场适销的经济作物"的农业结构调整要求，郊区林业按照"多树种、多林种发展，林果花综合推进"的发展思路，积极引导以经济果林为主的经济林发展，先后建立了一批具有一定规模和特色的果品、蚕桑和花卉生产基地。

80年代后期，围绕2000年全市平原绿化达标的总体目标，郊区开展了以平原绿化达标为主要内容的绿化竞赛活动。

——1987年起，在郊区10个区县开展以农田林网、骨干道路河道绿化、镇区村庄绿化为主要内容的平原绿化达标活动，一手抓农田林网建设工程，一手抓"四个一"（河、路、镇区、农业示范区）等绿化重点工程，至1998年，郊区农田林网控制率达到63%。1992年，崇明县率先实现平原绿化达标目标。1996年，为进一步加快平原绿化步伐，市政府与郊区各区县政府签订了"九五"平原绿化责任状，层层分解绿化建设指标任务。

——1988年起，按照《上海市沿海防护林体系建设规划》，在沿海6个区县启动建设以发挥生态效益和防护功能为主体，网、带、片相结合，纵深40 km的沿海防护林体系工程。至1998年，累计建成防护林带面积2 600 hm^2，大陆海岸线基干防护林带基本合拢，沿海地区形成了一道绿色屏障，与纵横交叉的农田林网组合成一张能有效抵御自然灾害的生态保护网。

——1992年起，为配合淮河、太湖流域综合治理，上海市按照全流域总体规划要求，在嘉定、青浦、松江、南汇、闵行 5 个区县启动实施防护林体系建设工程。至 1997 年，先后在太浦河、淀浦河、黄浦江、油墩港、大盈港等主要河流两侧建成了全长 200 余公里、面积 240 余公顷的护堤护岸林、水源涵养林。

——1998 年起，市林业部门在郊区 10 个区县组织实施了 15 个市级林业生态示范工程，其中有生态型、生态经济型、生态观赏型等多种功能的沿海防护林、农田防护林、农业示范区配套绿化，以及骨干道路和河道绿化带，大大加快了平原绿化达标步伐。

——80 年代中期至 90 年代，上海郊区的林业产业也得到长足发展，经济果林、花卉等区域优势产业进一步凸显。按照区域化布局、规模化推进、标准化生产、品牌化经营的林业产业思路，大力发展区域优势明显、市场潜力大、农民参与度高、农村收益面广的林果产业，形成了南汇水蜜桃、松江水晶梨、崇明柑橘、嘉定葡萄、奉贤黄桃、金山蟠桃等特色品牌，全市经济果林面积发展到了 20 万亩。

（2）抓住发展机遇，实现林业跨越式发展

主要背景。21 世纪上海林业的大发展主要基于三个方面的时代背景：一是全国林业发展进入了历史新阶段。我国确立了生态建设、生态安全、生态文明的"三生态"发展战略，2003 年，中共中央、国务院下发了《关于加快林业发展的决定》（中发[2003]9 号），重新确立了林业在可持续发展中的"三个地位"，把我国林业发展推向了由以木材生产为主向以生态建设为主转变的历史新阶段，为上海林业大发展指明了方向、奠定了基础。二是上海城市发展定位客观上要求林业加快发展。作为现代化国际大都市综合竞争力的重要指标之一，上海的生态质量指标与国内外同类城市相比有很大差距，迫切需要通过加快林业发展改善生态环境。同时，围绕成功举办世博会、创建国家园林城市的目标，需要大规模推进造林绿化。三是农业结构调整为林业发展提供了条件。世纪之交，全国粮食连年丰收，粮食结构性过剩的矛盾突出，种粮效益持续下滑，农民种粮积极性下降，抛荒弃种现象比较普遍，广大农民要求调整农业结构的愿望日益强烈，上海市各级政府审时度势，采取了经济林补贴等一系列政策，推动农业结构调整，扶持林业发展。

发展进程。进入 21 世纪以后，上海林业步入跨越式发展阶段。为迎接 2010 年上海世博会，加快"四个中心"和现代化国际大都市建设，有效改善城市生态环境，上海各级党委、政府高度重视林业建设，大力推进造林绿化，林业实行了历史性跨越，取得了前所未有的发展成果。林业为保障全市经济社会持续健康发展作出了重要贡献，为加快建设"四个中心"和现代化国际化大都市奠定了良好的生态基础。到 2009 年年底，全市林地总面积达到 148.6 万亩，森林覆盖率 12.58%。一是公益林建设全面推进。2000 年以来，上海市将绿化林业建设列入滚动实施的"环保三年行动计划"的重要内容。中心城区抓住枢纽型、功能性、网络化重大基础设施建设机遇，重点推进大型公共绿地建设，每年新增各类绿地 1 000 hm^2 以上，相继建成了大宁绿地、徐家汇公园、炮台湾湿地森林公园、滨江森林公园等一批大型公共绿地。全长 98 km、宽 100 m 的外环绿带一期工程于 2004 年基本建成。郊区抓住农业结构调整和新农村建设机遇，重点推进以沿海防护林、水源涵养林、通道防护林、污染隔离林等为主体的林业建设，沿海防护林带逐步加宽完善，水源涵养林、通道防护林基本建设到位。上海海湾国家森林公园、上海辰山植物园于 2009 年年初步建成，2010 年对外开放。二是大型片林快速建成。继 2000 年上海市建成第一个市级千亩苗木基地——嘉定马陆千亩苗木基地后，在"以房建林"政策的激励下，通过营造政府引导投入、企业和社会广泛参与的多元化造林投融资机制，社会资本成为生态片林建设投入主体。2002—2004 年，相继建成了浦江、嘉宝、申隆、申亚、泖港、种种和金山等 22 块千亩以上大型生态片林，区域总面积约 10 万亩，造林面积约 7 万亩，成为上海城市森林的重要骨架。三是经济果林发展迅速。2003—2008 年，通过实施两轮林业建设计划，全市共新建经济果林面积 20 多万亩。全市经济林面积稳定在 35 万亩左右，年产量 45 万 t，产值 15 亿元。经济果林生产的科技含量和区域化布局、标准化生产、组织化经营、品牌化营销的程度不断提高，区域产业优势进一步凸显。

主要做法。上海市委、市政府历来高度重视林业发展，始终把造林绿化作为有生命的城市基础设施，不断加强政策引导和行政推动，不断加大财政投入，保障了林业快速、有序、健康发展。一是加强行政推动。"十五"期间，上海市各级政府不断加大政策扶持和财政投入力度，出台了一系列政策。2002 年，市政府下发了《关于促进上海市林业发展的若干意见》，出台了"以林养林"、"以房建林"、"以项目带林"等政策，大大激发了国内外企业和个人参与林业建设的积极性，先后在郊区建成千亩以上大型林地 20 余片，建设苗木基地约 30 万亩。二是坚持规划引导。依据《上海市城市总体规划》，上海市先后编制了《上海市绿化系统规划》《中心城公共绿地规划》和《上海城市森林规划》，并分别经市政府批复同意。规划确定了以"环、楔、廊、园、林"为空间结构的布局形态，中心城公共绿地划定了绿线，城市森林划定了组团式森林发展构架，为林业发展奠定了良好基础。三是统筹城乡发展。围绕社会主义新农村建设的目标任务，以"创绿色家园建富裕新村"主题活动为抓手，以点带面、因地制宜、多种形式地推进林业新农村建设。2007—2008 年，全市共建成绿色小康示范镇 10 个，绿色小康示范村 20 个，绿色小康示范户 127 个。四是鼓励各方参与。在上海市一系列林业政策的引导下，社会力量参与林业建设的积极性高涨，仅社会企业投资建设的林地面积达 30 余万亩，绝大部分大型片林由企业投资建设。

林业发展特点。21 世纪上海林业发展按照"政府推动、市场运作、社会参与"和"大工程带动大发展"的思路，将造林绿化整合成"林木种苗工程、通道工程、片林工程、防护林工程、涵养林工程和经济林工程"六大工程，调动社会力量参与林业建设的积极性，社会企业、个人和广大农民成为上海市林业建设的主体力量，形成了全社会参与林业建设的局面，呈现出造林规模化、造林工程化、造林社会化和造林多样化的上海城市林业发展特点。一是认识统一。农民有调整农业结构发展经济果林的强烈愿望，市民有通过发展林业改善生态环境的企盼，各级政府顺应时代发展要求，顺应民心民意，乘势而上推进林业发展。二是发展快速。2000—2009年，上海林业实现了空前的快速发展，全市新增林地面积111万亩，为原有林地面积的3倍。全市林地面积从1999年的37万亩增加到2009年的148万亩，森林覆盖率从3.17%提高到12.58%。三是投入力度前所未有。2003—2008年，市政府批准实施两轮林业建设三年计划，重点推进沿海防护林、水源涵养林、通道防护林、污染隔离林、生态片林和经济林建设，全市各级财政用于林业建设的资金为历史高峰，仅市级财力安排的林业建设资金就超过20亿元，促进了林业快速发展。四是林业发展方式发生根本变化。改变了政府造林、分散造林的传统林业发展方式，凸显出造林规模化、造林工程化、造林社会化、造林多样化的城市林业的鲜明特点，形成了政府推动、政策驱动、社会拉动、机制带动的全社会办林业的格局，营造了生态片林等大型森林组团。

（3）加强森林资源保护，巩固林业发展成果

历届上海市委、市政府领导班子和各级地方党委、政府历来高度重视生态保护和建设，始终把发展林业作为生态环境建设的重要内容和农业结构调整的主要方向，运用行政、经济和市场等各种手段，制定出台一系列政策措施，大力加快林业发展，努力保护森林资源，巩固林业发展成果。

森林资源主要特点。上海的林地以人工林为主。主要有以下几个特点：一是森林资源增长快。截至2009年年底，全市林地面积148.6万亩，其中森林面积119.6万亩，森林覆盖率12.58%。2000—2009年的10年间，全市累计新增各类林地面积111万亩，森林覆盖率比1999年提高9.41个百分点，年均增长近1个百分点。二是林地用地比例低。在全市

林地面积中，按土地属性划分，林业用地占林地面积的 1.5%，农用地占 64.2%，建设用地占 31.6%，其他土地占 2.7%。大部分林地土地属性为农田甚至是基本农田，因而林地的稳定性较差。三是公益林比例大。全市林地面积中，沿海防护林、通道防护林、水源涵养林、污染隔离林、大型生态片林等公益类林地面积约占林地总面积的 70%。四是林地的基础设施不配套。大部分林地缺乏森林防火、林业有害生物监测防控，以及排涝抗旱等基础设施，抵御自然灾害的能力不强，不利于林地功能的综合发挥。五是生态服务功能日益凸显。经国家林业局华东林业调查规划设计院评估，上海市现有森林生态系统每年涵养水源 29 300 万 m^3，固土 297 万 t，固碳 46 万 t，释氧 111 万 m^3，吸收污染物 1 231 万 t，全市森林生态服务总价值 74.4 亿元。

森林资源保护措施。上海是一个少林地区，林业发展成果来之不易。保护好有限的森林资源，对巩固林业发展成果，改善生态环境，促进经济社会持续协调发展具有重要意义。

加强基础建设。一是颁布实施《上海市森林管理规定》。依据《森林法》等相关法律规定，结合上海林业发展特点和经济社会发展实际需要，市政府以政府规章的形式颁布《上海市森林管理规定》，于 2009 年11 月 1 日起正式实施。二是实行林地征占用、林木采伐定额管理。按照国家林业局有关要求，每五年编制全市林地征占用定额和森林采伐限额，并分解下达到各区县及相关主管部门，在定额、限额范围内审批林业行政许可事项。三是编制专项规划。会同市发展改革委、市规划土地局市消防局等部门，联合编制《上海市林业"三防"体系建设规划》《上海市森林防火"十二五"建设规划》和《上海市林地保护利用规划》。

建立林业工作责任考核机制。一是建立林木绿化率考核制度。2008年起，实行领导干部保护和发展森林资源的任期目标责任制，将林木绿化率指标纳入市委组织部对各区县党政领导班子和领导干部绩效考核内容，在百分制考核中占 5 分，增强了各级党政领导保护发展森林资源的责任意识,有效促进了林业建设和森林资源保护工作。二是落实森林防火责任制。市委、市政府高度重视森林防火工作,2009 年,市政府办公厅分别印发了《关于进一步加强上海市森林防火工作的通知》(沪府办发[2009]15 号)及《上海市处置森林火灾应急预案》(沪府办[2009]81 号),进一步明确了"主要负责同志是第一责任人,分管负责同志是主要责任人"的森林防火工作各级政府行政首长负责制,并层层签订森林防火责任书,加大森林火灾事故责任追究力度。三是建立林业有害生物防控目标"双线"责任制。市政府与各区县政府、市林业主管部门与区县林业主管部门签订林业有害生物防控目标责任书,将松材线虫病等重大危险性、检疫性林业有害生物的防控目标要求,以及产地检疫率、成灾率、测报准确率、无公害防治率等指标纳入目标责任考核体系。

强化森林资源保护管理。一是组织开展严厉打击破坏森林资源违法犯罪专项行动。根据国家林业局统一部署,每年组织开展严厉打击破坏森林资源违法犯罪专项行动,保持高压态势,有效遏制乱砍滥伐林木、非法侵占林地和乱捕滥猎野生动物等违法行为。二是加强林业行政许可审批事项的批后监管。每年组织开展林业行政许可审批事项的批后检查活动,严肃查处非法占用、非法采伐、多占多采、越权审批、未履行承诺和未按规定给予补偿等行为。三是建立健全林业养护管理组织。林业养护列入了市政府出资购买公共服务的"万人就业项目",全市建立了175 个林业养护社,上岗人数 1.62 万人,养护公益林面积约占全市公益林面积的 50%,既管好了林地林木,又增加了农村就业岗位,促进农民增收。四是加强社会宣传。在森林公园、外环林带、大型生态片林等主要林地,设置森林防火警告警示标牌,提高全社会森林防火意识。

(4)稳定发展经济果林,促进农民持续增收

上海的林业第一产业主要以经济果林为主,柑橘、桃、梨、葡萄为四大主栽果树。经济果林既是上海森林资源的重要组成部分,也是农民收入的重要来源。近年来,上海的林果产业呈现出良好的发展态势,生

产规模迅速扩大，品种结构逐步优化，特色布局基本形成，标准化生产有序推进，组织化程度明显提高，品牌化经营效应凸显，经济效益、社会效益和生态效益显著提升。

①发展现状。2010 年，上海的经济果林种植面积 36.3 万亩，其中投产面积 30.9 万亩，果品总产量 45.8 万 t，总产值 18.3 亿元。林果产业发展越来越显现其生态、经济和社会功能。经济果林成为重要的生态资源。据统计，上海的经济果林面积约占森林资源面积的 1/5，成为森林资源的重要组成部分，为改善上海市城乡生态环境作出了重大贡献。经济果林成为农民增入的重要来源。上海的经济果林已形成了具有区域特色的南汇水蜜桃、松江水晶梨、崇明柑橘、嘉定葡萄、奉贤黄桃、金山蟠桃等特色品牌。全市经济果林的平均亩产值超过 5 000 元，远远高于粮食等一般农作物，已经成为农业增效、农民增收、农村稳定的重要保障。经济果林成为重要的旅游资源。近年来，南汇桃花节、嘉定马陆葡萄节、长兴柑橘节等以经济果林为主题的旅游已经成为上海市民家喻户晓的特色旅游节目，为广大市民休闲度假开拓了新的空间，为推进旅游事业和带动农村经济发展奠定了基础，为造福市民、服务社会作出了重要贡献。

总体而言，上海市林果产业发展与现代农业的要求还有较大差距，主要存在以下问题：一是生产规模小，组织化程度低。大部分面积为农户分散经营，生产经营规模小，组织化、专业化程度较低，抵御市场风险的能力较弱。二是果园基础设施不配套，抗灾能力较弱。果园道路、沟渠不配套，设施栽培比例不高，农田防护林不配套，抵御暴雨、台风等自然灾害的能力较弱。三是科技含量有待提高。经济果林普遍存在树龄老化、产量减低、品质下降等问题，一批老、劣、杂果园亟待更新改造；果品的成熟期过于集中，销售压力大，阶段性"卖难"现象突出。四是果品加工处理滞后。大部分果品都不分级、不包装或简单包装，果品采后加工贮藏保鲜能力薄弱，深加工处理技术手段落后，影响了果品的商品性能和市场竞争力。

②主要做法。上海市各级党委、政府历来鼓励和扶持经济果林发展，无论每次大规模的农业结构调整，还是 21 世纪以来的大规模生态环境建设，经济果林始终是农业结构调整不可或缺的主体。

实行政策扶持。为扶持经济果林发展，近年来上海市采取了一系列政策措施。2002 年出台了"每亩补贴 300 元、连续补贴三年"的经济果林扶持政策。2006—2008 年、2010—2012 年上海市实施的两轮林业建设与管理三年计划，对发展标准化、规模化经济果林，经济果林基础设施改造，经济果林推广使用商品有机肥、高效低毒低残留农药及果品套袋技术等给予资金补贴等扶持政策，调动了农民发展的生产积极性，为加快经济果林发展、提高生产水平、果品安全水平和经济效益发挥了重要作用。

优化区域布局。各地通过重点扶持龙头企业和建立专业果品交易市场，引导优化本地区林果产业布局，基本已经形成了"一区一品"的区域栽培格局。如：以南汇水蜜桃、嘉定葡萄、松江水晶梨、崇明三岛柑橘、青浦白沙枇杷、金山蟠桃、奉贤黄桃和小水果等为代表的特色果品在上海市民中已有广泛的知名度，果品的市场竞争力和食用安全水平显著提高。

着力提升科技含量。近年来，上海市相继建立了桃、梨、葡萄、柑橘、蟠桃、小水果 6 家市级果品专业研究所，开展关键应用技术研究和先进技术集成创新，在品种筛选、良种推广、标准制定、生产示范、技术培训等方面发挥了积极作用，先后引进、筛选、推广了一大批果树新优品种。同时，上海市各级林业技术推广部门通过建立示范基地、开展集中培训、科技结对入户、印发技术资料、专家咨询热线等途径，推进新品种、新技术和标准化生产技术在生产中的转化和普及，有效提高了经济果林生产水平。

实施品牌战略。上海市林业部门每年举办市级果品评比、优质果品展示、农业博览会、果品进公园直销等大型活动，引导全市果品生产由产量优先向质量优先模式转变，果品质量明显提高，培育和扶持了一大批知名果品企业和果品品牌。如："马陆牌"葡萄、"石升牌"新凤蜜露桃、"前卫牌"温州蜜橘、"锦绣牌"黄桃、"仓桥牌"水晶梨、"皇母牌"玉露蟠桃等品牌已成为上海农产品优势品牌，畅销上海市场，丰富了市场供应，促进了农民增收。

（5）积极发展森林旅游，提升林业综合功能

①基本情况。上海市的林业旅游资源主要有以下三类：一是森林（湿地）公园。现有佘山、东平、海湾、共青4座国家级森林公园，总面积1 955 hm^2。其中，佘山、东平、共青3座公园每年接待的游客在200万人次以上，海湾国家级森林公园也已对外开放。此外，还有上海滨江森林公园、吴淞炮台湾湿地森林公园、上海鲜花港、崇明东滩湿地公园等林业旅游景点。二是林业乡村旅游景点。全市已建成以森林资源为基础的乡村旅游景点30余家。如青青旅游世界、申亚乡村度假农园、卫斯嘉闻道园、世纪百果园、高家生态园等。三是林业旅游节庆。以观花赏景、采果体验为主题的林业旅游节庆，如南汇桃花节、马陆葡萄节、金山蟠桃节、崇明柑橘节等。其中始办于1991年、截至2012年已成功举办20届的南汇桃花节，每年推出一批新的旅游项目，已成为上海知名的重大旅游节活动之一。

全市林业生态旅游已初步形成了以国家森林公园为龙头、林业乡村旅游景点为骨干、森林节庆活动为补充的森林旅游体系的基本框架，林业旅游景点已成为上海市民休闲、旅游、度假的好去处。据不完全统计，2010年全市林业旅游景点共接待游客约1 000万人次，直接收入约2亿元，带动社会经营收入超过10亿元。

但是，上海的林业生态旅游业与经济社会的发展水平还不相适应：一是缺乏系统的森林旅游业发展规划。二是由于受建设用地指标等限制，林业旅游基础设施建设和配套服务设施建设相对滞后。三是林业旅

游景点的个性和特色还未凸显。四是林业旅游业的产业链还不完整。

②政策措施。出台政策，鼓励发展森林旅游。2009 年 7 月，市农委、市旅游局、市财政局、市地税局、市工商局、市规划和国土资源局联合下发了《关于加快推进上海市农业旅游发展的若干意见》，出台了鼓励农林旅游业发展的政策。这些政策主要包括：一是放宽农林旅游业项目市场准入条件。农民、企业和其他组织可分别以个体工商户、农民专业（旅游）合作社、公司等多种组织形式从事"农家乐"经营活动。单纯从事观光休闲农家乐经营的，无须取得前置审批。二是给予农林旅游业经营活动税收优惠。农林业旅游项目的经营主体在取得合法经营许可后，其所从事的农产品经营项目可按规定享受减免企业所得税优惠政策。允许农林旅游业经营主体将自产农产品对外销售，每月销售收入低于 5 000 元的，免征增值税，每月接待服务收入低于 5 000 元的，免征营业税。三是加强对农林旅游业经营活动的金融服务。对经评定为市级守信农民专业（旅游）合作社，可享受 30 万元以下贷款免担保的优惠政策。四是逐步解决农家乐等农业旅游项目用地问题。在符合土地利用总体规划和村庄规划的前提下，经区县政府批准，允许使用农民宅基地、农村集体经济组织各类闲置存量用地上的既有建筑物，进行修缮后发展农林业旅游项目。凡符合土地利用总体规划，依法取得并已经确认为经营性的集体建设用地，可采取出让、转让等多种方式有偿使用和流转，用以支持农业旅游项目用地。

出台规定，推进林地功能提升。为加强林地保护，合理利用林地资源，规范林地建设管理，保障林业可持续发展，2009 年 10 月，市规划和国土资源局、市林业局联合下发了《关于加强上海市林地管护设施建设管理的若干意见（试行）》。一是明确林地管护设施建设基本原则。林地管护设施建设应尽可能利用原有的设施进行改造和扩建，尽量少占用现状有林地，管护设施规模应与林地建设发展需要相适应。管护设施宜选址于林地中非林木覆盖范围内，建成后不得减少原有林地的林木覆盖率指标。二是规定林地管护设施设置标准。林地管护设施用地按照一定林地规模配置适量管护设施的原则设置，不允许将管护设施用地指标化零为整使用。公益林地管护设施的具体设置标准为：道班房按照每 100 亩林地设置一处、每处占地面积不得超过 200 m²。防火设施一般按照每 1 000 亩林地设置一处、每处占地面积不得超过 100 m²。动植物病虫害监测与防控设施每 500 亩林地设置一处、每处占地面积不得超过 50 m²。厕所应与道班房合建，按照每 100 亩林地设置一处、每处占地面积不得超过 60 m²。泵房按照每 100 亩林地设置一处、每处占地面积不得超过 60 m²。林地管护设施的单体建筑占地规模不得大于 300 m²，除防火瞭望塔外，建筑高度严格限定在 2 层以下（建筑檐口高度不大于 8 m）。

加快建立推进森林旅游发展的工作机制。明确区县政府是推进农业旅游工作的责任主体，要将其作为推进"三农"工作的抓手，加大投入，科学规划，积极扶持，有序推进。建立由市农委和市旅游局牵头、各相关部门参加的市推进农业旅游工作联席会议制度，协调解决农业旅游发展的重大问题。要求交通部门依据客流量情况和换乘需要，合理设置专线、调整公交站点和班次，增加通往郊区农业旅游点的交通线路，创造良好的交通配套条件。支持农业旅游景点开设田头超市、农产品和地方旅游纪念品购物点。对具备条件的农民专业（旅游）合作社可申请享受农业生产分时电价的优惠政策。

六、海洋环境质量

1. 海洋环境质量状况

随着近年来经济的快速发展，城市规模的不断扩大，上海海域海洋环境也面临越来越大的压力。2006—2010 年，上海海域海水环境质量总体不容乐观，但污染有减缓趋势，主要污染物仍为无机氮和活性磷酸盐。上海海域沉积物质量总体状况良好，部分区域沉积物中重金属铜超海洋沉积物质量一类标准。监测贝类体内汞、六六六、多氯联苯的残留量均符合海洋生物质量一类标准，个别贝类生物体内石油烃和砷残留量超标。各海洋自然保护区和海洋（涉海）工程区、海洋倾倒区海域环境质量状况基本满足其功能要求。

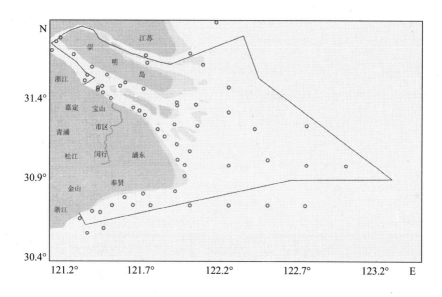

图 2-13　上海海域监测区域及站位示意图

（1）海洋水环境质量。上海市近海海域水质指标中无机氮、无机磷、油类、汞和铅存在超标现象，其中，无机氮、无机磷和铅超标情况严重。

溶解氧。自 1992 年来长江口海域水质溶解氧不论是平水期还丰水期均呈降低趋势，并且平水期比丰水期下降趋势更为明显；从水期来看，除 2000 年丰水期溶解氧含量高于平水期外出现异常外，其他年份平水期均高于丰水期，这可能与丰水期水生生物生命活动旺盛，大量消耗氧有关。近 5 年监测发现，在长江口外一直存在一个低氧区，其面积有扩大的趋势。

无机氮。近 5 年来，上海海域无机氮超标严重，整体海域均超四类海水标准，尤以长江口内为甚，且有逐年加重的趋势。统计结果表明，8月底层水体无机氮平均含量差异较大。从评价结果来看，近5年来，8月不论表、底层无机氮含量属于劣四类的站位百分比均有所升高，无机氮污染程度有所增加，5月没有明显变化。

无机磷。浮游植物的生长、陆源排污和长江口冲淡水都与活性磷酸盐有密切关系。统计结果表明，近5年来长江口区域水体中活性磷酸盐不同月份、不同层次的平均含量有所差异。从评价结果看，近5年来长江口水域活性磷酸盐污染程度有所恶化，活性磷酸盐属于劣四类的站位百分比均有所升高。

（2）海洋沉积物质量。2006—2010年，在上海海域开展针对海洋沉积物中的汞、铜、镉、铅、砷、多氯联苯、滴滴涕、硫化物、有机质等项目的监测。综合评价显示，除部分海域金属铜、铅等个别指标超标外，海洋沉积环境质量总体良好，潜在生态风险低。

（3）海洋生物质量。2006—2010年连续五年，对上海海域生长的多种贝类生物体内汞、铅、镉、砷、石油烃、六六六、滴滴涕和多氯联苯共8项环境指标进行监测。监测与评价结果显示，上海海域监测贝类体内汞、六六六、多氯联苯的残留量均符合第一类海洋生物质量标准的要求。近年来，贝类体内汞、镉的残留量无明显变化趋势；贝类体内石油烃、铅、砷的残留量有所升高。

2. 长江口近岸海域生态环境

（1）生态系统健康状况

上海市位于长江口沿岸，该海域生态系统属典型河口生态系统。综合评价结果表明，2006—2010年，上海海域生态系统处于亚健康状态。存在的生态环境问题主要表现为海洋生物多样性较差和海水富营养化严重。

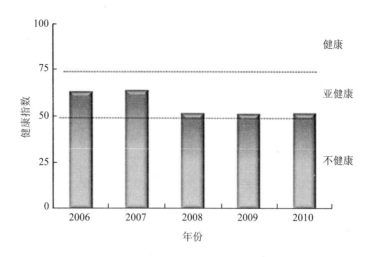

图 2-14　长江口海域生态系统健康状况年际变化

　　近年来上海海域生态系统健康状况不容乐观，且生态系统健康指数呈逐年减小趋势，已逼近亚健康状态的下限（标准值为 50）。

　　（2）海洋生物多样性

　　浮游植物。上海海域浮游植物以近岸低盐类群为主，近年来总种类数维持在 150 种左右，其中 75% 是硅藻。优势种为中肋骨条藻，它是构成上海海域浮游植物群落结构的关键性种类，而且对本海域内浮游植物总量分布格局起决定作用。此外该藻还是典型的广温、广盐性种，在近岸低盐海域数量较多，对生态条件有广泛的适应能力，具有较高的生长率，春、夏季能在河口、近岸等富营养化海域迅速增殖而形成赤潮，对生态环境造成一定的危害。

　　浮游动物与鱼卵、仔稚鱼。2006—2010 年监测鉴定浮游动物 6 门类 200 余种，其中节肢动物中的桡足类为上海海域的最大优势类群，占到种类总数的近 40%，中华哲水蚤、小拟哲水蚤为主要优势种。5 年来长江口生态监控区丰水期（8 月）浮游动物的种类、密度、生物量、丰富度指数和生物多样性指数明显有所升高。

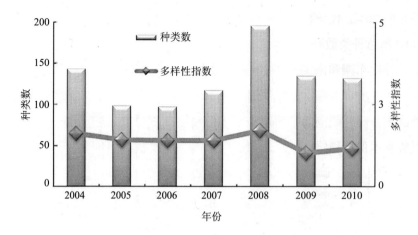

图 2-15　海洋浮游植物种类数及生物多样性年际变化

　　近 5 年来，上海海域鱼卵、仔鱼、稚鱼数量的季节变化明显，春季和夏季鱼卵、仔鱼、稚鱼种类和数量均高于秋季。长江口门区的鱼卵、仔鱼种类和数量多于长江口门以内海域。

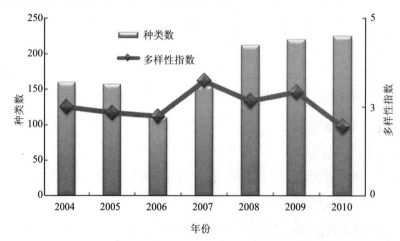

图 2-16　海洋浮游动物种类数及生物多样性年际变化

　　底栖生物与潮间带生物。近年来，上海海域监测得到大型底栖生物总种类数维持在 100 种左右，环节动物门的多毛类是最主要类群，占总种数的 70%。优势种为尖叶长手沙蚕、双唇索沙蚕和丝异须虫等。其中 2010 年总种类数减少明显，仅 59 种。

崇明东滩和南汇边滩潮间带生物监测结果显示，潮间带生物表现出河口低盐种、半咸水种和淡水种共存的特点，弹涂鱼、招潮蟹为其主要种类。各个区域潮间带生物 8 月总体生物水平均要高于 5 月。5 年来种类数基本保持稳定，差异不大。

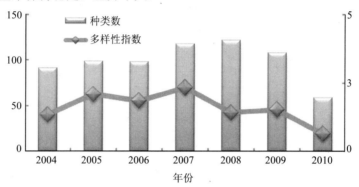

图 2-17　海洋底栖生物种类数及生物多样性年际变化

3．赤潮

（1）赤潮发生概况。赤潮是一种海洋生态灾害，为加强上海市赤潮的预防预警和减灾管理工作，早在 2002 年就成立了上海市赤潮防治工作领导小组，制定了《上海市赤潮防治工作预案》，形成了赤潮监测与预警、赤潮信息服务、海产品卫生检验、赤潮应急响应四大工作机制，并根据预案实施每年度的赤潮监测与应急工作。

近年来，上海市海洋局更是加大了对上海海域赤潮的监测、预警和管理力度，利用卫星、航空遥感、船舶以及现场定点等多种手段在长江口外赤潮多发区设立赤潮监控区，实施高密度、高频率的赤潮监视监测。

表 2-2　2006—2010 年赤潮发生情况统计

年份	赤潮次数	主要发生月份	主要发生地点	赤潮累积影响面积/km²	优势种
2006	3	5—11	长江口外海域	1 080	具齿原甲藻、夜光藻
2007	2	5、7	长江口外海域	400	中肋骨条藻、米氏凯伦藻
2008	3	5—8	长江口外海域	80	中肋骨条藻
2009	3	4—5	长江口外海域	170	中肋骨条藻、米氏凯伦藻、东海原甲藻
2010	—	—	—	—	—

　　2006—2010 年，上海市海域共发现赤潮 11 起，累积影响面积
1 730 km²。近年上海海域赤潮发生特点为：赤潮生物种类增多，赤潮类
型复杂多样；有毒赤潮的爆发有上升趋势；赤潮有向岸发展的趋势。近
两年来，在上海海域有毒赤潮生物也时常出现，每年 5 月、6 月，在长
江口常能检测到产腹泻性贝毒（DSP）的有毒藻类（如具尾鳍藻、倒卵
形鳍藻等），产麻痹性贝毒 PSP 的藻类（如链状亚历山大藻、塔玛亚历
山大藻等），产记忆缺失性贝毒的拟菱形藻。产神经性贝毒（NSP）的
短凯伦藻以及红色裸甲藻、环状多甲藻、米氏凯伦藻等其他有毒藻类。
在长江口外锚地海域的监测中，也能发现产记忆缺失性贝毒的尖刺拟菱
形藻、多列拟菱形藻和多纹拟菱形藻。近年上海市长江口海域发生的赤
潮没有引起养殖或野生鱼贝类死亡，上海邻近的长三角海域受有毒赤潮
影响严重。

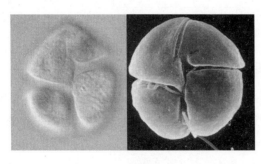

图 2-18　米氏凯伦藻

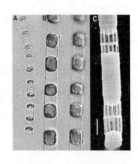

图 2-19　中肋骨条藻

（2）市售海产贝类赤潮毒素污染状况

针对上海市邻近海域发生有毒赤潮及上海海域赤潮的不断增加现状，结合上海市赤潮成灾途径和海产品流通的特点，每年的5—10月，市海洋局多次与市卫生局、水产办等有关部门联合对上海市水产品市场上销售的海产品（贝类、螺类）进行赤潮毒素抽检。结果表明，麻痹性贝毒（PSP）检出率在20%左右，PSP检出时间主要集中于5—8月，所有样品均没有超出安全警戒值；腹泻性贝毒（DSP）的检出率在6%左右；所有样品均未检出记忆缺失性贝毒（ASP）。

总体来说，海湾扇贝、扁玉螺和魁蚶体内的PSP毒素检出率高，在赤潮高发季节应当尽可能少食这些海产品，如果食用一定要高温煮熟后食用，切勿生食，且对处于赤潮敏感区的各种岩礁贝类和浅海养殖贝类等应谨慎食用。

第三节　主要环境问题

由于上海滨江临海，地势低平，松散层深厚，浅部软土层广泛分布，地下水含量丰富，地质环境系统相对脆弱。资源与环境的制约在一定程度上影响了城市可持续发展进程。

一、自然灾害

1. 地面沉降

地面沉降是上海市主要的地质灾害，具有不可逆和累加的特点。20世纪60年代是地面沉降灾害发展最为严重的时期，1921—1965年，市区平均地面沉降达1.69 m。20世纪60年代以来，通过采取防治措施，地面沉降一度得到了有效的控制，但自20世纪90年代起，受地下水需求量增加、产业调整导致地下水回灌量趋于下降、大规模城市建设等因素的影响,地面沉降再度呈现微量加速趋势,沉降影响范围也由市区扩大到全市,对轨道交通、防汛设施、越江隧桥等重大基础设施的安全运营都产生了负面影响,且随时间推延将可能不断加重(图 2-20)。自 2000年以来,上海市政府加大了地面沉降防治力度,规范和强化了地下水管理,使地面沉降控制取得了显著成效,但中心城区等部分地区的不均匀沉降现象仍较明显,对城市安全的潜在影响仍十分突出。

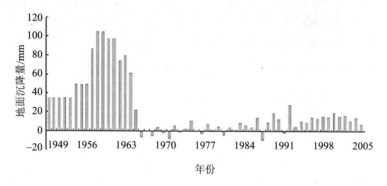

图 2-20 上海市中心城区地面沉降历时变化图

2．地震

上海濒江邻海,从历史资料来看,500 多年来,除了上海本地的地震外,给上海造成一定影响的主要都是邻近区域的地震,其中以南黄海至长江口一带的地震为最甚,其次是江苏溧阳和苏州地区的太仓—吴江一带的地震(图 2-21)。我国东部沿海现已进入了地震活跃阶段,长江口潜在震源区及其邻近海域中小地震时有发生,被中国地震局列为未来10 年我国一级地震监测防御区。上海及邻近海域的地壳稳定,是上海城市安全和可持续发展的必要保障。

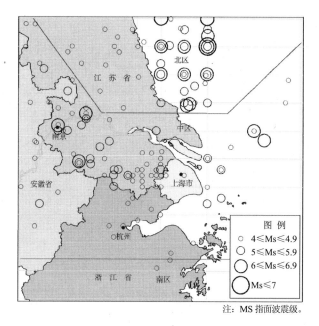

注：MS 指面波震级。

图 2-21 上海及邻区地震活动性统计分区图

3. 岸带冲淤

岸带冲淤是海岸带地区水域和岸线附近比较普遍和十分关注的环境地质问题。淤积对区内的航道和港口资源带来威胁，冲刷大大降低岸带工程的稳定性和后备土地资源的淤积速率。上海沿海不同段表现为不同的冲淤特征。侵蚀海岸主要位于南汇县南汇嘴至奉贤县中港岸段，杭州湾侵蚀海岸主要位于金山县漕泾至海盐县高阳山岸段，公元 4 世纪以来一直侵蚀后退。

近年来，由于长江流域来水来沙条件变化以及涨落潮流流场特性变化，上海市滩涂大面积退化萎缩。自 20 世纪 70 年代以来，长江流域来沙量趋于下降，尤其是长江上游水库的兴建以及三峡建库后入海泥沙大量减少，减缓了上海市沿海沿江滩涂淤涨的速度，扩大了三角洲海（江）岸冲刷长度（图 2-22）。

图 2-22　上海岸滩冲淤现状及类型

4．土壤盐渍化

区内沿岸陆域存在不同程度的土壤盐渍化问题，尤其是崇明岛北沿地区，上海境内 20 世纪 60—80 年代的调查表明，北沿公路以北土壤含盐量一直都相对较高。

南支水道上游边缘的各调查区基本未出现盐渍化的趋势，包括新生圩外边滩、先进圩北沿边滩、大庆圩北沿边滩、前卫北沿边滩、横沙渡口—大庆圩边滩、元沙水闸—横沙渡口边滩、横沙岛十圩边滩等。

横沙的东兴圩—任务圩边滩、反修圩边滩、崇明岛奚西沙、裕安垦区以及东风西沙表现出盐化指标偏高，但远未达到盐渍化的程度。

崇明北支边滩、团结沙新垦区、新村垦区土壤已盐渍化，尤其以崇明北支边滩盐渍化程度较高,该垦区土壤大部分地区已属盐碱土。

二、资源约束

1. 土地资源

上海土地资源总量有限,城市社会经济发展用地需求大,经多年开发利用,后备土地资源相对不足,全市各区县调查汇总结果表明,陆域可复垦、集中连片 300 亩以上的土地已基本利用。因此,长江径流携带的丰富泥沙资源及塑造的滩涂湿地成为上海市重要的后备土地资源,海岸带资源的开发利用成为上海经济、社会、环境可持续发展的重要支柱。

上海市有近 $1\ 000\ km^2$ 的土地是通过吹填促淤围垦的方式获得的。据统计资料分析,上海自 1949—1995 年的 46 年间,年平均圈围 2.3 万亩;"九五"期间,年均圈围约 3.7 万亩;"十五"期间,年均圈围约 5.2 万亩,滩涂圈围力度呈逐步加大趋势。合理开发利用滩涂岸带资源对缓解上海市土地资源紧缺矛盾、保证农业生产持续稳定发展、增强农业后劲、繁荣上海市场、配合市政府产业结构调整、促进工业产值增长、稳定长江口河势、改善长江口航行条件、优化生态环境等方面都起到了重要作用,取得了巨大的社会效益和经济效益,对上海的社会经济建设、海洋经济发展和宜居城市化拓展起到了重要的作用。

但经过 60 多年来多次较大规模的圈围滩涂,0 m 以上的高滩资源几乎用尽(图 2-23)。滩涂的生长退化是一个自然变化的动态过程,有一定规律,也需要一定的时间。滩涂的增长与减少有自然力的作用,但是人类大规模圈围则容易导致滩涂退化加快,尽管也采取低滩促淤等措施弥补滩涂的减少,但是生长速度还是不及减少速度。同时长江泥沙径流的变化影响滩涂生长,导致湿地面积减少,必然对生态环境造成不利的影响。

图 2-23   上海市主要滩涂分布图（2006 年）

2．水资源

（1）地表水资源。地表水资源量包括本地地表径流量、太湖流域来水量、长江干流来水量。

2006 年，上海市年地表径流量为 27.64 亿 m³，折合年径流深 435.9 mm。太湖流域来水量主要经黄浦江干流下泄排入长江，2006年，通过黄浦江松浦大桥断面年平均净泄流量为 381 m³/s，相应的年净泄水量为 120.4 亿 m³，比多年平均值多一成左右。长江干流来水量为上海市提供了丰富的过境水资源，2006 年，长江徐六泾水文站测得年平均流量约为 23 800 m³/s，折合年来水量约为 7 518 亿 m³，较常年减少 19%。

2007 年，全市年地表径流量为 27.96 亿 m³，折合年径流深 435.3 mm，全市年径流量较上年增加 1.2%，较多年平均值增加 14.9%。太湖流域来水量主要经黄浦江干流下泄排入长江口，2007 年，通过黄浦江松浦大桥断面年平均净泄流量为 460 m³/s，相应的年净泄水量约为 145 亿 m³，较多年平均值增加 36%。2007 年，长江徐六泾水文站年平均流量为 24 500 m³/s，年来水量为 7 734 亿 m³，较多年平均值减少约 17%。

2008 年，全市年地表径流量为 29.99 亿 m³，折合年径流深 473.0 mm，全市年地表径流量比上年增加 8.5%，比多年平均值增加 23.3%。太湖流域来水量主要经黄浦江干流下泄长江口，2008 年，通过黄浦江松浦大桥断面年平均净泄流量为 490 m³/s，相应的年净泄水量约为 154 亿 m³，比多年平均值增加约 44%。2008 年长江徐六泾水文站年平均流量为 26 500 m³/s，折合年入海水量为 8 381 亿 m³，比多年平均值少 10%左右。

2009 年，全市年地表径流量为 34.60 亿 m³，折合年径流深 545.7 mm，全市年地表径流量比上年增加 15.4%，比多年平均值增加 42.2%。太湖流域来水量主要经黄浦江干流下泄排入长江口，2009 年，通过黄浦江松浦大桥断面年平均净泄流量为 480 m³/s，相应的年净泄水量为 151 亿 m³，比多年平均值增加 41.7%。2009 年，长江徐六泾水文站年平均流量为 25 000 m³/s，折合年入海水量为 7 881 亿 m³，较多年平均值少 15.6%。

2010 年，上海市年地表径流量 30.87 亿 m³，折合年径流深 486.9 mm，全市年地表径流量比上年减少 10.8%，比多年平均值增长 26.8%。太湖流域来水量主要经黄浦江干流下泄排入长江口，2010 年，通过黄浦江松浦大桥断面年平均净泄流量为 470 m³/s，折合年净泄水量 148 亿 m³，比上年减少 2.0%，比多年平均值增长 38.8%。2010 年长江徐六泾水文站年平均流量为 33 100 m³/s，折合年入海水量为 10 440 亿 m³，较多年平均值增长 11.8%。

（2）地下水资源。上海地区地下水主要赋存于砂层之中，尤其是含砾中粗砂、中细砂或砂砾石之中，其次是赋存于灰岩裂隙溶洞及断裂带裂隙之中。地下水分布地段则以东部三角洲沉积区及西部湖沼低地区之断块凹陷为主，尤其是东部滨海平原区富集了极其丰富的地下水。

上海市承压含水层地下水开发利用始于 1860 年，到 1963 年地下水开采量达到历史最高峰，全市地下水总开采量为 2.03 亿 m^3，深井数量增至 1 051 眼，且主要集中在市区和近郊区，开采层次以第二、第三承压含水层为主，致使 1957—1964 年上海地面沉降进入最严重的时期。为了控制和缓解地面沉降，自 1964 年起，对地下水开采采取了全面的强制性压缩措施。至 20 世纪 70 年代末开采量相对稳定在 0.58 亿～1.16 亿 m^3/a；进入 20 世纪 80 年代，除中心城区仍为集中开采地区外，同时向邻近郊区如宝山、闵行等区拓展，开采强度较 20 世纪 70 年代有所增加；20 世纪 90 年代的开采格局在 20 世纪 80 年代的基础上，进一步向郊区扩大，几乎所有区（县）均有不同程度的开发利用，集中开采的地区主要为近郊的宝山区、嘉定区、浦东新区、闵行区及远郊的青浦、金山等地区。远郊的奉贤农垦地区、崇明北部的农垦地区开采强度也比较大。开采强度较 20 世纪 80 年代明显增大，并且从 20 世纪 90 年代初期至中后期，开采强度呈增强的趋势。1997 年开始，对全市地下水开采量进行了层次、地区的逐步调整，2000 年至今，开采强度有明显的下降趋势延续（图 2-24）。

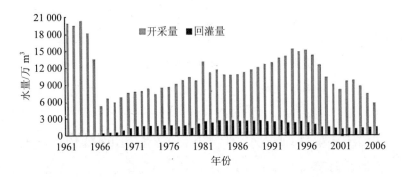

图 2-24　1961—2006 年上海市地下水开采与人工回灌量变化趋势

3．能源、矿产资源

受成矿条件限制，上海的矿产资源十分贫乏。能源矿产主要有天然气、地热；金属矿产主要有铁铜矿；非金属矿产主要有建筑用石材、砂、黏土和泥炭；水气矿产主要是地下水和矿泉水等。

金山区张堰铜矿是上海发现的唯一金属矿床，位于燕山晚期花岗闪长岩体与前震旦系金山群接触带的矽卡岩及岩体中。该矿区已查明内蕴经济的控制储量（332）和推断储量（333），但受经济和环境等综合因素约束尚未开发利用。

对上海国民经济发展比较重要的矿产品有能源矿产（石油、煤）、黑色金属矿产（铁、锰、钒）、化工矿产（硫、磷、硼）、建材及非金属矿产（石灰石、玻璃硅质原料）四类，受上海本地矿产资源品种有限、规模小、总量匮乏的约束，经济、社会发展对矿产资源的巨大需求主要依赖于国内外市场。其中，石油主要来源于中东等地区，煤炭则主要来源于国内主要产煤省区，铁矿石主要来源于澳大利亚和巴西。

三、生态压力

1. 上海市生态赤字偏高和生态系统服务价值偏低

生态足迹测算。生态足迹分析方法（Ecological Footprint Analysis Approach，EFAA）是近年来较为流行的测度区域生态可持续发展的定量方法，已经被欧盟、WWF 等国际机构作为一种综合性环境指标纳入其可持续发展评估体系。

生态足迹被定义为在现有技术条件下，按空间面积计量的支持一个特定地区的经济和人口的物质、能源消费和废弃物处理所要求的土地和水等自然资本的数量。该方法用人类需求的生态足迹与可供给的生态承载力进行比较，衡量研究区域的可持续发展状况和生态安全。

借鉴国内外学术界对生态足迹理论的研究成果，对上海市 2000—2008 年的生态足迹进行计算分析，以衡量在土地利用结构下上海市可持续发展状况及其演变趋势。根据生态足迹计算模型，利用上海市统计年鉴（2001—2009 年）中相关数据，计算上海市 2000—2008 年的生态足迹，主要包括生物资源消耗和能源消耗两类。

由评价结果可知：①上海生态足迹变化趋势。2000—2008 年，上海的生态足迹呈明显增长趋势，2008 上海的生态足迹达到了人均 2.886 1 hm^2。这说明上海单靠本区域内的自然资源已经无法支撑经济和社会的发展，对外部资源的依赖性越来越大。

2000—2008 年，上海的生态足迹年平均增长 4.44%，而同期人均 GDP 增速 13.63%，生态足迹的增速低于人均 GDP 增速，反映了上海资源环境利用效率有一定的提升。并且，上海万元 GDP 生态足迹出现较明显的下降趋势，这表明上海经济发展模式逐步由粗放型向集约型转变。

②上海生态足迹和生态承载力的细分项目比较。2008 年上海人均生态足迹的构成中，人均耕地、草地、水域、林地、化石燃料用地和建设用地分别占 4.10%、3.94%、0.63%、0.94%、80.85%和 9.54%，其中化石燃料用地的生态足迹高达 2.33 hm²。上海地区对化石燃料，即能源的需求快速增长，造成生态足迹的快速向上攀升，这是不难理解的。一个经济社会其工业化水平越高，对工业产品的依赖就越大，化石能源用地的比例就越大。上海地区对建筑用地的需求也增长了 2.5 倍，对城市建设的土地供给压力较大。

2008 年，上海整体的人均生态承载力仅为 00.246 9 hm^2。上海人均生态承载力的构成中，人均耕地、水域、林地和建设用地分别占 31.39%、0.26%、0.68%和 67.59%。提供上海地区生态承载的主要部分是耕地和建筑用地，两者的比例接近 1∶2.15。

③上海生态赤字及其构成。2008 年，上海的生态赤字为 2.639 2 hm^2，相比 2000 年增长 48.48%。上海的生态赤字的构成中，化石燃料用地从 2000 年的 73.01%增长到了 2008 年 80.85%，毫无疑问，能源是构成上海生态赤字的最主要部分，上海对外界最大的依赖是能源的依赖。

上海的耕地类型的生态赤字一直平稳保持在 0.4～0.5。上海草地、林地和水域面积对构成上海整体生态赤字影响不大。上海的建设用地面积呈现生态盈余的态势，不过从历史趋势来看，随着上海人口的增长，人均的建设用地几乎没有增加，表明市政府对建设用地的增加控制较严。生态压力指数呈逐年增长趋势，从 2000 年的 7.557 6 增长到 2008 年的 11.689 2，增长了 54.67%，说明上海市生态环境已经处于不安全的状态之中。

④上海生态足迹国内外比较分析。参考国内外相关研究（周冯琦，2007），从国内比较来看，上海的生态足迹是全国平均水平的两倍多，生态赤字几乎是全国平均水平的 4 倍，生态赤字情况比较严重。从一些省区的生态足迹研究文献中发现，以重庆、成都为代表的中西部城市的生态足迹相对较低，而以北京、广州和上海为代表的沿海城市的生态足迹相对较高。这证明，在城市经济的快速发展中，对能源等自然资源，以及对生态环境的需求也会急剧增加。从国际比较来看，国际大都市的生态足迹普遍偏高似乎是一种趋势，对比之下，上海的生态足迹并非处于一个绝对高位，而高位的生态赤字并不一定意味着一个地区或城市因过度消耗自然资源而会影响其可持续发展性。毕竟一个城市所需求的自然资源可以从该国的其他地区得到供应。

2. 生态系统服务功能的价值评价

土地利用是人与自然交叉最为密切的环节。土地利用方式对土地覆盖的影响导致了各类自然生态系统面积大量减少，生态系统提供的服务类型也随之减少。生态系统服务功能的破坏必将导致生态系统的承载容量降低、稳定性下降，从而导致生态环境危机，对人类的生存和发展造成威胁。因此，维持生态系统服务功能是实现可持续发展的基础。当前，生态系统服务及其价值研究已成为可持续发展生态系统研究的热点之一。

（1）各类生态用地的生态服务功能

①绿地。上海市绿地主要包括公园绿地、专有绿地、风景绿地、防护绿地、居住绿地、生产绿地、廊道绿地等。城市绿地作为上海市内残存的自然景观，除了提供实物型生态产品外，还通过环境服务等功能促进城市生态系统物质和能量的平衡，是城市不可替代的基础设施。绿地的生态价值主要包括以下几个方面：

维持碳氧平衡的价值。绿色植物平衡各种耗氧关系的能力对城市发展的可持续性有潜在影响。城市环境由煤和石油燃烧所排放的 CO_2 量远比人呼吸产生的量大得多。而绿地可以吸收 CO_2 释放 O_2，从而避免或减轻了 CO_2 给人体带来的危害，这是任何先进科学手段所不能替代的。

调节城市气候的价值。城市绿地调节气候的功能价值主要体现在两个方面：一是改善城市热环境，二是提高城市气候舒适度（张文娟等，2006）。

涵养水源的价值。植物涵养水源的作用几乎无可替代，城市绿地通过其对雨水的阻挡和风速的减弱，以及根系对土壤的固定，可以截留和缓和地表径流，从而有效吸收水分，减少水分的流失。

净化空气、降低大气污染物含量的价值。大气中有很多有害气体，SO_2 和粉尘是其中主要的污染物。而大部分植物都具有吸收 SO_2、吸滞粉尘的能力。此外，植物还有吸收 HF、Cl_2、CO、重金属气体、致癌物质安息香吡啉、放射性物质以及杀菌等作用，是天然、廉价的空气净化器（张文娟等，2006）。

绿地具有的社会功能价值。绿地的社会功能价值主要表现在城市公园绿地与开敞的空间环境，为市民提供了一个缓解城市压力，远离城市喧嚣环境的空间，极大地改善了人们的生活质量，同时为人们的情感提升起着积极的作用，并且对人们养成良好的心理健康具有非常重要的作用。

　　城市绿地除了上述服务功能外，还有营养物质的储存与循环、减轻自然灾害、有害生物控制、调节空气湿度、杀菌、净化水质、遗传、授粉、废物处理、食物及原材料生产、干扰调节等生态功能。这些功能所产生的价值也是非常可观的。

　　②林地。森林作为陆地生态系统的主体和重要的可再生资源，在人类发展中起着极其重要的作用，不仅为人类的生产生活提供木材及林副产品等物质资源，还具有净化空气、调节气候、涵养水源、防风固沙、固土保肥以及保护环境、维护生物多样性和维持生态平衡等生态功能与效益（郭其强等，2009）。这种功能和效益对人类的贡献比林产品提供的价值要更为显著。

　　涵养水源价值：森林素有"绿色水库"之称，通过林冠的降雨截留、枯枝落叶层及森林土壤的持水，在削减洪峰流量、滞后洪涝时间及枯水季节的水源补给方面都有着显著作用。

　　保护土壤的价值：森林具有保护土地资源、减少土地资源损失、防止泥沙滞留和淤积、保育土壤肥力的效用，另外森林在抵御风沙和水土流失等自然灾害时也发挥了极其重要的作用。

　　纳碳吐氧的价值：对维持大气中 CO_2 和 O_2 的动态平衡、减少温室效应以及为人类提供生存的基础都有着巨大和不可替代的作用。

　　净化空气的价值：森林净化大气的效益分为两个方面：一是对 SO_2、HF、Cl_2 等有害气体的吸收效益；二是减少粉尘（TSP）、吸收污染物、杀除细菌、降低噪声、释放负氧离子和萜烯物质的效益。

　　游憩功能的价值：上海市森林生态旅游起步较晚，自 1986 年建立共青森林公园以来，此后经历了 80 年代末和 90 年代的迅速发展，已建成了滨江森林公园、东平国家森林公园、佘山国家森林公园、上海海湾国家森林公园等一批森林公园。从发展来看，其潜力巨大、前景广阔，无论是资源条件，还是市场条件，以及其他诸多方面都为森林生态旅游业的发展奠定了基础，并将成为 21 世纪旅游业的一个新热点。

③耕地。耕地是关系国计民生的重要资源，具有独特性。一方面，耕地既是一种生产资料，凝结着人类劳动；另一方面，耕地是人类生存、生活环境的组成部分，耕地的养育、承载、蓄积和增殖等诸多效益和功能满足人类最根本的需要，对人类的生产、生活发挥着无可替代的作用。耕地生态价值附着在农业用途的土地之上，其价值类型大致可以分为直接使用价值、间接使用价值和非使用价值三大类，其中直接使用价值包含产品供给、水分供给、氧气供给和休闲价值；耕地的间接使用价值则包含调节温室气体、调节气候、涵养水分、净化水质、保持土壤、维持土壤肥力、养分供给、生物地化循环调节、水文循环调节、污染物控制、生物控制和保存种质资源等一系列生态价值。其中，耕地上农作物吸收有害气体和减少温室效应的功能是耕地最主要的生态价值。农作物生态系统也是陆地生态系统中生产力较高的系统，生物量（干重）很高，生物量中含碳达到 43%～58%，农作物土壤也储存着大量有机碳。整个农作物生态系统是一个巨大的碳库，是大气中 CO_2 的重要调节者之一（郭霞，2006）。此外，耕地具有的一些非使用价值也需要引起人们的关注，耕地具有作为生物栖息地的价值，耕地提供生物多样性的价值以及耕地具有的科学、人文和美学价值等。作为一种半自然的人工生态系统，人类活动对耕地的生态系统服务功能产生着重要的影响。从根本上说，人类活动是农田生态系统服务功能形成的驱动力。但是，不科学的人类管理活动会对农田生态系统服务功能造成巨大的损害。

④园地。城市园林，不仅能够营造优美的城市景观，为广大居民提供良好的生活空间，而且能够发挥巨大的生态效益，包括改善大气碳氧平衡、降温、增湿、滞尘等，因而园林绿地成为维持上海市良好生态环境的关键支撑和维持上海市可持续发展的重要基础设施（古润泽等，2007）。园林的生态价值由直接价值和间接价值两部分组成，直接价值即物质生产价值，间接价值包括社会效益价值和生态效益。园

林的社会价值包括景观娱乐、游憩功能、应急避险和美学等部分，这些功能在城市良好的自然与人文环境中承担了重要的支撑作用。城市园林的生态价值包括固定 CO_2、制 O_2、调节城市气候、滞尘、减少噪声、防风、蓄水、吸收有毒气体、杀菌价值等（冷平生等，2004）。城市园林所创造的生态价值远远超出城市园林建设的投入，城市园林能够同时发挥其多种生态功能，不会对环境带来任何负面影响，且随着植物的生长，绿量的增加，城市园林的生态价值也在不断增加，这是其他人工物品无法类比的，因此保护好现有的城市园林，加强城市园林绿化建设对提高城市环境质量，实现城市的可持续发展具有十分重要的意义。

　　⑤滩涂苇地。滩涂，是湿地的其中一种类型，指河流或海流夹带的泥沙在河流入海处或海岸附近沉积而形成的浅海滩。特点是其表面常年或经常覆盖着水或充满了水，是介于陆地和水体之间的过渡带。滩涂苇地是一个生物多样性丰富、生产力较高的生态系统。它在抵御洪水、调节径流、控制污染、调节气候、美化环境等方面起到重要作用，它既是陆地上的天然蓄水库，又是众多野生珍稀水禽的繁殖和越冬地，对维持生态环境的稳定有着非常重要的作用。滩涂苇地也有着非常显著的经济效益。据上海野生植物种类的调查统计，在上海市滩涂和苇地上有着丰富的生物资源，主要植物有芦苇、菰、大米草、互花米草、藨草、海三棱藨草以及蓼科、毛茛科、禾本科、莎草科、泽泻科、天南星科等科的多种植物，植物资源十分丰富，这些湿地植物利用历史悠久，有的已经形成规模化生产，但大多数植物资源仍处于原始利用状态，很多资源还需要合理地开发和有效利用。

　　⑥坑塘养殖水面。养殖水面是人工开挖或天然形成的专门用于水产养殖的坑塘水面及相应附属设施用地。它不仅仅为人们提供了大量的鱼类、虾类和其他水生生物等可以直接使用的重要资源，更重要的是它在生态功能上发挥着重要的作用，以此来支持人们的经济活动。坑塘养殖

水面的生态系统的价值也可以分为直接使用价值、间接使用价值和非使用价值三类。直接使用价值主要是指养殖水域生态系统产生的可直接利用的价值，它包括水生动植物、其他工农业生产原料以及景观娱乐等带来的直接价值。坑塘养殖水面的间接使用价值主要是指无法商品化的生态系统服务功能，如生物多样性、净化水质以及调节气候产生的间接使用价值。非使用价值是独立于人类对坑塘养殖水面现期利用的价值，它源于人类可能对未来利用方式选择的评价。例如，将现有坑塘养殖水面用地建设为商业区时所蕴含的价值。

⑦水域。水域生态系统服务功能是指水域生态系统及其生态过程所形成及所维持的人类赖以生存的自然环境条件与效用。它不仅是人类社会经济的基础资源，还维持了人类赖以生存与发展的生态环境条件。根据水域生态系统提供服务的机制、类型和效用，把水域生态系统的服务功能划分为提供产品、调节功能、文化功能和生命支持功能四大类。

提供产品：生态系统产品是指水域生态系统所产生的，通过提供直接产品或服务维持人的生活生产活动、为人类带来直接利益的因子，它包括食品、医用药品、加工原料、动力工具、欣赏景观等。水域生态系统提供的产品主要包括人类生活及生产用水、水力发电、内陆航运、水产品生产、基因资源等。

调节功能：调节功能是指人类从生态系统过程的调节作用中获取的服务功能和利益。水域生态系统的调节作用主要包括：水文调节、河流输送、侵蚀控制、水质净化、空气净化、区域气候调节等。

文化功能：文化功能是指人类通过认知发展、主观映像、消遣娱乐和美学体验，从自然生态系统获得的非物质利益。水域生态系统的文化功能主要包括：文化多样性、教育价值、灵感启发、美学价值、文化遗产价值、娱乐和生态旅游价值等。水作为一类"自然风景"的"灵魂"，其娱乐服务功能是巨大的，同时，作为一种独特的地理单元和生存环境，水域生态系统对形成独特的传统、文化类型影响很大。

生命支持功能：生命支持功能是指维持自然生态过程与区域生态环境条件的功能，是上述服务功能产生的基础，与其他服务功能类型不同的是，它们对人类的影响是间接的并且需要经过很长时间才能显现出来。如：土壤形成与保持、光合产氧、氮循环、水循环、初级生产力和提供环境等。

（2）生态系统服务功能的价值评价方法

不同类型的生态系统在维持区域生态安全中发挥着不同的生态系统服务功能，人类从 20 世纪 70 年代就开始了对生态系统服务及其价值的研究，只是由于地球生态系统提供的服务绝大部分价值难以准确计量，以及缺乏相应的价值评估理论与方法体系而进展缓慢。1997 年 Costanza 等的研究成果使生态系统服务价值评估的原理与方法从科学意义上得以明确，将生态系统服务研究推向生态经济学研究的前沿。Costanza 等将全球生态系统划分为海洋、森林、草原、湿地、水面、荒漠、农田、城市等 16 大类 26 小类；将生态系统服务功能划分为气候调节、水分调控、控制水土流失、物质循环、污染净化、娱乐及文化价值等 17 种功能，并以此为基础对全球生态系统的服务价值进行了估算。这里拟应用 Costanza 等的估算方法来分析上海市的生态系统服务价值变化情况，计算公式为：

$$ESV = \sum A_k \times VC_K \qquad （1）$$

式中：ESV——生态系统服务价值；

A_k——研究区 k 种土地利用类型的分布面积；

VC_K——生态价值系数，即单位面积生态系统服务价值[元/（$hm^2 \cdot a$）]。

在对生态系统服务进行价值核算的过程中，采用谢高地（2001）、鲁春霞（2003）等对中国陆地生态系统单位面积的生态价值系数，来估算上海市土地利用的生态价值（表 2-3）。

表 2-3　中国不同陆地生态系统单位面积生态服务价值　　　　单位：元/hm²

服务功能	农田	森林	湿地	草地	水体	荒漠
气体调节	442.4	3 097	1 592.7	707.9	0	0
气候调节	787.5	2 389.1	15 130.9	796.4	407	0
水源涵养	530.9	2 831.5	13 715.2	707.9	18 033.2	26.5
土壤形成与保护	1 291.9	3 450.9	1 513.1	1 725.5	8.8	17.7
废物处理	1 451.2	1 159.2	16 086.6	1 159.2	16 086.6	8.8
生物多样性保护	628.2	2 884.6	2 212.2	964.5	2 203.3	300.8
食物生产	884.9	88.5	265.5	265.5	88.5	8.8
原材料	88.5	2 300.6	61.9	44.2	8.8	0
娱乐休闲	8.8	1 132.6	4 910.9	35.4	3 840.2	8.8
合计	6 114.3	19 334	55 489	6 406.5	40 676.4	371.4

（3）上海市生态系统服务功能的价值评价

采用中国不同陆地生态系统单位生态服务价值表（表 2-3）和上海市各土地利用类型面积，根据公式（1）估算上海市 2006 年和 2008 年的各类生态系统服务价值，结果见表 2-4。

表 2-4　上海市的生态系统类型面积及生态服务价值构成

生态系统	2006 年		2008 年		2006 年		2008 年	
	面积/万 hm²	占比/%	面积/万 hm²	占比/%	服务价值/（亿元/hm²）	占比/%	服务价值/（亿元/hm²）	占比/%
耕地	26.45	41.43	22.86	34.13	16.17	18.97	13.97	17.24
园地	1.17	1.83	1.96	2.93	2.26	2.65	3.78	4.67
林地	2.40	3.75	2.30	3.43	4.64	5.44	4.45	5.49
绿地	1.37	2.15	1.62	2.42	0.88	1.03	1.04	1.28
水域	4.65	7.28	4.45	6.65	18.91	22.19	18.10	22.33
湿地	7.62	11.93	7.15	10.68	42.28	49.61	39.67	48.95
建设用地	19.52	30.56	26.39	39.41	0	0	0	0
未利用地	0.68	1.07	0.24	0.36	0.095	0.11	0.03	0.04
总计	63.85	100	66.97	100	85.24	100	81.04	100

注：这里湿地类型仅包括滩涂苇地、坑塘养殖水面，未包括水域。

从表 2-4 可知，2006—2008 年，上海市各土地利用类型的生态系统服务价值呈"二增五减"的变化特征,园地、绿地的生态系统服务价值呈增加趋势;而耕地、林地、水域、湿地和未利用地的生态系统服务价值呈下降趋势。从 2008 年来看,上海市耕地、湿地和建设用地的面积之和超过总土地面积的 84.22%,但是由于居民、工矿企业和交通等建设用地的生态价值不予考虑,生态价值贡献率只有 66.19%。耕地面积虽占总面积的 34.13%,但是价值贡献率仅为 17.24%;林地面积比例为 3.43%,价值比例为 5.49%;绿地面积比例为 2.42%,价值比例为 1.28%;未利用地面积比例为 0.36%,价值比例为 0.04%;占总面积 6.65% 的水域承担了 22.33% 的生态价值。湿地的面积不到总土地面积的 10.68%,而生态价值比例达 48.95%。

2006—2008 年,由于耕地、林地、水域和湿地面积减少,而城乡工矿建设用地增长较快,使得生态系统服务的价值显著减少。上海市总生态系统服务价值从 2006 年的 85.24 亿元减少到 2008 年的 81.04 亿元,净减少 4.2 亿元,减少率为 4.93%。

现行的国民经济核算体系以国民生产总值(GNP)或国内生产总值(GDP)作为主要指标,但它只体现生态系统为人类提供的直接产品的价值,而未能体现其作为生命支持系统的间接价值;研究表明(欧阳志云,1999),生态服务的间接价值虽不表现在国家的核算体制上,但它们的价值可能大大超过直接价值,而且直接价值常常源于间接价值,如 Costanza 等计算了全球 1997 年的生态系统服务的间接价值(生态价值)是其当年 GDP 的 1.8 倍,陈仲新(2000)计算了我国 1994 年的生态系统效益价值是当年 GDP 的 1.73 倍,仅我国陆地生态系统服务价值为当年 GDP 的 1.25 倍。

上海市 2006 年和 2008 年的国内生产总值(GDP)分别为 10 366.37 亿元和 13 698.15 亿元,而该年的总生态系统服务价值分别为 85.24 亿元和 81.04 亿元。同时,2006—2008 年,GDP 年增长率为 16.07%,而此期间生态系统服务价值却呈下降趋势,表明生态系统服务增长的速度慢于经济增长速度。上海市 2006 年、2008 年的总生态系统服务价值分别是当年 GDP 的 0.008 2 倍和 0.005 9 倍，低于全球和全国的比值，表明上海市的生态系统功能低于全国甚至全球平均水平，属于生态价值亏损地区。上海作为经济快速发展的国际化大都市，建设用地在土地利用中占的比例最大，而且增长速度较快，以大约年均 17.6%的速度增长，加之建设用地所占的一般为条件良好、生产力较高、生态服务功能较强的湿地、林地、园地或耕地等地类，这一部分土地的生态服务功能由于利用方式的改变，其生态价值也随之改变。由于建设用地的生态系统服务价值很小，生态系统服务价值的测算中并没有估算建设用地的生态服务价值，这也是导致上海生态系统服务价值较小的最主要原因。因此，在土地利用规划中，应限制建设用地增长的速度，或采用生态补偿机制，或运用政策调控手段鼓励人们科学合理利用土地，尽量减少因建设用地的增加而引起生态价值的降低。

3. 生态综合评价结果分析

通过对上海市 2000—2008 年生态足迹以及 2006 年、2008 年生态系统服务价值的测算，可以得出以下结论：

（1）生态足迹法是一种基于生物物量的生态经济学模型，其量化指标——生态盈余赤字的取值与可持续发展的状态呈对应关系，是较为常用的一种定量衡量可持续发展状态的直观而有效的方法。从国内外经验看，经济较发达地区随着人口的聚集和工业的发展，人均生态足迹都呈现出了快速上升的趋势，上海也不例外。上海地区单靠本区域内的自然资源已经无法支撑经济和社会的发展，而严重依赖其他地区自然资源的输入。因此，生态足迹评价结果要求全面贯彻可持续发展的理念。为降低生态足迹，需要倡导可持续的消费观，积极发展占用生态空间较少的产业，强调不同区域的平衡，尤其是各种不同资源的空间分布合理化。

（2）维护生态系统服务功能是实现可持续发展的基础。虽然还没有以生态系统服务价值的具体价位来反映可持续发展状态的标准。但是，从总体上看，可以认为生态系统服务价值量越高，可持续发展能力越强；反之，则越弱。从 2006 年和 2008 年上海生态系统服务价值来看，生态系统服务价值仅为当年 GDP 的 0.008 2 倍和 0.005 9 倍，生态系统服务价值量很低。这主要是因为建设用地在上海市土地利用中占的比例最大，且增长速度较快。上海经济的发展和城市化建设的加快，不可避免地造成了上海生态系统服务价值较低的建设用地侵占了其他生态系统服务价值高的土地面积，呈现生态系统服务价值下降的趋势。因此，有关部门继续坚持对土地和自然资源的严格控制和合理利用尤为必要。此外，进一步强化对土地和自然资源的利用预测和规划无疑有着重要意义。

（3）对生态足迹和生态系统服务价值的研究结果进行了对比分析。结果表明，生态足迹法是直接体现可持续发展状态的量化方法，生态系统服务价值评估是从价值量的层面，对上海市可持续发展能力进行的研究，其结果与生态足迹度量的结果具有一致性，验证了其评价结果的科学性和实用性，从而丰富了可持续发展量化研究的理论和方法体系。然而，人们应该辩证地看待上海市生态赤字偏高和生态系统服务价值偏低的现象，因为从上海独特的城市功能来看，生态足迹和生态系统价值分析的警示并不需要当局者立刻降低城市的生态依赖性，而是在城市发展和生态环境资源之间寻找一个均衡点，并保持生态的可持续性。

4. 上海生态系统总体水平一般

（1）城市生态系统评价指标体系的建立

以我国城市生态学专家宋永昌教授设置的城市生态系统评价标准为依据，同时参照盛学良先生和徐晓霞女士的文献，设置了上海市城市生态系统的评价指标体系（宋永昌，2000；盛学良，2000；徐晓霞，2006；向丽等，2008；Y.Lin，2008），选择生态系统的结构、功能和协调度作为评价的三个次级要素，并将城市生态系统的总体状况划分为很差、较差、一般、良好、优秀五个等级，见表 2-5。

表2-5 城市生态系统评价指标体系结构

一级评价指标	二级评价指标	具体评价指标	实际值	很差	较差	一般	良好	优秀
U：生态系统综合评价 / U₁：结构	U₁₁：人口结构	U₁₁₁：人口密度/（人/km²）	2 978.00	>2 500	2 000~2 500	1 500~2 000	1 100~1 500	<1 100
		U₁₁₂：60岁以上人口比重/%	21.61	>20	15~20	12~15	10~12	8~10
		U₁₁₃：城市化水平/%	87.50	<30	30~40	40~60	60~70	>80
	U₁₂：非生物环境	U₁₂₁：日照时数/h	1 534.70	<1 000	1 000~1 500	1 500~2 500	2 500~3 000	>3 000
		U₁₂₂：人均水资源量/（m³/人）	187.90	<500	500~1 000	1 000~2 000	2 000~3 000	>3 000
		U₁₂₃：人均占有耕地面积/（亩/人）	0.15	<0.5	0.5~1	1~2	2~4	>4
		U₁₂₄：人均住房面积/（m²/人）	16.90	<7	7~12	12~16	16~20	>20
		U₁₂₅：人均道路面积/（m²/人）	16.64	<8	8~12	12~16	16~22	>22
	U₁₃：生物环境	U₁₃₁：城市绿地覆盖率/%	38.00	<10	10~20	20~30	30~40	40~60
		U₁₃₂：自然保护区覆盖率/%	12.10	<4	4~6	6~8	8~12	>12
		U₁₃₃：湿地面积占国土面积比例/%	53.68	<5	5~10	10~15	15~30	>30
		U₁₃₄：森林覆盖率/%	11.60	<10	10~20	20~30	40~60	>60
	U₁₄：环境污染	U₁₄₁：中心城区二氧化硫年日平均值/（mg/m³）	0.05	>0.35	0.25~0.35	0.15~0.25	0.05~0.15	<0.05
		U₁₄₂：环境空气质量优良率/%	89.60	<20	20~40	40~60	60~80	80~100
		U₁₄₃：工业废水排放总量/亿t	4.41	>20	10~20	5~10	1~5	<1
		U₁₄₄：工业固体废弃物产生量/万t	2 347.35	>10 000	5 000~10 000	3 000~5 000	1 500~3 000	<1 500
		U₁₄₅：区域环境噪声平均等效声级/dB（A）	57.00	>70	50~70	45~50	40~45	<40

一级评价指标	二级评价指标	具体评价指标	实际值	很差	较差	一般	良好	优秀
						评价等级		
U: 生态系统综合评价	U_{21}: 生活功能	U_{211}: 人均日生活用水/(L/d)	266.00	<160	160~210	210~270	270~330	>330
		U_{212}: 城市人均公共绿地面积/(m²/人)	12.51	<7	7~10	10~16	16~20	>20
	U_{22}: 生产功能	U_{221}: 人均 GDP/(万元/人)	7.31	<0.8	0.8~3	3~6	6~15	>15
		U_{222}: 第三产业占 GDP 比重/%	53.70	<30	30~50	50~60	60~80	>80
	U_2: 功能	U_{223}: 人均工业产值/万元	3.06	<0.8	0.8~2	2~3	3~5	>5
	U_{23}: 还原功能	U_{231}: 工业废弃物综合利用率/%	95.53	<40	40~60	60~80	80~90	90~100
		U_{232}: 工业废水排放达标率/%	93.80	<30	30~50	50~70	70~90	90~100
		U_{233}: 工业废气二氧化硫去除率/%	44.64	<30	30~50	50~70	70~90	90~100
	U_{31}: 可持续性	U_{311}: 环境保护投入占 GDP 比重/%	3.08	<1	1~1.5	1.5~2	2~4	4~5
	U_3: 协调度	U_{312}: 研究与试验发展经费支出占 GDP 比重/%	2.64	<1	1~2	2~4	4~6	>6

标准依据：①国家与国际标准值；②国外良好城市生态的城市的现状值；③国内城市现状值外推；④类似指标标准替代（朱永昌，1999，2000；盛学良，2000）

（2）结果分析

①生态结构分析。在城市生态系统中，生态结构可从四个方面进行分析：人口结构、非生物环境、生物环境和环境污染。其中，人口结构包括年龄结构、性别结构、知识结构、职业结构等；生物环境包括城市中的动物、植物和微生物；非生物环境包括城市气候、城市水文、城市土壤以及城市建筑和基础设施等；环境污染包括大气污染、水污染、土壤污染等。根据隶属度最大的原则，从表2-6和图2-25可以看出，上海市城市生态结构处于很差水平（0.348 0）。其中人口结构和非生物环境处于很差水平（0.874 6，0.611 5），生物环境和环境污染情况则处于优秀水平（0.399 7，0.519 9）。由此可见，上海市的城市人口结构和城市非生物环境水平相对较低，因此提高上海市城市人口结构和非生物环境水平是提高其城市生态结构的首要任务。而城市生物环境和环境污染水平虽然较高，但还应该进一步加强和提高。

城市人口结构方面。本节选用了表示人口规模和人口结构方面的指标来评价城市人口结构。实际表明：过高或过低的人口密度都会成为城市生态系统发展的限制因子，而城市中老龄人口的增加也会给城市生态系统的稳定增加负荷。当前上海市的人口密度高达2 978人/km^2，且处于老年型人口结构，所以需要对人口规模以及人口年龄结构予以适当调控。

表2-6　2008年上海市城市生态结构评价结果

	优秀	良好	一般	较差	很差
生态结构	0.258 9	0.208 9	0.069 7	0.114 6	0.348 0
人口结构	0.125 4	0.000 0	0.000 0	0.000 0	0.874 6
非生物环境	0.000 0	0.020 5	0.096 2	0.271 7	0.611 5
生物环境	0.399 7	0.307 5	0.076 9	0.034 6	0.181 4
环境污染	0.519 9	0.446 5	0.021 8	0.011 8	0.000 0

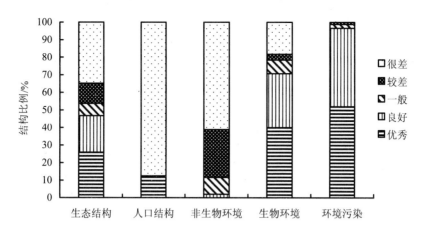

图 2-25 2008 年上海市城市生态结构评价结果

城市非生物环境方面。本节选用了表示城市气候、水文、土壤、建筑和交通方面的指标来评价城市非生物环境。前三个方面都是在原有的自然环境基础上由于人类的参与而导致了局部的改变，而后两个方面则很大程度上取决于人类的活动，且这五个方面的改变主要是与土地利用状况和环境污染有关。上海市的非生物环境仅处于很差的水平，因此，可以通过对土地利用情况的合理规划和采取环境保护来提高城市非生物环境水平。而在土地利用规划过程中，应该尽量减少水泥、沥青封闭地面，保护城市中动、植物区系，为自然保护区预留足够的土地，以及保留大的尚未分割的开敞空间。

城市生物环境方面。本节选用了表示城市植被、动物和微生物方面的指标来评价城市生物环境。它们分别作为生态系统的生产者、消费者和分解者对维持城市生态系统的生态平衡方面起着重要的作用。上海市的生物环境现在虽然处于优秀水平，但其隶属度不到 0.4。因此，仍然有必要继续坚持开展植树造林、绿地建设、自然保护区建设和湿地环境保护以及其他特殊的生境保护工作。

城市环境污染方面。本节选用了表示空气污染、水污染、土壤污染以及噪声污染方面的指标来评价城市环境污染的情况。这些污染物在超过一定数量时，就会直接或间接地危害人们的生活和健康以致伤害，这将会对生态系统的健康发展产生严重的影响。上海市现在的环境污染情况受到了较好的控制而处于优秀水平，但是随着社会经济的发展环境污染仍然存在于生态系统发展的过程中，所以上海市在环境保护方面应该继续予以重视，在城市建设的同时，对城市环境进行环境质量监测、评价以及保护。

总之，要把上海市建设成生态结构合理的城市，就需要形成适度的人口密度、合理的土地利用、良好的环境质量、完善的绿地系统、完备的基础设施和有效的生物多样性保护。

②生态功能分析。在城市生态系统中，生态功能可从三个方面进行分析：生活功能、生产功能和还原功能。城市作为人类的一种栖境，首先要为它的居民提供基本的生活条件和人性发展的外部环境，它决定着城市吸引力的大小并体现着城市发展水平；其次，城市作为一种生态系统，必然和其他生态系统一样，具有生产、消费和还原功能。同样根据最大隶属度原则，从表 2-7 和图 2-26 可以看出，上海市城市生态功能处于一般水平（0.637 0）。其中，上海市物质生活功能和生产功能同处于一般水平（0.761 7，0.686 5），而还原功能则处于优秀水平（0.503 3）。由此可见，上海市还需要提高其生活功能和生产功能来进一步提高其城市生态功能。上海市作为中国第一大城市，其还原功能在国内都相对较高，但从国际上来看，其环境废物的处置和资源再利用的水平仍有待提高。

表 2-7　2008 年上海市城市生态功能评价结果

	优秀	良好	一般	较差	很差
生态功能	0.063 7	0.028 7	0.637 0	0.253 8	0.016 8
生活功能	0.000 0	0.000 0	0.761 7	0.238 3	0.000 0
生产功能	0.000 0	0.076 1	0.686 5	0.237 4	0.000 0
还原功能	0.503 3	0.000 0	0.000 0	0.363 6	0.133 1

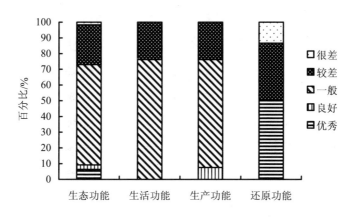

图 2-26　2008 年上海市城市生态功能评价结果

　　生态系统的生活、生产和还原这三种功能之间贯穿着物质、能量和信息的流动，由此维持并推动着城市生态系统的存在和发展。城市的物流包括自然物质、工农业产品以及废弃物等的输入、转移、变化和输出。物流的通畅是保持城市活力的关键。在城市生活和生产过程中不断有废弃物产生，但从自然界物质循环观点来看，并无绝对的废弃物，因为在食物链中，上一个环节的废物可能就是下一个环节的资源。根据这一原理，在城市生产和生活过程中产生的废弃物的最好处理方法是模拟自然生态系统，实行物质分层和多级利用，变上一个生产过程的废物为下一个生产过程的原料，大力开展水循环利用和固体废弃物的无害化处理和回收利用，以促进城市生态系统的良好循环。因此，要把上海市建设成为一个功能高效的生态系统，使其内部的物质代谢、能量流动和信息传递形成一个环环相扣的网络，物质和能量得到多层分级利用，废物循环再生，系统的功能、结构充分协调，系统能量的损失最小，物质利用率最高、经济效益最高。

　　③生态协调度分析。在城市生态系统中的协调关系包括人类活动和周围环境间相互关系的协调，资源利用和资源承载力的相互匹配，环境胁迫和环境容量的相互匹配，城乡关系协调以及正反馈与负反馈相协调

等。可见，对生态协调度的分析即是对城市生态系统可持续性的分析。而政府对于环境保护以及科研教育方面的投入在一定程度上可以体现该城市生态系统的可持续性。根据最大隶属度原则，从表 2-8 和图 2-27 可以看出，上海市的生态协调度处于一般水平（0.413 3）。由此可见，上海市城市生态系统的协调度还需要进一步提高。上海市作为一个生态系统，其中任何一个组分都不能不顾一切地无限增长，而是要建立起相互配合的协调机制。由于系统间的关系是多种多样、极其复杂的，因此要处理好这些关系（比如：对于可更新资源的利用要与它的再生能力相适应；对于不可更新资源的消耗要和它的供给相匹配；"三废"的产生不能超过"三废"处置和自净能力，而要和环境容量相适应；同时还要注意城市与其周围的乡村和腹地协调与同步发展），使得上海市成为一个稳定的、可持续发展的城市生态系统。

表 2-8 2008 年上海市城市生态协调度评价结果

	优秀	良好	一般	较差	很差
协调度（可持续性）	0.000 0	0.360 0	0.413 3	0.226 6	0.000 0

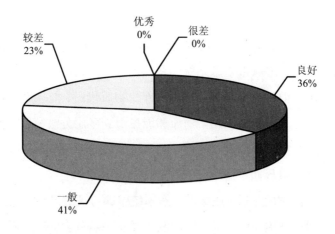

图 2-27 2008 年上海市城市生态协调度评价结果

④生态系统分析。城市生态系统是人为改变了结构、改变了物质循环和部分改变了能量转化的、长期受人类活动影响的、以人为中心的陆地生态系统。根据最大隶属度原则，由表 2-9 和图 2-28 可以看出，上海城市生态系统总体处于一般水平（0.326 9），而且一般及其以上水平的隶属度之和为 0.687 3。由此可见，上海市城市生态系统的总体状况高于一般水平，这与实际的定性评价相符合。

表 2-9　2008 年上海市城市生态系统综合评价结果

	优秀	良好	一般	较差	很差
生态系统	0.152 6	0.160 1	0.326 9	0.181 2	0.179 2

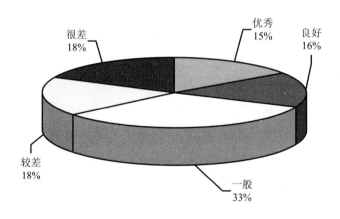

图 2-28　2008 年上海市城市生态系统综合评价结果

从城市生态系统的三个方面进行了详细的分析：生态结构、生态功能和生态协调度。结果表明：在各评价要素中，生物环境、环境污染、生活功能、生产功能、还原功能和可持续性均属于优势要素（属于或高于一般水平），其他均属于不利因素。上海市在城市生态系统发展过程中存在的问题在于人口对资源和环境等造成的压力还有待减缓；土地利用布局还不够合理；生物多样性和城市环境还需要继续加强保护；经济增长方式消耗环境成本比较大，产业结构还不够合理；工业生产中产生的污染物的消化能力不高，尤其是大气污染物的处理，这威胁了环境和资源的承载能力；各子系统之间的协调性还需要加强。针对这些问题，对上海市城市生态系统的发展提出如下建议：

经济发展方面。实施产业结构调整，转变经济增长方式。推进产业转型，加快发展现代高新技术产业，重点发展以软件、研发和信息服务业为主的高新技术服务业；加快推进以电子信息、生物产业为主的高技术制造业；推进循环经济，从而使城市产业布局朝着符合可持续发展规律的方向迈进。

人口与资源环境方面。一是控制人口规模过快增长，提高人口素质。二是加强水资源节约工作。稳定工业用水，推动农业节水，增加生态用水。严格控制高耗水、高污染、高能耗产业发展。三是提高能源利用效率。

土地利用方面。综合研究城市用地状况与环境条件的相互关系，按照城市的规模、性质、产业结构和城市总体规划及环境保护规划的要求，提出调整用地结构的建议和科学依据，促使土地利用布局趋于合理。

（3）小结

首先构建了上海市城市生态系统评价指标体系，并通过三级模糊综合评价方法（AHP）对上海市城市生态系统进行评价分析。结果分析表明：上海市城市生态系统总体处于一般水平。其中生态结构处于很差的水平，而生态功能和生态协调度处于一般水平。在分析过程中发现上海市城市生态系统存在的主要问题有：人口对资源和环境等造成的压力还有待减缓；土地利用布局还不够合理；生物多样性和城市环境还需要继续加强保护；经济增长方式消耗环境成本比较大，产业结构还不够合理；对工业生产中产生的污染物的消化能力不高，尤其是大气污染物的处理能力有待进一步提高；各子系统之间的协调性还需要加强。

　　为把上海市建设成结构合理、功能高效，且稳定性高的可持续发展城市生态系统，对上海市生态系统的发展给出了如下建议，以利于上海生态城市的建设。一是经济发展方面；实施产业结构调整，转变经济增长方式；二是人口与资源环境方面；三是控制人口规模过快增长，提高人口素质；四是加强水资源节约工作；五是提高能源利用效率。

第三章　环境科学研究

第一节　机构与体制

一、环境科学研究机构与体系

上海市环境科学研究机构主要包括环保系统的科研机构、科学院系统的环保科研机构、大专院校的环保科研机构、其他系统的环保科研机构、民营环保科研机构等。

1. 环保系统科研机构

（1）上海市环境科学研究院。其成立于 1979 年，直属于上海市环境保局。是上海市最大的专门从事环境科学技术研究与开发的科研机构。经过 20 多年的建设，环科院已经发展成为集环境科学研究、环境工程设计与总承包、环境影响评价、环境管理体系认证、环保产品质量监督检验于一体的综合性机构。是全国第一个在亚行中标的国际咨询单位。拥有国家甲级环境影响证书和环境工程设计专项证书。

经过多年的发展，在环境科学研究方面已经开辟了水环境、大气环境、环境物理、固体废物与土壤环境、环境标准与规划、环境健康与农村环保、应用生态环境、低碳经济等研究领域，建立了环境影响评价、工程技术、清洁生产与审核、实验与检测等技术服务中心。在职员工 200 多名，拥有享受国务院津贴的专家 11 名。拥有 MIKE11、MIKE21、DELFT3D、SMS、EFOR 等一批国际先进的地表水环境数学模拟和污水处理数学模拟系统，环境噪声模拟系统 CadnaA 和大气污染预测软件 ADMS，拥有色谱—质谱联用仪、气相色谱、电感耦合等离子发射光谱等先进试验设备和获中国实验室认可的环境检测实验室。

近十年，共完成各类研究课题 3 000 余项，获得省（部）级科技进步奖 60 余项。与美国、日本、澳大利亚、英国、德国、荷兰、挪威、丹麦、瑞典、新加坡等国家开展了科研合作，参与世界银行、亚洲开发银行等国际组织资助的重大环境科研合作项目约 20 项。环境检测实验室获中国实验室认可证书，认可的能力及其范围达 175 项，其中认可检测项目 396 项，涉及 58 个环境质量标准和污染物排放标准。在环境污染治理技术方面具有雄厚的应用研究基础和工程设计力量，已承担了 100 多项环保工程的设计与施工，涉及化工、精细化工、印染、食品、制药、土壤污染修复等行业。拥有《上海环境科学》与《环境科技动态》两本环境类期刊。

（2）上海市环境科学学会。其成立于 1978 年 8 月，是上海市专门从事环境保护事业的非营利学术性社团组织。由环境科学、环境工程、环境管理、环保产业等部门的科技工作者及相关企事业单位自愿组成。该学会主管单位为上海市科学技术协会，受上海市环境保护局行政和专业指导。学会办事结构隶属上海市环境保护局领导。

学会的宗旨：团结和组织广大会员，开展环境科学领域的研究与交流，发展环境科学技术，繁荣环境保护事业，促进可持续发展方略的实施。为防治污染、保护生态，不断提高城市环境质量，推进经济、社会与环境的协调发展服务。

工作任务：组织开展学术交流、调查研究，促进环境科学技术发展；推广先进的环境保护技术与产品，提供科学技术咨询和技术服务；开展环境科普宣传和教育,提高公众环境意识,提供环境保护技术培训服务;组织开展国内外环保科技交流、友好交往和相互合作等。

分支机构:上海市环境科学学会设有学术与国际交流、教育与科普、组织等工作委员会,水环境、大气环境、固体及辐射、环境声学、环境监测、环境医学、环境管理、环保工业 8 个专业委员会以及技术咨询开发部。这些机构利用自身优势,组织本领域的专家开展活动。

(3)上海市环境监测中心。其建于 1983 年,是从事环境监测的公益性科学技术事业单位,隶属上海市环境保护局,业务上受中国环境监测总站的指导,为全国环境监测一级站。固定资产约 7 000 万元。

上海市环境监测中心拥有完善的质量保证体系,是国内环境监测行业中最早取得实验室认可资质的单位之一。不仅是国家计量认证和实验室认可"二合一"的实验室,同时还具备国家环境标准样品协作定值实验室、国家有机产品检测机构、上海市安全卫生优质农产品产地环境检测机构、中国绿色食品定点检测机构、方圆标志产品质量认证检验实验室等多项检测机构资质。监测中心实验室现已具备《地表水环境质量标准》(GB 3838—2002)集中式饮用水水源地项目 129 项的分析能力,并向社会提供水(含大气降水)和废水、环境空气和废气、汽车尾气、土壤、底质、固体废弃物、生物残留体、生物样品、噪声振动等监测领域中 216 个项目 600 余个参数的技术能力。

中心已具备多要素、多手段、鲜明区域特点的技术能力,可覆盖环境质量和污染源常规监测、微量有机物监测、生物群落监测、化学品毒性检测、环境空气连续自动监测、机动车排放气污染监测、噪声监测、污染源连续自动监测等各类环境监测领域,同时也具备环境质量和污染源监测数据监控及空气质量数值预报等对环境监测信息进行编辑处理和发布的技术能力,能够科学、全面、及时地反映上海市的环境质量状况和变化趋势,为上海市环境保护主管部门顺利开展污染源监督管理、排污收费和环境综合整治提供可靠的技术依据。

主要承担上海市行政管辖范围的环境质量监测和污染源监测工作，包括水、大气环境质量、土壤、固体废弃物、环境噪声以及一些敏感地区的环境监测工作，如饮用水水源取水口等。为上海市的环境管理和宏观决策提供技术监督、技术支持和技术服务，是全市环境监测系统的网络中心、技术中心、信息中心和培训中心。近年来，监测中心每年获得的各类监测数据逾 100 万个，相继完成了浦东国际机场验收监测、军用机场噪声监测、轨道交通明珠线运行噪声的监测、封闭式声屏障可行性研究监测及后评估监测等多项国家重大监测项目；作为首批农产品质量认证中心的合同实验室，每年承担近 20 个食用农产品生产基地的环境检测；开展了水和固体污染物方面的生物检测、藻类生长潜力试验项目、发光菌群和鱼类急性毒性检测、大肠菌群及金黄色葡萄球菌和志贺氏菌等致病菌的检测研究；在全国环境监测系统中率先拓展了空气质量预测预报工作、灰霾监测、淡水生态学检测、生物安全检测、遥感监测及生物毒性检测等新型监测领域。

（4）上海市辐射环境监督站。其成立于 1985 年 8 月，是上海市环保局直属事业单位。主要承担全市辐射环境保护监督、管理、监测、科研和放射性废物收贮等工作。该所根据监测工作的需要，建立了 γ 能谱、液体闪烁计数器、弱放射性测量和其他化学分析实验室，能够对包括大气、水体、土壤和生物等各种环境介质中放射性核素进行采样和分析，历年来完成了一批高质量、高水平的科研和监测项目，并通过国家环保总局和国家技术监督局组织的计量认证评审。该所拥有的城市放射性废物处理基地，可以贮存各类放射性废物。

（5）上海市固体废物管理中心。前身为黄浦江污染治理规划工作组，工作组成立于 1980 年。1995 年 8 月，市编委同意将黄浦江污染治理规划工作组改为上海市危险废物处理中心。2004 年 5 月，根据国家环保总局《关于印发固体废物管理中心建设工作要求的通知》文件精神，市编委同意上海市危险废物处理中心更名为上海市固体废物管理中心。

上海市固体废物管理中心隶属于上海市环境保护局，是从事环境管理的公益性服务的正处级全额预算事业单位。目前，上海市固体废物管理中心主要为上海市行政管辖范围内的固体废物和化学品环境管理提供决策支持服务，并从事相关领域部分行政管理工作。

（6）上海市环境监察总队。其是上海市环保局直属参照公务员法管理的正处级事业单位。总队的主要工作职责是：对全市污染源排放单位进行现场执法检查；对市级重点排污企业进行直接监管；对跨地区、突发环境污染事故和纠纷进行现场调查处理；对市级环保重点监管企业征收排污费，并对全市的收费情况进行监督管理；根据市环保局的委托，对由市环境监察总队立案、调查的环保违法案件，直接以市环保局的名义对违法行为做出经济处罚、责令停产等决定；对全市各区、县支队的工作负有组织协调、指导监督、稽查考核的职能；受市环保局委托负责"12369"环保应急热线的运行与管理。

（7）上海市环境保护信息中心。其是上海市环境保护局下属的从事环境信息化工作的技术职能单位，主要负责市环保系统信息化建设规划编制、信息资源管理、应用系统开发、规范标准制定等工作，是全市环保系统的网络传输中心、数据处理中心、应用技术中心和信息管理中心。下设行政办公室、应用开发室、系统维护室三个科室。

（8）上海市区县环境保护研究所。上海市各区县基本都设立了环境保护研究所，针对本区县的环境问题开展科学研究及技术服务。

2．科学院系统环保科研机构

无。

3．大专院校的环保科研机构

（1）同济大学环境科学与工程学院。其是全国高等院校中最早以学院建制成立的环境教育和科研学术机构。学院设置环境科学、环境工程和市政工程（给水排水）3 个二级学科专业，均具有从学士、硕士、博士到博士后流动站的完整的本科生和研究生培养体系。

学院研究领域包括环境污染控制工程、环境规划与管理、水资源与城市给水排水工程、环境化学和环境生物学等。学院已有教授 42 人（其中城市污染控制国家工程研究中心 4 人），副教授 40 人（其中城市污染控制国家工程研究中心 4 人）。每年招收本科生约 150 人，研究生190 人。

学院与德国、法国、美国、加拿大、英国、意大利、澳大利亚、日本等国及中国港台地区建立了广泛的科技合作和学术交流。主持了"水环境国际研讨会"、"国际水污染控制及水处理技术"、"中日水处理技术研讨会"、"海峡两岸环保学术研讨会"、"中德合作污泥处理与处置技术研讨会"、"中国—瑞士固体废物管理与技术研讨会"、第五届中国—日本城市环境研讨会、"环境与可持续发展未来领导人研修班"等国际学术会议和双向交流活动。

（2）上海交通大学环境科学与工程学院。其成立于 1999 年，被学校列入"985"重点计划，这大大增强了学校发展环境科学的实力。学院在海内外广纳贤才，已有工程院院士 1 名，教授 15 名，副教授和讲师共 36 名，其中 95%的教师在国内外获得了博士学位，已形成了一支教学、科研并重的骨干队伍。学院现已拥有博士后流动站 1 个、一级学科博士点 1 个、二级学科博士点 1 个、硕士点（含工程硕士）3 个。在学院总体发展规划指导下，学院现建成了二系（环境科学、环境工程）、七所（水污染控制研究所、膜分离技术研究所、固体废弃物处置研究所、生态与地下环境研究所、环境科学与技术医药管理研究所、生态与环境材料研究所、电子废弃物壳资源化技术与装备研究所）、三中心（河湖环境工程技术研究中心、环保装备技术研究中心、环境基础测试研究中心），初步形成了学科的基本架构。在河湖海洋环境与生态修复、环境功能材料与污染控制、农业环境与污染修复 3 个方向上迅速发展并形成鲜明的特色与优势。近年来共承担国家自然科学基金项目 29 项，各类"863"、"973"项目 13 项，重大科技开发项目（100 万元以上）15 项，项目总经费达 6 800 余万元。在污泥的安全处置和有机废物的资源化方面，近五年来承担了 10 余项课题研究，已有 3 项课题已经通过鉴定，2 项达到国内领先、1 项国际先进，合同总科研经费超过了 500 万元。

环境科学与工程学院现有一个中心实验室和两个联合实验室，中心实验室由 4 个大型仪器实验室、2 个教学实验室和 1 个微机房组成。中心实验室可开展的测试业务包括化学、环境、地质等多个领域的气态、液态和固态样品的定性和定量分析。

（3）复旦大学环境科学与工程系。复旦大学于 1996 年新建了环境科学与工程系，环境科学与工程系现可授予硕士、博士学位。环境科学与工程系有一支高学历、年轻化的教学和研究队伍，现有在册教职员工共 63 人，其中教授 19 人（其中博士生导师 13 人），副教授 19 人，讲师 19 人；聘请了 6 名国内外知名专家学者任顾问教授和兼职教授。

环境科学专业包括环境化学、大气环境、环境监测、环境生态、环境规划与管理 6 个专业方向。毕业生适宜从事环境保护、环境监测、"三废"治理、环境质量评价、环境管理、卫生防疫和商品检验等方面的工作。每年招收 60 余名本科学生和 50 余名研究生（其中博士生约 15 名）。

该系根据学科建设发展方向并按照当前国家优先发展的高新技术产业化重点领域指南所确定的方向，结合原有的基础和特点进行科研开发，同时加强与国内外企业的产学研合作。当前涉及的科研领域主要有：大气环境、污染控制、清洁生产、环境材料、环境规划与管理、城市景观与生态等。近几年来成功申请国家自然科学基金资助项目 40 项，其中重点项目 14 项，国家杰出青年基金（B 类）1 项，以及 1 项重大子项；"973"项目课题 2 项，"973"预研项目 1 项，"863"项目子课题 1 项，"863"探索类项目和国家科技部"十一五"科技支撑计划项目 11 项，福特基金 1 项，日本万国博览纪念基金项目 1 项，国家社科基金重大项目 2 项；完成国家自然科学基金项目 11 项，申请专利 15 项，已获批准的专利有 12 项。环境科学与工程系现已与美国、日本、德国、英国、加拿大、挪威、丹麦、瑞典和芬兰等十多个国家开展科学合作与学术交流。

（4）华东理工大学资源与环境工程学院。学院由多个优势学科相互交叉渗透组合而成，具有鲜明的特色及组合优势。学院具有环境科学与工程一级学科博士后流动站、环境科学与工程一级学科博士学位授予权和热能工程博士点，同时可招收化学工艺、化学工程等专业博士和硕士研究生。学院现有教职工 90 名，其中具有正高级职称人员 23 人，副高级职称人员 27 人，博士生导师 18 名、硕士生导师 26 名。学院拥有较完善的教学条件和先进的科研仪器与设备，在资源与环境领域取得了一批具有重要影响的科研成果，为我国经济建设培养了大量优秀的人才，在上海乃至全国享有盛誉。

学院设有环境工程系、能源化工系、环境工程研究所、资源过程工程研究所、洁净煤技术研究所以及危险物质风险评价与控制研究中心和生物质能源研究中心，同时设有教育部煤气化重点实验室。环境工程系下设环境工程本科专业，能源化工系下设热能与动力工程本科专业。学院在校本科生 400 余名，博士、硕士研究生 355 名。学院主要在环境、资源与能源领域开展教学与科学研究工作。主要研究方向包括环境污染控制理论与技术、固体废物处置与资源化、环境污染与控制化学、环境风险评价与控制、清洁生产、洁净煤化学、煤气化和液化新技术和生物质能源转化等。

（5）华东师范大学资源与环境科学学院。学院由环境科学系、地理学系、城市与区域经济系、河口海岸研究所、河口海岸动力沉积和动力地貌综合国家重点实验室、地理信息科学教育部重点实验室、中国现代城市研究中心（教育部人文社会科学研究基地）、上海市城市化生态过程与生态恢复重点实验室、天童森林生态系统国家野外站等机构组成。设有 5 个本科专业、15 个二级学科硕士点、9 个二级学科博士点，现有教授 65 名，副教授 45 人。

多年来主要从事环境污染治理、地域环境的形成、演化、调控，包括各种自然和人文要素的分布规律、人地关系优化调控、生态环境过程与管理、城市与区域创新以及可持续发展研究。

（6）东华大学环境科学与工程学院。环境科学与工程学院前身为环境科学与工程系。1976 年建立环境工程专业，是国内最早建立的环境类学科之一，1979 年首批获学士学位授予权。1993 年分别由原中国纺织大学纺织化学工程系的环境工程专业、化工基础教研室和原机械工程系的暖通空调工程专业组建环境科学与工程系。1999 年成立环境科学与工程学院，按招生专业分别设环境工程系、环境科学系、建筑环境与设备工程系。

学院现有环境科学与工程一级学科博士学位授权点，环境工程、环境科学及供热供燃气通风与空调工程具有学士、硕士、博士三级学位授予权，热能工程具有硕士学位授予权；具备国家环境影响评价甲级资质和国家环境工程专项工程设计乙级资质；是印染行业协会环保分会的副理事长单位，上海西南片七校环境工程学科联合小组组长单位。

（7）上海大学环境与化工学院。其是上海大学重点建设的学院，由环境科学与工程系、化学工程与工艺系、射线应用研究所、环境污染与健康研究所、绿色化工与清洁能源研究所、造纸清洁生产技术与工程中心和循环经济研究院组建而成，是上海大学重点建设的学院之一。学院涵盖 3 个一级学科：环境科学与工程、化学工程与技术及核科学与技术。

学院设有环境工程和化学工程与工艺 2 个本科专业；拥有"环境污染控制及制备"二级学科博士点和"环境工程"、"环境科学"、"化学工艺"、"应用化学"及"生物化工" 5 个硕士学位授予点，以及"化学工程"和"环境工程" 2 个工程硕士学位授予点。学院现任院长是著名的环境科学家、中科院院士傅家谟教授。

学院围绕 3 个一级学科，结合相关学科组建了 15 个学科组，共有教授 32 名，副教授 54 名，本科生 851 名，研究生 263 人。

（8）上海理工大学环境与建筑学院。其前身为城市建设与环境工程学院，现设 3 个系：环境工程系、土木工程系、建筑环境与设备工程系、建筑学系（筹备），各学科专业系下属 2～4 个不等的研究所；实验中心 1 个，下设 4 个实验室，即环境工程实验室、土木工程实验室、建环工程实验室、建筑学实验室（筹备）；研究中心 1 个：环保节能材料研究中心；对外合作研究中心（虚体）1 个：绿色小区发展研究中心。学院现有学科专业涉及环境科学与工程、土木工程和建筑学 3 个一级学科，拥有"环境科学与工程"1 个一级学科硕士点，"环境工程"、"环境科学"、"供热、供燃气、通风及空调工程"、"结构工程"4 个二级学科硕士点，"建筑与土木工程"1 个工程领域硕士点。3 个本科专业点：环境工程、土木工程、建筑环境与设备工程。学院现有正高级教师 12 人，占教师总数的 22.22%，副高级教师 20 人，占教师总数的 37.04%；具有博士学位教师 32 人，占教师总数的 59.26%，硕士学位 16 人，占教师总数的 29.63%。

（9）上海海洋大学水产与生命学院。学院是在原江苏省立水产学校水产养殖科的基础上发展起来的，始建于 1923 年，在国内外享有很高的声誉。学院现有水产养殖学、水生生物学、海洋生物学三大学科。建有农业部水产种质资源与养殖生态重点开放实验室、省部共建水产种质资源发掘与利用教育部重点实验室、农业部渔业动植物病原库、农业部水产动物营养与环境研究中心、水域生态环境上海市高校工程研究中心、上海高校水产养殖学 E—研究院以及由中国鱼类学重要奠基人、著名鱼类学家、一级教授朱元鼎先生创建的上海水产大学鱼类研究室和标本室。

学院现有教授 28 人，副教授 27 人，研究生导师 48 人，其中博士生导师 14 人，具有博士学位 41 人，在读博士 8 人。设有水产养殖博士后流动站 1 个，水产养殖、水生生物学 2 个博士点，水产养殖学、水生生物学、海洋生物学、动物营养与饲料科学、临床兽医学、动物遗传育种学、生物化学与分子生物学、环境科学 8 个硕士点；水产养殖、生物科学、生物技术、环境科学、水族科学与技术、动物科学、园林学、海洋生物学 8 个本科专业，已经形成从本科到硕士、博士及博士后的完整的学历教育体系。2002 年，水产养殖学科被评为国家级重点学科，2007 年再次被确定为国家级重点学科，同时也是农业部和上海市的重点学科，2005 年被授予上海市优势学科。2003 年，养殖水化学、水生生物学被评为上海市级精品课程，鱼类学在 2006 年被评为国家级精品课程。

（10）上海师范大学生命与环境学院。学院现设有生物学、化学、环境工程 3 个系，下设生物科学、生物技术、化学、应用化学、化学工程与工艺、食品科学与工程、环境工程、园艺、科学教育 9 个本科专业；1 个实验中心、6 个研究所、3 个独立研究室。学院现有教职工 207 人，其中主讲教师 129 人，其中教授 35 人，副教授 57 人；有博士学位的 80 人，占教师总数的 62%。2009 年环境工程专业列为一本招生。在校本科生总数 2 197 人，硕士研究生总数 611 人。

学院的"稀土功能材料"、"环境科学"为上海市重点学科；"物理化学"、"植物学"是上海市教委重点学科。2008 年 11 月"资源化学实验室"成为教育部与上海市批准设立的省部共建重点实验室。2007 年"稀土功能材料实验室"被列入上海市重点实验室。2006 年"应用化学"、"生物技术（实验室建设）"两个专业列为第二批上海市本科教育高地建设项目。2008 年"化学实验室"和"生物科学与技术实验室"被列为上海市实验教学示范中心。学院还拥有 8 个校级重点学科和 4 个校级创新团队。

（11）上海电力学院能源与环境工程学院。其现由动力工程系、环境工程系、实验中心、重点实验室、能源与环保工程研究所和国家级水处理类职业资格鉴定所六部分组成。学院拥有 2 个上海市重点学科、1 个省部级重点实验室，并具有 2 个学科硕士学位授予点。学院设有热能与动力工程、环境工程、化学工程与工艺、材料化学、机械设计制造及其自动化、材料科学与工程 6 个本科专业。

能源与环境工程学院师资力量雄厚：全院共有专任教师 80 人，其中正高级职称 16 人、副高级职称 29 人，占专任教师的 56%，具有博士学位 31 人，占专任教师的 39%，45 岁以下的中青年教师中，具有博士学位人员所占的比例达到 46%，基本形成了一支高职称、高学历的中青年骨干教师队伍。同时还聘请了复旦大学、上海交通大学等国内外机构的兼职教授 10 多名。学院教学科研实验设备齐全，经过多年建设，已形成了具有电力行业特色的教学实验设施和科研实验基地。

（12）上海应用技术学院化学与环境工程学院。其前身是原上海化工高等专科学校的化工系、精细化工系及原轻工业高等专科学校的化工系，迄今已有 50 多年的办学历史，已为上海化工行业培养了 1 万余名毕业生，他们中的绝大多数已成为上海化学工业生产、科研和管理上的骨干。本系现设有应用化学、化学工程与工艺、制药工程、环境工程 4 个本科专业，全系由 7 个教研室、3 个实验中心、2 个系级研究所和 1 个校级分析测试分中心构成。现有专任教师 71 人，其中教授 12 名，副教授 25 名，具有博士或硕士学位的教师占专任教师总数的 66.2%。

截至 2012 年，本系的应用化学学科为上海市重点（培育）学科；应用化学专业为上海市高等学校本科教育高地；基础化学实验中心为上海市市级实验教学示范中心；物理化学课程为上海市精品课程；"应用化学"专业教学团队在 2008 年被评为上海市市级教学团队。

（13）上海海事大学海洋环境与工程学院。学院现有环境与安全工程系、港口与航道工程系，1 个硕士点（港口、海岸及近海工程）、4 个本科专业（环境工程、安全工程、港口航道与海岸工程、船舶与海洋工程）。学院下设环境工程教研室、安全工程教研室、港航工程教研室、船舶工程教研室和环境工程实验中心、港航工程实验中心。

学院现有专任教师 30 余名，其中正、副教授共 15 名（3 名博士生导师），专任教师中具有博士学位的教师比例达 82%。学院现有在校本科生 900 多名、硕士研究生 40 多名。主要涉及的研究领域有：船舶及港口防污染技术、海洋运输安全工程管理、近海海域环境污染控制技术、海岸带环境信息技术、现代船舶制造工艺、航道与海岸工程技术等。

（14）上海第二工业大学城市建设与环境工程学院。在学校大力实施"人才强校、特色兴校"战略思想的指导下，学院紧紧围绕学科建设，引进各类紧缺高层次专业人才，促进了学院科研、教学的同步发展。现有教职工人数为 45 人，其中专职教师 40 人，教授 7 人，研究员 1 人；副教授和高级工程师 12 人。

4．其他系统的环保科研机构

（1）上海市政工程设计研究总院（集团）有限公司。上海市政工程设计研究总院（简称上海市政院），创建于 1954 年，是我国最早成立的市政设计院之一。2010 年 11 月 29 日，根据上海市国资委《关于上海建工（集团）总公司与上海市政工程设计研究总院联合重组的通知》精神，上海市政工程设计研究总院改制为上海市政工程设计研究总院（集团）有限公司。秉承"科学创新，诚信奉献"的企业精神，贡献社会，造福民生，经过半个多世纪的发展，综合实力位居全国同行之首，2008 年获得国家首批工程设计综合甲级资质证书，可承担市政工程等 21 个行业的工程设计。

上海市政院现有给水、排水、道路、桥梁、综合交通、结构、水工、轨道交通、地下空间开发、园林景观、建筑、固体废弃物、电气仪表、设备、暖通动力、岩土工程、工程测量、技术经济、工程总承包、城乡规划等专业，下设 15 家专业和综合性设计院、8 家控股或参股公司、20 家外地分院和驻外办事处，建有研发中心、信息技术中心、工程总承包部；现有员工 2 000 多人，拥有中国工程院院士（1 人）、国家设计大师（4 人）、专业领军人物、学科带头人、享受国务院特殊津贴专家等一大批精英人才；建有院士工作室、大师工作室和博士后工作站。

建院以来，已累计完成近 7 000 项各类工程的勘察设计和咨询，已建成的代表性工程有南浦大桥、卢浦大桥、东海大桥、长江大桥、上海内环线、中环线（浦西段）、外环线、上海共和新路高架、沪宁、沪杭高速、浦东磁浮列车示范运营线、虹桥枢纽、外滩交通综合改造、上海长桥水厂、白龙港城市污水处理厂、上海老港生活垃圾卫生填埋场四期、上海炮台湾湿地森林公园、世博园市政配套工程等。历年荣获国家、部、市级科技进步奖、詹天佑土木工程大奖和优秀勘察、设计、咨询奖等各类奖项近 500 项；拥有专利 200 多项。先后获得上海市工程勘察设计全面质量管理合格证书、上海市质量体系审核中心 GB/T 19001—ISO 9001 质量认证，被命名为上海市高新技术企业、上海市专利工作示范企业，被评为全国科技进步先进集体。

（2）上海市农业科学院农业生态环境保护研究所。由环境科学研究所、植物保护研究所于 2002 年 7 月合并，现有职工 86 人，其中科技人员 66 人（高级职称 21 人，具有博士、硕士学位 28 人）。根据上海现代化都市型生态农业定位设有：应用微生物、有害生物调控、绿化养护技术、农业环境保护、植物营养 5 个研究室及上海爱亿科技发展经营公司、上海东保草坪保护有限公司 2 个科技型企业。上海市农业环境保护监测站和农业部药检所定点"农药残留分析实验室"设在该所内。

生态所确定的发展方向为：环境科学和绿色技术的开发研究；持续农业和新型肥料的开发研究；设施农业条件下，水肥现代化调控技术研究；经济作物和城市绿化等植物的病虫草害发生规律、综合治理技术研究；有益微生物的开发应用研究；生态环境保护研究等。承担市科委、市农委等各级科研项目 30 余项。自 1990 年以来，主持获省、市级以上科技进步奖 40 多项。

（3）上海市水务规划设计研究院。其于 2002 年 3 月 12 日成立，2002年 3 月 26 日正式挂牌。上海市水务规划设计研究院是在原上海市水务局规划室（上海市水资源办公室）基础上，为适应"安全、资源、环境"三位一体协调发展的需要而更名的事业单位，隶属上海市水务局。主要从事水务规划设计和水务科技研究，于 2002 年获得上海市乙级城市规划编制单位资质；2002 年、2003 年、2004 年、2005 年分别获得上海市重合同守信用 A 级、2A、3A 级单位；2004 年取得国家发改委颁发的工程咨询资格乙级证书、建设项目水资源论证资质乙级证书。

全院现有职工 52 人，大专以上学历占职工总数 76%，其中本科以上占 67%，中级以上职称占职工总数 61%，其中高级职称占 60%。

（4）上海市环境工程设计科学研究院有限公司。环境院创建于 1983年，是根据国家法定程序设立且具有独立法人资格的全民所有制单位，是上海环境集团有限公司的全额子公司。环境院下设上海环境卫生工程设计院、环境工程设计所、市容环境卫生规划所、环境卫生监测中心等专业部门，并承担建设部城镇环境卫生标准技术归口单位和全国市容环境卫生标准技术专业委员会等管理职能。

环境院拥有一批住房和城乡建设部专家委员会委员、中国城市环境卫生协会专家等我国市容环境卫生行业的领军人才，以及一大批具有丰富实践经验的优秀中青年技术人员，是我国从事市容环境卫生工程设计及科研工作国内规模最大、专业设置最齐、业务范围最广、市场份额最多、技术水平最高、综合竞争能力最强的科研设计专业单位之一。

建院 30 多年来，环境院承担的工程设计和科研任务遍布上海市和全国主要省市，先后完成生活垃圾等城市固体废弃物的收集、运输、中转、处理、处置过程中的基础研究、处理工艺、专业规划、设备设施、系统集成、环境监测和工程设计等数百个项目，包括"老港填埋场二期、三期、四期工程"、"江桥生活垃圾焚烧厂"、"苏州河环境综合整治一期、二期工程"、"成都洛带生活垃圾焚烧厂"、"上海黄浦生活垃圾中转站"、"上海世博园区生活垃圾气力输送工程"等一系列重大环境卫生工程项目设计，以及"全国城镇环境卫生'十一五'规划"、"上海世博园区环境卫生规划"和南京、大连、南宁等城市的数十项环境卫生专业规划，并承担了多项国家"863"高科技项目和国家重点科技支撑项目，主编了《城市生活垃圾处理及污染控制技术政策》《地震灾区建筑垃圾处理技术导则》及数十项国家标准和行业标准，环境院的研究成果多次获得中国工程咨询成果奖、建设部和上海市科技进步奖等奖项。

（5）上海船舶运输科学研究所。该所成立于 1962 年，位于上海市浦东新区，占地 130 余亩，是我国最大的交通运输综合技术研究开发基地之一，原为交通部直属事业单位，现为国务院国资委下属的科技型央企。现有技术人员 800 多名，高级技术人员 200 多名，50 多人享受政府特殊津贴。

研究所在军用民用船舶控制、智能交通、交通环保领域等拥有很强的研发和技术服务能力，拥有从事智能交通的上市公司——上海交技发展股份有限公司；从事航运技术研究的国家交通行业重点实验室；从事军用、民用船舶控制的军船产品分所、民船产品分所、船舶控制技术研发中心和国家工程技术研究中心；从事环境评价、环保验收调查、环保工程设计和施工的环境工程分所和上海交通设计所有限公司。

研究所自 1990 年开始从事环境影响评价业务，是我国第一批获得环评甲级资质、竣工验收调查资质和规划环评资质的单位，在环评行业具有良好的声誉，是国内一流的知名环评单位。在交通运输、社会区域类建设项目环评，规划环评以及交通行业环保验收领域具有很强的实力，能承担上述领域的复杂重大工程环评业务，完成过上千个大型建设项目环境影响评价和竣工环保验收调查，业务遍布全国 10 多个省，并曾高质量完成数 10 个世界银行、亚洲开发银行贷款项目及国外项目。

自 20 世纪 70 年代开始研究污水、噪声处理技术并进行产品开发，在交通噪声治理和污水处理工程设计和施工等方面处于国内领先水平。能够开展复杂交通噪声治理工程的设计和施工，并能完成以下各类污水的处理工程设计，如含油废水、市政污水、化工废水、港口废水（包括港口压舱、洗舱水、集装箱冲洗水、港区生活污水）、发电厂含油废水、食品工业废水、医药制造行业废水、港口堆场洒水抑尘等，在油污水处理方面享有盛誉。近年来，在交通噪声治理领域业绩突出。

（6）上海轻工业研究所。该所成立于 1958 年，是活跃在中国工业界的一支应用技术研究开发队伍，20 世纪 80 年代起面向市场坚持科技体制改革，截至 2012 年，已发展成集团型高新技术企业。

上海轻工业研究所 20 世纪 70 年代起就致力于水处理技术和设备的研究开发。近年来，以工业用水和废水处理、资源化为重点，以自主知识产权的创造、保护、管理和运用为手段，研究开发和应用的一系列项目，获得了百项国家专利。在工业纯水、废水处理及回用、智能化环保循环冷却水处理、重金属废水处理资源化、在线水质监控以及实验室水质检测等方面有突出专长。

在新时期，上海轻工业研究所以"保护环境、节约资源、有利生态"为己任，依托信息、新材料、光机电一体化等高新技术，组织和发展所有业务，"保护水环境，节约水和涉水资源及能源"已成为其核心。

5. 民营环保科研机构

上海有大量民营环境保护公司，主要从事市场行为的环境保护技术推广及应用。

6. 环保科研体系

上海市的环保科学工作逐渐形成了环保系统科研机构、大专院校的环保科研机构、其他系统的环保科研机构以及民营环保科研机构等相互共存、百花齐放的局面。在这个科研体系中，不同科研机构研究方向各有侧重，各有专长。环保系统的科研机构侧重于区域性环境管理、环境质量、环境监测、环境规划以及污染综合防治等的研究；高等院校侧重于环境基础理论和应用技术的研究；其他系统所属科研机构侧重于专项领域的污染防治技术研究和开发；民营环保机构侧重于市场行为的污染防治技术开发及科研成果的推广应用。

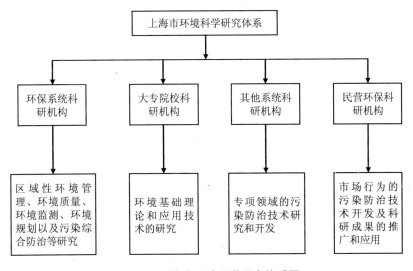

图 3-1 上海市环境科学研究体系图

二、环保科研队伍的发展与能力

从 20 世纪 50 年代起，随着国民经济的迅速恢复和工业的发展，环境污染问题已经出现。当时工业企业主要是从改善劳动条件和劳动保护出发，开始对酸雾、"黄龙"（氮氧化物、氧化铁等）等污染治理进行探索性试验，以及开发综合利用技术，有的已达到一定水平。

60 年代，随着污染源治理的迫切需要，以"三废"综合利用为主的污染治理技术有了较大发展，皮革、印染、电镀废水治理技术，以及工业粉尘治理技术、酸性废气治理技术、有机溶剂的处理与回收技术等相继开发成功，并得到实际应用和推广。上海市建筑科学研究所、上海市轻工业研究所和华东工业设计院等许多科研设计院所开展了工业固体废物综合利用技术、工业废水和噪声治理技术等的开发研究，一批科研成果在工业污染防治中发挥了很大作用。同济大学、复旦大学和华东化工学院等大专院校成功地研究了难降解废水的处理技术，并开拓了实际应用的途径。环保科技以工业污染源治理为对象，以"三废"综合利用技术为重点，以科研设计、高等院校和工厂的"三结合"协作攻关为主要形式，取得了一定的发展。1965 年举行的上海市工业废水、废气、废渣利用处理成果展览会，展出了 100 多项成果，展现了这个时期上海环保科技发展的面貌。

从 1966 年到 70 年代中期，上海的环保科技发展缓慢。1979 年《中华人民共和国环境保护法（试行）》颁布以后，在"科学技术是第一生产力"思想的指引下，依靠科技进步解决环境问题已为社会所共识，环保科技迅速发展。1979 年上海成立了专业环保科研机构——上海市环境保护科学研究所；1981 年，上海石油化工总厂成立了大型企业的专业环保科研所，加强环保科研，有效治理污染，引起了社会的广泛关注。之后，一批科研设计单位和高等院校也相继建立环保科研机构和专业、科系，培养环保科技专业人才，成为全市环保科研体系的重要组成部分。1988 年，杨浦区环境保护科学研究所和上海市机电工业管理局的机电环境保护科学研究所先后成立，增加了一批地区性和行业性专业环保科研机构。进入 90 年代以后，环境保护已成为全球性热点，上海也涌现出一大批科研、生产、经营相结合的，集科、工、贸于一体的环保科技公司和民营科研机构，参与环保科技研究与开发。至 1994 年年底，全市已有 141 个环保科研机构和环保科技组织，初步形成了一个多层次的比较完整的环保科技体系。

1979 年以后，市科委、市环保局等政府部门，以科技三项经费的形式将环保科技发展纳入计划，有组织、有计划地开展带有全局性、基础性和超前性的科研工作。酸雨研究、黄浦江水质同步调查、液膜技术处理含酚废水研究、大气环境地面自动监测系统研究等一批重大课题得到立题和实施。1982 年，"黄浦江污染综合防治规划方案研究"列为国家"六五"重点科技攻关项目，是一次规模空前的环保科技大会战。经过协作攻关，不仅取得了一批重大的科研成果，而且形成了一支环保科研队伍和骨干力量。"八五"期间，为实施可持续发展战略，组织开展"迈向 21 世纪的上海——上海环境与社会、经济协调发展的基本战略与措施"课题研究。结合上海实际，对于评价协调发展的模型和指标体系，以及实现上海未来 15 年的环境保护战略目标的对策与措施等，进行了一定深度的研究，并提供市政府决策参考。从"六五"起，由市政府有关部门有计划地组织了各种类型环保科研项目近千项，环保科技投入逐年增加，科研费用来源的渠道有所拓展，研究的领域不断扩大，科研项目的数量逐年增加，科研成果的水平不断得到提高，环保科技工作已成为环境保护事业中的重要组成部分。

进入 90 年代以后，上海的环保科技工作无论在深度和广度方面都有新的发展，防治污染、提高环境质量，为实施可持续发展服务，为实现环境保护总目标作出了重要贡献。

"十五"期间，上海仅环保系统科技投入就达 4 200 万元左右，科研立项共 162 项，截至 2010 年，已取得科研成果约 130 项，其中获得国家及省部级奖项 17 项，其中国家科技进步二等奖 1 项，市科技进步一等奖 2 项，二等奖 4 项，三等奖 5 项，决策咨询奖 5 项。这些研究成果为提高环保主管部门的综合决策能力和实施有效的环境管理提供了科学依据和技术支撑。

第二节　环保科研成果

一、环境管理领域

1．环境规划研究

（1）上海市综合类环保规划

①战略规划。2009年，结合上海市"十二五"规划编制研究工作，提前开展了上海市环境保护战略研究，该工作的开展是上海市针对环境保护规划领域进行的第一次大范围、长跨度的规划研究。研究目的是在宏观管理理念、环保思想、环保方针和政策导向上给上海市的环境保护规划进行指导和指引。战略规划的立足点是全市的社会、经济、人口、发展趋势、国际及国内形势以及环境保护方面的最新动态和趋势。在制定规划之前首先对上海市过去30年的历史进行了分析和归纳，其中包括历史经济发展、人口变化、社会变迁、环境质量改变、环保工作开展等多个领域。以温故知新的方法寻找并掌握上海市发展的轨迹以及环境保护、环境质量与社会发展之间的科学联系，从而正确认识环境保护工作的主动效应和被动效应。战略规划的第二部分是他山之石，环境保护和社会发展的规律也许在上海本地是全新的事物，但是工业革命之后世界各国的大都市都已经走过了相同或相似的道路，对于发展了短短30年的上海环保事业，各国各地区的经验教训完全可以借鉴。在这部分的研究中，规划分析了大量类似城市的发展规律和轨迹，寻找出与上海相同、相似以及不同之处，通过对比研究，选择可以借鉴的经验，列举应该规避的教训，为上海市环境保护促进城市发展和转变提供丰富的素材和支持。最后部分的规划内容将上海市所面临的形势和今后的发展方向进行了梳理，并根据国际、国家、地区的发展规律提出适合上海环境保

护工作，促进城市健康有序发展的环保战略和宏观指导意见。该规划研究很大程度上突破了环境保护规划就环境论环境的局限，真正意义上将环境保护规划结合到城市的发展与建设当中，成为上海市发展方向的有力指引。

②五年规划。上海市环科院从"八五"期间便多次参与了上海市环境保护五年规划的编制，最为突出的是近两期的"十一五"和"十二五"环境保护规划。《上海市环境保护"十一五"规划》的编制突破了以往的规划条框，在原国家环保总局的引导下，规划以操作性作为突破口，避免"规划规划、墙上挂挂"的历史问题，将上海市的环境保护规划推向了城市各类型规划的醒目位置，在"十一五"规划中也占到了较重比例。"十一五"期间是全国总量减排的第一个五年规划，因此上海市的五年规划以削总量、提质量为重点，突出基础设施建设和环境重点问题的解决。在规划中提出"还清旧债、不欠新债"的指导思想，严格执行国家消化新增污染量、削减污染物存量的理念。规划以总量目标、质量目标为总体指导目标，以基础设施建设目标作为抓手和立足点、以环境管理手段的丰富作为规划的重要保障。规划包括五个部分，分别是"十五"的形势分析回顾、规划编制原则、主要方向任务、规划重点工程以及保障措施。规划针对完善环境基础设施，保障经济社会持续发展；控制环境污染排放，促进经济增长方式转变；深化环境综合整治，解决突出环境问题；加强生态环境保护，促进人与自然和谐；推动循环经济发展，建设环境友好型城市以及强化环保能力建设，提高环境管理水平6个方面提出了"十一五"期间的重点工作方向，并且从水环境、大气环境工程治理措施等 7 个方面提出了具体实施的工程项目，作为完成"十一五"污染减排和总量控制、提高环境质量的具体支撑。"十一五"环保规划的编制指导了上海市总量减排工作，为在五年内圆满完成国家下达的减排任务提供了重要保障，此外，规划为上海 2010 年世博会的成功举办奠定了坚实的环境保护工作基础，使得绿色世博的口号深入民

心，为世博期间的环境质量提供了重要保障。

《上海市环境保护"十二五"规划》的编制正处于上海市第一轮总量减排工作顺利完成、国际国内经济形势迅速变化、世博会顺利闭幕和上海市社会经济快速转型的关键时期，可以称之为"后工业化、后世博、后经济危机"阶段。如此复杂的社会经济环境、严峻的资源与环境压力要求"十二五"规划的重点在延伸"十一五"减排工作的同时，对环境质量的改善和重点难点环境问题进行了聚焦和突破。"十二五"规划首先分析了上海市环境保护工作的现状和形势，找出重点环境问题，尤其突出市民关心的热点问题，包括水体富营养化、灰霾、酸雨和臭氧超标等问题，重点突出民生、民心与环境保护的焦点，着力解决厂群矛盾突出的区域和领域。体现了环保规划在全市发展规划，尤其是解决民生问题方面做出的巨大努力。规划编制方式与之前也有较大不同。首先在规划前期研究期间，上海市环保局以8个课题的方式开始了"十二五"规划第一批前期研究工作，包括战略规划、总规划、水环境专项、大气环境专项、农村和生态环境专项、产业发展及工业污染治理专项、辐射污染防治专项和固废污染防治专项。这些研究课题的研究帮助规划编制明确了重点问题，找到了矛盾症结。此外，结合污染源调查和更新、农村环境调查等大型环境普查工作，集成了大量的数据信息和第一手的环境资料，为剖析全市环境问题，全面掌握环境保护的重点难点提供了坚实的数据基础。此后，环保局推出第二批科研专题的研究，其中包括了"十二五"重金属污染防治规划、环保科技发展规划、总量减排及污染控制规划等，对规划体系的完整性、规划内容的全面性、规划实施的可操作性等方面提供了完善和补充。在大量研究和专项规划的支持下，"十二五"环保规划突出控制污染总量、改善环境质量、保障环境安全和优化促进转型的四大方针，在规划实施方面突出战略位置转变、管理思路转变、重点领域转变、执行手段转变等6个方面的转变，与"十一五"环境保护规划相比在体系的完整性、内容的全面性以及重点问题的明确性方面均有所提高，在着眼 2020 年中长期目标的基础上提出了"十二五"期间环保的目标和工作重点，规划内容在解决常规污染问题的同时提出复合型、区域型污染协同治理理念，并且结合全球碳减排等热点难点提出了相应的工作方向和实施手段。

　　③三年行动计划。上海市环境保护三年行动计划平台形成于 1998 年，到 2010 年，经过了四轮三年行动计划的实施过程。该平台的搭建为上海市的环境保护工作创造了良好的合作基础和污染治理的抓手。环保三年行动计划由市长、市委书记作为领导小组组长，下设三年行动计划办公室（市环保局推进办），全市包括发改委、经信委、水务局、绿化及市容环卫局、农委、财政局等与环境保护相关的委办局作为行动计划执行成员。通过四轮环保三年行动计划的推进将环境保护由环保局单一责任主体真正意义上转变成为全市、全社会共同参与共同关注的"大环保"理念。通过这个平台的滚动实施，切实提高了环境保护规划的社会地位，市民对环保工作的满意程度也逐年提高。环保三年行动计划的重点与五年规划不同，更多地立足于短期上海市在环境基础设施建设、生态环境保护、重点区域治理等方面的工程措施，突出实效、明确责任，将污染治理的主体明确，并通过区县环保局的三年行动计划实施方案进行辐射和延伸。基于三年行动计划，上海市完成了新华路工业区、吴淞工业区、桃浦工业区、吴泾工业区等多个污染严重、群众反映强烈的重点区域治理，推进完成了苏州河综合整治的一期、二期、三期工程，全市的污水处理率由 1998 年的 53.1%提升至 2010 年的 80%，苏州河水质明显改善，全市河道基本消除黑臭，空气环境质量逐年提高，绿化覆盖率、森林覆盖率以及人均公共绿地面积明显上升。以每年全市 GDP 的 3%投入到环保建设的力度保障上海市环境基础设施的不断完善、环境质量的稳步上升。为建设环境友好型、资源节约型社会奠定了坚实的基础。

　　④区域、流域环保规划。在上海市环保规划取得重大进展的同时，上海市积极参与区域、流域环境保护规划的编制工作，在长三角乃至全

国树立环境保护先进城市的形象。区域规划方面主要参与长三角环境保护规划的编制，该规划以江浙两省和上海市作为规划主体，对区域性的水环境问题、大气环境问题等领域进行了深入的分析和研究，提出了两省一市联合防控的环保联动机制。在该规划的带动下，长三角大气环境联防联控平台初步形成，针对区域性的灰霾、酸雨、臭氧超标等问题进行共同研究和治理。通过数据共享、资料共享、研究成果共享等方式形成坚实的污染防控平台。该平台的建设对保障上海市 2010 年世博会的顺利举办也起到了举足轻重的作用。水环境方面，长三角地区也是太湖流域的主要组成部分，两省一市共同组建长三角水环境联席会议制度，三地主要领导作为会议主席，每年例会，共同商讨饮用水安全保障、区域调水、共同防治水质污染等重大问题，互通有无，形成协商合作机制，通过联席会议的推进也促进了生态补偿等环境管理手段的完善和提高。长三角环境保护规划作为中长期规划将区域的环境质量目标、污染减排目标和环境管理目标作为整体进行统一考虑，并且切实立足于长三角共同环境利益，以工程措施为主导，以环境管理和机制健全为保障，在很大程度上为提高两省一市的环境保护工作水平、提升区域污染的联防联控和创新环境管理手段提供了重要的平台和基础。

流域规划主要考虑水环境问题的分析与解决，上海市地处长江下游入海口位置，其地理特征导致上海市所在的流域分类较多，包括长江中下游流域、太湖流域、长江口及毗邻海域等，其位置的特殊性和重要性导致在流域规划中的地位举足轻重。上海市参与的长江中下游环境保护规划包括了"十一五"和"十二五"两个五年规划，虽然地处长江最下游，但是对于本身的污染排放情况，上海市环保局坚持科学、合理和实事求是的态度，以详实的数据支撑和严谨的科学分析支持了规划的编制，对于长江中下游流域环境保护规划提供了有力的技术支持并在日常的环境保护工作中严格执行。

太湖流域由于 2008 年的蓝藻水华事件成为全国的焦点，上海市同样处于流域下游，本地污染排放对于太湖水体不会造成直接影响，但是作为流域组成部分，上海市仍然以流域共同的环境目标和要求约束自己，参与编制了太湖流域环境综合整治规划，并按计划每年进行项目实施情况汇总推进，为太湖流域污染整治作出巨大贡献。结合太湖污染整治规划的实施，上海市在淀山湖开展了大量的富营养化研究和污染防治规划的编制工作，立足流域、确保民生，保障全市的饮用水安全和水环境质量的改善。

作为长江入海口，上海毗邻东海，因此也属于东海的海域范围，在2005 年编制的《长江口及毗邻海域碧海行动计划》包括了上海市和江苏、浙江的一部分。该规划深入分析了流域污染源的分布和贡献，尤其对于流域内的支流、长江干流等污染物通量、大气环境干湿沉降以及海域污染排放等方面进行了详尽的梳理和汇总，数据资料调查就占用了将近两年的时间，期间，上海市基于自身的污染源数据库和污染源 GIS 系统，详细提供了全市的点源、面源排放情况，并且依靠自身的科研力量协助中国环境科学研究院完成近岸海域污染物容量计算和水质模型等方面的工作，为碧海行动计划的顺利编制提供了强有力的保障。该规划的编制由中国环科院牵头，两省一市的环保科研队伍主编各自的分规划，规划数据详实、目标明确，以控制东海赤潮为近期目标提出了沿海各地的污染物减排计划以及支撑的技术手段和工程措施，以海域功能区达标作为远期规划目标，对各地环境保护工作提出中长期方向性指导和宏观的目标确定，在很大程度上巩固了长三角环保工作共同进步。

上海自身境内的河流众多，包括黄浦江、苏州河、蕴藻浜、太浦河等水系互相连通，水环境问题也一直是上海市民关注的重点。20 世纪80 年代黄浦江综合整治工作的开展拉开了上海市境内流域污染治理的序幕。其中黄浦江综合整治规划、苏州河综合整治一期、二期、三期规划、两河流域污染防治规划等专业规划的出台逐渐将先进的水动力、水质模拟、容量模型、总量控制模型等手段应用于水环境污染防治工作中，各规划的科学性、严谨性较同类规划有明显提高，此外，求实创新成为上海市流域治理规划的共同特点，规划编制最终都立足于工程项目，项目清单明确、实施方案详细、资金预算精确，从而保证了流域污染防治规划的顺利实施，也让上海市民感受到河道水质的稳步改善。

⑤区县环保规划。区县环保规划从属于市环保规划体系，作为全市规划落地的基础，各区县环境保护规划更加详细和具体。区县环保规划一般包括五年规划和三年行动计划两部分，也有些区县由于自身条件优越，环保工作成效明显，从而创建全国的生态区、环保模范区等称号，也在创建前期进行相应规划的编制。从区县的五年规划和三年环保计划编制角度，更多的是对市级环保规划的执行细则，如何完成减排任务、如何提高区县环境质量和环境管理水平是此类规划的重点。规划目标与全市目标基本一致，并根据各区县自身特点提出适合本地区的重点领域的环保措施。在规划中明确五年内或三年内的环保工作具体任务，重点治理的环境问题以及自身特点的环境难点问题。

（2）创建类规划。创建工作是提升地区环境保护的重要手段之一，全国开展的各类型环保创建活动中以环保模范城市（城区）创建、生态文明示范区创建、生态城区创建、环境优美乡镇创建、生态镇创建等活动为主。各类创建活动都要求规划先行。因此在以上规划之外诞生了综合性和针对性较强的创建类环境保护规划。

上海市在 2009 年完成了上海市创建环境保护模范城市规划，规划以环境保护模范城市的 26 项指标为依据，对上海市环境基础设施、环境质量、环境管理、环境经济、环境法规、市民反响等多方面进行了详细认真的评估，寻找自身发展与模范城市要求之间的差距，并以此作为上海市环境保护工作的重点领域和方向。该规划包括了总规、城市交通污染防治规划、水环境保护规划、节能减排规划和工业污染防治四个专项规划。规划内容完整，详细分析了上海市社会发展和环境保护的突出问题和主要矛盾，具体阐述了创模要求与上海市现状之间的差距，列举了重点领域和主要工作内容，为上海市创建环境保护模范城市提供了科学的规划蓝图和技术支撑，也为上海在自身发展的同时明确了环境保护的重点和方向。在区县层面，闵行区、原浦东新区、青浦区等区县也先后完成创建环保模范城区的规划编制工作，并在规划的指导下成功创建成为模范城区。

乡镇环境保护规划更多立足于环境优美乡镇的创建工作，利用小城镇环境保护规划指标体系的指导，使得乡镇了解自身发展中的环境问题，对于乡镇政府的绿色理念和可持续发展的思想灌输也有重要作用。通过环境优美乡镇、生态镇创建的规划编制和实施使得乡镇居民的环境保护意识和环境认知度有大幅的提升，对减少城乡环境差距、提高乡镇环境质量有很大的作用。对于农村地区，生态村的创建也要求相关的环境规划或计划先行，在编制规划的同时，广大农村地区的环境教育程度和生态保护意识得到了明显提高，村民对于环境质量的要求逐渐成为生活质量的一部分。

（3）其他规划。针对突出的环境问题、环境需求和环境矛盾编制的环境保护规划也不胜枚举。在此类规划中饮用水安全规划是重中之重。上海市饮用水水质一直受制于开放式河流取水、分散取水以及受到上游来水影响等诸多因素困扰，自身由于工业生产、社会经济的高速发展，对内河的污染排放也较为严重，一度导致上海的集中式饮用水水源地多次搬迁，从20世纪20年代的苏州河移至黄浦江下游的吴淞口，又从吴淞口搬至黄浦江中上游、到80年代已经逐步搬至黄浦江上游的临江、松浦大桥取水。为保护饮用水安全，上海市在确保市民饮用水安全等方面做出了大量的努力，一再地搬迁取水口和提升水厂净化能力的同时，上海市积极寻找优质长江水作为饮用水水源地，与此同时，通过饮用水水源地环境保护规划、环境安全规划、饮用水水源保护区划等手段加大水源保护力度，确保市民饮水安全。通过这些规划的编制研究和实施，截至2010年，上海市已经形成"两江互补、多源供水"的供水格局，小型开放式水源地逐渐关闭,黄浦江上游水源保护力度逐步提升。饮用水水源地保护类的规划工作中不仅仅使用了常规数值模型,还通过突发性环境污染事故模拟模型进行了安全范围计算,利用富营养化模型对长江口青草沙水库进行了水库库型调正和优化,通过先进技术手段和严格的规划实施提高了水源地环境保护工作的力度和强度,保障了水源地水质安全。

此外,随着环境保护工作力度的不断加大,规划环评、区域环评工作也得到了巨大的发展,上海市重大规划都需要进行环境影响评价,通过规划环评和区域环评在地区发展之初或建设开发规划实施之前,环境保护的理念就先行进入指导,运用环境规划的理念和科技手段对环评主体提出调整建议,从而保证社会经济发展和地区进步的同时,生态环境、人文环境和自然环境都得到最大限度的保护,更为关键的是通过环境规划的编制将环保理念广泛传播到社会各界,成为全市发展的重要依据。

2. 环境标准研究

(1)国家环境保护标准研究和制定。国家电子工业污染物排放标准——半导体。信息产业是 21 世纪世界经济的主导产业和支柱产业,而半导体产业就是信息产业的基础,它影响面广、后续产业链长,具有极为重要的战略地位。半导体技术水准已成为衡量一个国家综合国力的重要标志之一。正因为如此,半导体产业是当今世界发展最为迅速和竞争最为激烈的产业。近年来,全球电子信息产品制造业重心开始向中国大陆转移。从 2000 年以来,中国集成电路产业处于高速成长期。2008年,我国半导体产业销售额达到 2 184.6 亿元,其中集成电路产业销售额达到 1 246.8 亿元。预计到 2015 年中国集成电路产业销售收入将达到约 6 000 亿元,届时中国将成为世界重要的集成电路制造基地之一。

但半导体生产过程中使用了大量繁多的有机物和无机物,并有许多有毒有害物,这些溶剂在生产过程中以废水、废气和危险废物形式排放到环境中，影响较大。一些国外和其他地区针对这一行业制定了特定的污染物排放标准，而我国尚无针对半导体行业的排放标准，仍执行国家的废水和废气的综合排放标准，具有较多的不适用处，因此，有必要制定适应于该行业的污染物排放标准。

国内外半导体行业污染物排放标准和污染控制技术调研：通过对美国、德国、日本等发达国家、我国台湾地区已经开展了世界银行的半导体行业排放标准或相关污染物排放标准的调研，深入了解国外有关行业排放标准的目标控制污染物项目、排放限值（包括浓度限值和总量限值等）、监测方法等方面的技术资料，以及标准制定的方法和依据，为等同或等效采用国外标准提供参考资料；通过资料调研等方式，掌握国内外先进的半导体行业主要生产技术、工艺流程以及原料使用的现状，了解该行业污染物产生的每一个细节及该行业今后的技术发展趋势；通过对国内外半导体行业的各种污染治理技术的调研，了解半导体行业污染控制技术的具体情况，分析国内外半导体行业的技术发展水平的共性与差异，为借鉴国外排放标准，制定我国排放标准提供依据。

国家半导体行业污染治理情况调研：通过书面调研或现场走访的方式对我国主要的半导体行业现状和污染防治情况进行调研；根据不同的半导体企业类型，对其生产流程进行调研，分析不同工艺不同生产阶段废水、废气以及危险废物排放的污染物和排放量，结合总量控制的要求，为制定污染物排放标准提供技术依据；通过对不同污染控制技术比较，结合经济技术的分析，确定在现有生产力条件下上海市半导体行业的最佳污染物控制技术。

国家半导体行业污染物排放标准的制订：在对国内外半导体行业相关标准和污染控制技术及上海市半导体行业发展、污染治理现状的调研基础上，制定国家半导体行业污染物排放标准。

截至 2010 年，该研究项目已完成了《国家电子工业污染物排放标准——半导体》的送审稿。标准发布后，将有利于对我国半导体行业污染排放的监管，降低行业生产对环境的负面作用，实现经济与环境协调发展的目标。

国家船舶工业污染物排放标准。船舶工业是为水上交通、海洋开发和国防建设等行业提供技术装备的现代综合性产业，也是劳动、技术、资金密集型产业，对一些上下游产业发展具有较强带动作用，世界主要发达国家在各自工业化进程中都选择了船舶工业作为支柱产业。近年来我国船舶工业实现跨越式发展，我国已成为世界船舶工业的第三大国，2007 年造船完工量占世界份额的 26.7%，连续 13 年居世界第三；以大连、葫芦岛、青岛为主的环渤海湾地区，以上海、南通为主的长江口地区和以广州为主的珠江口地区的大型造船基地建设以及地方造船的蓬勃发展进一步促进了我国船舶工业的发展，我国船舶工业有望成为最具国际竞争力的产业之一。到 2015 年，中国将形成开发和建造高技术、高附加值船舶的能力，造船技术水平将达到或接近世界先进水平，成为世界最主要的造船大国和强国。

船舶工业包括船舶制造、船舶修理、船舶拆解、船舶配套设备制造等行业。钢质船舶制造和修船的主要原料是钢材和船用涂料，产生的主要污染物是除锈粉尘和涂装有机废气。由于造修船工艺中的涂装部分多在室外进行，由此造成的无组织排放对环境影响较大。

我国的《船舶工业污染物排放标准》（GB 4286—84）于 1984 年 5 月 18 日发布，1985 年 3 月 1 日起实施。但在《大气污染物综合排放标准》（GB 16297—1996）发布后，代替了 GB 4286—84 的废气部分。该标准主要对船舶工业排放的电镀废水进行控制。十几年来，船舶工业的生产模式发生了很大的变化，骨干造船企业已向总装化造船模式发展，船舶中间产品已从造船作业主流程中分离，钢制船舶造修厂主要污染物是涂装过程产生的挥发性有机物，因此原来的标准已不适应新时期发展和污染控制的要求，有必要进行修订。

国内外船舶工业污染物排放标准和污染控制技术调研：通过对美

国、欧洲、亚洲船舶工业发达的国家相关排放标准的调研，深入了解国外有关行业排放标准的目标控制污染物项目、排放限值（包括浓度限值和总量限值等）、监测方法等方面的技术资料，以及标准制定的方法和依据，为等同或等效采用国外标准提供参考资料。同时，对目前执行的我国《船舶工业污染物排放标准》（GB 4286—84）制定的背景、研究依据等进行调研。通过资料调研等方式，掌握国内外先进的船舶工业主要生产技术、工艺流程以及原料使用和污染防治现状，为我国排放标准的技术经济分析提供参考。

国内船舶工业综合情况调研：采用相关企业实地调查、问卷/电话调查等多种形式，主要针对我国船舶工业的企业数量、企业规模、企业分布、产品种类、生产工艺、生产能力、原材料种类和污染防治情况进行调研，掌握我国该行业的特征污染因子，确定国内船舶工业污染物处置的最佳实用技术。

国家船舶工业污染物排放标准的制订：在以上研究的基础上，针对船舶工业的污染排放和防治现状，制定该行业包括废水和废气的排放标准。该研究项目尚在进行中。标准发布将进一步规范我国船舶工业的环境管理工作，降低造修船过程中对环境的负面作用，有利于船舶工业可持续发展。

（2）行业环境保护标准研究和制定

①上海世博会园区土壤环境评价标准（HJ/T 350—2007）。城市土壤污染问题，自20世纪90年代开始逐渐成为国内外关注的热点。由于城市土壤承受着更高强度、更复杂多样的污染负荷冲击，其污染更严重、更具持久性，其与密集城市人群的紧密接触，也极大威胁到城市生态安全和人体健康。2010年，上海世博会是第一次在特大型城市中心城区举办的以城市为主题的世博会。由于上海具有悠久的工业史，城市土壤环境长期受到工业"三废"排放和废物处置不当的污染影响，世博规划区域土壤质量对参展人群健康存在潜在威胁。因此，市环保局立项开展世

博会规划区域受污染土壤修复的评价标准研究，旨在为世博规划区域内污染土壤的控制与修复提供实际指导和科学依据。

本项目在广泛收集国内外相关土壤环境质量标准、受污染土壤修复标准等数据资料的基础上，结合上海地区的土壤背景值特点，通过对比分析，以非农业用地为重点对象，借鉴国内外的有关研究成果，从污染物对土壤—地下水体系的影响、对人体健康和土壤生态系统的危害等方面进行探讨，提出了世博会规划区域受污染土壤修复的评价指标及其相应限值。研究选取的评价指标能够反映世博会规划区域内主要土壤污染源及其潜在污染因子，提出的限值可作为世博会规划区域受污染土壤修复的"筛选值"。

该项目是国内在土壤修复标准限值领域的创新研究，首次针对不同的土地开发用途，提出了土壤污染物的含量控制要求，按照 A、B 两级确定限值，实行分级控制。编制的标准是国内首项以非农业用地为对象的区域性土壤环境质量评价标准，也是国内首项区域性土壤修复标准。该项目的研究结果，已直接应用于国内首次大规模的土壤修复工程——上海世博会园区的土壤修复工程中，为世博规划区域内污染土壤的控制与修复提供了实际指导和科学依据，具有很强的实践性和可操作性，有助于确保世博会的顺利举办及其后续利用的安全性。基于此项目研究成果编制的中华人民共和国环境保护行业标准《展览会用地土壤环境质量评价标准（暂行）》（HJ/T 350—2007）也已颁布实施，研究成果的实际推广应用，对今后各地区加强土壤环境管理，实施污染土壤修复，具有重要的实践意义。

②受污染场地土壤修复技术导则。20 世纪 80 年代以来，许多国家特别是发达国家纷纷制定并开展了污染土壤治理与修复计划。

美国政府于 1976 年颁布《资源保护与回收法》，其中对场地污染预防作了法律规定。1980 年又发布了《综合环境响应、补偿和义务法》，其中规定了过去和现在土地的拥有者和使用者必须对土地的污染负责和有清除污染的义务，并批准设立污染场地管理与修复基金（超级基金），因此被称为超级基金制度。在上述法律框架下，美国已制定了系列的场地修复技术标准和污染场"国家优先名录"，启动了大量场地的调查和修复工作，1982—2002 年，美国超级基金共对 764 个场地进行修复或拟修复。常用的原位修复技术包括 SVE、生物修复、稳定化/固定化，常用的异位修复技术是固定化/稳定化、焚烧、热解吸和生物修复。1982—2002 年，美国超级基金已经修复的场地土壤体积达到约 1 835 万 m^3，其中接受原位修复的污染土壤达到 3 058 万 m^3，接受异位修复的污染土壤达到 993 万 m^3。

我国台湾地区发布实施了《土壤及地下水污染整治法》并配套有《场地环境调查和修复技术规范》，但基本上是对美国相关规范的直接转换。香港特别行政区政府根据香港自身经济发展和地域特点，颁布了《受污染土地勘察及整治指引》，主要适用于曾用作加油站、船厂及车辆维修/拆卸工厂场地的调查和修复。

近年来，北京、上海、重庆、宁波、沈阳等城市进行了化工、农药、焦化厂等场地的调查评估和修复工作，污染物主要包括挥发性有机污染物、石油烃、多环芳烃、农药等，应用的修复技术主要有焚烧、稳定/固化、挖掘—填埋，正在某些场地试点的技术有生物堆、热处理、生物通风等技术。

为加强场地开发利用过程中的环境管理，保护人体健康和生态环境，规范污染场地土壤修复可行性研究的程序、内容和技术要求，2008年原国家环保总局以《关于开展 2008 年度国家环境保护标准制修订项目工作的通知》（环办函[2008]44 号）下达了制定《受污染场地土壤修复技术导则》（已调整为《污染场地土壤修复技术导则》）的任务。

开展受污染场地土壤修复技术导则是场地环境管理形势要求。随着我国城市化进程的不断加快，越来越多的工业企业搬迁，遗留下来大量的可能存在潜在的环境风险的场地，但场地再利用需求量大，场地开发市场规模急剧膨胀。如果这些场地未经环境调查评价或修复，场地的再利用就可能存在健康隐患，甚至引发严重后果，因此必须对这些场地进行环境调查、风险评估及污染修复。我国还没有污染场地修复相关标准，难以科学系统地技术指导污染场地修复工作。在国外，曾经因为缺乏规范的场地环境调查和修复制度，发达国家场地开发再利用过程中几乎都曾经多次出现污染事故，尤其是一些污染严重企业遗留下来的场地。国内在土壤修复技术的研究方面已有工作基础，但尚缺乏成规模的应用实例，而且还没有统一的土壤修复技术规程。基于上述情况，我国场地环境管理工作已经提上日程，虽然还没有出台相关法律，但制定污染场地修复相关技术标准，以技术指导场地修复工作的呼声很强烈，制定《污染场地土壤修复技术导则》是十分必要的。

开展受污染场地土壤修复技术导则是国家及环保主管部门的相关要求。原国家环保总局印发的《关于切实做好企业搬迁过程中环境污染防治工作的通知》（环办[2004]47 号）规定所有产生危险废物的工业企业、实验室和生产经营危险废物的单位，改变原土地使用性质时，必须对原址土壤和地下水进行监测分析和评价，并据此确定土壤功能修复实施方案。《国务院关于落实科学发展观 加强环境保护的决定》（国发[2005]39 号）要求对污染企业搬迁后的原址进行土壤风险评估和修复。落实上述规定，需要制定污染场地土壤修复技术导则，指导我国场地土壤修复工作。

现有相关标准的不足。迄今为止，我国已颁布实施的土壤环境保护相关标准已有数十项，包括《展览会用地土壤环境质量评价标准（暂行）》（HJ 350—2007）、《工业企业土壤环境质量风险评价基准》（HJ/T 25—1999）、《食用农产品产地环境质量评价标准》（HJ/T 332—2007），以及包括《农用污泥中污染物控制标准》等土壤污染控制相关标准，但是这些标准中均未涉及污染场地土壤修复方面，因此我国污染场地修复标准非常匮乏，迫切需要制定出台。

主要研究本导则所涉及的以下内容：一是标准适用范围；术语和定义；工作程序；评估预修复目标。根据规划的土地使用类型、健康风险可接受水平，得出场地修复目标。二是筛选和评价修复技术。结合场地的特征条件，从成本、资源需求、安全健康环境、时间等方面，筛选和评价修复技术，找出最佳修复技术。采用评分矩阵法，由场地修复的专业人员对场地进行评分。根据污染物的毒性和迁移性、修复技术的可实施性、修复的短期和长期效果、修复成本、健康与环境安全、政府和公众接受程度等方面确定可以量化的筛选指标。逐项对各备选技术进行评分，依据评分结果确定最佳修复技术。三是制订技术方案。针对场地污染物和暴露方式，对修复技术加以集成；确定修复技术的工艺参数；制订场地修复的监测计划；估算场地修复的污染土壤体积；分析成本—效益；分析环境影响；修复工程管理。四是编制污染场地修复工程可行性研究报告。全面、准确地反映出修复工程可行性研究中的全部工作内容。

该项目通过对国内外污染场地土壤现有修复技术、工作程序、修复目标、技术筛选等情况的广泛调研，编制了《污染场地土壤修复技术导则》。该标准已经成为场地环境保护系列标准之一，国家环境保护部已经发布了该标准的征求意见稿。

本研究针对我国土壤污染特点编制污染场地土壤修复技术导则，能够直接应用于与污染土地再利用有关的环境管理，为环境管理部门的决策提供科学依据，为土地开发和利用提供环保技术支持，满足土地/土壤可持续利用和建设环境友好型城市的需要。

本项研究成果可望成为国家环境保护行业土壤修复技术的规范性文件，积极推动土壤修复方面的科学研究和技术开发，为今后的科研和技术服务提供有益的技术积累和实际操作经验。

③上海市饮食业环境保护设计技术规程研究。改革开放以来，我国的经济得到了快速增长，城市区域功能和产业结构也发生了很大的变化，第三产业得到了迅猛发展。饮食业的迅速发展繁荣了市场、方便了

人民生活，又使我国的第三产业得到了发展。但随之而产生的油烟、噪声、固体废弃物、污水排放等环境问题，已直接或间接地影响着消费者、居民及经营者本身的身心健康，影响城市区域局部环境质量和环境市容景观，扰乱部分居民的正常生活规律，引发众多的环境纠纷。

截至 2012 年，我国已经颁布的大气、噪声和污水等排放标准缺少对饮食业有针对性和可操作性的规定。而《饮食业油烟排放标准》也仅规定了饮食业单位的油烟最高允许排放浓度和油烟净化设施最低去除效率，而没有有关油烟排气筒的高度、位置以及对噪声、废水、固体废物控制等的要求。与饮食业相关的环境保护设计要求、规程或标准也尚未形成。饮食业的设计和建设单位因无统一的要求，无法将环境保护的内容纳入饮食业的设计和施工中去，无法从源头控制和减少污染物对周围环境的影响；而环境管理部门因无统一的尺度，也难以对饮食业的环境保护设施的建设和运行进行审查与管理。

从我国环境保护和经济协同、持续发展和清洁生产原则要求出发，对饮食业污染的控制应从源头控制，制定饮食业环境保护设计规范拟通过合适的场址选择、建筑平面布置、内部空间布局以及在建筑设计和布置时综合考虑污染防治设施等，将污染防治作为整个餐饮门店的组成考虑，将可以较好地处理饮食业发展和居住环境间的污染矛盾。因此，制定《饮食业环境保护设计技术规范》是十分必要的。

主要研究内容包括：一是饮食业现状调查及研究——范围、分类、规模；污染源及控制技术现状；存在的主要环境问题。二是饮食业环境影响分析研究。三是饮食业环境保护设计原则要求。四是饮食业污染控制设计参数——选址要求、平面布置设计参数、配套单体设计参数、废气治理和控制技术参数；厨房排气通风设计参数；废水处理设计参数；噪声、振动控制要求；固体废物处理（处置）要求。

本课题的研究成果形成了两个规程：上海市工程建设规范《饮食业环境保护设计规程》（DGJ 08—110—2004）和中华人民共和国国家环境

保护标准《饮食业环境保护技术规范》（HJ 554—2010）。

（3）地方环境保护标准研究和制定

①上海市半导体行业污染物排放标准（DB 31/374—2006）。近年来，半导体行业在上海发展迅速，成为前景广阔的朝阳产业，受到上海市政府的大力扶持。上海 8 英寸集成电路制造的生产能力已占全国半导体行业生产能力的 70%。上海已形成了从芯片设计、芯片制造、封装到测试等配套服务完整的半导体产业链，成为中国半导体产业的中心重镇。由于半导体生产过程中使用了大量繁多的有机物和无机物，并有许多有毒有害物，对环境危害较为严重。如不加以控制，将会产生较大的环境污染。一些半导体产业发达的国家和地区，如美国、德国和中国台湾等都针对半导体行业制定了相应的排放标准。本项目主要对国内外半导体行业相关标准及上海市半导体行业发展、污染治理现状进行研究，并在此基础上制定了上海市半导体行业污染物排放标准。

国内外半导体行业污染物排放标准和污染控制技术调研：通过对美国、德国、日本等发达国家及我国台湾地区的半导体行业排放标准或相关污染物排放标准的调研，深入了解国外有关行业排放标准的目标控制污染物项目、排放限值（包括浓度限值和总量限值等）、监测方法等方面的技术资料，以及标准制定的方法和依据，为等同或等效采用国外标准提供参考资料；通过资料调研等方式，掌握国内外先进的半导体行业主要生产技术、工艺流程以及原料使用的现状，了解该行业污染物产生的每一个细节及该行业今后的技术发展趋势；通过对国内外半导体行业的各种污染治理技术的调研，了解半导体行业污染控制技术的具体情况，分析国内外半导体行业的技术发展水平的共性与差异，为借鉴国外排放标准，制定我国排放标准提供依据。

上海市半导体行业污染治理情况调研：主要针对上海市半导体行业的企业数量、企业规模、产品种类、生产工艺、生产能力以及主要原料等原始资料进行搜集整理，分析各企业的生产结构，从而对上海市半导体行业的综合情况有确切的把握，有的放矢，为排放标准的制定准备背景资料；根据不同的半导体企业类型，对其生产流程进行调研，分析不同工艺不同生产阶段废水、废气以及危险废物排放的污染物和排放量，结合总量控制的要求，为制订污染物排放标准提供技术依据；通过对不同污染控制技术比较，结合经济技术的分析，确定在现有生产力条件下上海市半导体行业的最佳污染物控制技术。

上海市半导体行业污染物排放标准的制定：在对国内外半导体行业相关标准和污染控制技术的调研和上海市半导体行业发展、污染治理现状的基础上，制定上海市半导体行业污染物排放标准，对上海市半导体行业排放的废水和废气提出了排放标准。

半导体行业在生产过程中需要使用各种有机溶剂，由此产生的VOCs是该行业主要的废气排放污染物。但在以前的综合及行业排放标准中，都没有对VOCs进行过控制。本项目在研究过程中，参考国内外相关半导体行业污染物排放标准及上海市现有企业 VOCs 实际处理现状，制订了上海市半导体企业 VOCs 的排放浓度限值和处理设备最低削减率标准，具有一定的创新性。

本研究结果最终转化成《上海市半导体行业污染物排放标准》（DB 31/374—2006），于 2007 年 2 月 1 日起实施。该标准的实施将约束生产商的行为，不仅可以防止重蹈"先污染，后治理"的覆辙，有效地保护环境，而且可以督促生产商采用国际先进生产技术和治理措施，推行清洁生产技术，提高污染控制水平，达到环境保护和经济发展相互协调、共同发展的目的。同时，制定半导体行业的排放标准能改变国外对我国不重视环境保护的误解，改善我国的投资环境。此外，标准的推出也便于环保部门及行业主管部门的环境保护管理。

②上海建设用地土壤污染修复指导限值（标准）的研究。土壤污染修复指导限值可用于评价在土地使用过程中土壤污染物暴露对人体健康造成的风险性大小。当土壤中污染物浓度高于指导限值时，可能对场

地使用者产生不可接受的健康风险，该场地即要求进行修复。利用污染物指导限值有助于回答"土壤污染物浓度与引起人体健康与环境危害的风险性之间的关系"。土壤污染修复指导限值有机地结合了权威的科学结论及相关政策法规的要求，利用指导限值可较好地协调环境保护法与污染场地修复的关系。

国外对建设用地土壤污染修复指导限值已进行了大量研究，并建立了相应的标准。我国对建设用地土壤污染修复指导限值和风险评估的研究还比较薄弱，主要以介绍和应用国外的研究成果为主。随着工业化、城市化、农村集约化进程的不断加快，上海的土壤污染问题日益突出。上海不少居民生活住宅、公共环境和市政设施，是在搬迁的旧工业和其他场址上建设的；原地块的土壤污染对上海的生态安全、人群健康以及城市可持续发展构成潜在威胁，必须进行污染物消除和土壤修复。但是，截至 2012 年，上海还缺乏此类建设用地土壤污染修复的指导限值（标准）以及风险评估的相关研究。

本研究针对上海建设用地土壤污染和土地再利用状况，建立土壤主要污染指标的修复指导限值（标准）和实施纲要，为上海市环境保护局实施建设用地土壤污染的风险管理、指导污染土壤修复，以及为上海城市土地可持续发展提供技术支持和依据。

原国家环保总局在 2004 年 6 月首次下发了有关工业企业土壤修复的文件，土壤修复事实上已列入我国环境保护技术政策的重要日程。该文件明确要求所有产生危险废物的工业企业、实验室和生产经营危险废物的单位，改变原土地使用性质时，必须对原址土壤进行污染程度监测分析和环境影响分析，并据此确定土壤功能修复实施方案（见环办[2004]47 号文《关于切实做好企业搬迁过程中环境污染防治工作的通知》）。上海市政府也规定黄浦江两岸滨江公共环境建设中，土壤污染超过国家相应标准时，应采取措施修复污染的土壤（见《黄浦江两岸滨江公共环境建设标准》（DB31/T 131—2004））。

主要内容：一是国外和地区建设用地土壤修复限值的调研。二是上海建设用地土壤污染修复指导限值（标准）指标的选取。分析上海建设用地尤其是工业用地和搬迁企业土壤污染特征，依据现有国际通用的风险评价方法，选择 10～15 种具有上海区域特性的土壤污染指标。三是上海建设用地土壤污染修复指导限值（标准）体系的构建。调研和比较国内外建设用地土壤污染修复指导限值，在分析土壤污染物的生态毒理学资料和健康风险临界水平基础上，针对住宅用地、娱乐用地、商业用地和工业用地 4 种典型的土地再利用类型，建立 10～15 种主要污染指标的修复指导限值（标准）。四是上海建设用地土壤污染修复指导限值的可行性分析。在调研现有土壤修复技术及修复成本的基础上，分析土壤污染修复指导限值（标准）的技术和经济可行性，以及与国家和上海市现行政策法规的兼容性。五是上海建设用地土壤污染修复指导限值（标准）的实施纲要及其配套政策。建立土壤污染修复指导限值（标准）的实施纲要和配套政策，包括建设用地土壤污染的监测、污染土壤的风险评价、企业搬迁的环境影响评价、污染土壤修复技术方案评估、建设用地土壤修复报告制度、土壤修复监督体系、生态补偿机制和清洁地块标签制度等。六是土壤污染修复指导限值（标准）及管理方法的应用研究。选取南汇区某搬迁化工厂和电镀厂进行应用研究与分析。

该项工作形成了上海建设用地土壤污染修复指导限值（标准草案），针对 4 种污染土地再利用类型、10～15 种土壤类型制定了污染修复指导限值；编制了上海建设用地土壤污染修复指导限值（标准）的实施纲要和配套政策（文本）；编制了国外和地区建设用地土壤修复限值的调研报告。

本研究针对上海地区土壤特点提出的污染土壤修复指导限值及相关技术文本，能够直接应用于与污染土地再利用有关的环境管理，为环境管理部门的决策提供科学依据，为上海的土地开发和利用提供环保技术支持，满足上海土地可持续发展和建设资源节约型、环境友好型城市的需要。同时，以人为本，识别土壤污染可能对人体健康造成的影响，降低土壤污染对人体的伤害；用土壤主要污染指标的修复指导限值（标准）指导污染土壤修复，减少污染土地的修复费用，降低土地再开发的成本。

本项研究成果可望成为我国第一部用于城市建设用地土壤污染修复的地方指导限值（标准），积极推动土壤修复方面的科学研究和技术开发，能够为今后的科研和技术服务提供有益的技术积累和实际操作经验。

③水泥回转窑共处置危险废物技术规范研究和示范试点。水泥回转窑处理危险废物在欧、美、日等发达国家和地区已有广泛的应用，在技术上是可行的。水泥回转窑自身在温度、运行环境、停留时间和废渣排放等方面的特点，使得水泥厂越来越成为处理危险废弃物的理想场所。危险废弃物应用于水泥行业，一方面可以从某种程度上缓解资源紧张的压力，保证水泥行业的稳定发展；另一方面，有效地处理危险废物也是环境管理上的一个突破，可以节省处理废弃物污染的资金投入，对于上海乃至于全国的环境保护具有积极作用。

早在 20 世纪 90 年代中期，上海、北京、广州等特大型中心城市的政府和水泥企业，开始了关于"水泥工业处置和利用可燃性工业废弃物"问题的研究和工业实践，引起了国家有关部委和水泥行业的重视。近几年，我国在利用水泥回转窑焚烧处理危险废物的技术上有所突破，在北京、上海等城市也建立了多个示范工程。但是，由于该技术在国内还处于试行阶段，再加上危险废物的种类繁多、成分复杂、理化性质多样，整个处置过程缺乏统一的技术规范和相应的评价标准体系，导致该技术在实际推广和运行过程中存在相当的困难。

本项目建立危险废物分类标准和体系，可以根据不同处理设备的需求对危险废物分类，在处置源头控制进料质量，防止破坏设备、影响水泥品质。建立水泥回转窑处置危险废物污染排放评价和指标体系，可以推动企业的清洁生产和循环经济发展，从而保护人体健康，改善生态环境。完善水泥回转窑共处置危险废物的全过程技术规范，可以更加规范企业危险废物焚烧处理处置行为，监督和强化企业内部危险废物的管理。

通过本项目研究，不仅可以弥补上海市第三轮环保三年行动计划中危险废物水泥窑处置设施建设和运行监管的不足，而且还可为上海市第四轮环保三年行动计划危险废物处置示范项目的形成做好技术准备。

主要内容：一是水泥回转窑共处置危险废物的类别、范围和进料控制指标、工艺参数。在国内外水泥回转窑处置危险废物的应用技术调研的基础上，结合水泥企业开展固体废物水泥窑共处置的研究成果，针对上海市危险废物性质与特点，选择部分危险废物类别进行共处置试验，研究危险废物在水泥回转窑共处置的适用危险废物类别、预处理工艺、进料方式、进料量、次生污染防治等工艺参数等。二是水泥回转窑共处置危险废物风险评价指标体系研究。研究建立水泥回转窑共处置危险废物的风险评价内容和指标体系，包括危险废物替代原料或燃料、生产过程中产品的性能和环境安全性以及原生污染物和次生污染物控制。三是水泥回转窑共处置危险废物污染防治技术规范。水泥回转窑共处置危险废物全过程污染防治技术规范的主要内容，包括危险废物适用类别划分、危险废物预处理、炉体及相关设备改造工程、进料方式、进料量、入窑废物控制指标、污染排放评价指标、技术安全性、产品安全性评价指标等。四是水泥回转窑共处置危险废物的技术改造和示范概念性设计。建立水泥回转窑共处置危险废物标准化生产线概念性设计，其中包括水泥回转窑兼容危险废物处理的生产工艺、技术参数、现有水泥回转窑设施技术改造和辅助设施匹配等概念性设计方案。

该项目通过对国内外水泥窑共处置危险废物的技术、标准、管理程序等情况的广泛调研，结合上海市危险废物产生现状和水泥回转窑共处置技术的处理能力，将适用于回转窑焚烧处理的危险废物进行定性、定量；根据危险废物进入回转窑的处理方式，分别建立进料控制指标，提出了相应的工艺参数要求，制定了水泥回转窑共处置危险废物技术导则；针对水泥回转窑处置危险废物过程及后期的污染排放特点建立了健康风险评价体系；编制了水泥回转窑共处置危险废物污染防治技术规范，为环保部门加强水泥回转窑处置危险废物的监管提供了技术支撑；依托于相关技术规范和上海联合水泥有限公司的工艺改造，进行了水泥回转窑共处置危险废物示范工程的概念性设计，为该技术后续的应用推广提供依据。

本项目利用水泥生产企业的回转窑设备共处置危险废物，一方面减少危险废物填埋场的负担，节约危险废物处置费用；另一方面还可以将废物进行资源化利用，符合技术规范的水泥生产企业在获得环保局办法的处置许可证后，可对危险废物产生单位适当收取一定费用。

建立水泥回转窑共处置危险废物的全过程技术规范，可以推动企业的清洁生产和循环经济发展，改善生态环境；可以更加规范企业危险废物焚烧处理处置行为，监督和强化企业内部危险废物的管理；为环保部门加强水泥回转窑处置危险废物的监管提供技术支持。通过该项目的研究，将为环保局提供水泥回转窑共处置危险废物的全过程技术规范和示范报告。

（4）环境标准调研项目。开展了国外环境标准初步研究——国外环境标准体系及美国大气环境标准研究。环境标准是环境管理的重要依据。在环境法规中，有关环境标准的阐述是制定环境标准的法律基础。该项目以美国、日本和欧盟三个发达国家和地区作为调研对象，主要针对大气方面的排放标准进行系统分析，具体涉及大气质量标准、固定源污染物排放标准和移动源的排放标准。从标准制定的法律依据、分类、适用范围、编制流程等几方面进行了调研，并与上海地方环境标准的编制进行对比，提出了上海环境标准工作的简单设想。通过本项目为环境管理部门提供了全面的国外先进国家和地区的环境标准制定信息，有利于环保部门从中获取经验，加强地方的环境标准工作建设。

3. 环境经济研究

（1）上海市社会经济与环境保护发展历程回顾研究。自改革开放以来，上海的社会经济飞速发展，城市化进程不断加快，城市面貌日新月异。但同时，上海又是一个资源稀缺、环境容量有限、生态压力很大的城市。城市发展史也是一部环境保护发展史。该研究项目对全市的社会经济发展和环境保护工作历程进行全面回顾，总结取得的经验和存在的问题，以指导新时期新形势下的环境保护工作。

项目主要包括：一是环境保护总体战略与发展轨迹回顾研究。根据人口、社会、经济、城市布局发展与环境的关系，研究重要的轨迹、拐点及相应阶段环保战略的发展，重点领域政策、管理等的转变和发展深化。主要内容包括：城市总体发展定位转变与环境保护；人口规模与环境保护；产业结构调整及技术升级与环境保护；城市功能布局优化与环境保护；归纳环境保护发展历程。二是环境保护重点领域发展的回顾研究。按重点领域、重要环境要素来研究分析其在社会经济、城市发展过程中如何不断深化提高。主要内容包括：水源保护和水环境治理；大气环境保护；工业污染防治；农村环境保护；噪声污染防治；固体废物利用与处置；生态保护与生态建设；环保能力建设；环保机制和政策。三是典型案例研究。对上海过去 30 年中，对城市发展有深刻影响的环境事件、环境政策进行专项研究。主要内容：重污染工业区整治；黄浦江水源保护；苏州河综合整治。

（2）上海市农村小康环保行动计划。该行动计划是市环保局水环境和自然生态保护处根据国家环保总局"国家农村小康环保行动计划"框架体系下达的编制任务，自 2006 年 12 月开始立项。通过对上海郊区进行了广泛的调研，在总结前两轮"环保三年行动计划"和"十五"期间农村环境保护工作的基础上，紧密结合新一轮"环保三年行动计划"和

"十一五"规划的相关要求，经全面的分析、总结，于 2007 年 4 月编制完成"计划"初稿。向市政府相关委办局、市环保局各相关处室以及各区县环保局征求意见，修改完善了"计划"初稿，于 2007 年 7 月完成工作任务。

行动计划涵盖以下几部分内容：一是上海市农村环境形势。主要包括"十五"期间工作进展、农村主要环境问题、成因分析、形势与机遇。二是指导思想、原则与目标。三是重点领域。共计 5 大重点领域，即推进生活污染治理、加强工业污染防治、深化农牧业污染防治、开展土壤污染治理以及保障饮用水水源安全。四是近期主要建设任务。近期主要建设任务可概括为 6 大工程，即环境基础设施建设工程、工业污染治理工程、农业污染治理工程、饮用水水源安全保障工程、环境综合整治工程、生态示范创建工程和环保能力建设工程。五是保障措施。内容包括组织领导、资金保障、政策措施、技术支撑、宣传教育和监督检查。

（3）长江三角洲流域生态补偿机制研究。我国普遍存在生态环境保护与经济利益关系的扭曲的现象，导致受益者无偿占有生态效益，保护者得不到应有的经济激励，破坏者得不到应有的经济惩罚，受害者得不到应有的经济赔偿。而这些问题在我国的各个流域中，包括长三角流域，显得尤为突出，上游排污下游治理、边整治边污染、跨界污染纠纷等现象随处可见。要从根本上解决这类问题，需要建立流域生态补偿机制，以实现调整生态环境保护相关各方的生态利益与经济利益的分配关系，调动各方面生态环境保护的积极性，促进区域经济社会协调发展的目的。

本研究主要是在国家生态补偿机制的指导性框架下，通过调查研究，设计适合长三角地区实际情况的流域生态补偿机制总体框架，并提出实施生态补偿的相关政策建议。主要内容包括：一是长三角地区生态环境现状与问题分析。通过文献调研和现场调查，分析长三角环境跨界水环境污染、饮用水水源地保护等环境问题，并对国内外先进理论和实践经验进行调研，为长三角地区流域生态补偿机制的建立提供借鉴基础。二是长三角地区生态补偿机制总体框架研究。根据原国家环保总局制定的生态补偿指导性意见，对开展生态补偿过程中各种相互关系进行剖析，确立原则、提出目标、理清思路，提出长三角地区流域生态补偿机制的总体框架。三是长三角地区生态补偿机制实施方案研究。根据研究提出的总体框架，研究提出生态补偿的责任主体、生态补偿的标准及其认定机构、补偿方式和途径、补偿资金筹措方式和运作模式等方面的建议，制定适合长三角的流域生态补偿机制实施方案。四是长三角流域生态补偿机制保障与监督体系研究。分别从组织机构、法律法规、政策体系、资金保障、监督管理机制和长效激励机制等方面出发，建立长三角流域生态补偿机制实施的监督和保障体系，以确保长三角流域生态补偿机制资金到位、措施到位、效果显著。

该项目于 2009 年年初完成各项研究任务，于 2009 年 3 月通过长三角城市经济协调会的验收，并获得一致好评，相关研究成果被各大媒体广泛报道。2009 年 4 月，该项目得到一进步完善修改，增加了情景模拟预测方案研究，顺利通过市环保局组织的专家评审会；2009 年 12 月，该项目顺利通过市政府合作交流办公室组织的专家评审会，获得较高评价。

（4）徐汇区沪杭铁路沿线环境污染调查及对策研究。徐汇区铁路沿线居民近年来多次向政府反映，南站开通以来噪声与振动等环境影响严重干扰其生活。为了更好地缓解与处理居民矛盾，徐汇区人民政府特委托上海市环境科学研究院就铁路沿线主要环境问题进行调查研究，在确定影响源强的基础上，提出多方案的环境治理方案，并从技术经济角度及社会环境要求等方面考虑，确定经济技术可行的推荐方案，为徐汇区人民政府及建交委等相关部门针对徐汇区铁路沿线居民及时采取相应环境管理措施与政策方案提供了决策依据。在对铁路噪声与振动控制措施方案进行比选的过程中，充分考虑不同方案的经济成本、环境效益、社会效益等方面，从环境经济角度进行了技术经济综合比较分析，比选出技术、环境、经济最可行的方案，供政府部门参考。

（5）上海市公路交通噪声防治技术规范研究与示范（2007—2009年）。该课题提出了上海市公路交通噪声防治技术规范，有利于指导今后道路的环境影响评价工作、环境保护建设和上海市环境保护产业的发展，有助于规范和指导上海市道路建设的噪声控制工作。课题中，对道路交通噪声防治单项技术及综合技术均进行了技术经济综合分析，从经济成本、环境效益、社会效益等方面综合考虑，针对不同类型的道路和敏感点布局，优选出技术可行、经济成本相对较低、环境效益较高的最佳适用技术措施，为上海市公路交通噪声防治技术规范草案的提出提供更好的依据。

（6）上海市产业污染物评价指标研究。本项目受上海市环保局委托，以上海市环境统计年报综合信息数据库相关资料为基础，开展上海市产业污染物排放评价指标及产业能效、水耗和主要污染物排放综合评估，以全面、客观掌握上海产业污染物排放现状，为政府决策提供依据。本项目旨在统计分析上海市不同行业污染物排放指标，掌握主要污染物排放水平，开展对各行业能耗、水耗和污染物排放的综合评价，筛选上海市环境劣势产业。本工作可以为上海市各级政府及工业园区在项目引进、审批过程中提供选择产业的客观评价标准，同时在淘汰劣势企业的过程中，为判断高能耗、高污染、低经济产值的劣势企业提供了量化的参考依据，为政府制定可持续发展的宏观经济指导的产业能源结构和污染控制政策提供技术支持。对企业而言，可以通过对照同行业总体水平，了解本企业在同行中的污染物排放及控制水平位置，为上海市工业企业进行清洁生产提供评估参考，有利于企业积极采取新工艺和新技术，提高企业能效水平和污染物控制水平，进一步落实科学发展观，切实转变经济增长方式。

该课题以上海市环境统计年报综合信息数据库为基础，通过数据筛选、行业代码勘误和调整、数理统计等手段，分析了全市 33 大类、153 中类行业四种主要污染物（COD、氨氮、SO_2 和烟粉尘）的排放量和万元工业产值污染物排放水平，得出了上海市产业污染物排放评价指标，并与全国各行业平均排放水平进行了对比分析；在污染物排放评估的基础上，结合不同行业能耗、水耗指标，建立了综合评估指标体系，对上海市 30 大类、132 中类行业开展了污染物排放、能耗和水耗的综合评估，掌握了各行业环境、资源友好度的基本情况；在此基础上，提出了"淘汰类"、"限制类"、"一般类"和"鼓励类"的各中类行业名单。该课题研究为相关部门判断高能耗、高污染、低经济产值的劣势行业和企业提供了量化的参考依据，为政府加快产业机构调整、淘汰环境劣势企业提供了技术支持。

（7）上海市主要大气污染物排污费征收标准调整方案研究。针对上海市大气环境保护和污染减排工作进一步发展的客观需求，本课题以二氧化硫（SO_2）、氮氧化物（NO_x）和扬尘等主要大气污染因子为对象，以有效推进污染减排为目的，以充分发挥经济杠杆作用为原则，重点探讨了上海市主要大气污染物排污收费标准调整的可行性和实施方案，制定上海市主要污染物排污费征收标准调整方案，具体研究成果包括：一是调研了国内外排污收费制度发展历程、现状、存在问题及发展趋势，调研了主要大气污染物污染控制技术及其成本，基于国家对收费标准调整的具体要求，并综合考虑上海市实际情况，研究提出了上海市二氧化硫和氮氧化物收费标准调整的近期和中长期实施方案，对方案实施的综合影响进行了全面分析，并初步探讨了超标/超总量的阶梯式收费机制的可行性。二是在国内外扬尘污染控制现状、案例和扬尘防治成本调研的基础上，分析了开征扬尘排污收费的法律依据，初步确定了上海市扬尘排污费的征收对象和范围、收费模式、征收标准和征收程序等关键环节方案。三是研究编制了《上海市调整二氧化硫排污费征收标准实施方案》（征求意见稿）和《上海市建设工程施工工地扬尘排污费征收暂行办法》

（征求意见稿）2 个规范性文件。

4．环境政策研究

（1）水环境政策

①深化上海市排污许可证管理制度研究。国外对污染源的控制普遍采用了排污许可证方式进行管理；我国在实施排污许可证试点工作中也取得了一些经验，部分省市已经初步形成了一套较完整的排污许可证管理制度，上海市也开展了这方面的工作，取得了一定的成效。随着社会经济体制改革的深入，环境管理要求的提高，排污许可证在环境管理中的地位将会越来越突出，而原来排污许可证工作中存在的技术规范、监督管理、法律法规等方面的不足日益制约工作的进一步开展，所以以健全、完善许可证长效管理体系、深化制度改革成为一项迫在眉睫的任务。而要开展排污许可证的申报登记、审核、发证、年审工作，并将每年的工作保质保量的做好，有着大量的事务性工作，需要花费大量的人力、物力和财力，而行政管理部门相关资源有限，所以在完善许可证管理体系的同时，如何引入科研机构和社会力量共同协助完成这项工作，并对相关费用进行测算，对相关的收费制度进行研究也是应当考虑的问题。

在充分调研，分析现存问题的基础上，报告结合试点工作在法律法规、长效管理、技术审核体系以及数据库建立等方面进行了全面的设计，提出了许多有价值的建议和意见：一是新、扩、改建项目从源头控制，注重前期管理。二是申报审核建立新机制，由环保局各相关部门委派专人组成排污许可证工作组作为专职管理机构和审核机构，对引入中介机构及其职责定位进行了分析。三是提出了年度审核的设想，并成功开展了试点工作，提出一整套年审管理方案。管理上建议将年审融入日常的监管工作中，结合排污申报的季报和年报制度、监察制度和监测制度，加强及时有效地监控。四是理顺许可证管理工作程序，明确工作内容，确定职责分工，确保许可证制度有效运转。五是对法律法规和数据库建设等方面提出了意见和建议。报告书通过以上内容的阐述构筑了深化上海市排污许可证管理制度的总体框架。

课题从排污申报、许可证管理、季度和年度审核、总量控制等方面形成了以管理制度、实施方案、技术支持文件、相关配套表格等组成的工作成果：如《上海市污染物排放许可证管理规定（修订稿）》《污染物排放许可证年度审核汇总表》《上海市排污许可证年度审核管理办法（征求意见稿）》《2004 年排污许可证年度审核实施方案》《排污单位年度审核方法》《污染物排放许可证季度审核情况汇总表》《年审评分表》《年度审核意见》、总量控制参考指标（样稿）和《上海市排放污染物申报登记报表（征求意见稿）》等。为上海市排污许可证的下一步管理工作奠定了技术基础。

②推进上海市环保设施运营管理制度建设的研究。改革开放 30 多年来，我国经济社会获得全面快速发展、取得了巨大成就，然而经济运行尚未有效摆脱粗放发展模式，大量能源消耗造成环境污染形势严峻。新一轮的大规模经济建设热潮已在全国范围内兴起，在这种建设热潮的不断冲击下，部分变动中的企业只顾生产经营，忽视甚至无视环境保护政策及管理要求，结果一方面造成这些企业环境保护工作的真空，另一方面增加了政府各级环境保护管理部门的工作难度。

上海市作为站在改革开放前沿的现代化都市，其形势也不容乐观：部分企业环保设施运行效果不理想，经常出现一些企业偷排、漏排情况；一些排污企业治理设施成为装饰，开开停停，偷排、漏排成了"家常便饭"；曾经达标排放的排污企业，反反复复出现超标排污行为，这些非法排污行为对环境造成了严重的污染，闲置的排污装置对企业来说也是一个巨大的浪费。出现以上现象包括多种原因：企业自身对环保设施运行管理能力有限，一些运营单位的专业技术水平不高，市场化的政策环境不够成熟，监督力度不够等。这一切都在冲击环境监管体制，要求闯出一条新路来。

加强对运营单位的管理，必须推进环保设施运营管理制度的改革完善。通过市场引导、政策扶持，尽快实现环保设施运营管理的市场化转变，建立、健全运营管理制度，将有助于获得巨大的环境效益、经济效益和社会效益。

研究内容为：一是对环保设施运营管理的政策及相应法律、法规进行调研，每一项调研后进行现状分析及问题总结，为环保设施运营市场化管理及制定相关法规、政策提供参考。为环保设施的市场化运营及其监管消除法律上的障碍。二是企业环保设施运营情况和具有运营资质单位工作情况调研。明确调研对象，确定数据收集的方式、方法；重点调查上海市企业环保设施运营现状和具有运营资质单位工作情况；国内其他地区在环保运营管理上有显著特点的情况调研；核实调研数据，分析现状问题，总结经验教训。调查过程包括废水，废气的治理设施，在线监测，大型公共环境基础设施的运营情况。调查过程同时注意企业类型、企业规模、设施类型、运营管理的方式、技术水平等。调查以 166 家重点监管企业作为基础，并使调查的样本尽可能的具有代表性。三是通过对运营管理已发展较为成熟的其他行业成功经验的调研，借鉴其先进理念以充实环保设施运营管理的长效管理机制。四是结合法规和企业单位调研情况，在现有制度的基础上，提出鼓励污染治理市场化和加强环保设施运营市场监管力度的方案。五是进行建立市场化运营企业信用等级制度尝试，打造诚信体系，促进行业自律。六是如何加强政府对环保设施的监管将是本项目内容的重点，具体内容可以包括：加大执法力度、实行有奖举报；行政许可制度；政策及运行规范；排污费使用；行业资质方面核查；加强政府的引导等。开展该项目工作同时将多了解各区县环保局在运营管理方面的制度建设情况，如闵行区等。

通过市场引导、政策扶持，尽快实现环保设施运营管理的市场化转变，使得社会资本和专业化队伍加入到污染治理的市场中来。将为企业自身节约大笔的运营和管理成本。同时污染治理市场化的推广，也促进运营资质单位市场的拓展，为运营资质单位带来丰厚的经济回报。通过本次研究，推动上海市运营管理制度的建设，加强政府部门的监管力度和监管实效，提出建立长效管理机制的具体措施，为改善企业环保设施的运行效果，减少资源消耗和污染物排放，为创造企业和运营资质单位的"双赢"作出了贡献。利用本次研究成果，采取市场引导、政策扶持等措施，推进上海市环保设施运营管理制度建设，促进污染治理的市场化和产业化，实现城市的可持续发展，最终形成了政府监管、市场引导、社会服务专业经营的上海污染治理的新格局。

（2）大气环境政策。上海市车用汽油无铅化研究。大气所在全国较早地开始开展机动车污染控制的相关研究，期间承担并开展了"世界银行—上海城市交通项目：减少上海城市车辆排污危害的战略"（1993—1995），"上海市车用汽油无铅化"（1993—1996）和"上海市地方机动车排放标准"（1997—1999）等多项课题研究，对促进上海市车用汽油无铅化以及提前实施国家第一阶段排放标准和后续 10 年的机动车污染控制措施起到了至关重要的推动作用，也为全国各大城市的机动车污染控制提供了有益的引领和示范。

（3）土壤环境政策。上海市土壤污染历史演变、风险甄别和安全管理研究。针对我国城市土壤环境管理相对滞后、缺乏污染风险评价技术规范、老城区改造和用地功能改性置换面临受污染土壤处置等难题，本项目在国内率先开展了上海特大型城市土壤污染潜在地块识别、监测验证及其安全管理体系研究。本项目建立了城市土壤污染潜在地块识别与验证的技术方法，对上海城市发展跨度长达 70 年历史的城市土壤污染源进行了复原，建立了反映上海工业发展特点的 7 个代表年代的土壤污染源信息库；针对历史和现状土壤污染源特征，确定了对上海城市土壤具有潜在污染的行业和土地利用类型及其主要污染因子，识别出了 10 212 个上海城市土壤污染潜在地块及其历史污染行业变迁状况；从城市生态安全和人体健康的角度，构建了基于土地利用功能的土壤污染风险评价指标体系，筛选了城市土壤污染适宜处理技术，提出了全过程控制的土壤环境安全管理体系；集成潜在污染地块信息、污染风险评价标准、适宜处理处置技术，开发了上海城市土壤环境安全管理信息系统平台。项目研究成果填补了国内城市土壤环境安全管理的空白，直接为环境管理和监控提供了科学依据。研究提出的城市土壤污染潜在地块识别与验证技术方法已经在其他城市开展同类项目中得到应用，开发建立的潜在污染地块信息管理平台已经纳入上海市环境保护地理信息系统，为确保上海城市开发建设中城市生态安全和人体健康发挥了重要的作用，产生了巨大的社会效益。本项目研究成果获得 2006 年上海市科技进步三等奖。

（4）农村环境政策

①农业面源污染控制技术及政策研究。2002 年，上海郊区河流水质普遍在Ⅳ类以上，来自农业面源污染的比重已经超过了工业污染，对蔬菜等农产品的安全性也构成了直接的威胁，严重影响并威胁着人民群众的身体健康。当年上海的化肥施用水平为 680 kg/hm^2，远高于 291 kg/hm^2 的全国平均水平。更为不合理的是施用的化肥中约 80% 为氮肥，折纯量 544 kg/hm^2，远高于 174 kg/hm^2 的全国平均用量，也远远超过 126 kg/hm^2 的欧美发达国家水平。

本项目旨在对上海市大田农业和设施农业生产方式中肥料养分和农药的不合理施用及其造成的水环境污染状况，因地制宜地开展农业面源污染物的流失成因、途径及其流失率和污染特征研究，通过开展示范区研究试验，筛选面源污染控制技术，总结国内外面源污染控制的经验和教训，制定能有效开展上海农业面源污染防治的管理措施、政策措施、科技及资金保障。

本项目通过测坑试验、盐渍化土壤洗盐试验以及现代化智能温室滴灌排出液分析测定等，系统全面地研究了上海郊区大田和设施农业面源污染流失系数、规律和特征，筛选、提出了相应的面源污染控制技术并进行了大面积的示范研究。同时，首次运用缓冲带进行农业面源污染控制的研究，得到了具有不同植被的 5 m 滨岸缓冲带对大田径流水中氮磷等营养物质的净化效果，还研究了适合上海市情的滨岸缓冲带的设计和管理模式。在此基础上，结合上海市的实际情况，在国内首次系统地提出了上海市农业面源污染控制最佳管理措施（BMPs）体系及其实施保障体系。

本项目应用现代经济学理论及方法，对大田增施有机肥和使用超高效农药、设施农业煤渣阻盐、减量施肥施药和智能温室滴灌排出液回收利用以及滨岸缓冲带体系等面源污染控制技术进行了环境经济评价，结果表明上述措施具有较高的环境经济效益，能有效地解决当前面临的严重的农业面源污染问题，实现了农业生产与环境保护相协调的农业可持续发展目标。

通过本项目研究，形成了《农业面源污染控制技术及政策研究》总报告，以及《大田农业面源污染特征及其防治技术示范研究》《设施农业面源污染特征及其防治技术示范研究》《农业面源污染防治的滨岸缓冲带体系示范研究》《农业面源污染控制环境经济效益评估》《上海市农业面源污染控制管理和政策体系研究》等专题报告。同时，拍摄了《上海市农业面源污染及其控制技术》科教演示片（VCD）一部。本项目获得 2005 年度上海市科技进步三等奖。

②上海市畜禽养殖污染防治技术及政策研究。随着规模化畜禽养殖业的迅速发展，养殖场及其周边环境问题日益突出，成为制约畜禽养殖业进一步发展的主要因素之一。我国虽然已颁布实施了一系列畜禽养殖污染防治法律和规范，但对作为畜禽场粪尿最主要处理利用方式的还田利用方式缺乏针对性和可操作性强的污染防治技术规范，使得畜禽场粪尿还田农田面积匹配、预处理技术、施用技术和还田保障体系等重要环节上，没有统一的技术和管理规范，随意性大，粪尿还田氮磷流失污染环境的现象严重。此外，由于畜禽养殖污染的特殊性，尤其是畜禽粪便

污水处理方式的多样性以及污染物排放的广泛性，畜禽养殖排污申报尚
缺乏较为行之有效且操作性较强、指标化的畜禽养殖场污染物排放核定
方法和规范化的排污许可证发放管理办法。

本项目综合"上海市畜禽场粪尿生态还田污染防治技术研究"和"畜
禽养殖排污申报及许可证管理制度研究"等研究成果，针对上海郊区集
约化畜禽养殖现状、农作物种植类型与制度、土壤类型及其氮磷养分含
量和上海地区地理气候特点等，从固体粪和污水还田农田面积匹配、固
体粪和污水还田储存、预处理、运输、施用及其管理体系等方面，在国
内首次制定了《上海市畜禽固体粪和污水还田污染防治技术规范（试
行）》，确立了上海地区畜禽粪尿还田利用的标准化操作实施规程；在此
基础上，本项目通过国内外畜禽养殖排污申报与许可证管理制度的资料
调研，结合上海市不同类型规模化畜禽养殖场的实地调查，摸清了上海
市畜禽养殖场污染防治现状，设计了畜禽养殖排污申报登记表格和排污
许可证申请表格，制定了畜禽养殖排污申报登记制度及监督管理办法与
畜禽养殖排污许可证发放管理制度。

本项目编制的《上海市畜禽固体粪和污水还田污染防治技术规范
（试行）》填补了国内畜禽粪尿还田污染防治技术规范的空白，而制定的
畜禽养殖排污申报及许可证管理制度具有较强的针对性和可操作性，为
环境保护部门实施规模化畜禽养殖场排污许可证制度打下基础，也为上
海市"十二五"规模化畜禽养殖场总量减排提供了途径，对推动上海市
畜禽养殖污染防治工作具有重要意义。

③上海市农村小康环保行动计划。该项目是市环保局水环境和自然
生态保护处根据原国家环保总局"国家农村小康环保行动计划"框架体
系下达的编制任务，自 2006 年 12 月开始立项。通过对上海郊区进行了
广泛的调研，在总结前两轮"环保三年行动计划"和"十五"期间农
村环境保护工作的基础上，紧密结合新一轮"环保三年行动计划"和
"十一五"规划的相关要求，通过全面的分析、总结，于 2007 年 4 月编

制完成"计划"初稿。经过市政府相关委办局、市环保局各相关处室以及各区县环保局征求意见，修改完善了"计划"初稿，于 2007 年 7 月完成工作任务。行动计划涵盖以下几部分内容：一是上海市农村环境形势。主要包括"十五"期间工作进展、农村主要环境问题、成因分析、形势与机遇。二是指导思想、原则与目标。三是重点领域。共计 5 大重点领域，即推进生活污染治理、加强工业污染防治、深化农牧业污染防治、开展土壤污染治理以及保障饮用水水源安全。四是近期主要建设任务。近期主要建设任务可概括为 6 大工程，即环境基础设施建设工程、工业污染治理工程、农业污染治理工程、饮用水水源安全保障工程、环境综合整治工程、生态示范创建工程和环保能力建设工程。五是保障措施。内容包括组织领导、资金保障、政策措施、技术支撑、宣传教育和监督检查。

（5）声环境政策

①上海城市道路噪声污染防治管理办法研究。噪声污染问题历来在各大城市环保投诉中名列前茅。在上海市近年来统计中同样是居民投诉的热点，并有逐年上升的势头。《上海城市道路噪声污染防治管理办法研究》是由上海市建设和管理委员会立项下达的城市管理重大咨询研究课题，从法规政策上预防和解决交通发展带来的噪声扰民问题，并为今后《上海市道路交通噪声管理办法》的正式制定提供决策依据。课题首先对上海市交通噪声污染现状及成因进行了深入分析，并从空间与时间分布上对交通噪声影响特征进行研究；从交通规划入手分析上海市交通噪声发展趋势；从工程技术手段及管理技术手段两方面对国内外交通噪声控制技术及其应用效果进行了调研分析，包括声源控制、声屏障、吸声路面、桥架减振、建筑消声隔声等工程技术和噪声防治法律法规、机动车限值标准、交通行为管理、轨道交通选线等管理技术；在对现有上海市交通噪声控制技术应用及效果分析的基础上，提出上海市道路噪声控制对策及污染防治管理办法。

在上述研究基础上，形成《上海城市道路噪声污染防治管理办法研究报告》。2003 年 3 月 19 日，该课题在上海通过成果评审。课题提出的噪声地图研究的建议已由管理部门逐步采纳和应用。国家环保部及国内重点城市的噪声规划中也提出了在重点城区建立噪声地图的要求。课题提出的多项道路噪声治理措施在全市得到了广泛应用，从而在道路交通、轨道交通大力发展的同时，上海市的区域噪声和道路交通噪声仍能保持稳定水平，如 SMA、多孔沥青、橡胶沥青等低噪声路面已在上海市多条市政道路上应用，直接有效地降低了声源噪声级；在上海市内—中环线及多条市政高速干道两侧采用了吸声声屏障措施，外环线还采用了中间双向吸声屏障技术以有效分隔多车道、提高降噪措施，据统计截至 2010 年上海的声屏障已达到了 200 多公里。要求将夜间限制运输车辆进入城区及限制运输车辆时速的措施列入今后城市日常交通管理中。2011 年该项措施已在部分区域得到应用。鉴于该成果提出的建议已在近几年的实际工作中得到充分采纳和应用，相关主管部门认为该研究成果对交通噪声管理办法的制定和交通噪声污染控制具有较高的参考价值和现实意义。

②上海市公路交通噪声防治技术规范研究与示范。随着近几十年上海的飞速发展，特别是城市道路网迅猛建设，交通噪声污染问题日益严重，造成居民投诉逐年增加。2008 年上海市政府正式将环境噪声问题纳入了由上海市环境保护局组织编制的《上海市 2009—2011 年环境保护和建设三年行动计划》内。相对于国外较为完善的交通噪声立法体系以及国内《北京市环境噪声污染防治方法》的规范实施，上海也亟须出台一部关于交通噪声的技术规范和相关技术经济合理性综合分析成果，以切实解决交通噪声扰民问题。因此，有必要进行上海市道路交通噪声防治技术适用性规范研究，在单项技术的基础上，结合上海市交通噪声特点及城市发展特点，对不同类型的道路及其敏感建筑布局进行归纳、梳理，针对有典型性、代表性的路段类型提出噪声控制优选技术方案，提

出具体的应用方法和适用条件，并以现行噪声标准为基础，通过对噪声控制技术及其性能现状的调研，提出道路噪声控制渐进的目标以及道路噪声控制技术的发展方向，以指导今后道路的环境影响评价工作及环境保护建设。

本课题的主要研究内容包括：一是交通工具的声源降噪资料调查；二是声屏障的种类、减噪效果、适用条件及经济性分析研究；三是低噪声路面的种类、减噪效果、适用条件及经济性分析研究；四是建筑隔声方法研究、效果及经济性分析；五是高架桥底吸声控制手段调研；六是绿化降噪技术及效果研究（包括树种、宽度、坡度等因子与降噪效果的关系）；七是在单项技术调研与分析的同时，同步编制《上海市公路交通噪声防治技术规范》草案大纲；八是对单项技术实施存在的困难和障碍进行梳理，提出不同管理部门间的协调管理措施；九是通过上述道路交通噪声防治单项技术效果及其适用条件的研究，结合上海市交通噪声特点及城市发展特点，对不同类型的道路和敏感点布局进行归纳、梳理，提出有典型性、代表性的路段综合优选技术；十是结合工程实例，综合考虑技术性和经济性，对不同组合技术措施的效果及其经济性进行综合比较，提出适用于不同道路类型的最佳技术组合。在上述研究基础上，形成《上海市公路交通噪声防治技术规范》（试行草案及编制说明）及《上海市公路交通噪声防治技术规范研究报告》。2010 年 11 月，该课题在上海顺利通过了专家验收会。专家组一致认为，该项研究成果具有创新性，有助于规范和指导上海市道路建设的噪声控制工作。

③上海市新建铁路噪声与振动及轨道交通振动污染防治指导意见研究。根据《中长期铁路网规划》和《长三角地区城际轨道交通网规划》，以上海为重要组成部分的"五大通道"的路网布局已正式确定，包括京沪、沪昆、沪汉蓉、沿海和南北二通道五大路网性通道铁路干线均在 2010 年前后建成，其中，规模最大的沿海大通道于世博会前正式建成投运。到 2010 年，上海铁路局营业里程超过 7 060 km，全局复线率达到 52%，

电气化率达到 56%，时速 160 km 及以上快速客运路线达到近 4 000 km，其中客运专线、城际铁路要突破 1 500 km。

2010 年是上海铁路局有史以来的建设最高潮。随着京沪高铁、沪宁城际铁路等 10 条新铁路的新建计划提上日程，上海铁路局管辖内的基础建设投资总额达到 200 亿元，比去年增加 25%。在上海地区，拟建上海客运专线调度中心、上海动车检修中心、大型养路机械维修中心三大中心工程。这三大中心只在上海、北京、武汉、广州建设，意味着上海的枢纽地位将进一步强化。

在这个新一轮铁路大发展的背景下，亟须加强对铁路前期规划和建成后核查阶段的环境保护工作。此外，高速铁路不同于传统铁路，其特点是速度快、影响时间短、造成的环境影响有别于现有的传统铁路，因此有必要研究其特性和规律，以便采取更为有效的控制措施。

本课题通过对近期上海市境内拟开工建设的 5 条铁路：京沪高速铁路、沪宁城际铁路、沪杭客运专线、沪通铁路以及金山支线的研究，了解和分析拟建铁路线经过区域的建设、规划与环境现状，分析线位在环境影响及其控制方面存在的问题、研究可行的解决方法，及时反馈工程规划、建设、设计等部门单位，将有效避免铁路建设带来的环境影响，使铁路建设与环境协调发展。

本课题研究内容包括上海市新建铁路噪声与振动影响分析研究、上海市轨道交通振动污染防治指导意见研究两大部分。其中铁路部分的研究范围主要针对沪杭甬客运专线（虹桥—省界段）、沪通铁路上海段、金山支线，兼顾分析已获环保部环评审批的京沪高铁、沪宁城际环保措施有效性。课题开展的主要研究工作包括：a. 铁路沿线环境基线调查：包括线路的性质、途经区域及长度、线位走向、站点设置、行车速度等，主要调查了线路途经区域的现状及规划情况和主要环境问题。b. 通过控制措施调研、源强及衰减规律分析及模型模拟计算，结合两侧土地利用现状及规划情况，分析铁路建设所产生的环境主要问题——噪声与振动的影响程度与范围，研究 3 条规划铁路线位与两侧区域环境的协调性，及环境影响可控性。c. 结合区域规划与环境特点，提出有效的噪声与振动控制措施。d. 针对京沪高铁和沪宁城际线，结合本次研究结果以及类比测试情况，对原环评报告提出的噪声、振动控制措施进行效果分析。e. 研究轨道交通建设与居民住宅环境的矛盾成因分析，提出上海在解决该矛盾所面临的困难及近阶段的应对措施，形成上海市轨道交通振动污染防治的指导意见。

在上述研究基础上，课题形成《上海市新建铁路噪声与振动及轨道交通振动污染防治指导意见研究报告》，包括《上海市新建铁路噪声与振动影响分析研究报告》及《上海市轨道交通振动污染防治指导意见研究报告》。

2010 年 12 月，该课题在上海顺利通过了专家验收会。本课题对高铁在不同速度下的噪声与振动影响特点与规律进行了实测研究，数据完整与充分，其成果具有创新性，对铁路沿线区域的噪声和振动控制、土地利用规划与铁路建设的协调性具有指导意义。

（6）生态环境政策。上海市生态乡镇和生态村标准及考核办法研究。国家环境保护部于 2010 年 1 月 28 日发布了《关于进一步深化生态建设示范区工作的意见》（环发[2010]16 号），提出了进一步深化生态建设示范区工作的总体要求和意见。同时，出台了全国生态乡镇的创建标准和考核办法。其中明确规定，申请创建国家生态乡镇必须首先获得市级生态乡镇的称号。为此，开展市级生态乡镇的创建标准和考核要求的研究工作。同时，在生态乡镇的创建过程中，对生态村的创建也提出了相应的要求，因此需对原市级生态村的考核指标作进一步的调整。项目内容：一是生态示范建设指标调研。收集整理我国各类生态示范建设标准，总结国内外主要生态建设指标体系构建的理论与方法，提出构建上海市各级生态建设指标体系的思路、原则、方法和技术路线；通过对上海市已创建成功的全国环境优美乡镇和生态村的调研，分析现有评价标准在实施过程中存在的问题及标准的可操作性，形成上海市生态乡镇和生态村的备选指标库。二是市级生态乡镇和生态村建设指标研究。根据上海市生态建设的总体要求和基本目标，提出生态乡镇与生态村建设的基本目标，结合生态建设指标体系的建立方法与原则，分别构建上海生态乡镇与生态村建设指标体系框架结构；按照典型性、可操作性、主成分性与合理性原则，分别选择上海市生态乡镇与生态村建设指标，并以国家生态乡镇和生态村标准为指导，结合上海实际情况，分别对市级生态乡镇和生态村的建设指标进行赋值。三是编制市级生态乡镇和生态村考核办法。基于上述的调研基础及对上海市生态乡镇和生态村的标准研究，编制完成上海市生态乡镇和生态村考核办法。四是配合市环保局开展生态乡镇申报培训工作。根据国家和上海市生态乡镇、生态村考核办法和指标，编制了培训教材，并为浦东新区各镇进行国家级生态乡镇、上海市生态乡镇的标准及创建工作培训。2010 年，已完成项目合同规定的各项要求，包括上海市生态乡镇标准及考核办法和上海市生态村标准及考核办法。市环保局已分别印发了《关于印发〈上海市生态乡镇申报及管理规定（试行）〉的通知》（沪环保自[2010]432 号）和《关于印发〈上海市生态村申报及管理规定（试行）〉的通知》（沪环保自[2010]431 号）文件。

（7）应急管理政策

①上海市突发环境事件应急体系完善和相关技术研究之一。为进一步为上海市突发环境事件应急管理体系建设提供基础支撑，完善突发环境事件应急体系，本项目研究在广泛吸收、借鉴国内外基本经验和成功做法的基础上，分别从应急管理体系建设规划、应急专家库和风险源数据库开发、应急手册和突发环境事件事后评估技术等几个方面入手，开展应急管理相关支撑技术研究。

主要研究成果包括：一是课题组在对上海市突发环境事件应急体系现状调研的基础上，分析了上海市环境应急体系的面临形势和主要问题，确定了"十一五"应急体系建设的总体目标和具体目标，从应急防范体系建设、应急处置体系建设、应急保障体系建设和事后恢复与重建能力建设四个方面提出了体系建设的主要建设任务，明确了应急信息和指挥平台建设等三项重点工程。该规划对于建立健全应急管理体系、有效规避突发性环境污染事故发生和进一步完善管理机制提供了科学依据和指导。二是为了提高突发环境事件的应急处置能力、减少处置突发环境事故的反应时间，指导上海市各级环境应急人员开展相关工作，课题组在资料整理、汇总和研究的基础上，编制了《上海市突发环境事件应急手册》，该手册可作为上海市环保系统处置突发环境事件的参考依据和技术工具。三是为提高公众环境应急知识水平，加强环境应急科普宣传，课题组编制了《上海市突发环境事件科普宣传手册》，该手册从突发环境事件定义、类型和分级、突发环境事件危害及后果、突发环境事件应急处置和防护基本知识等方面入手，用浅显易懂的文字做了简要说明和描述，为公众认识、了解和掌握突发环境事件及应急处置提供了一本针对性较强的参考资料。四是课题组初步开发了"上海市重点环境风险源数据库"，具有数据录入和查询两方面功能。可对风险企业的基础信息、企业信息、风险源信息、风险物质信息、企业应急预案等信息进行分类管理，并可实现上述分类信息和风险类型、风险等级等信息的分类查询及组合查询。五是针对专家决策需求，课题组初步开发了基于NET2.0 的"上海市市级突发环境事件应急专家库"，专家库可按照不同事故类型、不同专业领域和不同化学物质等分类方法实现专家管理、信息统计和报表生成、专家查询等功能，可直接作为上海市环境应急专家的信息管理工具。

②上海市突发环境事件应急系统完善与相关技术系列研究。为逐步构建以"主动预防、快速响应、科学应急、长效管理"为核心的突发环境事件应急管理体系提供技术支撑，上海市环保局于 2006 年启动了环境应急系列研究课题。本项目在前期工作基础上，广泛吸收、借鉴国内

外基本经验和成功做法，分别从风险源识别评估分级、重点企业突发环境事件应急预案及评估技术规范、突发环境事件信息报送规定及环保部门职责分工、市级环境应急专家库、水污染事故预测模型、世博环境风险防范、上海市突发环境污染事件应急系统建设实施方案等方面开展研究。

　　主要研究成果：一是为提高上海市环保系统应急能力，课题组编制了《上海市突发环境污染事件应急系统建设方案》《上海市突发环境事件信息报送和处理暂行规定》《上海市环保部门应急管理和处置职责分工暂行规定》《不同责任部门在环境应急中法定职责调研报告》，阐述了应急体系建设的软硬件需求、明确环境应急事故现场各部门职责分工、理顺了事故处理处置的程序及要求，为上海市环保系统处置突发环境事件提供指导。二是为提高企事业单位对突发环境污染事件的预防、应急响应、事后处置的能力，有效降低突发环境污染事件的危害，增加事故风险管理与防范水平，课题组在上海市风险源实地调研、国内外资料整理分析的基础上，编制了《上海市重点风险源评估、分级技术规范》《上海市重点企业突发环境事件应急预案编制技术指南》《上海市重点企业突发环境事件应急预案评估技术规范》，这些研究有助于进一步识别风险源并指导企业应急预案的编制，可作为上海市环保系统风险源评估分级、企业应急预案编制的参考依据和技术工具。三是课题组开发了《黄浦江、长江口、大治河突发水环境污染事故模拟系统》《上海市重点环境风险源数据库》《上海市突发环境事件市级应急专家库》，从为上海市环境应急处理处置和决策提供了技术保障及数据支撑。四是基于对近年来上海市突发环境事件发生次数、发生原因、事故类型、影响后果等环节的分析，结合 2007 年、2008 年全市相关工作开展情况，开展 2007年、2008 年上海市突发环境事件的趋势分析，并研究制定相关对策，为事故防范提供指导。

5. 规划环境评价研究

规划环境评价是战略环境评价的一个分支。上海在发展过程中存在的土地资源奇缺、人口压力过大、环境矛盾突出等问题，只有大力推进规划环境影响评价制度，才能从源头做到预防和控制污染，促进上海的经济建设和环境保护协调发展。上海规划环评工作在《中华人民共和国环境影响评价法》颁布以前就已经做了积极的尝试，尤其是 2004 年《上海市实施〈中华人民共和国环境影响评价法〉办法》颁布后，对上海规划环评的开展起到了推进作用。上海在规划环评的理论与实践已经积累了丰富的经验，取得了显著成绩，为推进上海经济建设和环境保护协调发展发挥了积极的作用。

（1）上海市实施规划环境影响评价技术指南研究。为了贯彻《中华人民共和国环境影响评价法》和《上海市实施〈中华人民共和国环境影响评价法〉办法》，在对国内外规划环境影响评价理论与实践调研的基础上，按照环境科学管理的需求，编制规划环评的审查技术要点，进一步规范规划环评的工作内容及工作程序，有利于提高规划环评的有效性。上海市环境保局立项开展本项研究。主要研究内容包括：国内外关于规划环境影响评价理论与实践的调研；规划的法律法规、工作程序及构成要素调研；环境管理需求分析与可持续发展的指标体系研究；规划环评的管理程序、工作程序、工作内容和技术方法研究；规划环评审查的一般技术要点研究；专项规划环评审查的特殊技术要点研究。通过该技术指南研究，主要取得以下成果：规划环评的工作重点和环评指标体系设计的基本要求；规划环评报告书的审查技术要求；三类专项规划（城市总体规划、城市交通规划和电力规划）环评的技术要点。通过该技术指南的研究，可规范规划环评工作，增强规划环评技术方法的实用性和可操作性，提高环境管理的科学性，促进环境与经济的可持续发展。

（2）上海市政策环境评价基础研究。政策环境评价作为战略环境评价的最高层次已被世界各国广泛接受并开始应用，但总体上讲仍处于初级阶段；文献多是概念和理论探讨，少见真正意义上的应用实例。为了今后在国内推行和落实政策环评，发挥政策环评源头控制环境影响的作用，2008 年上海市环保局开展了本课题研究。该研究主要着重以下几个方面内容：一是通过了解和研究我国法律法规体系、走访相关政策制定部门，从表现形式、层次和级别、分类等几方面，明确我国和上海市政策的定义和范围；二是通过对国内外战略环评体系及开展现状的调查研究，了解现阶段国内外政策环评的法律法规体系、评价程序和内容、采用的技术方法以及公共参与等方面，总结政策环评的主要特点，并借鉴开展政策环评的实践经验；三是根据对国内外政策环评的调研结果，并结合上海市的实际情况，提出上海开展政策环评的相关建议，主要包括：需要开展环评的政策层次和形式、需要开展环评的政策领域、政策环评的程序与内容、政策环评的工作重点、政策环评主要适用的技术方法和政策环评报告审查；四是分析了政策和规划在体系、内容、实效、审批等方面的相似和不同，在此基础上比较政策环评和规划环评在评价程序和内容、评价技术方法、评价结论、公众参与等方面的区别和联系，并总结政策环评的特点；五是应用上述的研究成果，选择了上海市一条环保政策作为案例进行简要评价。通过对国内外政策环评开展现状资料进行调研、比较和研究，结合上海市的实际情况，提出适合上海市现阶段的政策环评对象和范围、程序、评价的基本内容和方法，并分析和比较政策与规划、政策环评与规划环评的相似和不同，总结政策环评的特点，积累政策环评经验，为今后推行政策环评提供了前期调研和技术支撑。

（3）世博会规划环评。2002 年 12 月申博成功后，进入了编制上海世博会注册报告和总体规划阶段。2004 年 8 月，上海世博土地控股有限公司受上海世博会事务协调局的委托，委托上海市环境保护局组织开展中国 2010 年上海世博会规划区总体规划环境影响评价。研究主要内容包括：一是与世博会总体规划同步进行了广泛的国外旧城改造和历届世博会的资料调研，先后在 2004 年 11 月（代表冬季）和 2005 年 9 月（代表夏季）展开了两次上海世博会规划区域的环境质量调查。确保编制规划所需的环境质量基本资料。二是通过春夏两季详实的环境监测和大量的现场调查，系统地调查并分析了规划区域及缓冲区（规划区外 3 km 范围）和控制区（规划区外 3～10 km 范围）的污染源，分析了规划区域的 5 点区位优势和现状的 7 个环境问题。在规划分析的基础上，研究了规划区域的资源承载能力，预测了区域污染影响源在世博会建设期、会展期和后续利用期的变化，预测了规划对环境空气、黄浦江和白莲泾水质、噪声、振动、电磁辐射和光污染、固废、生态、社会环境和居民动拆迁的影响。经过上海世博会事务协调局和上海世博土地控股有限公司的批准，课题组在 2005 年 2 月 10 日至 2006 年 2 月 28 日，在两个官方网站"上海环境热线（http://www.envir.online.sh.cn/）"和"世博网世博政务（http://www.expo2010china.com/expo/chinese/sbzw/cbsb/sbgh/userobject1ai10729.html）"上进行了网上公众调查，广泛地征询了社会公众对规划的建议。在此基础上，课题组通过规划的综合论证，对规划的实施提出了环境影响减缓措施方面的建议，并对规划所含的建设项目的环评简化提出了具体的设想，对规划实施过程中的跟踪评价提出了较明确的计划和要求。2006 年 5 月向上海市环保局提交了《中国 2010 年上海世博会规划区总体规划环境影响报告书》。

①上海世博会总体规划的场馆空间布局根据规划环评的环境质量现状调查和影响分析结论作了局部调整。包括世博村和一些主要的参展国场馆位置的调整。

②对规划所包含的具体建设项目的环评报告书提出了是否可以简化的 5 条判别原则。把世博会的基础设施建设项目按其服务功能分成 16 类。市政府、上海市环保局采纳了报告书建议：对规划所包含的建设项目的环评采用填报环境影响登记表的行政程序。切实做到了规划环评批复后，对规划环评所包含的具体建设项目环评可予以简化的要求。

　　③根据规划环评的环境影响减缓措施的建议，上海世博会事务协调局和上海世博土地控股有限公司在世博会规划区域的环境综合整治方面进一步落实的工作主要有：一是根据环评监测和在该区域相关研究的结果，世博会规划区域土壤环境质量的总体水平呈轻污染，局部工业用地的土壤污染较严重。因此，对局部土壤污染较严重的原工业用地，特别是规划用于建设永久性的敏感建筑和设施的地块，进行土壤污染物清除和土壤修复。并建议在技术选择上应采用具有修复周期短、适用性广等优点的修复技术。由此导出了长达数年的世博会土壤修复的工程。土壤修复成为上海世博会的一个重要亮点。二是进一步加大白莲泾水环境综合整治力度，建立截污治污、生态治理、综合调水的长效管理机制。白莲泾水环境整治突出截污治污、标本兼治的治污思路，进一步扩大白莲泾上游地区的截污治污范围。同时拟对白莲泾采用综合调水的工程方案，调取黄浦江水，引清冲污。在会展期间限制白莲泾的航运功能，并加强其上游水域的船舶污染控制管理。定期开展对白莲泾河道的疏浚整治建设。三是进一步细化世博园区生态环境建设项目内容，生态型绿化法的使用率达到 100%，建成区道路广场用地中透水面积的比重大于50%，新能源占全区总能源利用比例大于10%，区域内固定式建筑大比例地采用节能技术。把这些作为设计指标明确规定。对世博会规划区内部质量较高、时间较长、有一定的历史文化价值的绿化已予以保留。四是在世博园区内建立中水处理系统和雨水回收系统，并拟计划建造人工湿地处理部分生活污水，同时可供游客参观游览，以提高市民的生态环境保护意识。五是合理规划布局，控制噪声影响，对主要的交通设施和固定噪声源的控制距离按规划环评提出的要求建设，确保各类声源的防护距离。

　　④根据规划环评的环境影响减缓措施的建议，上海市政府对上海市特别是世博会周边地区在世博会建设期和会展期的环境管理方面进一步落实的工作主要有：一是在第四轮上海市环境保护三年行动计划的制

定时，及时有针对性地提出进一步的环境综合整治的要求和具体项目。二是考虑到将来对该区域大气环境产生影响的主要因素将来自两个方面——机动车尾气排放造成的交通污染和规划区外围缓冲区和控制区内的工业废气污染。因此个别位于缓冲区内的污染源进行产业布局调整，搬迁到外环线以外的区域。对部分企业限期进行高效烟气脱硫以及高效除尘治理。部分企业采用清洁能源替代方案，使用轻油或天然气。对重点电厂进行低氮燃烧技术改造。对于机动车污染，要求重点行业机动车率先实施"国Ⅲ"标准，其余新车从 2007 年起全面实施"国Ⅲ"标准，在用车实施简易工况检测方法，强化监督执法，进一步加大机动车污染控制力度。三是做好在世博会会展期间，当有可能出现高污染的气象条件时，对高污染排放企业实行限产或停产等极端控制措施的预案。四是进一步研究和规划实施对黄浦江世博会规划区段水质改善效果更有针对性的项目，进一步改善黄浦江中上游支流水质，逐步恢复黄浦江及其上游支流河道的水生生态系统。五是认真总结了前几届世博会的经验和教训，合理组织、控制入场人数，注意平衡园区内以及不同展馆的客流。制定科学的客流组织计划。六是在规划中将"循环型社会"作为世博会的副主题之一，将减少废弃物，再使用、再生利用的"3R"作为建筑设计和建设的主要原则，并在世博规划中加以明确。

⑤为了动态跟踪世博会在建设期和建成后的环境质量状况及环境保护措施的成效，按报告书提出的核心区、缓冲区、控制区分别制定的监测计划实施。

建议在世博会后续利用期（2015 年）各开展一次跟踪评价。评价规划实施后的实际环境影响，包括考核规划环境影响评价建立的目标和指标的实施情况及其建议的减缓措施是否得到了有效的贯彻实施，进一步制定提高规划的环境效益所需的改进措施，并总结该规划环境影响评价的经验和教训。报告书建立了分为 6 个部分、共 45 个指标的跟踪评价指标体系，以落实环境质量、生态保护、环保能源及自然资源使用、社会环境及公共服务、后续利用和跟踪评价执行情况。

⑥世博会规划环评成为"成功、难忘、精彩"的基础构件。

（4）上海市滩涂资源开发利用与保护"十二五"规划环评。"十二五"是上海市调整产业结构，转变经济发展方式的重要阶段，城市建设用地供需矛盾突出，开发利用滩涂资源已成为实现耕地占补平衡的重要途径。根据《上海市土地利用总体规划（2006—2020)》，到2020年，除土地复垦及已圈围成陆土地整理外，城市发展需要新增滩涂圈围成陆农用地22万亩，土地资源紧缺的现状对滩涂资源开发利用与保护提出更高的要求。2009年12月，上海水务工程设计研究院有限公司受上海市水务局委托编制完成《上海市滩涂资源开发利用与保护"十二五"规划》（以下简称"十二五"规划）。根据《规划环境影响评价条例》，国务院有关部门、设区的市级以上地方人民政府及其有关部门，对其组织编制的土地利用的有关规划和区域、流域、海域的建设、开发利用规划，以及工业、农业、畜牧业、林业、能源、水利、交通、城市建设、旅游、自然资源开发的有关专项规划，应进行规划环评。滩涂开发利用规划属于自然资源开发专项规划，为此规划编制单位委托上海市环境科学研究院开展本规划环评。

上海市沿江沿海滩涂有着丰富的生物资源，在维持全球生物多样性方面有着极其重要的作用。在"十二五"规划涉及促淤圈围成陆的滩涂湿地中，有被列为国际重要湿地和鸟类自然保护区的崇明东滩国家级自然保护区。湿地是敏感的生态环境，生物资源十分丰富，在滩涂开发利用过程中，湿地生态环境势必会受到明显的影响。因此，本环评在规划滩涂生态环境现状分析的基础上，充分识别环境制约因素，强化环境影响（包括直接、间接和累积环境影响）分析，并提出针对性的对策措施，同时根据国家、上海市和地方的总体发展规划、专项规划、其他规划（包括环境保护规划）以及相关的法律、法规全面分析、论证滩涂开发利用与相关规划和法律、法规的协调性。

本环评提出以下建议：一是"上海崇明东滩鸟类国家级自然保护区互花米草生态控制与鸟类栖息地优化工程"的实施应严格按照国家和上海市环境保护主管部门、林业主管部门的批复要求进行。其他滩涂促淤圈围可基本维持规划提出的面积指标。二是鉴于南汇东滩也是长江口区域重要的候鸟迁徙驿站，同时，考虑到南汇东滩所在区域南汇嘴在上海的特殊区位优势，建议上海市规划和国土资源管理局对南汇东滩的开发利用开展中长期发展规划，结合现有野生动物禁猎区，在南汇东滩整个区域保留部分自然湿地，为鸟类和其他动物提供觅食、栖息场所，同时也可借鉴国际上的经验，如香港湿地公园、米浦自然保护区、台湾关渡湿地等，发展湿地观鸟旅游或湿地公园，此举将对维护生态平衡、保护生物多样性具有积极意义，有利于社会、经济、环境的协调发展，并使南汇东滩成为上海城市发展的新名片。三是对于崇明岛滩涂资源（除崇明东滩鸟类国家级自然保护区以外）的开发利用，应确保符合《崇明生态岛建设纲要（2010—2020年）》提出的"至2020年自然湿地保有率稳定控制在43%"的要求。

建设单位切实按照环评的要求，遵循"开发和保护并重"的原则，注意促淤圈围的合理规划布局，研究促淤和圈围的时间间隔，给滩涂充分休养生息的时间，即湿地生态系统发挥的实际生态服务功能要达到一定水平。坚持滩涂资源开发利用与集约相结合，避免过度、低效开发，实现了滩涂资源集约化、可持续利用。

（5）长兴岛岛域总体规划环境影响评价。为加快推进长兴岛的开发建设，推进崇明、长兴、横沙三岛联动发展战略的实施，对长兴岛的功能定位提出了新的变化和要求，2008年5月，市政府专门成立上海市长兴岛开发建设管理委员会及其办公室（以下简称长兴岛开发办）。海洋装备岛扩大和提升了原有船舶制造岛的内涵，水源生态岛将原有较为含糊的生态保护功能予以明确，而景观旅游岛在前两个功能的基础上，寻求长兴岛新的发展方向和拓展空间，这些新的变化和要求对长兴岛的环境保护建设提出了较高的要求。为此，长兴岛开发办在编制总体规划过程中委托上海市环科院同步开展了环境影响评价工作。

长兴岛岛域总体规划环境影响评价（以下简称长兴岛规划环评）充分收集整理了既有的岛域生态环境现状资料和新近完成的污染源普查成果，综合分析了岛域资源环境承载能力，基于长兴岛开发建设规划，模拟预测了规划实施后可能造成的生态环境影响和潜在的环境风险。本次环评报告立足于海洋装备产业发展、青草沙水源保护以及城镇生态建设相结合的战略目标，提出了对长兴岛功能定位、规划布局、产业发展、基础设施建设以及水源地保护等方面的规划调整建议和环境保护具体要求，以预防和减缓不良的环境影响。

本次环评主要解决了以下一些问题：一是本次环评工作是在编制总体规划过程中同步开展的，一些环评结论意见已被采纳吸收在规划方案中，如污水处理厂在现有厂址周围预留发展用地，利用现有污水处理厂排放口排放，不再新增排放口；拟建燃煤电厂灰场远期调整到电厂东侧等；在产业基地与社区间合理设置一定距离的防护带等。二是通过论证制约岛域发展的主要环境因素，确定了水源地保护是长兴岛开发建设面临的关键任务，同时将生态环境相容性视作最为关注的重要因素。三是通过控制镇西区发展规模，将工业区内的宿舍区向镇区靠拢，从而形成产业区、宿舍区、新市镇镇区有层次的布局形态，腾出海洋装备产业健康发展的空间。同时，将宿舍区布置在工业区边界，相较于布置在工业区中间，减少了工业带来的环境污染，也可以利用宿舍区缓解工业区直接对外围居住区的环境影响。四是确定在工业区与新市镇镇西区、镇东区、园沙社区等敏感点之间设置 300 m 宽的环境防护距离，防止周围居住区不断向工业区域靠近。五是调整了电厂灰场的选址。规划电厂灰场选址于越江大通道位置，紧邻青草沙水源保护区边界，既不利于水源地保护又影响越江大通道景观。六是经码头溢油事故多方案模拟，岛域北岸及横沙小港岸线的码头溢油事故对青草沙水库取水口环境风险影响明显大于南岸，危险品码头最佳选址应是南岸中部位置，但已无可利用岸线。在剩余可利用岸线中，合适选址应是南岸西侧潘石港，但前期实施过程中遇到较大困难；次优选址是长兴潜堤，但潜堤尚未出水。在无更合适选址的条件下，利用青草沙水库建设时间差，可以临时性安置在长横通道位置。因此，建议近期加快东南端围垦筑堤，尽快将危险品码头调整到长兴潜堤。七是建议在规划电厂与垃圾填埋场之间的区域，规划建设岛域环保设施基地，集中布置敏感性的环境基础设施，如生活垃圾处置场、一般工业固废填埋场、电厂灰场、大型变电站等项目，有效提高土地利用率，腾出岛域土地资源空间。八是将岛内划分为禁止开发、限制开发、重点开发、优化开发四类主体功能区，确保长兴岛的其他功能定位必须服从于岛域水源生态功能和人居生态建设要求。构建了区域生态安全格局，确保水源生态岛的功能定位。九是提出了限制和鼓励进入开发区建设的工业项目类型，为长兴岛开发严格把关，禁止和控制引进有较大污染的工业项目，提供了科学依据。十是提出进一步深化岛域集中供热、西镇区向东发展及固体废物处置专项规划方案研究的建议，帮助长兴岛开发办明确了下一步的环保研究方向。

（6）上海市杭州湾沿岸化工石化集中区区域环境影响评价。上海市杭州湾沿岸化工石化集中区是包括上海石化、上海化工区、金山第二工业区、星火开发区、上海化工区奉贤分区五个化工园区在内的上海市杭州湾沿岸中、西部地区的简称。近几年来，该地区化工石化产业发展迅速。与此同时，周边城市化进度也不断加快。鉴于有关规划编制的不衔接，有关土地使用功能不明确，化工园区与居民集聚区、旅游区、大学园区交错布置的局面逐步形成；加上缺乏区域统一的环境风险防范措施和应急预案，整个区域存在着环境风险隐患。

杭州湾沿岸化工石化集中区的环境安全问题引起了从国家到地方各级领导的高度重视。为切实加强环境风险管理，确保区域环境安全，国家环境保护总局发出了《关于上海市杭州湾沿岸化工石化集中区区域环境影响评价问题的通知》（环办函[2006]739 号），要求尽快开展化工石化集中区区域环境影响评价，协调好区域内各类发展规划的相互关系，从资源、环境承载能力和环境风险等方面论证环境可行性，加强该区域开发活动的统一监管，并对区域内居住、学校、旅游等环境敏感功能区域的建设提出限制性措施。

上海市人民政府也非常重视此项工作，于 2006 年 12 月 15 日召集上海市发展改革委员会、上海市经济委员会、上海市环境保护局、上海市城市规划管理局、上海化工区管理委员会、上海石化和金山区、奉贤区人民政府等单位的负责同志参加会议，就开展《上海市杭州湾沿岸化工石化集中区区域环境影响评价》工作进行研究和协调，明确由上海市环境保护局牵头，会同上海化工区管理委员会、上海石化、金山区人民政府、奉贤区人民政府等有关部门和单位，组织实施该区域环评工作。受上海市环境保护局委托，上海市环境科学研究院作为评价牵头单位与上海南域石化环境保护科技有限公司、伊尔姆环境资源管理咨询（上海）有限公司共同承担《上海市杭州湾沿岸化工石化集中区区域环境影响评价》工作。

研究主要内容包括：根据化工石化集中区区域环境影响回顾评价、规划分析、环境影响预测、环境风险评价和资源环境承载能力分析的结果，阐明该区域存在的环境问题；针对化工石化集中区存在的环境问题，以科学发展观为指导，以各类规划协调发展为核心，提出化工石化集中区发展的环境保护对策和相关城镇等环境敏感功能区发展规划的限制措施。

主要成果包括：一是回顾了化工石化集中区区域开发现状和环境质量现状，弄清了区域环境质量变化的特点，确定了区域内各化工园区在迅速发展的同时，仍潜在值得关注的环境问题。主要包括：园区周围绿化隔离带建设滞后，个别园区原有绿化林带受到蚕食；园区内居民搬迁工作没有全面完成；个别园区环境基础设施建设推进缓慢；环境风险应急能力较差，整个区域尚没有应对环境风险的应急预案。二是通过规划相容性分析，既说明了集中区各化工园区规划与国家及上海市相关规划及产业政策的符合性、产业结构的合理性，又说明了各园区规划与周边地区发展规划在布局方面的不协调性。三是按照集中区各化工园区的近期发展规划，运用合理、规范的预测方法，确定各化工园区近期规划实施后对区域主要环境要素虽然存在影响，但是影响的范围、程度是有限的、局部的，是可以接受的。四是分析、计算了化工石化集中区的资源环境承载能力（大气环境容量，近岸海域纳污能力，区域水、土地、岸线资源承载能力和能源供给的安全性），确证各化工园区近期规划实施不受区域资源环境承载能力制约，并且从更合理地利用区域环境资源的角度提出相应的措施和建议。五是根据区域内各企业的生产现状以及危险源的规模，结合发展规划，对多种有毒有害化学物料的环境风险进行了预测，结果表明：区域内丙烯腈、氯气、氨等物质的储罐和上海化工区光气装置一旦发生事故时的环境影响范围较大，对周边居民集中区、大学园区等会造成明显的影响；码头发生溢油和化学品泄漏事故时会对金山城市沙滩、奉贤碧海金沙水域造成一定的影响。六是评价对化工石化集中区的进一步发展提出了以下建议：化工园区适度控制产品规模，合理调整规划布局，切实降低环境风险；金山新城居住区应向金山大道以北发展；适当控制海湾大学园区现有规模；建立适当的缓冲区；合理开发区域岸线资源，控制金山城市沙滩和奉贤碧海金沙的发展规模；建议由市应急办牵头，组织集中区涉及的金山区、奉贤区及上海石化、上海化工区两大化工园区建立集中区环境风险应急联动机制，制定相应的防范措施和应急预案，加强该区域环境风险管理，提高区域环境风险应急能力。

该报告从资源、环境承载能力和环境风险等方面论证了区域规划的环境可行性，并对区域内化工产业发展及居住、学校、旅游等环境敏感功能区域的建设提出限制性措施，对促进区域可持续发展具有重要意义。

（7）海峡西岸经济区重点产业发展战略环境评价。区域性、行业性重大发展战略是我国经济发展的重要形式，由此带来的布局性、结构性环境问题日益突出。以环渤海地区、海峡西岸经济区、北部湾地区、黄河中上游能源化工产业区和成渝经济区为代表的五大新兴经济区是我国未来发展的重点支撑区域，是构建区域发展新格局的重要支点，但从总体发展水平和趋势看，五大区域产业发展与资源环境矛盾关系也最为突出，其可持续发展面临着严峻的资源环境约束。

国家环保部通过开展"五大区域重点产业发展战略环境评价"（简称五大区环评）工作，对上述地区的环境与资源进行科学、合理、可持续的利用与管理，将资源环境承载能力作为确定区域产业发展目标、布局、结构和规模的科学依据，从而构建我国区域发展的理性模式与格局。

"海峡西岸经济区重点产业发展战略环境评价"（简称海西战略环评）是国家环保部五大区环评分项目之一，于2009年12月正式启动。受国家环保部委托由上海市环境科学研究院作为技术牵头单位联合了国家和地方11家科研院所组成的项目技术团队共同完成。

海西战略环评针对海峡西岸经济区重点产业发展的目标、定位，围绕产业的规模、结构和布局三大核心问题，以区域资源环境承载能力为约束条件，全面分析产业发展现状、趋势及关键资源环境制约因素，深入评估区域产业发展可能产生的环境影响和潜在生态环境风险，研究提出区域重点产业与资源环境协调发展的调控对策。

海西战略环评在二次现场实地考察调研的基础上，结合地方合作单位提供的基础资料，开展了环评工作。在历时一年半的过程中，本项目先后顺利通过了国家环保部的三次阶段验收，以及与地方政府的两轮对接，全面完成了产业情景设计、大气、地表水、近岸海域和陆域生态等专题报告，并在此基础上形成了福建、浙江（温州）、广东（粤东）三项子报告，最终完成海西战略环评集成总报告。

集成总报告中，课题成果主要包括区域生态环境现状及其演变趋势分析、区域产业发展现状及资源环境效率评价、区域资源环境承载力评价，并结合重点产业发展的中长期环境影响和生态风险，最终形成区域重点产业优化发展的调控建议，以及区域重点产业与资源环境协调发展对策机制。上述成果于 2010 年 8 月 17 日于北京通过了环保部组织的评审验收。

由多名院士组成的评审专家组一致认为，海西战略环评具有很强的针对性、前瞻性和示范性，成果关于区域环境保护目标、重点产业发展优化调控方案和对策建议具有很强的可行性和指导性，为国家有关部门和福建、广东和浙江省编制"十二五"区域规划、重点产业发展规划等宏观决策提供重要参考依据和技术支撑。

（8）上海市浦东新区国民经济和社会发展战略环境影响。"十一五"期间是浦东新区发展的关键时期，南汇区整体并入为浦东新区新一轮发展提供了新的契机。浦东新区政府于 2008 年委托上海市环境科学研究院对"浦东新区国民经济和社会发展第十一个五年规划纲要"进行战略环境评价（以下简称浦东战略环评），为浦东新区"十二五"规划的编制提供建议和参考，帮助浦东新区在新一轮发展中站在生态文明高度总揽全局、科学决策，实现新区可持续发展。

浦东新区战略环评设置 16 个专题，全面回顾了浦东新区改革开放 30 余年的社会经济成就和积累的主要环境问题，在区域生态和环境质量现状调查、分析的基础上，以资源和环境承载能力为约束条件，采用对标分析、系统动力学、环境库兹涅茨曲线、多目标优化等先进技术和方法，定性与定量相结合，对浦东新区发展的战略目标、空间整合、功能布局、人口及用地规模、产业结构和布局等的环境合理性进行了分析和论证，提出了具体的优化调整建议和环保对策措施，为浦东新区确定合适的发展规模、优化调整产业结构、合理布局产业和资源设施提供宏观决策的科学依据。

浦东新区战略环评对浦东新区"十二五"及今后中长期发展提出了以下建议：一是构建良好生态格局。合理划分功能区域，形成"三区、四带"空间格局；控制建设用地比例，保持必要的生态用地比例；完善生态廊道，保持重要生态功能区；污染集中区域建设防护林。二是控制合理人口规模。三是按照生态优先原则调整工业空间布局。高桥石化基地近期限制发展，远期搬迁；张江高科技园区北区提高现有生产企业清洁生产和污染控制水平，逐步向生产服务性行业转变。四是加快产业结构转型升级，建设低碳经济最佳实践区。大力发展现代服务业，提高第三产业比重；优化工业内部结构；建设低碳经济最佳实践区。五是继续强化环境污染治理，重视非常规污染控制。实施电厂脱硝；加大面源治理力度，重视源头减量控制；重视非常规污染物控制；污水处理厂污染综合治理。六是加大环保基础设施投入，开展氨氮和氮氧化物总量控制。提高区域污水纳管率，完善污水支管网建设；开展氨氮和氮氧化物总量控制；增加生活垃圾处置设施建设投入，提高资源化利用比例。七是增强环保参与综合决策力度，推动公众参与。以科学发展观为指导，加大环境参与综合决策力度；全面提高环境监测能力，完善环境监测网络体系；多管齐下，完善环境保障政策制度；抓好环保宣传与教育，引领生态文明观。

浦东战略环评为新区"十二五"期间的人口总量、产业结构调整、土地利用空间布局等提供了生态环境的控制和引导要求，为"十二五"国民经济和社会发展规划编制，以及两区合并后新区总体规划的编制提供了依据。

（9）上海市城市快速轨道交通近期建设规划（2010—2020年）环境影响评价。上海轨道交通，又称上海地铁，其第一条线路于1995年4月10日正式运营，是继北京地铁、天津地铁建成通车后中国内地投入运营的第三个城市轨道交通系统，也是中国线路最长的城市轨道交通系统。截至2010年4月20日，上海轨道交通线网已开通运营11条线、

266 座车站，运营里程达 410 km（不含磁浮示范线），另有全线位于世博园区内，仅供世博园游客和工作人员搭乘的世博专线，近期及远期规划则达到 510 km 和 970 km。上海轨道交通的总长超过 400 km，位居世界第一。

截至 2012 年 1 月 1 日，上海轨道交通全路网已开通运营 11 条线、287 座车站，运营里程达 420 km（不含磁浮线）。

结合上海城市发展规划和交通增长需求，通过 2010—2020 年规划年限内城市轨道交通建设，实现以下目标：中心城区大运量轨道交通线路基本建成，提高网络化水平，新城轨道交通线路基本全覆盖，提高人口疏解能力；提升重点区域轨道交通疏解能力，完善网络形态，提升保障性住房轨道交通配套能力，服务民生。到 2020 年，全市公共交通出行比重提高到 30%左右；全市轨道交通客运分担率提高到 50%左右，支持上海市"四个中心"的建设和"四个率先"目标的实现。

上海市城市快速轨道交通近期建设规划（2010—2020 年）建设项目 13 个，共计 310 km。其中，既有线路延伸项目 5 个，线路总长为 83 km，新建项目 8 个，线路总长为 227 km；地下线路 239 km，高架线路 71 km；中心城线路新增 173 km，外围区域线路新增 137 km。新建车站 189 座，其中地下车站 163 座，高架车站 26 座。新建车辆基地 16 处，其中车辆段 4 处，定修段 4 处，停车场 8 处。新建控制中心 3 处。新建主变电站 12 处，新建开关站 5 处。规划实施后，2020 年中心城区线网密度为 0.77 km/km^2，车站密度为 0.58 座/km^2。将由现状的单位线路长度年客运量 1.31 万人次/（km·d）增加到 2020 年的 2.1 万人次/（km·d）。中心城轨道交通线路客流强度将达到 3.6 万乘次/km。

考虑到上海市城市轨道交通近期规划在评价范围内对社会经济和环境的影响，规划环境影响评价主要内容包括：一是通过回顾评价，总结和分析上一轮上海市城市轨道交通近期建设规划在实施和运行过程中的资源、环境保护的情况，为确定新一轮规划的环境保护目标提供依据和方向。二是评价和分析检验上海市城市轨道交通近期建设规划提出的战略目标以及规划的合理性；分析规划与其他相关规划的相容性。三是实施本规划对资源的需求和资源利用方式的合理性分析。四是预测分析上海市城市轨道交通近期规划对上海城市环境污染控制、土地利用、社会经济发展的正面影响和负面影响，并提出控制要求。特别是在噪声、振动和电磁波方面的直接影响。五是提出规划调整建议，并对本规划下一层次的规划和本规划包含的具体建设项目提出环境影响评价和环境保护的要求、建议。

该报告明确了今后轨道交通规划及所属项目的实施和建设必须：一是结合已建城市轨道交通减振降噪措施效果分析，明确下穿或邻近居住区的路段以及应采取的减振降噪要求。线路穿越已建、拟建大型居住区、文教区和科研办公区等环境敏感目标集中的区域时，原则上应采取地下敷设方式。对于采取高架方式的线路路段，要针对敏感目标的受影响情况，预留声屏障等相应降噪措施的建设条件。对地铁线路下穿居住、文教、办公、科研等敏感建筑区段，应结合振动环境影响评价结论，做好规划控制，并针对振动可能产生的影响采取有效防治措施。二是对于涉及饮用水水源保护区的路段、停车场、车辆综合基地等地面设施，应加强施工期及运营初期的污水处理和管理措施，保证其废污水纳入城市污水管网。建立风险防范与应急体系，避免对水源保护区等重要敏感目标产生不良环境影响。对于穿越历史文化风貌保护区、邻近文物保护单位及优秀历史建筑的路段，在工程设计中应重视高架桥梁、车站、出入口等地面构筑物与周边景观的协调。三是针对规划中所包含的近期建设项目，提出在开展环境影响评价时，涉及环境空气、固体废物污染影响等部分的内容可以适当简化。对项目实施产生的声环境、振动环境影响应重点评价，涉及饮用水水源保护区、邻近和穿越历史文化风貌保护区、居民区等环境敏感路段，应对其影响方式、范围和程度做出深入评价，充分论证规划方案的环境合理性，强化环境保护措施的落实。

该报告结合已实施的轨道交通建设规划的实际环境影响和存在的环境问题，进一步梳理规划应关注的主要资源、环境问题以及解决问题的适当途径。对于报告提出的规划调整建议及其他环境影响减缓措施和建议，上海申通地铁有限公司均已采纳，并已对原有轨道交通规划进行了调整与优化。报告书相关建议已成为相关部门制定下一层次规划和实施本规划所包含具体项目的依据。

6. 绿色世博研究

（1）2010 年上海世博会绿色指南。2010 年，上海即将召开举世瞩目的世博会，这既是推动上海城市新一轮发展的重要动力，借此向全世界展示上海国际化大都市的形象；同时又是一个巨大的挑战，如何体现世博会"城市，让生活更美好"的主题。因此，需要成功办好一届绿色世博会，以呼应世博主题，应对上海国际化大都市的定位，响应国际关注的热点环境问题。编制《中国 2010 年上海世博会绿色指南（以下简称《绿色指南》)》是体现上海世博环境保护战略的一项具体内容，有助于让世博会的环境保护水平体现出国际前沿水平，并引导参展各国履行社会责任，共同参与环境保护工作。

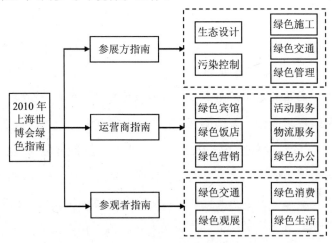

图 3-2　世博会绿色指南框架图

项目内容：一是国际国内调研。充分调研了都灵东奥会、德国世界杯、北京奥运会、日本爱知世博会等各大赛事、展览在环境保护方面的技术要求，开展案例分析，总结先进经验，为《绿色指南》的编制提供借鉴。二是相关环境法律法规及标准汇编。对国内有关环保法律法规、有关的环保标准和技术规范以及上海地方规定进行收集整理，按照不同要素进行归类，作为绿色指南的法律依据。分析了联合国环境规划署的方针、策略和要求，为《绿色指南》提供了国际化的标准。三是世博会绿色指南编制。结合世博会参展指南的基本要求，设计《绿色指南》的总体框架，编写了《绿色指南》的主要内容。该指南以倡导资源节约、环境友好的核心理念，在相关环保法律法规和技术标准的基础上，进一步提出了主办方所倡导的先进环保理念和要求，鼓励全社会共同努力，让 2010 年世博会成为一次环境友好的盛会。《绿色指南》主要针对的对象包括世博会的参展方、运营商和参观者，涵盖了从世博会建设、运营和后续利用过程中的各个环节，与国际上环境保护的热点问题相接轨，体现了世博会主办方积极履行环保责任，为应对气候变化问题、努力保护臭氧层和减少消耗臭氧层物质及减少世博会对环境的影响所做出的努力。

2009 年 6 月 4 日，上海世博局、联合国环境规划署、市环保局共同召开新闻发布会，正式发布了《绿色指南》，共 30 余家新闻媒体出席了会议。该指南以中英文双语的形式出版，通过联合国环境规划署的全球新闻网络平台和上海世博会官方网站同时发布，使 2010 年世博会的参展、运营和参观各方都能及时了解、掌握并付诸行动，共同为世博会的环境保护贡献力量。

（2）2010 年上海世博会环境报告。2002 年，上海市获得了 2010 年世博会主办权，并提出了"城市，让生活更美好"的主题。为此上海市在各个方面做了大量工作和努力。为了使国内外公众和媒体更好地了解上海世博会主办方在环境保护方面所做的努力与取得的成果，展示"绿色世博"的形象和内涵，上海世博会事务协调局和上海市环境保护局提出编写了《2010 年上海世博会环境报告》。

世博会环境报告是按照国际惯例开展的一项自我评估工作，2008 年 5 月启动了相关前期调研工作，生态所围绕局重点工作，组织筹备并具体承担了调研任务。2008 年 8 月上海世博局正式立项开展报告编写工作，由世博局、市环保局总牵头，生态所具体承担该报告的编写任务。

课题调研了北京奥运会、日本爱知世博会、意大利都灵冬奥会、德国世界杯等大型活动的环境报告编制和发布情况，形成世博环境报告的框架。走访上海市各相关委办局、世博局各相关部门等收集基础资料和数据，整理编写完成世博会环境报告初稿。随后征求了市环保局和世博局相关部门的意见，并通过专家咨询会议和信函的方式征求了世博环保顾问组专家以及环保专家的意见。经过几轮意见征求和报告修改，最终定稿并完成翻译工作。

世博会环境报告旨在全面反映上海为举办一届环境友好的世博会所做的努力，探讨城市可持续发展模式，弘扬生态文明理念。报告主要从上海市政府推动、世博园区建设和公众参与三个方面，比较详细地记录了上海自 2000 年启动"申博"以来的 9 年多时间里，社会各界参与和实践环境保护、共同演绎"城市，让生活更美好"世博主题的情况。该报告共分五个部分，即 2010 年世博会的绿色演绎、致力于环境友好的上海、实践环境友好的世博会、营造环境友好的社会氛围以及世博环境保护大事记。

课题将委托联合国环境规划署承担编制《2010 年上海世博会环境评估报告》，由其组织国际专家，对 2010 年上海世博会环境保护方面的工作进行审核和认可，出具评估报告，具体内容包括上海在空气质量、交通、能源、固体废物、水、绿化和保护区、气候碳中和、世博园区、公众参与 9 大环保核心领域的工作。

2009 年 7 月 28 日，市政府召开新闻发布会，正式发布了《中国 2010 年上海世博会环境报告》，近百家国内外新闻媒体出席会议。上海世博局副局长黄健之、上海市环保局局长张全出席会议，介绍了《世博环境报告》的编写背景及其主要内容，并回答记者提问。该报告以中英文双语的形式发布，可以通过上海世博局和市环保局的官方网站进行查阅。《世博环境报告》的发布引起了国内外各大媒体的广泛关注，中央电视台、上海电视台、纽约时报等主流媒体均第一时间予以报道，新华社、解放日报、文汇报、中国日报（China Daily）以及中国环境报等主流报刊也已较大版面对环境报告相关内容进行了报道，这是对项目成果的充分肯定。

（3）2010年上海世博会"低碳世博"研究。借世博会舞台倡导城市"低碳经济"和世博会"低碳排放"的理念，不仅能充分演绎本届世博会的主题——"城市，让生活更美好"，而且也将世界各国的众多绿色技术进行聚焦，共同为全球气候问题献计献策。同时，通过这一理念，倡导公众的低碳生活方式，并也将为上海及早成为国际组织认可的环境友好型城市添加竞争砝码。

本项目通过对上海世博园区碳足迹、低碳技术和碳减排效益的计算和评估，分析上海世博实现"低碳世博"的科学性和可行性，提出"碳中和"的可行性建议，使上海世博成为低碳城市发展模式的引领，更加丰富"城市，让生活更美好"的科学内涵。

该项目主要研究内容包括：上海世博园区（5.28 km²）碳足迹研究与评价；上海世博园区低碳技术和低碳水平分析与评估；上海世博园区实施"碳中和"的可行性研究；上海世博园的"低碳世博"总体方案和行动计划。

二、环境科学领域

1. 水环境研究

"七五"以来，上海市紧紧围绕水源地保护、重点河道治理、污染减排等环境管理和保护工作，突出创新性和实用性，重视开展水环境决策咨询与管理及相关的基础性应用研究，许多科研成果为水环境管理和综合决策提供了科学依据。

（1）太湖流域水环境综合整治。2007 年 5 月底，太湖蓝藻暴发引发无锡百万人饮水危机。党中央、国务院高度重视，温家宝总理等国务院领导做出重要批示，国务院先后在无锡市两次召开太湖及"三湖"污染治理工作座谈会，明确提出"坚持高标准、严要求，一定要把'三湖'根治好"的要求。根据国务院的部署，国家发改委会同原国家环保总局、建设部、水利部、农业部、财政部等部委，以及江苏、浙江、上海两省一市开展了《太湖流域水环境综合治理总体方案》的编制工作。上海市政府高度重视太湖流域水环境综合治理工作，由杨雄副市长和姜平副秘书长分别担任国家总体方案编制领导小组和工作小组的副组长，同时专门成立了以姜平副秘书长为组长，市环保局局长任常务副组长，市发展改革委、市水务局、青浦区分管领导任副组长的推进小组，下设由各相关委办局联络员组成的推进小组办公室，共同推进《上海市太湖流域水环境综合治理专题调研报告暨实施方案》的编制工作。

①太湖流域水环境综合实施方案编制。太湖流域（上海片）位于上海市青浦区的西南角，江、浙、沪三省市结合部，区内地势低洼、湖荡众多、河网密布、闸门林立，水上运输繁忙；产业结构以农业水产和种植业为主，经济相对落后；生态环境总体良好；上游来水水质欠佳，自净能力不断下降，水源保护压力加重。

太湖流域水环境质量与上海市黄浦江上游水源地水质直接相关，特别是关系到全市近千万人口的水源安全问题。因此，必须高度重视太湖流域水环境综合治理工作，切实加大保护力度，积极采取有效措施，从上海市实际情况出发做好本区域的水环境综合治理工作。针对太湖流域蓝藻水华危害制定了近期应急处置和中长期治理任务两部分综合整治措施，其中近期应急处置内容主要工作包括制定淀山湖蓝藻暴发应急预案；开展污染源普查，采取必要的禁磷限氮措施；实施水资源合理调度，提高水体自净能力；完善自来水应急处置和净化措施；完善船舶污染事故应急反应机制和处置预案等；加强水质监测和预警以及加强区域河道保洁管理等。研究方案针对中长期综合治理提出主要任务，包括抓紧制定严格的污水限排标准、实施总量控制、削减污染排放、加强生态修复、提高自净能力、调整产业结构、优化城乡布局、依靠科技进步、强化科技支撑、提高监测能力、加强执法监管。

结合主要任务，方案中明确了一系列的工程措施，以污染治理、总量控制、生态修复等不同方面提出具体项目，包括工业污染治理工程、生活污染治理工程、农业面源污染治理工程、饮水安全保障工程、生态修复工程以及确保规划顺利实施的能力建设工程六大部分。

本规划将在认真总结上海市水源保护和水环境治理经验的基础上，广泛汲取其他国家，特别是一些发达国家湖泊治理的经验，注意与部门及地方编制的专项规划相衔接，力求在更高层次上提出未来一个时期太湖流域水环境综合治理的总体要求、目标、主要任务及政策措施，以利于统筹各方面力量，在太湖治理上合力攻坚。本方案提出的目标和任务以近 5 年为主，并展望之后的 10～20 年。

太湖流域水环境质量与上海市黄浦江上游水源地水质直接相关，特别是关系到全市近千万人口的水源安全问题。因此，必须高度重视太湖流域水环境综合治理工作，切实加大保护力度，积极采取有效措施，从上海市实际情况出发做好本区域的水环境综合治理工作。规划实施后，本区域将在为全市提供生态服务的同时，区域社会、经济和环境得到和谐发展。

②太湖流域环境综合调查与湖泊富营养化综合控制方案研究。本研究在大量现状及历史资料调研的基础上进行湖库富营养化控制的方案研究，主要目标包括太湖流域（上海部分）土地利用格局、产业结构与社会经济发展状况调查研究，太湖流域（上海部分）主要污染源综合调

查与分布特征研究，太湖流域（上海部分）水环境综合调查与水生态环境变化趋势研究以及太湖流域（上海部分）太湖富营养化综合控制方案研究。

对太湖流域上海市青浦区及下辖 3 个镇（练塘镇、金泽镇和朱家角镇）的以下资料进行调查研究：一是土地利用、社会经济及产业结构调查；二是污染源调查；三是水生态调查；四是太湖流域（上海部分）太湖富营养化综合控制方案研究；五是太湖流域上海部分 2007 年以来各类污染源的削减情况及土地利用、社会经济、产业结构方面的动态；六是太湖流域上海青浦区及三个镇相关的资料。基于研究调查的结果，得出太湖流域（上海部分）环境综合调查与湖泊富营养化综合控制方案。

（2）淀山湖水环境保护。淀山湖位于太湖流域下游，是上海境内最大的天然淡水湖泊，也是黄浦江上游的重要水源保护区和主要航道。近年来，由于上游和环湖工农业生产和生活污水排放，淀山湖水质呈逐年恶化趋势，主要水质指标透明度、叶绿素 a、总氮和总磷均已超过富营养化临界值，具备了暴发大规模蓝藻水华的物质条件，直接影响到上海市民的饮用水安全。因此，淀山湖的环境保护和富营养化控制是上海市各级政府的一项主要工作，并开展了大量的科研工作。

①淀山湖水文水质建模与水华预警初步研究。20 多年来，上海市环保局针对淀山湖水环境保护方面的研究一直没有中断。上海市环保局主持国家"六五"科技攻关项目"淀山湖水环境容量和规划方案研究"（1983—1985 年），开展水文水质实测和生物调查，建立概化的一维淀山湖 BOD—DO 模型和氮、磷、Hg 等污染物环境容量模型，提出水体综合保护方案。

上海市环保局主持国家"七五"科技攻关项目"淀山湖富营养化及其防治研究"（1988—1990 年），在"六五"研究的基础上，进一步调查淀山湖污染源、水文、水质、生物等参数，查明湖体富营养化原因，建立湖泊富营养化生态管理模型，提出调控富营养化方案的防治措施。

1995 年，青浦区委托上海市环保局组织开展"上海市淀山湖湖区水体水质保护与经济发展协调研究"（1995—1997 年），研究组织开展了大规模水文水质同步实测，通过建立淀山湖二维水动力和综合水质模型，确定了淀山湖总纳污能力，提出淀山湖湖区经济发展和环境保护协调发展的对策。

以往对淀山湖的研究，主要着重于淀山湖入湖进出流量平衡、污染源调查、水质富营养化评价和藻毒素污染水平等基础的认识研究，采取的手段也以现场观测和定性描述为主，模型研究也为较为简单的模型，仅从污染负荷控制的角度提出了负荷削减方案和建议。仍缺少针对淀山湖富营养化控制和蓝藻水华问题系统的综合的深入研究，对淀山湖富营养化的认识还不十分清楚。

这次的研究目标是将在以往科研成果的基础上，建立淀山湖水动力学模型；在水体富营养化评价的基础上，筛选重点因子，利用数学模型研究淀山湖富营养化关键因子的时空变化规律，初步掌握淀山湖水质富营养化过程；提出淀山湖富营养化监测断面的优化布置方案，初步建立淀山湖"水华"预测预报技术方法，进行淀山湖富各种营养化控制方案的预测分析，为淀山湖水质保护和污染防治提供科学的决策依据。

课题主要研究内容为：一是淀山湖水体富营养化评价和控制因子研究。全面收集整理淀山湖历史实测水文水质资料，评价淀山湖水环境质量与富营养化水平，确定影响淀山湖水环境质量的主要因子。开展大规模水文水质观测，为模型率定验证提供实测数据，计算入湖主要支流污染物通量。开展淀山湖底质和水体氮磷营养盐形态调查和污染物通量实验室分析，估算淀山湖内源负荷，明确淀山湖主要污染负荷来源；分析淀山湖富营养化发生的关键控制因子，为综合研究淀山湖水体自净能力和藻类"水华"预警预报奠定理论和实验基础。二是淀山湖水动力模型研究。针对淀山湖弱感潮浅水湖泊的水文和流场特征，考虑下游潮位、上游来水和风场等因素的影响，建立环淀山湖湖区流场模型，进行典型季节（藻类水华易发时段）和设计水文条件下典型流场的数值模拟和特征分析。基于淀山湖水动力特征和现状水质监测方案，提出针对淀山湖蓝藻水华的预警监测优化方案。三是淀山湖藻类"水华"预警预报初步研究。综合考虑入湖负荷、流场、风场、光照、温度等水文气象条件和浮游动植物对湖泊藻类生长的影响，针对蓝藻水华的暴发机理及暴发过程中的理化和生态学特征，研究建立初步的藻类"水华"预警预报经验判断模型和生态动力学模型。四是淀山湖富营养化控制方案研究。通过生态动力学模型，综合预测和研究污染负荷削减、生物调控、水力停留时间等控制措施对淀山湖富营养化的影响，通过对淀山湖水质、富营养化指标的统计和比较分析，提出淀山湖富营养化防治优化方案和技术路线。

建立的淀山湖水动力模型可用于优化淀山湖水资源调度和水质监测方案；淀山湖富营养化的关键控制因子研究成果可直接指导淀山湖污染物排放的总量控制；淀山湖水华"预警"经验模式和方法可优化淀山湖蓝藻水华预警监测方案，为淀山湖的污染防治和水环境管理提供决策支持工具。以上这些均可产生巨大的直接和间接经济效益。

②淀山湖蓝藻水华预警监测与预报技术研究。淀山湖属太湖流域，面积 $62\ km^2$，是上海市重要的水源保护区。近年来，由于上游和环湖大量工业、农业和生活污水排放，淀山湖水质严重富营养化。

以往对淀山湖的研究，主要着重于水质富营养化评价和藻毒素污染水平等对系统的认识研究，以单个过程的实验室研究为主，如水体内部生化过程（CBOD、NBOD）、水底生物与沉积物的作用过程（SOD、光和与呼吸）、生物过程（大肠菌、藻类等），采取的手段也以现场观测和定性描述为主。针对淀山湖系统的综合污染防治措施的专门研究还没有。

近年来，应用数学模型，研究湖泊水体的水动力和水质演化过程，定量研究影响湖泊富营养化和"水华"的影响因素，开展多种治理方案比较研究已成为趋势，有关数学模型也得到长足发展。比较著名的生态数学模型有荷兰 Delft Hydraulcs 研究开发的 Delft3D，丹麦 DHI 研究开发的 MIKE2、MIKE3 等。这些模型的一个共同特点是将水动力学模型、水质模型、泥沙模型、生态模型有机结合起来，定量研究污染物排放对湖泊的生态影响，能为综合研究湖泊污染防治方案提供科学工具。

国内关于湖泊水质富营养化和相关数学模型的研究还很少见。上海市环境科学研究院于 1996 年起，建立了上海重要水体的二维、三维水动力和生态数学模型，为开展淀山湖的生态过程和富营养化防治奠定了较好的基础。

课题研究内容：一是淀山湖水体富营养化评价。全面收集整理淀山湖历史实测水文水质资料，评价淀山湖水环境质量与富营养化水平，确定影响淀山湖水环境质量的主要因子。二是淀山湖富营养化控制因子研究。基于野外和实验室研究，分析淀山湖富营养化发生的关键控制因子，为综合研究淀山湖水体自净能力和藻类"水华"预警预报奠定理论和实验基础。三是淀山湖水动力模型研究。针对淀山湖弱感潮浅水湖泊的水文和流场特征，考虑下游潮位、上游来水和风场等因素的影响，建立环淀山湖湖区流场模型，进行典型季节（藻类水华易发时段）和设计水文条件下典型流场的数值模拟和特征分析。四是淀山湖藻类"水华"预警预报初步研究。综合考虑入湖负荷、流场、风场、光照、温度等水文气象条件和浮游动植物对湖泊藻类生长的影响，针对蓝藻水华的暴发机理及暴发过程中的理化和生态学特征，研究建立初步的藻类"水华"预警预报经验判断模型和生态动力学模型。五是淀山湖富营养化控制方案研究。通过生态动力学模型，综合预测和研究污染负荷削减、生物调控、水力停留时间等控制措施对淀山湖富营养化的影响，通过对淀山湖水质、富营养化指标的统计和比较分析，提出淀山湖富营养化防治优化方案和技术路线。

主要研究成果：一是通过同步观测和常规监测，深入分析了淀山湖水环境和水生态现状，配合上海市水文总站和上海市环境监测中心进行淀山湖三个典型水期（丰、平、枯）主要口门和湖区的水文、水质同步监测，摸清淀山湖入湖氮磷营养盐等入湖污染物通量，研究确定了影响淀山湖水环境质量的主要因子和富营养化限制因子，为水质评价和水质生态模型的率定和验证提供实测数据。二是完成了淀山湖底泥氮磷迁移转化过程及藻类参数试验研究，为综合研究淀山湖水体自净能力和藻类"水华"预警预报提供了关键水质参数，包括底泥和水体中氮磷形态及含量以及底泥污染物释放通量等。三是综合运用基于 PCR 的分子生物学分析方法，初步研究了蓝藻的检测技术和淀山湖蓝藻群落的时空变化，揭示了淀山湖水体中蓝藻群落结构的变迁，完成了淀山湖蓝藻和藻毒素的检测技术研究。四是针对淀山湖弱感潮浅水湖泊的水文和流场特征，建立环淀山湖湖区流场模型，进行典型季节（藻类水华易发时段）和设计水文条件下典型流场的数值模拟和特征分析，完成了淀山湖三维水动力模型及生态模型构建，并开展了应用示范研究。五是通过对淀山湖富营养化发展历程的梳理，分析造成淀山湖蓝藻水华暴发的社会经济、水环境及生态系统变化所带来的影响，利用卫星影像资料分析蓝藻水华暴发的过程及空间格局，构建了淀山湖蓝藻水华暴发风险评估技术方法。六是集成淀山湖区域水文、气象、水环境基础信息系统，整合淀山湖经验判断模型以及生态动力学模型，初步建设了淀山湖藻类水华预警模型技术平台。七是在评估淀山湖水环境常规监测现状及存在问题的基础上，研究和筛选了多参数水质自动在线实时监测技术以及蓝藻水华遥感监测技术等蓝藻水华预警的关键技术，引入多参数水质自动在线实时监测技术，完成了淀山湖蓝藻水华预警监测体系和监测站网建设规划。八是通过对国内外蓝绿藻暴发应急预案的调查、梳理及总结，结合近年来淀山湖蓝藻暴发的时间、地点和上海市青浦区沿湖乡镇和单位的调研，编写了包含总则、基本概况、组织系统、预警与应急响应、应急措施、信息报送、应急终止、费用结算以及应急评估和总结等多个内容的《淀山湖蓝藻暴发应急预案》，依据蓝藻暴发的规模，以及可能造成的危害性、紧急程度和发展态势，预警级别分为四级：Ⅳ级（一般）、Ⅲ级（较重）、Ⅱ级（严重）、Ⅰ级（特别严重），进行应急响应分级与行动。

建立的淀山湖水动力模型可用于优化淀山湖水资源调度和水质监测方案；淀山湖富营养化的关键控制因子研究成果可直接指导淀山湖污染物排放的总量控制；淀山湖水华"预警"可直接指导蓝藻水华监测、治理工作。

③淀山湖蓝藻水华控制跨省机制研究与技术评估平台建设。根据《上海市环境质量报告书》，在过去 10 年中，淀山湖水质逐渐下降，氮、磷超标严重，富营养化程度加重。21 世纪以来，淀山湖多次暴发蓝藻水华事件，对周边部分乡镇的生活饮用水水源地造成一定冲击；同时也对下游的上海市黄浦江上游水源地的水质造成了一定的影响。2007 年 8 月，淀山湖的蓝藻事件引起了上海市政府的高度关注，市领导多次批示要求市政府有关部门加快开展淀山湖水域蓝藻的防治工作。

2008 年 5 月，市科委集聚全市科研院所的智慧和力量，正式启动了"淀山湖蓝藻水华控制与预警关键技术集成与示范"市级重大科研攻关项目（2008—2010 年），主要针对淀山湖富营养化治理与蓝藻水华控制问题，以保障饮用水水源地水质安全为目标，攻关解决淀山湖区域污染治理中的核心和关键技术问题，服务于上海太湖流域水环境综合治理的需要，为本区域水环境综合管理和水环境质量改善提供技术支撑。研究分为四大专题：分别是淀山湖蓝藻水华预警预报技术研究与示范、淀山湖蓝藻水华控制及生态修复关键技术研究与示范、淀山湖区域湖滨带污染控制及湿地修复示范、淀山湖蓝藻水华控制跨省机制研究与技术评估平台建设。

上海市环境科学研究院联合水利部太湖局水利发展研究中心、上海市水务规划设计研究院共同承担了课题四"淀山湖蓝藻水华控制跨省机制研究与技术评估平台建设（08DZ1203300）"的研究工作。目的在于综合"课题1"、"课题2"、"课题3"分别开展的"淀山湖蓝藻水华预警预报技术和初步示范平台研究"、"淀山湖蓝藻水华控制和湖区生态修复、内源控制示范工程"和"淀山湖湖滨带污染控制与生态恢复技术集成和工程示范"的课题成果，研究建立淀山湖蓝藻水华预警和控制技术评估体系和管理支持系统（平台）；同时研究省界湖泊的管理体制和相应机制，促进淀山湖蓝藻水华的防治及水资源的开发、利用和保护。

研究内容：一是淀山湖水污染治理和蓝藻水华控制回顾分析研究。二是淀山湖蓝藻水华预警预报技术和蓝藻水华控制技术的评估体系研究。三是淀山湖蓝藻水华预警和控制技术评估平台建设研究。四是淀山湖蓝藻水华预警和控制技术综合管理研究。五是水利工程联合调度控制淀山湖蓝藻可行性研究。六是淀山湖蓝藻控制跨省管理监督机制研究。七是淀山湖蓝藻水华控制跨省市生态补偿机制研究。研究省际边界水功能缓冲区综合治污减污的生态补偿驱动力，制定双向互动的生态补偿机制。八是淀山湖蓝藻水华控制跨省市联合治污机制研究。研究建立跨省市环淀山湖区域所涉地方政府及相关单位进行联动治污机制。

本项研究主要成果有以下几个方面：一是遵循科学性和先进性、全面性和系统性、定性和定量分析相结合、可行性和可操作性的原则，运用系统工程学中的层次分析法（AHP）进行分析，建立了淀山湖蓝藻水华预警技术评估体系，明确了评估方法和评估程序。二是在分析淀山湖实施的蓝藻水华控制工程技术特征的基础上，筛选关键指标，遵循系统性、科学性、独立性、数据可得性、可操作性、可比性原则，建立了针对环境效益、经济效益、社会效益子目标进行分层次评价的淀山湖蓝藻水华控制技术评估体系，明确了评估方法和评估程序。三是在淀山湖蓝藻水华相关课题研究成果的基础上建立了淀山湖蓝藻水华预警和控制技术评估平台。评估平台由环境基础数据库、控制技术评估、预警技术评估和全湖应用四大部分组成。平台可实现监测点位和工程技术点的水质和生物学监测数据查询、分析、导入与导出等功能；引入专家评议法和带自动调节的层次分析法模块，实现权重计算和指标评价，对功能层的各指标实现综合评估；针对可能暴发水华区域，应用控制技术评估结果，推荐了适宜的工程措施。四是在评估的基础上，设计了淀山湖蓝藻水华控制方案，并应用淀山湖水动力模型对不同情景产生的藻华分布进行预测，提出了淀山湖蓝藻水华综合管理控制方案——建议建立淀山湖藻类增长早期监测和预警系统；制定以磷消减为主的营养物控制策略；提出以增大大朱砂流量，通过改变水动力来抑制蓝藻暴发的调水方案；提出了控制入湖河流水质的标准；针对修复目标提出了相应的生态修复措施。五是明确了太湖流域及淀山湖联席会议机制设置及各管理主体的职责划分，提出建立淀山湖蓝藻控制跨省管理监督机制，包括淀山湖水资源保护与水污染防治协作机制、信息互通制度、水事协调机制、应急预警制度、技术支持与科技合作制度等跨省管理监督机制。提出了淀山湖蓝藻水华控制管理办法（草案）和淀山湖蓝藻水华控制调水优化方案。六是确定淀山湖生态补偿责任主体为苏沪省（市）级政府，而生态补偿主体和客体由补偿诉求或补偿协议界定。补偿标的及补偿准则的制定必须建立在苏沪两地利益相关方均认可的补偿协议基础上，以形成近、远期合理可行的补偿额度和标准，以此建立环淀山湖区域生态补偿机制。七是确定淀山湖联合治污的主要责任方为环淀山湖区域跨省界的地方政府，次要责任方为国家有关部门（含部分部门的派出机构），如国家发改委、环保部、水利部（太湖局）等。建立了淀山湖联合治污机制及宏观层面、管理层面的联动平台。

　　④淀山湖蓝藻水华早期预防研究与应用。湖泊富营养化是指由于接纳过量的N、P等营养物质，导致藻类等浮游生物过度繁殖，造成水质恶化、水体透明度和溶解氧下降的现象。湖泊富营养化的自然演变过程非常缓慢，但人类活动的影响将大大加快其进程。淀山湖20年来营养物变化和藻类增长响应分析表明，从1985年淀山湖第一次大规模藻类

水华算起，经过 15 年的营养物积累，淀山湖生态系统发生了重大转折，于 1999—2000 年前后由中度富营养化转变成重度富营养化。1999 年之后藻类群落迅速向以绿藻-蓝藻为主的群落结构演替，夏秋季则以蓝藻为主。1985 年 9 月，淀山湖首次暴发大面积"水华"，历时达 15 天之久，上海境内湖区面积（约 47.5 km²）90%水面出现绿色被膜。以后每年均有不同程度的"水华"现象出现。2004 年 7 月和 2007 年 8 月淀山湖暴发大规模水华，水华覆盖大半个淀山湖。

蓝藻水华控制的根本出路在于蓝藻过度增长的早期预防和控制。藻类增长的过程给了人们早期预防和控制的实施时间和浓度范围。只要掌握了蓝藻的增长规律、运动方式和成灾过程，采取早期预防技术路线和大面积控制手段，消除蓝藻水华对饮用水水源的威胁，降低蓝藻水华带来的其他负面影响，是完全可能的。

本研究旨在揭示淀山湖藻类群落增长的一般规律，了解淀山湖藻类群落增长过程中重要的时间节点、浓度范围、出现的概率和增长的速率，为蓝藻水华早期预防和控制提供科学依据。

主要研究成果：一是充分描述了淀山湖藻类增长的规律和曲线。二是完成了淀山湖营养物对藻类增长的影响分析。就全年水平而言，淀山湖初级生产力总体上受到湖水磷的控制；夏秋之际蓝藻占主导地位时，淀山湖水体中的 TN：TP 降至 10 以下，水体中氮可能会限制蓝藻的增长；淀山湖可以认为是磷限制的湖泊，氮限制只在夏秋季交替出现。三是系统地提出了淀山湖藻类水华的早期控制预警点和早期预防策略。在充分了解淀山湖藻类增长规律的基础上，提出了藻类水华早期控制思想，设定了淀山湖春季和夏秋季藻类水华早期控制的预警点，建立了淀山湖藻类增长早期监测和预警系统，并提出将磷消减作为淀山湖流域营养物控制的主要策略。四是完成了络氨铜除藻剂对淀山湖藻类控制效果和生态安全评价研究。结果表明，络合铜除藻剂在淀山湖现场实验表现出很好的除藻效果。五是完成了速立（Suly）络合铜除藻剂的研发，并开展了抑藻效果和生态安全评价研究。低浓度的络合铜除藻剂可用于水体藻华的应急处理，并对非目标生物的生态威胁很小。六是针对小型饮用水水源地和水库、小湖泊、城市景观水体和非养殖性池塘等不同富营养化水体，编写了络合铜除藻剂控制有害藻类的技术规范和使用指南，详细规定了络合铜除藻剂控制藻类水华的基本原则、使用浓度、使用频次、最佳投放时机、投放方法。

（3）苏州河水环境综合整治。苏州河又名吴淞江，是黄浦江最大的支流，也是太湖与黄浦江的主要联系水道之一。东起江苏省东太湖瓜泾口，经江苏省苏州地区后曲折东流，横贯上海市青浦、闵行、嘉定、普陀、长宁、静安、闸北、虹口和黄浦区，在外白渡桥附近与黄浦江交汇。苏州河全长 125 km，上海市内长度为 53.1 km。由于历史上以及现在还在延续的原因，苏州河的各种水体功能严重受损，其环境质量恶劣，对于城市形象造成十分不利的影响。为消除苏州河水环境污染，恢复苏州河水体功能，上海市政府于 1996 年对苏州河综合整治作出了重大决策，确定了 2000 年消除苏州河黑臭现象，2010 年年底使苏州河水变清的战略目标。为实现此战略目标，上海市政府已先后实施了苏州河环境整治一期工程（1998—2002）、二期工程（2003—2005）和三期工程（2006—2008），并实施了一系列重大的科研项目提供技术支持。

①苏州河曝气复氧技术与方案研究。该项目是 1997 年苏州河治理关键技术研究项目的子课题之一，由上海市科委、建委和上海市环保局联合下达，目的是通过实验室和现场试验研究苏州河充氧的作用、效果和曝气复氧工程的可行性。

通过实验室试验以及现场中试，对苏州河充氧的作用效果和曝气工程的可行性得出了以下结论：一是苏州河下游水体接纳了过多的污染物，远远超出其自净能力，致使水体的耗氧量大幅超出河道的复氧量，为严重缺氧水体。消除苏州河下游水体黑臭和改善水质的根本措施是削减华漕以下支流对苏州河的污染负荷量。苏州河下游水体黑臭的主要原因是水体处于缺氧状态和水体中存在大量的还原性物质。这些还原性物质在有氧的情况下将被迅速氧化去除，从而消除水体黑臭。实验室试验证明，人工充氧对消除水体黑臭有良好效果，并能削减污染负荷。二是苏州河下游表层底泥处于厌氧状态并影响上复水体水质，在有氧的情况下表层底泥可由厌氧状态转为好氧状态，同时减少对上复水体水质的影响。河道充氧有助于河道生态系统的恢复，虽然中试的充氧量在运行时间内（冬季）尚不能引发河道的好氧微生物的全面恢复，但已在底泥表层形成了一个以兼性菌为主的环境，并具备了好氧菌群刺激生长的潜能。为保证华漕下游河道水体处于有氧状态，必须进行人工充氧。即使在将来苏州河水质得到较大幅度改善的情况下，为达到鱼类生存的最低溶解氧浓度，人工充氧也是必不可少的。三是以苏州河水质和水力条件为基础，研究、计算得出的工程方案能达到预期的工程目标，在工程上是可行的。苏州河曝气复氧工程通过去除污染物的途径改善水质，符合我国的污染治理原则。

该项目的研究成果已应用于苏州河环境综合整治一期工程。经联机检索，该研究成果达到国际先进水平，并获得 2000 年上海市科技进步三等奖。

②苏州河底泥疏浚中试水文水质监测与环境影响研究。苏州河下游段底泥疏浚是苏州河三期工程的重要组成部分。该河段穿越上海市中心区域，居民和市政商业设施密集，由于历史原因，河道底泥量大、垃圾多、污染严重，加之水面狭窄、受潮汐影响明显，因此，底泥疏浚存在很大的不可预见性。疏浚中试是降低环境风险，合理设计疏浚工程，选择有效疏浚工艺的重要手段。

苏州河底泥疏浚中试分 A、B、C 三个区进行，A 区位于真北路桥和大渡河路桥之间，试验抓斗式和绞吸式疏浚工艺；B 区位于强家角人行桥和中山路桥之间，试验反铲式疏浚工艺；C 区位于河南路桥和四川路桥之间，试验组合式疏浚工艺。本研究目的是通过水文监测、水质监测与采样分析、大气监测与采样分析、底泥采样分析、现场噪声监测以及模型研究等手段，全面分析各种疏浚工艺对水环境、区域大气环境和声环境的影响。

研究分为监测方案设计、现场监测与实验分析、模型研究三部分。其中现场监测和实验分析是整个研究的基础，为判断疏浚的环境影响提供实测依据。模型研究以实测数据为基础，通过数学模拟，预测不同疏浚工艺、不同疏浚强度和不同水文条件下，底泥疏浚对苏州河水环境的影响程度，由此提出减少环境影响的措施和建议。

本次研究主要内容包括苏州河底泥疏浚中试现场水文监测、苏州河底泥疏浚中试水质现场监测与采样分析、苏州河底泥疏浚中试底泥采样分析、苏州河底泥疏浚中试大气现场监测与采样分析、苏州河底泥疏浚中试噪声监测、苏州河底泥疏浚中试水环境影响分析、苏州河底泥疏浚中试水环境影响数学模型分析以及苏州河底泥疏浚中试环境监测与影响报告。最终成果是以环境监测与影响报告为主，主要内容是总结疏浚中试的监测结果，分析中试对空气环境、声环境和水环境的影响；在现场监测数据和数学模型分析的基础上，分析不同疏浚工艺对水质的影响，提出减少环境影响的疏浚方案。

③苏州河环境综合整治二期工程环境效益分析。苏州河环境综合整治是上海有史以来规模最大的水环境治理工程，也是上海实现"天更蓝、水更清、地更绿、居更佳"环境建设的标志性工程。通过近几年的突出重点、集中力量加强环境保护和环境建设，圆满完成了第一个"环保三年行动计划"，城市生态环境质量明显改善。苏州河综合整治一期工程全面建成，苏州河干流黑臭基本消除，基本达到了苏州河水要变清的阶段目标。但是苏州河的水质在汛期降雨情况下，由于沿线雨污合流泵站放江的冲击性污染，还存在一定范围内短时间的黑臭，水清不稳定。第二阶段苏州河整治的目标是在基本消除黑臭的基础上，水质要稳定达到景观用水的标准，而且要逐步实现岸绿、景美，并逐步建成苏州河景观

生态走廊。因此，苏州河的综合整治重点已从以水域为主转向水域和陆域并重，整治要求越来越高，实施困难越来越大，不仅要求苏州河水质稳定达标，而且要提升苏州河的综合功能，发挥其综合效益。合流制排水系统雨天溢流的污染控制是一个极其复杂多变的面污染源控制问题，受气象、水文、污水的污染物组成、管道沉积物、下垫面用地性质、管道疏通保养、截留倍数等多种因素的综合影响，要弄清合流制排水系统溢流对苏州河水质的影响以及二期工程的实施效果，不定因素较多且难以定量说明。可见，随着苏州河整治的不断深入，深层次的难点问题越显突出，也越难解决，开展苏州河环境综合整治二期工程效益研究势在必行、非常必要。该项研究必须按照苏州河"水安全、水资源、水环境、水景观"四位一体协调发展的思想，与相关子课题同步研究、互相协调、互为关联、动态耦合，全面系统地对二期各项整治工程的单体效果和综合效果进行科学的定量分析，并进行多方案的技术经济比较，优化二期工程的排序和实施计划，及时为苏州河二期整治工程的建设提供必要的科学依据和有力的技术支持。因此，该课题的立项体现了理论与实际、研究与实用、发展与需求的互动、互进的有机统一，该项研究属于应用基础研究，研究成果将直接为工程实践服务，不仅在学术上具有重要意义和理论价值，而且在实践上具有广泛的实用价值和指导意义。

④苏州河环境整治二期工程规划以截污治污和生态建设为中心，同步推进水环境整治和两岸开发建设。二期工程将通过截污治污、综合调水、底泥疏浚、两岸整治、支流治理五大工程措施，继续改善苏州河干流和支流水质，使干流水质基本稳定达到国家景观水标准。

苏州河环境整治二期截污治污工程，主要是对苏州河上、中、下游地区直排水体的现状污染源进行截污治污。一是苏州河上游地区污水处理系统工程主要内容包括：青浦区华新镇近期拟建规模为 2.00 万 m^3/d，远期拟建规模为 4.00 万 m^3/d 污水处理厂 1 座；青浦白鹤镇近期拟建规模为 1.50 万 m^3/d，远期拟建规模为 3.00 万 m^3/d 污水处理厂 1 座；青浦赵屯镇近期仍利用原有污水处理厂（处理能力 0.50 万 m³/d），远期则废除原污水处理厂，拟新建 1 座规模为 1.5 万 m³/d 的污水处理厂。污水处理工艺均采用生物脱氮除磷工艺。二是苏州河中下游水系截污治污工程主要内容包括：截流现状污染源 992 个，收集直排河道的污水量 4.46 万 m³/d；完善铜川（东、西）云岭西、七宝东四个分流制排水系统的污水收集管，解决该地区 6.57 万 m³/d 的污水出路；建立健全彭浦新村、汶水、三门、江湾（东）、江湾（西）、寿阳 6 个市政排水系统的截流配套设施，截流污水 7.39 万 m³/d；通过新敷截流管措施，解决嘉定南翔、江桥近期 6.79 万 m³/d 的污水。三是苏州河沿岸市政泵站雨天排江量削减工程则通过改造无截流设施泵站、建设南岸截流总管、建设 4 座调蓄池、改造试车放江泵站、改造分流制系统等措施，削减市政泵站雨天放江量。以上三项工程，主要目的是截除工程范围内直排河道水体的污染源。

根据苏州河截污治污二期工程可行性研究报告确定的工程内容，在研究不同流态条件下污染物随流输移和扩散以及不同标准降雨条件下苏州河雨污合流泵站溢流放江水量水质变化规律的基础上，模拟分析工程方案对苏州河及其支流水质的改善效果，在此基础上评价苏州河截污治污二期工程的环境效益，为优化二期工程内容提供科学依据和技术支持。

⑤苏州河水系水环境现状调查分析与评价。水功能类别确定：根据上海市水功能区划、水环境功能区划和有关国标确定其水功能类别。水环境质量评价：资料的基准年定为 2002 年，资料系列考虑 1998—2002 年，全面评价苏州河及其支流水环境质量，确定影响苏州河及其支流水环境质量的主要因子；弄清区域内相关河道水环境质量状况，主要污染物类型、污染程度等，掌握水质时、空变化规律。引水水源地水质评价：对苏州河上游来水和下游河口黄浦江水域的水质进行分析评价，通过评价确定不同时期（包括丰、平、枯）引水水源地水质状况。底泥环境质

量评价：对苏州河底泥环境质量进行评价。

污染源调查与评价。现状污染源调查与评价：通过污染源调查与评价，弄清苏州河水系工业、生活、农业面源、禽畜污染源的分布、位置、排放去向、污水产生量、主要污染物种类、污染物产生量等。截污治污情况的调查：通过对苏州河水系已有的、在建的及规划的污水收集系统及污水处理厂调查，确定不同时期、不同河段的污染源削减情况，并结合相关子课题的研究成果，分析说明不同降雨条件下雨污合流泵站溢流排放的水量水质变化过程。

建立基于 GIS 的污染源、水质、底质、河道断面、水务工程等数据库。

苏州河中上游水质参数及底质参数研究。鉴于苏州河中上游水域没有进行系统的水质参数、底质参数室内模拟试验研究，本项目将根据苏州河的水环境特点及主要污染物类型，在分析机理及影响因素的基础上，采用室内模拟实验与野外监测相结合的方法，对苏州河中上游水域中主要水质参数及底质参数进行定量研究。进一步探讨苏州河及其支流水体中污染物迁移、转化及其自净规律。

设计条件分析。水文条件：根据长系列水文资料，经频率分析得到保证率 95%的最枯月水文过程作为设计水文过程，在优选方案基础上再考虑保证率分别为 75%、50%的平水期、丰水期月水文过程作为校核设计水文过程。内容包括：不同设计标准的潮型分析研究、不同设计标准的降雨分析研究。水质条件：选择现状水质中枯水期、平水期相当的实测水质资料作为边界条件和初始水质条件；水功能区划和水环境功能区划的水质条件作为补充条件。污染源条件：以现状污染源为基础，考虑苏州河环境综合整治二期工程对污染源削减的影响。

⑥河网水量水质模型率定和验证。苏州河环境综合整治二期工程的效果到底如何，必须经过数学模型的模拟计算得出，相关子课题"合流制排水系统雨天溢流的水量水质变化规律研究"、"合流制排水系统雨天

溢流就地调蓄与处理技术研究"的结论，应作为模型模拟计算的输入条件用来进行全面系统的预测分析，因此模型计算分析是本项目的核心，将直接影响研究结论的可靠度、可信度，对水量水质模型预测分析研究，启用两套模型分别由水务院、环科院两家单位进行计算分析，以便相互验证比较，提高模型的预测、预报精度，为二期工程的实施效果分析评价和方案优化提供科学、可靠的依据和保证。

模型相互验证比较。两家单位两个模型采用相同的基础资料分别进行模型的率定和验证，并分别对模型的率定验证结果从参数取值和拟合精度两个方面进行分析比较，以相互验证模型计算的合理性、正确性、可靠性。

苏州河水环境承载能力模型研究。分析二期工程实施后尤其是汛期降雨条件下能否达到苏州河综合整治既定的目标，这是本项研究的关键。为此，在苏州河水系水量水质模型的基础上，要进行苏州河水环境承载能力模型研究，以科学计算苏州河的水环境承载能力，并结合水环境的污染负荷现状，提出合理、可靠的污染物总量控制方案，正确处理好水环境的质量、容量、污染物控制总量三者之间的定量协调关系，为最终提出完整的相应综合整治工程措施优化方案提供科学依据。

苏州河综合整治二期工程环境影响及工程优化研究。预测计算中需考虑苏州河综合整治二期工程措施：提高截流倍数截污措施、雨污合流泵站溢流就地处理措施、清淤措施、综合调水措施等不同情况，进行不同组合方案对苏州河及其支流的水环境影响预测，尤其是要分析研究不同标准降雨条件下二期工程整治前后雨污合流泵站溢流排入苏州河对其水环境质量的影响以及减少溢流量、降低溢流污染物浓度等措施对苏州河水环境的改善效果，并以此为基础，进一步优化苏州河截污治污二期工程方案。

该项目实施后，可为苏州河综合整治二期工程环境效益分析和工程优化提供科学依据和技术支持，由此可产生可观的经济效益。有利于提高人居环境质量，促进旅游开发，使土地增值。

科学定量评估苏州河综合整治二期工程环境效益，对于确保苏州河环境整治二期工程的实施、逐步建成苏州河景观生态走廊具有重要的意义。研究成果对全市乃至全国中小河道的综合整治将起到很好的示范作用，并为之提供科学依据和技术支持；该项研究成果将对上海逐步建成清洁、优美、舒适、人和自然相和谐的世界级城市具有重要作用；对保障上海市社会经济的可持续发展将发挥积极的作用。

（4）黄浦江水环境综合整治

黄浦江突发性水污染事故预警预报与河网水环境决策支持系统研究。黄浦江全长 82 km，既是上海市 80% 的取水来源地，又是交通航运的黄金水道，通航密度大，且运输的货物种类繁多，其中包括大量化学用品甚至危险品。容易发生船舶碰撞或翻沉溢油、有毒有害化学品泄漏等突发性污染事故。一旦这些船只发生意外，不但将造成直接经济损失，威胁全市市民的用水安全；还直接威胁到人民生命与国家财产的安全，严重污染和破坏生态环境，对社会的稳定和可持续发展产生长期的影响。

本课题针对黄浦江上游开放性水源地突发性水污染事故预警和应急处置问题，研究油类、有毒化学品等突发性污染事故排放的有毒有害污染物在水体中的迁移扩散和转化规律，建立黄浦江水污染事故预警数学模型和风险评价体系，制定事故应急处理方案，研发风险控制和预警预报平台，使黄浦江发生溢油、有毒有害化学品泄漏等突发性污染事故后，能迅速预测事故后果，确定最佳的处理方案，将人员和设备配备至最合理的位置，从而在最短的时间内以最小的代价将事故的危害控制在最低的程度，确保黄浦江饮用水和水生态的安全。

主要研究内容：一是调查研究了影响黄浦江上游水源地安全的主要危险源，建立信息系统。普查、统计分析了 1985—2005 年黄浦江发生的突发性污染事故。二是提出了基于"特征时间指数法"的风险应急评估方法并进行实证研究，构建了水源地突发性污染事件的"时序风险评价体系"，重点提出了基于"特征时间指数法"的风险应急评估方法。三是利用风水槽实验研究了黄浦江溢油在潮汐流中的漂移扩散规律。建立了适用于变态水流模型的风场模拟方法，并在此基础上，确定了适用于本实验的相似准则，为黄浦江溢油扩散预警和应急方案制定提供技术依据。四是建立了包含450种常见化学品在环境中迁移转化的参数数据库。五是建立了黄浦江突发性水污染事故预警预报数值模拟系统。六是建立了黄浦江二维水动力、溢油模型、化学品迁移扩散模型。七是形成了黄浦江突发性水污染事故风险控制和预警预报决策支持系统。

系统建设过程中，黄浦江上发生过两次突发性水污染事故，项目组应市环保局要求，利用初建的模拟系统开展了应急模拟，成功地为事故应急处理提供了预测预报服务。另外，本项目开发的预警预报系统成果已提供给上海市海事局用于黄浦江突发性水污染事故管理。

项目建立的黄浦江突发性水污染事故模拟系统已成功地应用于黄浦江化学品泄漏事故模拟，为事故应急处理提供了较好的预测预报服务。本项目建立了一套包含模型参数数据库、风险评价工具、数值模拟系统和应急处理建议方案的黄浦江突发性水污染事故风险控制和预警预报决策支持系统。

（5）水源地环境保护

①上海市饮用水水源地基础环境调查与评估。2008年3月环境保护部下发了《关于印发〈全国饮用水水源地基础环境调查及评估工作方案〉的通知》（环办[2008]28号），要求开展全国饮用水水源地基础环境调查及评估工作。2009年3月，国家环保部下发了《关于印发〈全国典型乡镇饮用水水源地基础环境调查及评估工作方案〉的通知》（环办[2009]27号），要求各省市在开展省市级、区县政府所在城镇的饮用水水源地调查工作的基础上，进一步开展典型乡镇饮用水水源地的基础环境调查及评估工作。根据通知的相关要求，上海市环境保护局认真组织、协调，

积极开展了上海市辖区内典型乡镇饮用水水源地的基础环境调查及评估工作。

本项目按照《全国典型乡镇饮用水水源地基础环境调查及评估工作方案》和技术大纲要求，全面开展上海市典型乡镇饮用水水源地基础环境状况调查和评估，并为全国典型乡镇饮用水水源地基础环境调查及评估工作提供基础资料和数据信息。一是全面开展饮用水水源地及典型乡镇饮用水水源地环境状况调查和评估。全面调查乡镇集中式饮用水水源地基本信息，以环境监测与数据分析为基础，重点开展典型乡镇集中式饮用水水源地基础环境状况调查，建立并完善典型乡镇集中式饮用水水源地基础环境数据库，全面评估典型乡镇集中式饮用水水源地环境禀赋、污染状况、环境监管与环境风险状况。二是完善饮用水水源地及乡镇饮用水水源地环境保护对策建议。综合考虑典型乡镇饮用水的源水、供水、用水特征，统筹考虑区域地表水环境质量、污染源普查和总量减排等相关环境管理工作，全面分析饮用水水源地污染防治、监控预警、宣传教育、环境管理、环境政策等问题，提出乡镇集中式饮用水水源地环境保护对策建议。三是建立上海市饮用水水源地环境状况信息数据库。对上海市城市和城镇集中式饮用水水源地、典型乡镇饮用水水源地环境状况及典型污染源调查数据进行采集、汇总和分析整理，初步建立上海市集中式饮用水水源地环境基础信息数据库。四是开展上海市饮用水水源地环境管理对策研究。在城镇和典型乡镇饮用水水源地基础环境调查与评估的基础上，开展不同类型饮用水水源地污染防治对策研究，制定并完善集中式饮用水水源地环境管理体系、环境政策体系和技术保障体系，研究制定饮用水水源地监控预警方案、信息平台方案和宣传教育方案，提高水源地水质安全保障能力。

本项目于 2008 年 10 月 17 日和 2009 年 9 月通过国家环境保护部、环境保护部环境规划院验收。研究成果包括：上海市饮用水水源地及典型乡镇饮用水水源地基础环境调查及评估报告；上海市饮用水水源地及典型乡镇饮用水水源地基础环境信息数据库；上海市饮用水水源地及典型乡镇饮用水水源地基础环境信息图集。

②上海市饮用水水源地风险源调查。为掌握上海市饮用水水源地（取水口）基本情况和安全保障工作，进行饮用水水源的基础环境和环境风险调查有重要的意义。上海市一直将饮水安全作为环境保护工作的重中之重。为进一步加强水源地风险控制，市环保局组织开展了水源地（取水口）周边区域风险源的排查工作，旨在全面摸清上海市在用水源地（取水口）周边的风险源状况，建立风险源名录，根据不同的风险程度提出相应的处置对策；在此基础上，结合水源地水质状况和监管状况，对水源地（取水口）的状况进行评估，为水源地（取水口）的调整提供依据。

2009年3月，国家环保部下发了《关于进一步加强饮用水水源安全保障工作的通知》，要求加强辖区饮用水水源安全风险隐患排查。市环保局在2008年年底已组织开展相关调查与评估工作，对可能影响饮水安全的化工、医药、印染、电镀、仓储以及污染治理设施等重点行业企业进行了排查，建立了风险源名录，从源头控制隐患。

2009年3月，国家环保部下发《关于印发全国典型乡镇饮用水水源地基础环境调查及评估工作方案的通知》（环办[2009]27号），全国典型乡镇饮用水水源地基础环境调查及评估工作全面展开。市环保局根据通知的相关要求，组织开展了上海市典型乡镇饮用水水源地基础环境调查及评估。

本工作报告主要总结了自2008年起开展的全市饮用水水源地和水厂的调查工作情况、水源地风险调查与评估的工作情况。在工作过程中，有关市级和区级水源地的调查结果已上报至国家环保部（2008年10月），有关典型乡镇水源地的调查结果也将上报至国家环保部（拟在2009年9月底）；有关水源地风险调查和评估结果以及风险企业处理处置建议已应用于市环保局管理工作中。

项目完成了上海市饮用水水源地调查与风险评估报告及图集，建立上海市饮用水水源地风险企业信息数据库。

③黄浦江上游规划水源湖水质保护研究。黄浦江是太湖流域下游的重要径流通道，也是上海市重要的水源地，同时具有防洪、供水、排水、引水、航运等多种功能。自 20 世纪 80 年代以来，黄浦江上游水域逐步成为上海取水规模最大的集中式饮用水水源地。在黄浦江上游主干河道原水系统供水规模为 612 万 m^3/d，其中黄浦江上游引水工程供水规模为 500 万 m^3/d，闵行水厂取水口供水规模为 67 万 m^3/d，松江斜塘及青浦太浦河引水工程供水规模为 45 万 m^3/d。长江口南岸陈行水库及墅沟水库原水工程系统供水规模为 156 万 m^3/d，其中陈行水库引水工程供水规模为 130 万 m^3/d，墅沟水库引水工程供水规模为 26 万 m^3/d。黄浦江上游干流及其主要支流上取水的系统设计规模约占上海市集中原水供应量的 80%，其主要供水范围是上海中心城区及西部郊区，总供水人口约 1 000 万人。

由于黄浦江地处太湖流域下游，为开放式、流动性和多功能水域，随着区域经济社会的发展，黄浦江上游原水水质不稳定，水质总体评价为Ⅲ～Ⅳ类，有时为Ⅴ类甚至劣于Ⅴ类。近年来实测资料表明，上游水质无明显改善，部分时段有恶化趋向；同时，随着航运的发展，船舶运输突发污染事件频发，严重影响上海市城市供水安全，水源地安全形势十分严峻。国际经验和陈行水库 10 年来的运行经验表明，水库具有"选择、稳定、自净"水体的功能。考虑到黄浦江上游受流域影响及上海建设国际航运中心的需要，水量及水质不稳定的因素将长期存在，因此战略上需要通过建设水库群，从不稳定的水源直接取水转变到稳定的水库群蓄水和供水，以提高原水供应的安全可靠性。

为提高上海市供水安全保障程度，上海市有关部门组织开展了黄浦江上游水源地保护工程规划研究工作，黄浦江上游水源库水质保护研究课题是黄浦江上游水源地保护工程规划研究的一部分。

黄浦江和太浦河水文、水质情况复杂多变，影响因素众多，既受下游潮汐影响，又受太湖、淀山湖来水以及沿岸大小支流排水（引水）的影响。此外，内河航运带来的突发性污染事故也是不可忽视的影响因素。

研究通过对黄浦江上游关键控制断面（水源地规划取水口选址断面、上游省界断面）水质现状评价、历年变化趋势分析和黄浦江上游水源保护区的污染源调查、突发性污染事故的调查和风险分析，研究和分析黄浦江上游水系的主要水环境问题及其污染成因；针对黄浦江上游集中式饮用水水源地的水质特点和要求，研究并提出兼顾水源库应对突发性污染事故、防止水库水体富营养化和改善水库常规有机污染指标的水库最佳水力停留时间，为黄浦江上游水源地保护工程规划提供水库设计的关键技术参数；进而针对水源地的水质要求提出黄浦江上游水源地（湖）的环境保护方案和突发性污染事故应急防范措施。

主要研究内容包括：一是黄浦江上游水质现状评价和趋势分析（包括常规指标和微量有机物）；二是黄浦江上游水源保护区排污总量调查和污染成因分析；三是黄浦江突发性污染事故调查和风险分析；四是黄浦江干流二维模型、上海市河网一维模型研究以及确定应对突发性污染事故的最大不可取水天数；五是黄浦江中上游干流及其主要流关键水质参数试验研究、成果调研；六是上游水源库富营养化趋势宏观预测分析和最佳水力停留时间研究；七是提出上游水源地（湖）的环保方案和突发性污染事故应急防范措施。

主要研究成果：一是太浦河和松浦大桥常规水质指标评价和分析。太浦河主要超标指标有五日生化需氧量、高锰酸盐指数、氨氮、总磷，其中氨氮污染较为严重。黄浦江松浦大桥断面主要超标指标有化学需氧量、高锰酸盐指数、氨氮、总磷、石油类和溶解氧等，氨氮、总磷超标较为严重。太浦河和松浦大桥的水质季节变化总体较为明显，氨氮、总氮、硝酸盐、溶解氧、五日生化需氧量等指标冬季明显高于夏季，总磷夏季明显高于冬季。太浦河在"十五"和"九五"期间水质基本保持稳定，年变化相对较小（水质综合指数在 1.0～1.5 之间变化），总体水质为污染水平，2004 年以后 BOD$_5$、NH$_3$-N 等指标呈明显上升趋势。黄浦江干流水质"十五"相对于"九五"有所改善，其中"十五"后期水质相对稳定；"十五"期间松浦大桥断面水质有所改善，但总体水质为污染水平。二是太浦河和松浦大桥微量有机物指标评价。太浦河北蔡大桥断面测出二氯甲烷、三氯甲烷、1,2-二氯乙烷、邻苯二甲酸二（2-乙基己基）酯、乐果和甲基对硫磷，但均未超标。在松浦大桥断面检出了邻苯二甲酸二丁酯、邻苯二甲酸二（2-乙基己基）酯、二嗪农（浓度为 0.11 μg/L）、总有机氯农药（平均值为 0.09 μg/L），含量水平均低于标准限值。说明黄浦江上游饮用水水源地已受到一定程度上的微量有机物污染威胁，但总体上污染风险较低。三是黄浦江上游保护区污染物排放负荷调查和污染成因分析。黄浦江上游入（上海）境的主要污染物通量所占比重（74%～90%）已远远超过水源保护区内的所有工业企业等直排点源和农业面源的总和。水源保护区内农业面源和农村分散生活污染负荷所占比重已大大超过工业企业等直排点源负荷 1.5～6 倍不等。上游跨界来水水质不达标和上游保护区内的农业面源、农村生活污染和航运油污染是造成上游水源保护区内部分河流水质污染的主要原因。四是黄浦江上游突发性污染事故风险分析和最大不可取水天数。根据对黄浦江突发性污染事故调查、风险源识别和船舶泄漏事故的风险分析，船舶燃料油泄漏是黄浦江干流最为主导的突发性污染风险事件，吴泾地区等易发江段为"高风险区域"，最大泄漏量 200 t。利用黄浦江干流二维溢油模型和太浦河一维水质模型，确定松江水源库和青浦水源库应对突发性污染事故的最大不可取水天数分别为 6 天和 5 天。五是黄浦江上游水源库水质的宏观预测分析和最佳水力停留时间。黄浦江上游来水溶解态、小分子有机物浓度超标，可能由此带来的水厂"三致"性氯化消毒副产物风险、水厂处理工艺的运行困难和运行高成本等问题；黄浦江上游来水氮、磷营养盐浓度过高可能带来水库富营养化风险，可能由此直接引起藻类暴发、水体微囊藻毒素浓度增加；藻类生长引起水库水体腐殖酸浓度增加,大大增大了水厂加氯消毒过程产生三氯甲烷的风险。六是黄浦江上游水源湖水质保护方案和措施。依法划分水源保护区,加强土地利用开发控制和产业结构调整力度,积极引入水源地补偿机制和产业引导扶持政策;加快黄浦江上游污水处理厂和污水收集系统建设,提高污水收集率和处理率;建立河流水系的滨岸缓冲带,加强农业面源污染的控制和削减;协调黄浦江上游水资源保护中的省界关系,建立和实施太浦河泵闸常规和应急调度方案和机制,保证太浦河来水水量和水质,应对突发性污染事故。

④黄浦江上游水源地水源安全保障研究。黄浦江是太湖流域下游的重要径流通道,也是上海市重要的水源地,同时具有防洪、供水、排水、引水、航运等多种功能。自20世纪80年代以来,黄浦江上游水域逐步成为上海取水规模最大的集中式饮用水水源地。黄浦江上游水源地河网密布,闸门众多,水流和水质条件复杂多变,同时干流沿岸码头林立,航运繁忙,给水源地水质安全带来很大的风险,也给水质预警监测和预警预报带来很大困难。

因此,亟待开展黄浦江上游水源地的水质预警监测方案、水质预警模型和风险评估等方面研究,提出黄浦江上游水源地水质预警监测网络规划和建设方案,建立基于 Web-GIS 的水质预警预报模型系统,建立黄浦江上游水源地风险源评估指标和水源地综合评估指标,提出世博期间上游水源保护区内的风险控制对策,为水源地水质安全保障提供技术手段和管理支撑。

2008 年,黄浦江上游水源地取水规模为 622 万 m^3/d,该课题的研究成果将对黄浦江上游饮用水水源的近期保护和远期规划起到关键支撑作用,该项研究构建了适用于开放式水源地的水质安全保障技术体系,为黄浦江上游水源地水环境风险管理和水质安全保障提供了技术手段和模型系统,可以为我国类似水源地的水质预警和饮用水安全保障提供技术支持和有益借鉴。

　　研究内容及主要成果：一是黄浦江上游水源地水质评价和分析。松浦大桥水源地及上游来水的主要超标污染物为氨氮和总磷。松浦大桥水源地的综合水质有恶化趋势，1999—2008 年，综合水质指数从 0.89 上升至 1.20，上升 34.4%。7 个上游来水控制断面的综合水质均有恶化趋势，其中太浦河、大蒸港、胥浦塘和圆泄泾来水的水质恶化趋势显著，综合水质指数分别上升 62.5%、79.5%、47.2% 和 17.3%；2008 年，7 条来水的综合水质均有明显改善。2008 年，松浦大桥水源地综合水质指数为 1.20，达到轻度污染水平。上游来水的综合水质指数为 0.72～2.10，其中胥浦塘来水综合水质明显劣于松浦大桥，达到中度污染水平；大蒸港、急水港、大泖港和圆泄泾来水综合水质与松浦大桥水源地基本相当；太浦河和大朱厍来水综合水质优于松浦大桥水源地，为良好水质。松浦大桥的化学需氧量通量在 15.5 万～29.4 万 t/a 之间，五日生化需氧量通量在 2.4 万～5.7 万 t/a 之间，氨氮通量在 9 027～24 178 t/a 之间，总磷通量在 2 548～3 903 t/a 之间，近年来上升期趋势明显。太浦河北蔡大桥断面测出二氯甲烷、三氯甲烷、1,2-二氯乙烷、邻苯二甲酸二（2-乙基己基）酯、乐果和甲基对硫磷，但均未超标。在松浦大桥断面检出了邻苯二甲酸二丁酯、邻苯二甲酸二（2-乙基己基）酯、二嗪农（浓度为 0.11 μg/L）、总有机氯农药（平均值为 0.09 μg/L/升），含量水平均低于标准限值。说明黄浦江上游饮用水源地已受到一定程度的微量有机物污染威胁，但总体上污染风险较低。二是黄浦江上游保护区污染物排放负荷调查和污染成因分析。黄浦江上游入（上海）境的主要污染物通量所占比重（74%～90%）已远远超过水源保护区内的所有工业企业等直排点源和农业面源的总和。水源保护区内农业面源和农村分散生活污染负荷所占比重已大大超过工业企业等直排点源负荷 1.5～6 倍不等。上游跨界来水水质不达标和上游保护区内的农业面源、农村生活污染和航运油污染是造成上游水源保护区内部分河流水质污染的主要原因。三是黄浦江上游水源地和企业风险评估结论。黄浦江上游保护区内的高风险取水口有 13 个，中风险取水口 8 个，低风险取水口为 4 个。随着供水集约化工作的推进以及水源地风险管理要求的落实，截至 2010 年 8 月，已有 3 个取水口（鲁汇水厂取水口、金山枫泾镇兴塔取水口、奉贤区金汇自来水厂）进行了关闭或归并。黄浦江上游保护区内高风险企业共计 104 家，占总量的 20.2%；低风险企业共 103 家，占总量的 20.2%；其余为中风险企业共计 306 家，占总量的 59.6%。除区县建议搬迁关闭的高风险企业 17 个外，另有建议限期整改的高风险企业 23 家。限期整改的高风险企业闵行区有 14 个，青浦区 6 个，松江区 3 个。四是开发基于 Web-GIS 的黄浦江上游水源地突发事故预警系统。研究基于 OilMap 和 ChemMap 模型，开发了基于 Web-GIS 的黄浦江上游水源地突发事故预警系统，预警模型范围从原来的黄浦江干流向上扩展到拦路港等支流和淀山湖湖区，实现了基于 Web-GIS 的黄浦江上游主要水源地突发泄漏事故预警预报。五是利用 ECO LAB 开发黄浦江上游河网突发泄漏事故预警模型。为满足黄浦江上游河网突发事故预警的需要，利用 MIKE 的 ECO LAB 模板，设计典型微量有机污染物的水体及底泥中的迁移转化过程，包括吸附、解吸附、生物降解、蒸发、水解、光解等过程，利用 MIKE11 建立了黄浦江上游河网水动力水质模型，实现了黄浦江上游河网地区常规污染物和微量有机物泄漏事故的风险预测和分析。六是制定黄浦江上游水源地水质预警监测方案。研究建议黄浦江上游饮用水水源地在线预警监测因子：水温、pH、DO、电导率，浊度；COD_{Cr}、TOC；氨氮、总磷、总氮；叶绿素 a；石油类，挥发酚；流量。采取常规手工监测和自动监测相结合的方法构建黄浦江上游水源地安全预警系统，并设置水质预警监测中心，对上游来水和水源地实施预警监测。建议设置 17 个常规监测断面，包括淀山湖急水港桥、淀山湖大朱库港、太浦河太浦河桥、大蒸港和尚泾桥、胥浦塘东新镇轮渡、枫泾塘枫围大桥、黄良河枫泾水厂进水口、面丈港兴塔镇面丈港桥、六里塘中丰村横码头、惠高泾廊下镇、黄姑塘金卫镇扶王埭 11 个上游来水监测断面，拦路港淀峰、圆泄泾斜塘口、大泖港横潦泾、油墩港塔闵公路桥、紫石泾叶新公路桥、叶榭塘叶新公路桥6个主要支流监测断面，以满足监测水量达到黄浦江上游来水的90%以上的目标。建议在黄浦江松浦大桥、淀山湖大朱库、淀山湖急水港、太浦河太浦河桥、大蒸港和尚泾桥、胥浦塘东新镇轮渡、圆泄泾斜塘口、拦路港淀峰、大泖港横潦9个断面建设（或改建）水质自动监测站，构建较为完善的水质自动监测网络。七是比选黄浦江上游水源湖规划方案优缺点。研究比选了东太湖引水方案、太浦河金泽水库方案、长江口水库方案。东太湖整体水质为Ⅱ～Ⅲ类，水质相对较好，为轻度富营养，优于太湖其他水域和黄浦江上游水域。东太湖引水方案的环境风险在于近期水质的不稳定性和远期水质的不确定性。一旦确定该方案，取消黄浦江上游水源保护区，黄浦江干流将彻底沦为太湖流域下游最大的泄洪和排污河道，从长远看对黄浦江上游片区乃至全市地表水水质的持续改善产生不利影响。该方案工程建设费用和水资源补偿费用较高，还面临跨省水资源费制、生态补偿机制等难题。上海市为此每年向江苏省支付的水资源购置和补偿费用将可能高达数十亿元。

近年来，太浦河入上海青浦段水质，除氨氮、总磷等个别指标外，其他指标均达到地表水Ⅲ类水标准，该河段水质好于黄浦江干流和其他支流来水。太浦河金泽水源建设方案主要面临以下环境风险：一是河流运输船舶的突发泄漏事故风险；二是太浦河上游来水水质超标风险；三是水源库水体富营养化风险。水源库合理设计和优化调度可以有效防范突发船舶泄漏事故和上游来水污水团风险。在太浦河金泽附近河段发生突发船舶溢油和化学品泄漏事故时，水源库最大不可取水天数约为5天，因此水库设计水力停留时间大于5天以上即可规避突发泄漏事故风险。水源库自净能力可使库区氨氮、总磷等污染物得到有效降解并基本达到地表水Ⅲ类水水质，可缓解上游来水水质超标风险。通过水力停留时间和库型优化设计，可有效避免水源库暴发大面积蓝藻水华风险。长江口江心水质整体优良,大部分水域符合Ⅰ~Ⅱ类水质标准,少部分水域氨氮、总磷等个别指标出现Ⅲ类和Ⅳ类水质,为上海境内水质最为优良水体。

建设长江口水库主要面临的环境风险在于:一是长江口北支盐水倒灌的影响;二是长江口南岸近岸污水排放的影响;三是长江口船舶突发泄漏事件的影响;四是水源库封闭蓄水后的富营养化风险。建设江心水库可有效规避南岸排污口对水源地水质风险。建设长江口水库链,合理设计、联合调度可有效防范长江口突发事故和咸潮入侵风险。通过水力停留时间、库型优化设计以及水库优化调度运行,可以有效防范咸潮入侵风险并避免水江心水源库暴发大面积蓝藻水华风险。提出黄浦江上游水源湖水质保护方案和措施。依法划分水源保护区,加强土地利用开发控制和产业结构调整力度,积极引入水源地补偿机制和产业引导扶持政策;加快黄浦江上游污水处理厂和污水收集系统建设,提高污水收集率和处理率;建立河流水系的滨岸缓冲带,加强农业面源污染的控制和削减;协调黄浦江上游水资源保护中的省界关系,建立和实施太浦河泵闸常规和应急调度方案和机制,保证太浦河来水水量和水质,应对突发性污染事故。

⑤青草沙水源地污染通量与控制

总体目标:研究长江口潮汐河口水源地水质与污染通量的响应关系,揭示水源地水质与潮汐河口水流运动、污染源及排放方式等之间的影响规律,明确水源地水质主要影响因素,提出污染源及排放控制要求,确定青草沙水源地保护区范围,形成潮汐河口水源地保护区的划分技术方法体系,填补潮汐河口水源地保护区的划分技术方法的空白。

研究内容:一是饮用水水源地环境管理状况调查评估。二是国外饮用水水源保护管理制度调研。三是收集调研国外饮用水水源地环境管理状况,包括管理措施、法律法规要求、管理发展过程等情况。四是我国饮用水水源保护管理制度调研。政府部门综合考核机制、污染责任追究和经济补偿制度、多部门协调制度、信息发布制度、预警与应急反应制度等。五是国内外饮用水水源保护管理制度比较研究。在国内外水源地保护管理制度调研的基础上，综合分析我国与国外发达国家在饮用水水源地保护方面所开展的相关工作，寻求国外的有效经验，为完善上海饮用水水源保护管理制度提供借鉴。六是长江口饮用水水源地环境管理状况评价。评估长江口的环境管理状况，包括现有法规及其执行情况、预警与应急系统建设，已实施的水源保护和污染防治措施及其效果、行政管理、信息发布等。分析识别当前拟重点解决的主要问题，寻求有利于解决青草沙水源地管理中相关问题的技术、方法和发展方向。七是青草沙水源地水质变化规律及主要影响因素研究。通过历史资料的对比，明确青草沙水源地存在的主要水环境质量问题（包括现有和潜在的）、需要控制的主要水质指标及其变化趋势。水质调查方式：本课题以历史资料收集、调研为主，充分利用现有资料，同时辅以必要的现场监测进行补充完善。八是青草沙饮用水水源地水质调查与评价。饮用水水源地水质调查与评价项目包括《地表水环境质量标准》（GB 3838—2002）表 1和表 2 中的所有 29 个项目和表 3 中的部分有毒有机物项目。饮用水水源地水质评价标准采用《地表水环境质量标准》（GB 3838—2002）。评价方法采用单项标准指数法确定水源地水质类别。按汛期、非汛期和年度平均分别统计，并以 II 类地表水标准值为界限，给出是否超标、主要超标物及其超标倍数等。九是长江口水源地的历史水质资料趋势分析。此次研究将利用大量的历史实测资料，对长江口水源地水质变化做趋势分析。水质序列的长短对趋势分析有很大影响，由于水质数据具有很强的随机性，序列过长或过短都会影响趋势分析的准确性，使用过长的历史资料会掩蔽目前的趋势，使用过短的历史资料，往往又不能确定趋势，为保证趋势分析的可靠性，本次分析选用 1995—2005 年的水质序列。十是不同水文条件下长江口水源地的水质分析。河流流量具有一年一度的周期性变化，河流水质组分浓度受流量的周期性变化影响很大。本专题将采用季节性肯达尔检验方法，开展不同水文条件下长江口水源地的水质分析，以适应水质数据的非正态分布，避免季节性的影响。十一是水源地水质变化趋势预测分析。运用季节性肯达尔检验的斜率估计方法对水质变化进行趋势分析。十二是主要控制指标分析研究。长江口水源地作为全市的重要水源地，其水质监测和监控因子不应仅局限于常规的污染因子如化学需氧量、五日生化需氧量、氨氮等，还应扩展到其他对人体有毒有害的特殊因子，如重金属、微量有机污染物、生物指标等。本课题从保障全市人民饮水安全、提高人民生活质量的高度出发，筛选长江口水源地优先控制指标。十三是长江口陆源污染通量影响调查分析研究。以 2005 年为基准年，全面分析影响长江口青草沙水源地的主要水环境污染源，确定主要污染因子和重点控制指标的来源和污染源排放分担率。预测"十一五"期间青草沙水源地污染负荷量变化，以及上游污染负荷对青草沙水源地的影响。十四是长江口水质净化关键参数研究。十五是长江口污染物离散系数。潮汐河流水质数学模型中的污染物离散系数（大气复氧速率（K_2）、BOD 降解速率（K_d）、COD 降解速率）与时间和空间有关。本研究将根据长江口污染物的移流扩散特征，确定研究离散系数的合适方法。十六是长江口水质数学模型、溢油和化学品事故排放预报模型。研究建立长江口水动力、水质数学模型和突发性污染事故排放数学模型，确定污染源与青草沙水源地水质定量响应关系，为水源地保护提供决策支持工具。十七是长江口水动力模型研究。包括模型范围、率定和验证、流场特征分析等。十八是长江口水质模型研究。包括模拟指标、水质过程、参数率定验证、长江口水质变化趋势和空间分布特征模拟、染源与水源地水质的定量响应关系的确定等。十九是长江口突发性污染事故预测模型研究。研究建立《地表水环境质量标准》（GB 3838—2002）中有毒有害物质和油品在水体中的迁移转化的特征数据库，利用 ChemMap 和 OilMap 建立长江口青草沙水域突发性污染事故预测模型，并结合长江口流场特点、污染特征和青草沙水库调度运行方式，确定长江口青草沙水源一级保护区范围。二十是青草沙水源地与保护区范围划分。以《中华人民共和国水污染防治法》和《饮用水水源保护区污染防治管理规定》为主要依据，开展长江口青草沙饮用水水源保护区划分工作。针对长江口水污染特点和青草沙水库运行调度方式，结合长江口综合整治规划和区域发展规划，考虑长江口咸潮入侵特性和上游重大水利工程对长江口的影响，研究确定青草沙水源地各级保护区范围。二十一是编绘长江口青草沙饮用水水源保护区图（地图比尺 1：10 000）。二十二是潮汐河口水源地保护区划分技术方法和导则。二十三是青草沙水源地水污染控制对策和环保规划方案等。根据长江口水环境功能区划，结合青草沙水源地保护区划分范围和控制水质指标，综合考虑长江口综合整治规划和区域发展规划等，研究提出水源地保护的工程措施和非工程措施，具体包括：外部污染源及排放控制要求、库内水质防护工程体系；区域产业调整、水域管理和水库运行调度管理要求等。

主要成果：一是本课题针对河口流场和污染物时空分布特征，研究并制定河口水源地保护区范围划分技术方法和技术导则，形成潮汐河口水源地保护区的划分技术方法体系，可为其他区域类似水源地保护范围的划定提供有益借鉴和参考。二是本研究课题可为市政府划分青草沙水源地保护区以及市人大制定相关的水环境保护条例提供有力的技术支撑。三是青草沙水源地建成后，受益人口超过 1 000 万人，优质的饮用水水源对人民的生命健康起到积极作用，社会效益明显，为城市可持续发展创造有利条件。四是本课题的主要技术风险为远期污染负荷的不确定性。因此，本课题将加强污染源的不确定性分析，充分利用现有资料和研究成果，开展必要的基础研究，加强模型率定和验证，提高成果质量，控制风险。

⑥水库型水源地多目标水质优化调控技术研究。以上海青草沙水源地为研究对象，以国家最新颁布的水源水质和饮用水标准为水质目标，采用日最大负荷量（TMDL）方法，研发 GIS 支持下的多种综合评估分

析工具和水质管理决策支持关键技术，初步形成水库型水源地多目标水质优化调控技术，为上海青草沙乃至我国水源地水质保护提供新模式和技术平台。

主要研究内容：一是青草沙水源地水质的关键污染物筛选、源识别和污染负荷监测技术研究。青草沙水源地水质特定项目水质补充监测和评价：将系统收集整理长江口、青草沙水源地历史水文水质资料，补充监测水源地水质标准中确定的特定项目；以国家最新颁布的水源水质和饮用水标准为水质目标，对青草沙水源地水质进行现状评价和分析。青草沙水源地水质的关键污染物筛选和污染负荷监测技术研究：提出污染物筛选方法和原则，针对青草沙进行特征污染物筛选；研究感潮河流断面污染物通量监测技术方法，进行长江口上游来水断面（徐六泾）和主要入江支流（如黄浦江等）控制断面的污染物通量监测，为长江口水质模型提供准确的污染物负荷输入。水质模型库的建立和筛选：研究将系统收集世界上较为先进的和应用广泛的水文、水动力、水质模型，建立水环境模型库，形成功能较强的水质管理模型库和比选、筛选系统；建立水质模型筛选的标准和步骤，选择体现长江口水域和水库型水源地水环境背景特征以及水环境管理决策特点的水质模型。二是长江口流场、盐度、泥沙数学模型研究。研究建立长江口水动力、盐度、温度、泥沙数学模型，模拟长江口的流场、盐度场、温度场、悬沙场的时空变化特征，为水质、生态数学模型提供水文输入条件。三是长江口水质（重金属、常规水环境污染物以及富营养化）模型研究。通过建立长江口水质模型（包括参数估算和率定），模拟长江口的流场特征和水质浓度场的时空变化规律，研究陆域污染源对青草沙水域水质和生态的影响，建立陆域污染源与水质浓度场的响应关系，为保障水源地水质提供科学依据。长江口常规污染物模型。根据专题一的指标和模型筛选结果，选择水质模型并模拟长江口特征耗氧性有机污染指标的迁移转化和浓度场分布规律的模拟预测，确定长江口常规耗氧性有机污染负荷与青草沙水源地水质目标的响应关系。长江口富营养化模型。根据专题一的指标和模型筛选结果，选择富营养化模型并模拟长江口氮、磷等营养盐的时空变化特征，预测评价水体富营养化趋势，确定氮、磷等营养盐输入与长江口水体富营养化程度的响应关系。长江口毒物模型。根据指标和模型筛选结果，选择毒物模型并模拟长江口特征污染物重金属和难降解有毒有害污染物的时空变化特征，确定长江口重金属或微量有机污染负荷与青草沙水源地水质目标的响应关系。大气干湿沉降数学模型。建立研究区域的大气干湿沉降数学模型，为水质模型提供大气污染源输入条件。四是长江口突发性水污染事故（溢油、化学品）预警预报模型技术研究。影响青草沙水源地安全的主要危险源调查与识别。普查长江口运输的主要化学品以及沿江散货码头主要化学品种类、沿长江口主要排污口及排污源和源强，研究风险控制措施；溢油、有毒化学品等污染物在水体中的迁移扩散和转化研究，确定主要化学品的迁移和转化规律，为长江口溢油、化学品的漂移扩散模型提供准确的参数；溢油、有毒化学品迁移、扩散与转化模型研究，建立长江口溢油和化学品数值模型，模拟溶解性或颗粒状污染物在水体中的对流、扩散、迁移、沉降和降解；青草沙水源地水污染事故应急方案研究，针对不同种类的污染物、事故形式与规模、事故地点、事故发生时的水文气象情况等条件，对溢油、化学品等事故排放污染物的应急处理处置方案进行研究；突发性水污染事故风险管理与评估信息系统，实现各类危险源的属性模糊查询、空间查询、统计、源强计算分析、报表和网络发布等功能，并具有更新、扩充等管理功能；青草沙水库型水源地保护范围划分技术研究，针对长江口水污染特点和青草沙水库运行调度方式，运用长江口水动力模型和突发性污染事故预测模型技术划分青草沙水源保护范围，进而提出潮汐河口水源地划分技术规范。五是青草沙水库生态动力学模型（富营养化）技术研究。水库水流数值模型研究，考虑风速、阳光、温度、水库调度方案等因素，模拟预测水库流场特征；水库常规污染物模型研究，考虑风速、阳光、温度、水库调度方案等因素，模拟预测水库常规有机污染物的迁移转化和浓度场分布规律；水库生态动力学模型研究，考虑大气污染物干湿沉降以及底泥污染物释放通量对水库水体的影响，建立多参数、多介质耦合的生态动力学模型，模拟污染物（氮、磷、有机物）的输入、排出和转化动力学，溶解氧、营养物质和浮游植物、浮游生物动态变化，磷循环、氮循环和溶解氧平衡，水体流动特性等对富营养化的影响，微生物、浮游植物的生长、死亡动力学，浮游植物沉积以及浓度分布，同时考虑风速、阳光、温度等环境因子对系统的影响，预测评价水体富营养化趋势。六是青草沙水源地水质关键污染物最大日负荷量研究。水库型水源地最大日负荷量计划的技术方法研究：针对水库型水源地的水文、水质特点，研究并提出满足水源地水质目标的特征污染物的最大日负荷量计划的技术方法。青草沙水域最大日负荷量计划研究：计算青草沙水库型水源地特征污染物的最大日负荷量，将可分配的污染负荷分配到各个污染源（包括点源和非点源），提出保证目标水体达标的针对性污染控制措施。七是青草沙水源地水质多目标风险管理综合技术集成与示范。建立一个功能齐全，运行可靠，使用方便的青草沙水源地水质多目标风险管理综合技术集成决策支持系统（DSS）并示范应用，充分体现利用水环境决策支持系统实现水环境管理和水污染控制的动态化、定量化、科学化和现代化。建立基于 GIS 的长江口水环境基础数据库：包括点源、面源、水质、相关陆域土地利用、水文、气象、社会经济等。建立水库型水源地模型库管理系统：包括水库生态动力学模型，长江口及青草沙水域水文模型、水质数学模型（包括常规污染物、富营养化、毒物），基于网络地理信息系统（Web-GIS）的突发水污染事故预测预报模型，关键污染物最大日负荷总量分配计算模型等。系统集成与综合示范：建立以 GIS 为基础信息平台、数学模型为核心工具、集成水源地突发性污染事故预警预报技术、水库型水源地保护区划分技术、水库富营养化预测技术、多类型特征污染物日最大负荷量计算和分配技术等多种技术的水库型水源地水质多目标风险管理决策支持系统（DSS），并在上海市青草沙水库型水源地实现示范应用。

主要研究成果：一是近年来长江口水质监测结果表明，青草沙水域水质总体良好，主要水质指标满足国家《地表水环境质量标准》II类标准，主要超标指标为石油类、总磷和挥发酚；重金属含量都较低，铅为II类，锌、铜和汞均为I类；硝酸盐指标达标。此外，对青草沙水源地规划取水口的特定项目的补充监测中，挥发性有机化合物、有机磷农药和PCBs等指标均未检出，满足水源地特定项目标准限值的要求。青草沙水源地主要特征污染物为氨氮、总磷和石油类等。二是船舶泄漏、咸潮入侵和湖库富营养化是威胁长江口水源地水质的主要风险之一。运输危险品有机物占了大多数，包括油品、醇、酸、酮、醛、酯和芳香烃等，以及部分酸类物质。研究确定pH、石油类、TOC等指标作为长江口水源地的突发事故预警因子。三是施工期完全封闭条件下，库区水体中硝酸盐和氯化物均达标；溶解氧稳定达到I类水标准，氨氮基本达到I类水标准，高锰酸盐指数基本等达到II类标准；超标最严重的因子是总氮和总磷，在监测初期分别为V类和IV类水，库区水体的氮磷条件已达到富营养水平，具备了藻类暴发所需的必要营养条件。库区水体具有一定自净能力，监测期间，氨氮、总氮、硝酸盐和总磷都出现一定程度的下降；库区水体总氮从V类上升到II类，总磷从IV类上升到III类。施工期完全封闭条件下，库区富营养化状态评估在中营养到富营养（或中—富营养）之间，监测期间，冬季和初春以硅甲藻为优势种，春夏季以绿藻为优势种，7月、8月、9月蓝藻则逐渐占优势。库区水体的营养状态总体呈恶化趋势，有发生藻类水华的风险。总氮、总磷作为库区的主要污染物控制因子。四是研究建立长江口泄漏化学品、油品物化性质数据库和典型流场数据库，研发河口水库型水源地突发性水污染事故预警预报模式，提出了河口水库型水源地保护区划分技术方法，划分了青草沙水源地保护区范围，为水源地突发性水污染事故预警预报提供了技术平台和决策工具。五是基于长江口突发事故模型研究成果和现有水质监测系统尤其是盐水入侵遥测系统，研究提出在浏河断面、水库库首和库尾断面增设 7 个常规监测站位，在南门港、库首和长江大桥断面建设 6 个水质预警自动监测站。六是水力停留时间是控制青草沙水库藻类水华的关键控制因子，利用藻类生长模型确定防止藻类过度繁殖的水库合理停留时间：为满足非咸潮期（每年 5—9 月）防治青草沙水库发生水体富营养化的要求，水库的平均水体停留时间应控制在 15～30 天。在夏季温度较高（高于 25℃）时水库水体停留时间不宜多于 15～20 天。七是库区三维流场模拟预测结果表明，整个库区流态平顺，无明显的长期不利流态，库区形态基本保证了整个青草沙库区水体的平稳流动，水体在库内停留时间不超过 20 天，因此推荐的青草沙水库调度方案是基本可行的。八是非咸潮期，在正常调度运行条件下，水库库区将出现明显的缓流区，缓流区水体同整个水库的混合稀释程度较小，水流滞留明显，利于藻类生长并于此富集，叶绿素 a 浓度明显高于其他水域，缓流水域达到富营养化水平。实施疏浚引流优化方案后，水库原有滞留区基本消失，夏季叶绿素 a 均值高于 16 μg/L 的面积仅为 1.0 km^2，全库区整体可以控制在中营养化水平。九是开发和建立反映河口浅水型人工水库流场和富营养化特点的青草沙水库三维水动力—生态动力学—水质耦合模型，利用库区实测水质资料进行模型参数的校对，进行了水库咸潮期和非咸潮期富营养化趋势预测，从防止藻类水华风险角度提出了优化水库体型设计和泵闸引排水运行调度方案的建议。

　　⑦长江口水源保护范围划定技术规范及相关研究

　　主要内容：一是国内外水源保护管理、立法经验调研。调研范围包括美国、欧洲、日本和新加坡等国家和地区的水源保护立法体系、管理制度以及相关经验等。调研内容主要涉及水源保护区的划分、水质标准的设定、水源保护法律法规的编制以及水源管理机构的设置等。收集调研国外饮用水水源地环境管理状况，包括管理措施、法律法规要求、管理发展过程等情况；比较分析我国与国外发达国家在饮用水水源地保护方面所开展的相关工作，寻求国外的有效经验，为完善上海饮用水水源保护管理制度提供借鉴。我国国内主要调研内容包括：政府部门综合考核机制、污染责任追究和经济补偿制度、多部门协调制度、信息发布制度、预警与应急反应制度等。二是长江口水源地环境质量状况分析与评价。评价方法采用单项标准指数法确定水源地水质类别。按汛期、非汛期和年度平均分别统计，并以Ⅱ类地表水标准值为界限，给出是否超标、主要超标物及其超标倍数等。三是长江口水源地污染源分析。本次污染源调查将在全市污染源调查资料的基础上，结合 2005 年开展的"长江口及毗邻海区环境调查"实测资料、并根据上海市长江口水源地建设现状和规划，进一步完善长江口水源地污染源分析。污染源的调查因素包括空间位置、污水排放量、污染物（COD、BOD、NH_3-N、TN、TP、重金属、微量有机污染物）排放、排放途径、初始排放去向和最终排放去向等。收集到的点污染源将全部输入 1：10 000 的 GIS 地图上，定位后的污染源不仅能准确地反映该污染源的空间分布，而且为以后的水环境数学模型计算提供了方便。在数据收集和污染源定位的基础上，分析不同类型污染源对长江口水源地污染的贡献大小。明确各点源的排放系数和主要污染因子、重点控制指标的污染来源和排放分担率。四是长江口水源地水环境地理信息系统（GIS）。设计和建立一个覆盖长江口范围的长江口水源地水环境基础数据库，并基于 GIS 技术，开发一个信息高度集成的水环境 GIS 数据库管理系统，为长江口水源保护区划分以及河口水动力与水质模型系统提供基础资料，并实现各类信息的属性模糊查询、空间查询、统计分析以及数据库的更新、维护功能。五是长江口水环境数学模型研究与应用。研究建立长江口水动力、水质数学模型和事故排放数学模型，建立长江口水源地污染源和水质的定量响应关系，为从排放源、迁移转化机理角度研究溯源和明确控制管理的对象提供决策支持工具。利用长江口突发性污染事故排放模型确定长江口生活饮用水水源二级保护区范围。该区主要功能是防止污染事故对取水口的水质的突发影响。六是开放式水源地和封闭式水源地保护区划定技术规范研究。国内外饮用水水源保护区划分方法总体上分为模型法和经验值法两种，考虑到潮汐河口水流运动及污染物迁移转化规律的复杂性且没有具体的实践经验可以借鉴，本研究主要采用模型法研究划分潮汐河口饮用水水源保护区。根据对我国河口地区水源地的调查分析，按照水源地的取水方式，潮汐河口水源地可分为水库型和开放型两种。水库型水源地取水口设在库内，根据"避咸潮取水，蓄淡水保质"的原则，通过水利工程的运行调度使水库与河口形成一定的水体交换，开放型水源地则直接从河口取水。本研究分别就两种形式水源地水源保护区划分的技术方法开展探讨，研究制定开放式水源地和封闭式水源地保护区划定技术规范，为其他类似水源地保护范围的划定提供借鉴和参考。针对长江口流场特征和污染排放特性，研究提出潮汐河口水源地划分技术和方法，并据此划定青草沙水源地保护区范围。七是长江口饮用水水源保护区划分。以《中华人民共和国水污染防治法》和《饮用水水源保护区污染防治管理规定》为主要依据，根据本项目草拟的《上海市开放式水源地和封闭式水源地保护区划定技术规范》，开展长江口饮用水水源保护区划分工作。划分长江口饮用水水源保护区范围的重点是：宝钢水库、陈行水库、青草沙水库水源地。确定各级保护区明确的地理界线。结合长江口咸潮入侵特性和三峡和南水北调工程对长江口的影响以及长江口水污染特点，联系长江口水源地建设实际情况，综合考虑长江口南支和北支综合整治规划、淡水资源开发利用与保护规划、航道规划、湿地保护与滩涂开发利用规划、岸线开发利用规划、防洪潮规划、排灌规划、生态与环境保护规划以及非工程措施规划（如信息化规划、水文水质站网及监测规划）等，明确各级保护区的地理界线。八是长江口水源保护条例（草案）编制。以《中华人民共和国水污染防治法》和《饮用水水源保护区污染防治管理规定》为主要依据，借鉴国外饮用水水源地保护区法律法规制定、饮用水水源地管理的成功经验,针对长江口的实际情况,从饮用水安全保障、人体健康损害的预防、政府部门政绩考核、相关部门协调等方面出发,提出"长江口水源保护条例"草案。

主要研究成果:通过总结国内外水源保护和保护区划定方面的经验,充分利用已有长江口水文、水质资料,收集和整理大量相关规划和研究成果,全面调查长江口水源地的水质、水量及周边污染源,进行综合分析,科学运用水质数学模型、统计分析等技术手段,针对青草沙水库、陈行水库等潮汐河口水域的潮流和环境变化特征以及水库引水调度规则,提出了适合于潮汐河口水源地的划分技术方法,并在此基础上制定了潮汐河口水源地保护区划分技术规范,有一定创新性。研究提出长江口水源保护范围初步划分方案,并草拟了长江口水源保护条例。一是调研美国、欧洲、日本及我国台湾地区水源保护和保护区划定方面的管理、立法经验,经过数十年的实践和发展,国际上水源地环境管理工作日趋深入,政府、组织、学界、公众等各个层面都已经充分意识到水源保护工作的紧迫性和重要性,多要素分析、多学科综合、多部门参与、多技术集成正在成为环境管理的主流,具体表现在:管理尺度上对行政边界的淡化,调控策略上对土地利用的重视,保障机制上对当地权益的关注,管理模式上对多方参与的认可。二是收集、整理、分析长江口1987—2006年的水质监测资料,对长江口水质现状进行了评价,并分析水质变化趋势。三是以2005年为基准年,全面调查了长江口主要支流及直排污染源污水排放量和污染物浓度。四是建立了长江口杭州湾垂向平均二维水动力、水质模型,验证结果表明,除了个别站位计算流速与实测流速的误差稍大外(可能由于地形资料和边界条件的偏差引起),从总体上看,主要站位的潮位、流量、流速和流向的数值计算结果都与实测值比较吻合;可以满足水质浓度场计算的需要。水质模拟结果表明,对青草沙水源地水质影响最大的仍是徐六泾长江上游来水,其次是背景浓度、黄浦江、浏河、白茆河等;对陈行水库取水口水质影响最大的是长江来水，其次是背景浓度、浏河、石洞口、白茆河等。五是建立了长江口溢油（OilMap）和化学品（ChemMap）突发事故预测预报模型。六是建立长江口水域水环境综合信息 GIS 数据库管理系统，实现各类信息的属性模糊查询、空间查询、统计、分析、报表等功能。七是研究提出了基于最大流动距离法和污染物访问概率法的潮汐河口水源地保护区划分技术方法，制定《上海市开放式水源地和封闭式水源地保护区划定技术规范》。八是提出长江口饮用水水源地（青草沙水库和陈行水库）保护区划分建议方案，编绘长江口水源地保护区成果图。九是草拟了《长江口水源保护条例（草案）》。

（6）长江口及毗邻海域环境保护

①长江口碧海行动计划环境现状调查。全面收集上海市及长江口水文、水质及污染源等历史资料，区域社会经济发展资料、区域资源利用状况资料。

通过上海市历年污染源调查的数据资料积累，以及上海市污染源及生态 GIS 系统的数据库查询掌握全市 2004 年点污染源的分布、排放以及治理情况；通过 2005 年现场监测补充不足的数据，其中工业污染源调查在 2004 年上海市污染源调查的基础上增加 2005 年 1—10 月的重点工业企业污染源监测数据，并且在 2005 年 7—9 月增加对污染因子总氮、总磷的监测。

通过上海市的遥感图像解译出上海市土地利用情况，核算全市 2005 年面源污染负荷，其中包括了以种植业、水产养殖、禽畜养殖为主的农业面源。

来自上海市上游流域的污染物通量是进入长江口及毗邻海域污染物总量的重要组成部分，本次调查在 2005 年 7—12 月对上海入江主要河流黄浦江及其支流苏州河开展了水文水质的同步监测。

针对主要污染物在黄浦江、苏州河的迁移转化规律进行了实验研究，定量分析了主要污染物的降解速率常数，利用感潮河流一维河网水动力水质数学模型，分析了污染物的流达率和通量。基本阐明了陆域污染源对长江及毗邻海域污染的影响和贡献。

实测得到了上海市主要污染物干湿沉降的数据，并通过调研了解了上海市 2005 年海水养殖、船舶、港口、码头以及海上倾废、溢油等事故的情况。

②上海市碧海行动计划编制。通过上海市"十二五"碧海行动计划的编制研究，要达到回顾"十一五"海洋环境保护工作实施情况，分析上海市近岸海域主要环境问题，进一步明确上海市在近岸海域环境保护工作的中长期战略目标，明确"十二五"上海市海洋环境保护目标和相关工作任务、工程，确保环境保护统筹考虑，进一步改善近岸海域环境质量，进一步恢复海域生态系统，控制和降低海洋环境灾害和风险。

主要内容：一是"十一五"海洋环境保护工作回顾。根据《长江口及毗邻海域碧海行动计划》的内容和目标，回顾上海市在"十一五"期间的主要环境保护工作，量化工程项目实施情况，评价环境目标完成情况。对污染源减排、生态恢复、突发性环境污染事件应急响应等问题进行定量、定性评价。总结"十一五"海洋环境保护工作的经验和问题，突出重点、找准问题，对尚未达到的环境目标、指标进行深入分析，汇总实施过程中的立法、监督、监管、监测、宣传等方面的工作经验，形成回顾总结。二是近岸海域环境现状及趋势分析。收集整理上海市污染源排放情况，包括点源排放量、排放方式、排放途径及去向，尤其针对直排长江口、杭州湾的集中排放源进行分析汇总。计算面源排放量，包括城市地表径流、农村地表径流、养殖以及大气干、湿沉降等污染源排放情况，明确支流排放入海的贡献量及贡献比例。各类型污染源主要分析 COD、氨氮、总氮、总磷的排放情况。功能调整及平衡分析，上海市地处长江口，河口、海洋功能交汇，尤其是青草沙水库的建成对于近岸海域的功能以及水质要求可能有所调整，结合功能变化，分析重区域环境现状。搜集整理上海市近岸海域水环境质量数据，分析评价上海市近岸海域海水水质、海洋功能区达标情况、海洋灾害发生情况及主要水质超标指标。从而发现上海市近岸海域主要环境问题和突出环境矛盾。分析预测区域环境质量发展趋势以及环境质量改善情况。三是行动计划总体设计。包括碧海行动计划、行动策略、环境管理控制区划以及总量控制目标设定。通过污染源控制策略明确污染源控制策略、生态恢复策略以及环境管理策略等内容。通过管理控制区的划定，明确管理体系，最终结合容量总量控制需求和上海市"十二五"控制目标，确定陆域污染物减排目标计划。四是碧海行动计划编制。计划编制主要包括营养盐控制计划，即氮、磷削减计划以及主要污染物 COD 控制计划等。污染物削减计划内容包括削减目标，主要任务及工程措施以及实施效果分析。在汇总工程数量基础上明确投资匡算，分析社会效益和环境效益。此外，根据计划实施内容编制保障措施，包括监督、监管、监测体系，组织保障体系，法律法规及标准体系，科技支撑体系，资金保障体系以及宣传教育与合作体系。

根据规划编制要求，主要分为五个部分进行规划研究，一是环境保护工作回顾，整理收集"十一五"环保工作进展以及减排资料，分析减排效果和环境改善情况；二是现状数据调查、分析，进行现状水质调查、污染源调查、社会环境基础数据调查等内容；三是规划目标指标确定和论证，包括环境质量目标和污染物减排目标；四是海洋环境保护具体工作任务研究及实施可行性分析；五是环境规划保障措施编制研究和计划实施的环境效益分析。

（7）城市水环境质量改善

①上海城市水环境质量改善与工程示范

"十五"期间，我国围绕着改善水环境质量的迫切需要，启动了"水污染控制技术与治理工程"国家重大科技专项。国家科技部按照重大科技专项计划，将《城市水环境质量改善技术与综合示范》列入了国家高技术研究发展计划（简称"863 计划"）开展重大专项研究，其总体目标是：针对城市水环境污染问题，开展工程示范的关键技术研究与开发，并进行系统集成，形成城市水环境污染控制与生态修复的总体技术方案。该专项实施首先根据城市遴选标准，筛选确定示范城市，然后根据示范城市水环境特点及其主要问题，制定课题实施方案，再通过课题任务招标确定承担单位。

2002年10月，上海市科委、上海市环保局联合提出了上海作为示范城市实施该专项的申请。后经国家科技部和"863"专家组多次的现场考察、方案论证和面试答辩，最终确定了上海作为示范城市之一，并经招标确定了由上海市环科院、同济大学、华东师范大学、复旦大学、上海市环境监测中心等单位组建的科研联合团队，承担实施《上海城市水环境质量改善技术与综合示范》（项目编号：2003AA601020）重大专项。2003年6月27日,国家科技部与上海市环科院签订了课题任务合同书。

该专项研究的总体目标为：因地制宜研究开发工艺流程简单、污水处理高效、投资运行费用低廉、操作管理简便实用的小型污水厂处理工艺与设施，研究开发水质改善效果明显的景观水体就地净化与水生态系统重建技术，建立相应示范工程；通过系统的技术研究、开发和综合示范，建立以污水处理、河水就地净化和水生态系统改善为核心的城市水环境改善技术体系。

为此，专项设置了"景观河流水体生物净化与生态重建技术研究及其示范工程建设"专题，依托同步实施的上海市重大工程——苏州河环境综合整治二期工程梦清园综合改造建设项目，研究成果直接应用于梦清园景观水体就地净化，最终建成梦清园景观水体生物净化系统综合示范工程。

主要成果：本专题着重研究对水质改善效果明显的景观河流水体就地净化技术、产品与设备，系统集成了河道曝气复氧、絮凝沉淀、微生物治理、水生植物净化、水生态系统重建与优化等景观河流水质改善与水体修复技术。建立在水环境污染源截污治污基础上的水体就地净化技术措施，将有助于提高河流水体景观质量、增强水体自净能力、改善生态系统、加速河流水质的改善。

本研究遵从水域生态学及景观生态学原理，根据不同水体水位的变化及水深特点，选择相对应生活型的植物种类，配置植物群落结构，并采用生境和生物对策，因地制宜，设计沉水植被—挺水植被—漂浮植被的全系列生态模式，形成水生—沼生—湿生—中生植物群落带，吸收水体中营养物质，最终通过对植物体和高级消费者的获取，将水中污染物质迁移出水体，起到净化、改善水质，防治水体污染和富营养化的作用。同时构建了优美的水生生态景观，并与周边景观相匹配。

本研究将活枝扦插、柴笼和灌丛垫以及组合的土壤生物工程技术用于景观河道生态坡岸建设，并在上海市浦东新区机场开展了现场应用。结果表明：一是杞柳和垂柳枝条的生根能力很强。经过 10 个月的生长，单枝杞柳和垂柳地下根系的深度可达约 1 m，而采用活枝扦插+柴笼和灌丛垫方法，单位体积所获得的植物根系新生生物量为最大（0.20~0.34 kg/m^3）。二是土壤生物工程大大改善了土质河道坡岸的稳定程度，最高土壤表面剪切力和土壤紧密度分别达到 9.32±1.05 kPa（活枝扦插+柴笼，坡腰）和 190±49.50 g/cm^3（活枝扦插+柴笼，坡顶）。三是随着杞柳群落的逐渐形成，灌丛垫下草本植物的生境得到改善，物种数量逐渐增加，由起初的 3 种增加到 13 种。坡岸的植物生态系统得到了恢复。四是采用柴笼技术的生态坡岸既保留了底栖动物的栖息地，同时也显著减少了它们对坡岸的破坏作用。在没有柴笼保护的坡岸，坡岸潮间带的无齿相手蟹洞穴每米有十几个，而在种植柴笼的坡岸，坡岸潮间带的洞穴每米仅为 2~3 个。

泡腾片主要由高岭土、沸石（稀释剂）、碳酸氢钠、碳酸钠和柠檬酸（泡腾崩解剂）、羧甲基淀粉钠（崩解剂）、聚乙烯吡咯烷酮（黏合剂）组成，应用复配组合混凝剂和新型泡腾片式混凝剂，在梦清园中湖和下湖进行了现场实验，取得了明显效果：总磷和磷酸盐指标从劣Ⅴ类可以达到Ⅲ类水质；投药后 48 小时，透明度从原水的 17 cm 增加到 40 cm，在 96 小时处达到最大为 65 cm，并随时间仍有上升趋势。试验结果表明，新型泡腾片式混凝剂基本可达到国外同类产品（波立清）的去除效果。由于主要成分均为黏土类矿物，不会产生二次污染，毒性试验显示，复配混凝剂处理后的水质对鱼类无急性毒性作用。

研制的新型复合生物制剂对梦清园芦苇湿地沉积物污染的降解和净化具有显著的促进作用。苏州河水在经过梦清园芦苇湿地处理系统后，在芦苇湿地底部形成了大量沉积物。投加复合生物制剂后，芦苇湿地进水沉积的 VSS 经生物制剂的分解和转化获得了有效的削减，芦苇湿地进水沉积的有机淤泥（VSS）就地减量 66%。

梦清园芦苇湿地通过投加复合生物制剂后，微生物数量及其群落结构、酶活性具有明显的时空变化规律。投加生物制剂后芦苇湿地中异养细菌、硝化细菌和反硝化细菌数量提高 10%～15%（根际微生物数量较非根际高 2 个数量级），湿地底泥中脲酶、磷酸酶活提高了 30%～250% 而全磷、总氮含量却下降了 10%～14%。

采用太阳能和风能组成的风—光互补系统为能源，射流溶氧为关键工艺，研制了清洁能源曝气复氧装置，并结合梦清园现场试验进行了设备改进和优化。通过梦清园现场试验表明，该装置可以实现既定的设计要求：设备稳定运行、供电无缝切换、色彩与环境适宜。该装置设备发电量平均为 3 kWh/d，充氧量为 2.58 kg/d。

梦清园现场试验表明，由于进水 DO 偏低（尤其在夏季，水体严重缺氧），为确保后续工艺的处理效果，必须进行曝气增氧。现场曝气系统的增氧和消除黑臭的效果明显，其中折水涧曝气系统可使水体 DO 达到 6 mg/L 以上，氧屏障曝气系统可使水体 DO 达到 7 mg/L 以上，完全可以满足后续处理工艺对 DO 的需求，同时为下湖、中湖水生态系统的修复和重建创造了条件。

梦清园景观水体生物净化系统示范工程，是上海首个利用生态工程技术净化污染河水的活水公园。连续三年的监测结果表明，该系统春、夏、秋、冬四季出水综合水质均比进水水质提高至少 1 个类别，综合水质改善率分别为 32%、23%、41%、25%，春、秋季系统对水质的改善程度高于夏、冬季。采用浮游植物生物多样性指数评价，结果表明：该系统出水浮游植物的 Shannon-Wiener 多样性指数较进水总体上提高了 13%。采用浮游动物生物多样性指数评价，结果表明：该系统进水和出水的浮游动物群落结构具有较明显差异，出水浮游动物的 Shannon-Wiener 指数明显高于进水，提高了 26%。

苏州河梦清园景观水体生物净化关键技术研究成果，在近 3 年内已经成功应用于 12 个景观水体治理工程：一是上海市浦东新区机场镇生态河道建设工程。是浦东新区河道整治与生态修复重大专项工程，于 2004 年 4 月竣工，总投资 2 200 万元。本研究提出的河道坡岸生态修复技术首次大规模应用于该工程，河道生态护坡效果明显、河岸生境恢复迅速。该工程被评为上海市浦东新区"2006 年度第九届市政工程金奖"。二是苏州河支流丽娃河综合整治工程。于 2005 年 10 月竣工，总投资 985 万元。本研究提出的景观水体生物强化净化技术、水生态系统重建与修复技术等多项创新技术成果集成应用于该工程。该工程于 2006 年 7 月被评为上海市普陀区政府"普陀区自主创新精品奖"。三是上海世茂佘山国际会议中心景观湖泊处理工程。于 2006 年 4 月竣工，总投资 248 万元。工程应用了本研究提出的水生态系统重建与修复技术，跟踪监测结果显示，湖泊水体常年保持在Ⅳ类水质以上，水生生物逐渐形成稳定的群落结构，水生生态系统健康，滨岸景观与周围景观融为一体。四是上海青浦西岑白鹭湖别墅区景观水体维护工程。于 2006 年 7 月起实施，应用了本研究提出的水生态系统重建与修复技术，跟踪监测显示：该区域在开发过程中，湖体水质维持在Ⅲ类水，始终保持了水生生态系统的健康和完整性。五是其他工程的应用。本研究提出的生态护坡技术还在浦东新区唐镇地区河道整治、徐汇区进木港整治、崇明前卫村中心河段生态治理等工程得到推广应用。本研究提出的新型复合生物制剂在静安公园景观水体维护中得到应用，成功地解决了公园水体富营养化、藻类过度繁殖问题；在杨浦区随塘河 500 m 黑臭河段水体治理中，成功地解决了污染底泥有机质污染问题。在 2005 年苏州河支流真如港与工业河的深化治理工程中，进一步将生物栅技术推广应用。本研究提出的太阳能风能互补系统清洁能源曝气技术在云南滇池大清河河口生态修复治理中得到应用。

本项目研究成果为苏州河梦清园景观水体生物净化系统奠定了科学基础，建成的集园林绿化、科普教育、水环境整治等内容为一体的梦清园，是苏州河环境整治成果的体现，也是上海首个利用生态工程技术净化污染河水的活水公园，取得了显著的成效。第一，景观水体生物净化系统是梦清园最为重要的组成部分，苏州河水经该系统处理后，水质得到净化和明显改善，水生态系统得到恢复和长期维持；第二，景观水体生物净化系统不仅改善了苏州河水，而且也为梦清园提供了水生态景观，使游客从中可以感受到整个水质净化过程、水生态系统演替、水域景观与水生植物四季自然变化，为市民提供了亲水空间；第三，梦清园不仅得到了上海市市民的称赞，而且也备受国内外社会各界关注，成为上海市政府形象窗口，近 3 年内接待了包括来自国内外重要人物在内175 批参观者，累计 6 345 人次。

②上海世博期间中心城区河流水质保障对策研究

上海位于长江三角洲的最前沿，依三江（长江、钱塘江和黄浦江）而傍东海，依水而存，因水而兴，水是上海城市发展之源、文化发展之根。然而随着城市化进程发展，中心城区地表不透水的面积逐步扩大，为保证城市防汛安全，中心城区形成了以污水外排系统和强排雨水排水系统为主的较为完善的排水设施体系。由于历史原因，中心城区雨水排水系统或建造年代已久、设计标准偏低，或系统不完整，未按规划实施到位，或管理不善，泵站放江严重影响受纳水体水质。雨水泵站放江污染逐步成为中心城区河道污染的主要因素。2008 年，中心城河道水质属 Ⅲ 类~劣 Ⅴ 类；其中骨干河道水质相对较差，均属劣 Ⅴ 类。随着全球变暖和城市热岛效应的加强，市区径流逐年增加，使得泵站放江污染日益突出。

城市河道作为重要的景观廊道，除了具有交通运输、行洪排涝等基本功能外，还是城市水源和城市生物多样性保护的重要区域。20 世纪 70 年代起，发达国家对城市径流与合流制管道溢流污染进行了广泛的研究。上海市已经开展了相关领域的前期研究工作，并取得了一定成果，但总体来讲，城市面源污染防治还处在探索阶段，尚未建立关于上海市中心城区河道面源污染控制的一套完整而系统的策略和解决方案体系，缺乏系统性的规划指导；缺乏长期、系统的基础资料积累。缺乏中心城区河道面源污染控制策略，对于国外发达国家的成果和经验不能盲目照搬，必须因地制宜，开展针对性研究。

作为中国城市的典型代表，为办好世博会，增强城市环境的舒适性，有必要在以往研究的基础上，深入开展中心城区河道面源污染特征与控制对策研究。为此，上海市环保局于 2008 年特别立题开展本课题的研究工作。

该课题针对上海中心城区河道面源污染控制和世博会期间的河道水质保障问题，在分析历史数据和实际测量的基础上，研究了不同雨型条件下雨水泵站与合流污水泵站放江水质、水量特征，分析污染负荷对该区域水体质量的影响，确认了泵站放江是上海中心城区河道水体污染的主要因素，提出了杜绝旱天溢流和减少雨季排水系统溢流污染负荷的管理对策，形成如下研究成果：一是通过 1950—2008 年气象数据统计分析，总结了上海市中心城区降雨特征，提出了世博期间需要关注的降雨雨型和气象条件。二是通过分析上海中心城区泵站放江污染负荷（主要是 COD、NH_3-N）及贡献，确认了泵站放江已成为上海中心城区河道水体污染的主要因素。三是以浦东典型地区为研究对象开展的雨污混接分析表明：分流制排水系统雨污混接情况非常普遍，高混接率是影响河道水质的重要因素。四是通过降雨排江监测分析，掌握典型排水系统在不同降雨条件下的排江污染负荷和旱流水质的变化规律。五是以白莲泾、杨浦港为研究对象，建立了基于耗氧污染物的水质—底泥通量耦合的综合水质模型。六是提出了系统的泵站放江污染控制措施，包括中长期战略、世博专项对策、白莲泾综合整治方案、杨浦港排水系统运行优化方案。七是形成了一支专门从事城市暴雨径流、放江污染管理、暴雨污染和管理模型的队伍，为上海市环境科学研究院开拓了一个新的研究领域，为上海市环境保护局参与大型城市暴雨污染控制和管理打下了科研和管理的基础。

本课题研究成果为"上海世博会城市运行服务和应急保障"和"上海市环境保护和生态建设'十二五'规划"所采纳。

③河流滨岸带生态恢复技术筛选研究

上海市科委立项开展《苏州河环境综合整治三期工程实用技术研究》，环科院作为课题依托单位开展研究工作。"苏州河上游滨岸缓冲技术研究"课题作为"苏州河环境综合整治三期工程实用技术研究"5个研究子题中的一个，主要研究在上海地区农业面源污染特征下，利用滨岸缓冲带技术研究其对农业面源的污染防治作用，并选择苏州河上游地区河道，研究建立具有生物栖息地功能、滨岸带景观功能和有效改善河流水质功能的缓冲带生态系统。

项目内容：根据上海地区农业面源污染特征，模拟上海地区降雨产汇流过程和雨量进行小试试验，考察不同草皮植被缓冲带对 TN、TP 和径流 SS 的净化效果，并比较不同草皮的耐污能力和生物量。在小试试验植被选择的基础上，建成占地 8 000 m^2 的东风港滨岸缓冲带试验基地，开展现场试验监测。试验内容主要包括不同草皮植被、不同群落配置、不同坡度、连续降雨等情况下滨岸缓冲带的面源污染防治效果和试验基地生物栖息地功能、滨岸带景观功能、水土保持功能的生态效益评估。在 2006 年现场试验的基础上，2007 年继续开展试验研究，着重于不同季节滨岸缓冲带对面源污染的净化效果和土壤、植被生态效益评估等研究。

课题已于 2007 年 1 月 22 日顺利通过验收，所取得的技术成果能为上海苏州河环境综合整治三期工程提供相应的技术支持和储备，具有较好的应用前景。

④上海城市河流滨岸带生态恢复研究

2004—2006 年，针对苏州河上游地区农业面源污染日益严重、河流滨岸带生态功能持续衰退的状况，经科委立项批准，课题组开展了"苏三期"项目子课题——苏州河上游滨岸缓冲带技术研究，并在苏州河上游东风港建成了总面积达 8 000 m² 的滨岸缓冲带现场试验基地。基于现场试验基地，课题组开展了一系列研究工作，包括河流滨岸缓冲带的面源污染防治、水土保持、景观营造、生境改善等，课题研究成果已在国内核心期刊发表相关学术论文 10 余篇，并申请专利 2 项。

为了深入探索滨岸缓冲带技术的研究与推广应用，生态所继续围绕东风港试验基地开展试验研究。针对河流滨岸带由于人类活动干扰而严重退化的状况，课题组在前期工作基础上，申请了上海市科委基础研究重点项目——上海市河流滨岸带生态恢复研究，进一步研究河流滨岸带生态系统退化机理，探索滨岸带生态恢复的技术和方法，提出河流滨岸带评价和管理体系。

项目内容：一是河流滨岸带生态系统退化机理研究。不同区域河流滨岸带生态系统的特征识别是河流滨岸带研究的基础，河流滨岸带特征又决定了其主体生态服务功能。在对河流滨岸带特征与功能展开研究的基础上，从水文特征、土地利用、水质污染、生物入侵等主要扰动因子着手，研究河流滨岸带生态系统对外来干扰的响应与退化机理。二是河流滨岸带生态功能恢复技术筛选研究。河流滨岸带由于其特殊的地理位置，决定了其具有滨岸景观、水质改善、生物栖息地、固土护坡等多重功能，而随着滨岸带生态系统的退化，这些功能也逐渐丧失，从而导致河流水环境恶化、生态系统破坏等一系列环境问题，严重影响了城市居民的生活环境，制约了城市社会、经济的可持续发展。因此，在掌握滨岸带生态系统退化机理的基础上，开展滨岸带生态功能恢复技术的筛选研究，并利用东风港试验基地开展恢复技术的效益分析评价研究。三是河流滨岸带生态恢复评价与管理研究。在构建河流滨岸带生态恢复评价指标体系的基础上，评价生态修复过程和效果。提出不同类型滨岸带管理框架和策略，在管理理念、整治技术等方面，由污染控制逐步转向河流生态系统的保护和恢复，将河流滨岸带生态恢复作为流域水系生态系统中重要的组成部分进行整体优化管理。

课题于 2008 年 10 月立项，在前期研究的基础上，2010 年度课题组进行了东风港试验基地的春季现场试验评估，试验数据的整理分析，子课题、总课题研究报告的编写，课题验收申请表和总结报告的编写等工作。该课题全面完成课题任务书规定的研究内容，子课题研究结果已发表论文 3 篇，研究成果已经报科委申请验收。

⑤崇明生态岛水环境安全决策支持系统

针对崇明生态岛建设过程中的重大生态和环境问题，利用 SDSS、数据库、计算机网络等现代技术，整合崇明生态岛建设的已有研究成果，建立崇明生态岛建设基础共享信息数据库，实现生态岛建设信息要素的挖掘、共享、管理和可视化；把社会发展模式与生态系统过程相联系，集成具有模拟预测、评估分析和辅助决策功能的模型库，实现对崇明生态岛建设中重大生态和环境问题的"及时监测—定量评估—动态预测—分级预警—适时发布—综合调控"的动态管理和应用示范，以信息化、智能化和可视化形式支撑崇明生态岛建设的科学决策和有效管理。

项目内容：一是开展岛域水环境质量与水污染源调查和综合评价。基于岛域现有的地表水环境质量国控/市控/县控监测断面，调研收集主管部门（环保局和水务局）近 10 年内的岛域水环境质量监测数据；按照岛域功能分区、环境功能区划、河网水系等特点，从全覆盖岛域骨干河网水系和重点河段的角度增设水环境质量监测断面（拟考虑增设 50 个点次），开展（春夏和秋冬两次）水环境质量现场监测；综合评价岛域水环境质量演变趋势。借助全国环境污染源普查工作，调研收集岛域工业企业、城镇生活和畜禽牧场等点源污染资料，评价分析岛域点源污染排放达标状况；基于航空遥感调查，解译岛域土地利用信息，结合以往面源污染排放系数的研究成果，调查研究岛域面源污染排放负荷。二是建立基于 GIS 系统的水环境数据库。基于"3S"技术建立岛域水环境 GIS 系统数据库，主要内容包括岛域河网状况、水动力条件、水环境污染源（点源和面源）、环境监测断面及其水质监测数据等信息，通过数据库管理系统对各类信息进行系统整理，实现各类空间数据和属性数据的动态更新，为水环境决策支持系统提供核心数据源。三是研发岛域水环境模型。根据崇明岛河网水系特征，结合环岛运河和骨干河道现状及其水利建设规划情况，概化岛域河网；收集全岛水文资料，结合岛域水流调度方式，开发崇明岛域河网水动力模型，为水质模型提供水动力计算条件。基于岛域水环境点源污染和面源污染调查结果，建立水环境污染负荷模型，将污染源排放负荷及其排放强度进一步落实到地域单元、入河河段，作为水质模型的输入条件。开发岛域水质模型，与水动力模型衔接，实现对岛域地表水环境质量模拟和预测。基于岛域水功能区划，建立岛域水环境容量模型，计算确定崇明岛水环境容量。基于水环境模型，研究提出岛域水环境监测网络的优化方案。

该项目由上海市科委委托，于 2007 年 12 月立项，并于 2009 年 10 月完成验收。项目完成了《崇明生态岛水环境安全决策支持系统》分报告和数据库，对崇明生态岛建设的科学决策和有效管理起了支撑。

（8）水污染现状调研及治理对策

①上海市拟保留工业园区污水基础设施调研及治理方案研究。在"工业向园区集中"的布局规划导向下，上海市工业区已成为全市产业

聚集和产业升级的主要载体，成为工业增长主要动力源。但是上海市工业区环境方面的瓶颈日渐突出，工业区污水处理基础设施建设较为薄弱，污水处理设施建设的基础情况了解不清，部分工业区周边水环境质量逐渐恶化，企业污水治理设施零星、分散、企业污水治理稳定达标率低，监管难度大，环保投资效率低。特别是在工业大规模向园区集中后，这些问题如不及时加以解决，环境因素的制约影响将更为突出。这些存在的问题直接影响了保留工业区污水治理工作的推进，更重要的是直接制约了上海市工业的进一步发展。

通过本课题的工作，探讨适用于保留工业园区污水治理的总体方针路线，摸清各工业区污水治理现状，科学编制工业区污水治理规划与方案，研究适合工业区污水基础设施建设的配套政策与机制、对策与措施等，成为加快工业区污水治理规划、建设的基础与前提；同时也是为上海市新一轮"环境保护与建设行动三年计划"和环保"十一五"规划中工业区污水治理工作内容的制定提供技术支撑与科学依据；更是为全市工业提升产业能级，完善产业结构和布局以及推动工业经济新一轮的大发展创造条件。

从 2004 年 11 月至 2006 年 12 月，历时两年，在上海市环保局、上海市水务局、上海市经委、各区县环保局、各区县水务局以及各保留工业区等相关单位的领导与专家的指导、支持与配合下，课题组在充分调查和科学研究的基础上，完成了以下主要工作：一是首次系统全面摸清了保留工业区污水治理基础设施建设的现状，建立上海市保留工业区污水治理 GIS 系统。GIS 系统包含了全市 80 个保留工业区名称、位置、面积、开发情况、现状和远期污水量、污水外排现状和规划去向；工业区内部已建、拟建的收集管网各管段的管径、长度以及泵站位置及规模；配套污水厂及相关外排系统近、远期规模以及工业区纳入干管位置；工业区内各企业名称、地址、污水性质、数量和排放情况，纳管情况及计划，管网建设情况及计划等全面而翔实的信息。此外，GIS 系统还具备工业区内某一地块、工业区、区县、全市不同层次的分类汇总统计功能（面积、企业数、污水量、纳管率、管线长度、密度等）。通过数据库的定期更新能够及时有效地跟踪工业区污水治理工作的进展，从而实现了长效动态管理。二是阐明了保留工业区污水治理的基本原则和技术路线。课题阐明了上海市保留工业区污水治理的指导思想、方针及规划原则，讨论了工业区企业污水预处理的纳管标准，并针对不同企业污水特点，分析了各种不同的企业污水预处理与污水处理厂的工艺技术路线，对工业区污水基础设施的规划与建设具有指导作用。三是制定了 80 个保留工业区污水治理的"一区一方案"，并进行了相关技术经济分析及投资匡算。根据各保留工业区的具体情况和污水基础设施建设的现状，结合各区县与上海市污水总体规划，有针对性地制定了每个保留工业区污水基础设施建设的规划方案，真正做到了"一区一方案"，方案具有很强的可操作性。四是评价了保留工业区污水治理与上海市污水排放系统的相关性。保留工业区污水治理是上海市污水排放系统的有机组成部分之一，保留工业区污水治理方案规划也与上海市总的污水治理规划息息相关、密不可分。课题研究分析了保留工业区污水治理与上海市污水外排干线和城镇污水处理厂的相关性，指出了存在的问题和下一步工作的重点，为完善全市污水处理系统的总体格局提供依据。五是明确各保留工业区污水基础设施建设的工作重点和计划安排。根据上海市各保留工业区污水收集管网建设与企业纳管的现状，有针对性地制订了各保留工业区污水收集管网建设及企业纳管的进度计划，一方面对各保留工业区污水收集管网建设和企业纳管工作具有指导意义，另一方面也为有关职能部门推进工作提供了依据。六是提出了一系列具有建设性和可操作性的工业区污水治理机制与配套政策。在对上海市工业区污水治理现状进行全面调查的基础上，课题进行了工业区污水治理机制的研究。课题首先深刻分析总结了上海市保留工业区污水治理中存在的问题，在此基础上，提出了一系列适合上海市保留工业区污水治理的各种机制、配套政策以及推动上海市保留工业区污水治理基础设施建设的各种管理办法，包括责任落实机制、工业区内污水收集管网建设和维护机制、工业区污水治理收费机制、工业区污水处理设施建设和运营市场化运作机制、有效监管机制、集中纳管处理与企业已有自行处理设施的配套政策、污水基础设施完善前已批复在建企业污水出路配套政策等，为进一步推动工业区污水治理工作的开展，理顺和完善工业区污水治理有关体制、机制提供技术支撑。明确各相关部门在工业区污水治理上的职责，强化各职能部门对工业区污水治理监督与管理，共同推进与促进工业区污水治理问题的有效解决。

经过两年多的不断努力，本课题各阶段的研究成果为上海市政府推进保留工业区污水治理工作提供了强有力的技术支持。

2004 年 12 月上海市政府下发了《关于上海市加快工业区污水治理的若干意见》（沪府[2004]73 号），启动了新一轮工业区污水治理工作的开展，截至 2006 年年底，保留工业区污水治理工作已经初见成效。在 2007 年 1 月 12 日市政府召开的"上海市工业区污水治理工作总结推进会"及 2007 年 1 月 15 日杨雄副市长主持的"上海市环境保护和环境建设协调推进委员会第 13 次工作会议"上，上海市环保局宣布了保留工业区污水治理工作所取得的成效：一是工业区污水出路全部落实。二是管网建设稳步推进。三是企业污水纳管率显著提高。与 2004 年相比，实现污水集中处理的工业区数量由 35 个增加到 57 个，增幅达 62%；管网服务面积由 285.8 km^2 增加到 406.2 km^2；纳管企业数由 1 228 家增加到 3 627 家，增幅为 195%；企业污水纳管水量增加 15 万 m^3/d，新增污水处理厂 5 座，新增污水处理能力约 26.5 万 m^3/d，污水纳管处理率达 78%，极大地推进了工业区污水处理基础设施建设和治理工作的开展。

研究成果的应用为上海市新一轮"环境保护与建设行动三年计划"和环保"十一五"规划制定提供技术支撑与科学依据；对解决上海市保留工业区污水出路、补充和完善全市污水处理系统总体格局、促进上海市拟保留工业区的管理和可持续发展、提升上海市的水环境质量和城市形象，具有明显的环境效益、社会效益。

②上海市氮、磷污染控制前期研究。我国水环境氮、磷污染情况不容乐观。据《2005 年中国环境状况公报》，我国七大水系的 411 个地表水监测断面中，Ⅰ～Ⅲ类、Ⅳ～Ⅴ类和劣Ⅴ类水质的断面比例分别为 41%、32% 和 27%。主要污染指标为氨氮、五日生化需氧量、高锰酸盐指数和石油类。28 个国控重点湖（库）中，劣Ⅴ类水质湖（库）12 个，占 43%。其中，太湖、滇池和巢湖水质均为劣Ⅴ类，主要污染指标为总氮和总磷。可见，水体富营养化对我国水资源环境已产生一定影响，对氮、磷等污染物的排放必须予以控制。

建设生态型城市正在成为以可持续发展为指导的 21 世纪城市发展的主要方向。《上海市城市总体规划（1999—2020 年）》中，强调了建设生态城市、创造良好的城市生态环境、使其与未来的上海国际性大都市地位和现代化要求相适应。近年来，随着三年环保行动计划、苏州河水环境综合整治工程等环保措施的实施，上海市水环境污染得到了有效控制，污染物排放量进一步减少，但在经济快速发展的情况下，环境保护压力仍然很大。从发展现状来看，上海市水环境污染主要来源于工业废水排放、居民生活污染、禽畜养殖业污染和农业面源污染。相关研究表明，上海地区河网水系污染具有以下特征：一是形成以氨氮为主要影响因素的有机污染类型；二是形成以污水回荡及上溯为表征的水污染物的迁移和积累现象；三是形成夏季（汛期）水质污染最严重的季节变化特征；四是污染源逐步由点源污染物排放为主转为以非点源污染物排放为主；五是枯水季节河网易受咸潮污染。上海 21 世纪的污染类型正从工业型向第三产业型、生产型向生活型、城市型向农村型、点源型向面源型转换。必须以源头控制和末端治理相结合的方式采取应对措施。

"十一五"期间，我国水污染控制重点和考核指标仍然是以有机物总量为主。根据原国家环保总局要求，2008 年，上海 COD 总量要削减

7%左右，控制在 28.3 万 t/a 以内；到 2010 年，COD 总量要削减 15%，控制在 25.9 万 t/a 以内，预计在各方共同努力下，此目标能够确保实现。但是，COD 能得到有效削减，并不能解决影响河道水质的重要因素——氮、磷的污染，河道富营养化现象依旧难以避免。随着环境保护要求和污染物排放标准的不断提高，对氮、磷等营养性元素污染的治理将可能逐步纳入"十二五"水污染控制考核目标。因此，掌握上海市各种类型污染源氮、磷排放现状、分布、特征，建立氮、磷排放基础信息库及跟踪、报告制度，初步制定氮、磷排放控制要求及削减方案，为"十二五"期间上海市水环境污染的治理摸清家底、打好基础尤为必要，《上海市"十二五"水污染物排放控制前期研究》的立项也显得十分迫切。

主要内容：一是通过对上海市城镇居民生活氮、磷排放情况的调研，掌握不同区域生活污水中氮、磷排放特征，建立上海市常住人口人均氮、磷排放量指标，为科学评估、预测今后上海市生活污水氮、磷排放情况提供依据。二是通过对上海市工业企业氮、磷排放情况的调研，初步掌握上海市工业氮、磷排放现状。研究建立工业氮、磷排放信息库和数据持续更新制度，评估现有企业污水处理设施情况，为"十二五"期间工业企业氮、磷污染治理打下基础。三是通过对上海市农业氮、磷排放现状的调研，掌握上海市农业氮、磷污染情况。四是通过对全市污水处理厂污水处理设施和氮、磷处理情况的调研，评估污水处理厂氮、磷处理能力和上海市氮、磷排放现状的匹配性。

取得的成果：一是 2005 年上海市氨氮的排放量主要来源于生活污水（占 68.58%），其次是农业面源排放（占 26.33%），最小的是工业排放（占 5.09%）；总磷的排放量主要来源于农业面源排放（66.67%），其次是生活污水排放量（占 20.82%），最小的是工业排放量（占 12.50%）。因此，为有效控制氮磷的排放量，需重点削减生活污水氨氮的排放量和农业面源总磷的排放量。二是 2005 年上海市已建污水处理厂采用的工艺有 A/O、A^2/O、SBR、USAB、活性污泥法、生物接触氧化法等。2005

年全市通过污水处理厂去除氨氮的量为 12 580.45 t，尾水中排放氨氮的量为 29 004.65 t；去除总磷的量为 3 397.69 t，尾水中排放总磷的量为 1 984.53 t。三是 2005 年上海市氨氮排放量绝大多数来源于中心城区的生活排放量，其次是松江区和奉贤区的农业面源排放；而总磷的排放量主要来源于金山区的农业排放量和中心城区的生活排放量，其次是松江区、崇明县、青浦区、奉贤区、南汇区、嘉定区和中心城区的农业面源排放量和中心城区工业排放量。四是对污水处理厂改扩建，提高氮磷的处理效率和能力可有效降低上海市氮磷排放的总量；为有效控制上海市磷的排放量，需有效控制农业面源磷数的排放。五是为有效控制工业企业氮磷污染物的排放，在 103 家市重点监管工业企业的基础上，以每年排放 1 t 氨氮量为限，需新增 25 家市重点监管企业；以每年氨氮排放量大于 0.2 t 和小于 1 t 为标准，需增加 79 家区重点监管企业。

对上海市生活、工业和农业的氮、磷排放情况和污水处理厂脱氮除磷效果进行了调研，研究了上海市氮、磷排放量及分布，开展了污水处理厂处理效果评估，提出了"十二五"氮、磷控制削减方案，解决了"十二五"期间污染物削减方向性问题。

课题研究初步掌握了上海市工业氮、磷排放现状。研究建立工业氮、磷排放信息库和数据持续更新制度，评估现有企业污水处理设施情况，为"十二五"期间工业企业氮、磷污染治理打下基础。通过对上海市农业氮、磷排放现状的调研，掌握上海市农业氮、磷污染情况。通过对全市污水处理厂污水处理设施和氮、磷处理情况的调研，评估污水处理厂氮、磷处理能力和上海市氮、磷排放现状的匹配性。在上述分析基础上，汇总分析上海市氮、磷产生、排放现状及分布情况，掌握全市氮、磷污染治理能力，确定氮、磷排放控制的重点，研究各类污染源的氮、磷削减对策措施及其技术经济可行性，初步形成"十二五"上海市氮、磷排放控制方案，为"十二五"期间控制氮、磷排放提供了重要的参考。

③上海市 COD 总量削减与水环境质量改善相关性研究。"十一五"

期间，国家给上海下达了 COD 总量削减 15%的目标。围绕这一目标，需要回答以下问题：一是"十一五"COD 削减方案实施前的全市河道综合水质及各区县综合水质如何？二是"十一五"COD 削减方案分阶段实施后的河道水质和各区县整体水质改善效果如何？三是在 2008 年开始的新一轮环保三年行动计划中，如何设置考核断面？如何进一步优化与深化 COD 削减方案？

在总量控制攻坚阶段，急需掌握"十一五"总量削减方案实施前后，河道水质改善程度如何，现有的总量削减方案是否合理，是否有可以改进的地方，考核断面如何设置等关键性问题。

主要内容：上海市现状河流综合水质评价；上海市 COD 削减与水环境质量改善相关性研究；上海市"十一五"COD 削减后的水质改善预期目标与考核断面。

本研究专题开展了上海市"十一五"COD 削减与水环境质量改善相关性研究，研究成果是：一是采用综合水质标识指数评价方法，系统、全面地对近两年来全市河道 300 多个断面综合水质和各区县河道整体综合水质进行了评价分析。二是建立了系统完整的全市河网水环境数学模型，包括崇明河网水环境数学模型及精度更高的浦东、浦西地区河网 1D—黄浦江 2D 互联模型；对全市主要河道 COD 削减与水质改善相关关系进行了详细的模拟分析。三是以 2005 年全市河道水质为基准，基于 COD 削减与水质改善相关性分析，提出了 2008 年和 2010 年全市各区县水质考核目标。四是提出了新一轮环保三年行动计划的各区县考核断面。

首次开发了崇明河网水环境数学模型，并建立了精度更高的黄浦江流域一维与二维耦合模型；以此为基础全面地对 16 个区县的水质改善效果进行了预测分析。研究提出的基于全市现状水质评价、COD 削减量和基于水质标识指数法分析各区县整体水质改善效果的技术思路具有新颖性。研究还提出了上海市第四轮环保三年行动计划需要新增的考核断面，一方面可以通过反映河道水质改善程度来考核各项 COD 削减措施的落实程度；另一方面可以直观地表现出"十一五"期间 COD 总量控制工作所取得的成果，完善了全市河道监测体系。

课题研究成果解决了 COD 总量削减的成效如何体现在水环境改善上的问题，包括骨干河流、工业区河流、中小河道等；明确了 COD 总量削减措施的实施与河流水质改善的量化关系；预测水质改善效果，对第四轮环保三年行动计划的考核断面、COD 削减措施和河流水质改善措施提出优化建议。课题研究工作的成果，作为考察 COD 总量削减所取得的成效以及优化削减对策措施提供借鉴，确保"十一五"COD 削减目标完成的同时，全市河道水质达到"十一五"水环境治理目标。

④上海市"十一五"期间工业和生活化学需氧量（COD）产生量及排放量研究。近些年来我国工业化、城市化进程加速，工业和城市生活用水量和废污水排放量的增长速度较快，城市缺水和水污染问题日趋严重。根据原国家环保总局的要求，2010 年全国 COD 总量需在 2005 年的基础上削减 10%，每年要削减 2%。经国家环保总局的核定，上海市 2005 年的排放总量为 30.44 万 t，其中工业企业 COD 排放量为 3.66 万 t，生活污水 COD 排放量为 26.78 万 t（按常住人口计算）。参照国家环保总局的要求，上海 2008 年要削减 7%左右，控制在 28.3 万 t/a 以内；到 2010 年要削减 15%，控制在 25.9 万 t 以内。为此上海市政府发文，对"十一五"COD 总量控制指标进行分配，要求各区（县）和相关单位要确保完成"十一五"截污治污任务，实现既定的污水处理目标。

到"十一五"期末，上海的经济总量和人口数量都将不断增长，用水量和污水排放量也将不断增加，要完成国家下达的水污染物总量削减目标，必须根据上海的实际情况，制定科学合理的削减方案，进一步落实总量削减的责任制，把总量削减的任务层层分解、层层落实。

原国家环保总局从"六五"开始，就组织开展了"全国乡镇工业污染源调查"等全国性环境污染调查基础研究项目。"十五"期间，又先后开展了全国环境污染事故重点危险源调查，沿海直排入海污染源调查，重点城市集中式饮用水水源地有机污染物调查等一系列环境污染调查工作，为制定环境保护方针战略、编制环境污染防治规划、加强环境监督管理等提供了重要的科学依据。

上海市一向重视水环境污染的调查研究工作。2000 年完成全市水环境污染源调查研究，摸清了上海市水环境污染源的排放情况，建立了上海市污染源地理信息系统；2004 年对市级重点环保监管单位污染物排放等情况开展调查，加强了对市级重点环保监管单位的环境管理；2006 年完成对全市 80 个保留工业区污水收集系统建设的规划和评估工作，获得了保留工业区的管网建设、企业污水排放量及纳管情况的现状与计划等比较全面的基础资料。

上海市在册企业的 COD 排放量现状相对丰富和齐全，但全市工业和生活污水 COD 排放量比较系统、全面的基础数据和资料尚未掌握，因此摸清上海市 COD 污染源的排放现状及其特点成为全市顺利完成"十一五"COD 总量控制目标首要解决的基础性问题。本课题所研究的成果将为各区（县）以及全市制定 COD 总量削减的对策措施和计划提供切实依据。

本课题研究旨在摸清上海市工业和生活 COD 产生量及排放量现状，为下一步客观准确地完成上海市"十一五"COD 总量控制目标考核方法的研究，制定相关控制措施提供基础依据；为环境管理、环境科研提供一个准确有效的技术平台。对全市顺利完成"十一五"COD 总量控制目标，实施污染物总量削减，解决环境瓶颈问题，有效改善环境质量具有重要意义。

本课题调查研究了上海市中心城区（含浦东、宝山、闵行三区）、和郊区（7 个区（县））的城镇居民生活污水和工业废水的 COD 产生量及排放量，在调查、统计、资料收集的基础上完成了以下工作：一是城镇污水处理系统调研及分析。通过城镇污水处理厂和污水干管的建设现状及建设计划调查，系统地掌握污水处理厂服务区域及其管网配套分布情况。2005 年各污水处理厂设计规模、服务范围、进出水水量、城镇生活污水和工业废水比例、进出水水质（COD）、污水处理程度、尾水排向的研究；2005—2010 年规划新建、改建、扩建的污水处理厂设计规模、服务范围、尾水排向的规划情况调查、核实的研究。二是生活 COD 产生量及排放量调研及分析。三是工业企业 COD 排放量调研及分析。分析在册企业以及其他企业的废水排放量和处理情况，掌握工业 COD 排放组成和分布情况。分析工业企业进入污水处理厂的废水量。

对上海市各区（县）工业和生活 COD 产生量及排放量情况的大规模调研在上海市尚属首次开展，对全市生活、工业进行的完整细致的调研，摸清了污水排放情况和排放特征分布，研究结果首次科学完整地反映了上海市工业和生活 COD 总量的排放现状。对农业情况也进行了初步调研，初步掌握了农业污染源的分布和排放情况，对今后进一步开展对农业污染的调研和研究打下了坚实的基础。主要结论为：a. 2005 年上海市城镇污水排放情况：2005 年上海市城镇污水排放总量为 595.3 万 m^3/d，全市城镇污水处理率为 70.2%，处理量为 418.1 万 m^3/d。其中城镇生活污水处理率为 72.5%，工业废水处理率为 66.1%。b. 2005 年污水处理设施运行情况：2005 年全市运行的污水处理厂容量基本已经达到了饱和，已经不能满足人口增长、经济发展带来的污水量增加，亟待在"十一五"期间增加污水处理能力。c. 2005 年污水收集管网建设情况：2005 年郊区（县）25%的镇区的污水收集管网基本完善，15%的镇区污水收集管网不完善，60%的镇区污水收集管网基本空白。d. 2005 年上海市工业和生活 COD 排放情况：2005 年上海市工业和生活 COD 排放量为 34.72 万 t，比环境统计年报的数据（30.44 万 t）多 4.28 万 t，其中生活 COD 排放量多 0.35 万 t，工业 COD 排放量多 3.93 万 t。e. "十一五"期间城镇污水排放情况：2010 年全市城镇污水处理率为 80.0%，处理量为 596.5 万 m^3/d，较 2005 年增加 178.2 万 m^3/d。其中，中心城区（含浦东、宝山、闵行）城镇污水处理率为 83.2%，郊区（县）平均城镇污水处理率为 72.6%，较 2005 年增加 29.5%。f. "十一五"期间城镇污水处设施规划建设情况：截至 2010 年，全市污水处理设施的规模将达到 734 万 m^3/d 左右，较 2005 年新增 263 万 m^3/d。其中心城区污水处理设施（包括 9 座规划废除的污水处理厂）处理规模将达到 514 万 m^3/d 左右，郊区（县）处理规模将达到 220.2 万 m^3/d 左右，较 2005 年新增污水处理能力 136.8 万 m^3/d。g. "十一五"期间工业和生活 COD 排放情况（环境统计年报方法）：以 2005 年 COD 排放量的调研结果（34.72 万 t）为基数，按环境统计年报方法计算，截至 2010 年，上海市工业和生活 COD 排放量为 32.95 万 t，比上海市总量控制目标值（25.9 万 t）多 7.05 万 t，其中生活 COD 排放量多 3.65 万 t，工业 COD 排放量多 3.4 万 t。h. "十一五"期间工业和生活 COD 排放情况（国家考核方法）：以 2005 年 COD 排放量的调研结果（34.72 万 t）为基数，按国家考核方法计算，截至 2010 年，上海市工业和生活 COD 排放量为 30.7 万 t，比上海市总量控制目标值多 4.8 万 t，而比按环境统计年报方法计算结果少 2.25 万 t。i. 上海市城镇生活 COD 产生系数：根据调研结果核算，上海市城镇生活 COD 产生系数为 82 g/（人·d），各区（县）城镇生活 COD 产生系数存在差异，一方面是由于工业废水对污水处理厂进水浓度影响所造成的，另一方面也是由于各区（县）经济发展和生活习惯差异所造成的。

通过课题研究首次完整地获得了上海市各区（县）工业和生活 COD 产生量及排放量数据，掌握了污水排放情况和排放特征分布，包括农业污染物排放情况。

本课题建立了重点污染源和各级污染源信息数据库，为下一步客观准确地完成上海市"十一五"COD 总量控制目标考核办法的研究，制定相关控制措施提供基础依据；为环境管理、环境科研提供一个准确有效的技术平台。对全市顺利完成"十一五"COD 总量控制目标，实施污染物总量削减，解决环境瓶颈问题，有效改善环境质量具有重要意义。

⑤上海市农村污水就地处置技术指南研究

建设社会主义新农村是党中央、国务院作出的重大决策，是实现小康社会的关键，上海在新农村建设中提出了"通过美化农村人居环境，建立良好的村镇社区"，将解决农村环境问题作为上海市社会主义新农村和和谐社会建设中的重要任务。当前，上海郊区村级河道"脏、乱、臭、塞"现象较为突出，其水环境质量与"上海大都市郊区"的要求存在较大差距。根据调查，有37%的上海农民对农村水环境不满意，上海新农村建设意愿排在首位的亦是改善农村水环境。令人欣慰的是，上海市政府已经决定，在"十一五"期间实施的上海第3轮环保行动计划中，全面启动郊区农村"万河整治行动"，按照"截污治污、沟通水系、调活水体、营造水景、改善环境"的思路全面推进。尽管如此，农村水环境形势依然十分严峻。

上海市大多数农村住宅布局较为零乱，缺乏统一的规划，农村基础设施缺乏稳定的投入，缺乏完整的污水收集管网和污水处理设施；大部分已建的户用三格式化粪池仅收集厕卫污水为主且处理效率低，而其他厨房、洗涤污水则处于无序乱排的状态。由此可见，农村生活污水已成为上海市农村环境污染重要的污染因子，不仅造成环境的污染，也易引起疫病的传播。随着村镇建设的发展和人口的集聚，污染问题日益突出，已成为制约上海市社会主义新农村建设的重要影响因素。同时，随着人民生活水平提高和全面建设小康社会的推进，广大农民群众也迫切要求改善农村生活环境和村容村貌。因此，对农村生活污水进行有效的综合整治，保护农村环境，促进人与自然的和谐已成为上海市新农村建设当务之急和重中之重的任务。

上海农村生活污染源呈总体分散、局部组团式分布，各组团间距离远、组团内水量小的特点，这些特点决定了城镇污水大规模收集集中处理的传统模式及工艺在农村地区不能适用。从适用技术的角度来看，农村生活污水治理应该根据当地实际采用分散化、小型化的治理模式，技术上应该要求工艺简单、净化效果有保证、投资省、能耗低、运行维护简单。

本课题针对上海市农村生活污水处理存在的问题，通过上海市农村生活污水就地处置技术指南研究，旨在提出针对农村不同情况的污水处理技术方案，为全面启动上海市农村生活污水处理提供技术支撑。

提出适合不同特点的农村处理前收集和污水处理技术方案，具体包括：技术工艺特点、适用范围、技术经济指标（进水水力负荷、处理单位水量投资、削减单位污染物投资、处理单位水量电耗和成本、削减单位污染物电耗和成本、占地面积、运行性能可靠性、管理维护难易程度、总体环境效益等）和应用实例。

综合分析工艺特点、适用范围、技术经济指标和实际应用效果的基础上，针对农村不同情况（水污染控制目标、污水处理等级、处理规模、有无土地处理条件）推荐适宜的污水处理技术及其优先程序。

通过本研究，提出针对农村不同情况的污水处理技术方案，为全面启动上海市农村生活污水处理提供技术支撑，将有助于提高上海市农村生活污水的处理率及处理效果，为上海市新农村建设奠定坚实的基础。

本研究课题属于环境公益性课题，课题针对上海市农村生活污水特点开展的生活污水就地处置技术指南研究，为全面启动上海市农村生活污水处理提供技术支撑，将有助于提高上海市农村生活污水的处理率及处理效果，社会和环境效益显著。同时也有利于提升项目承担单位在环境工程与管理方面的研究水平，提高团队科研工作能力。

⑥农用化学品污染控制关键技术集成及其示范应用研究

从 20 世纪 60 年代开始，化肥、农药等人工合成化学品在农业生产中逐步得到广泛应用，并开创了化学农业时代。与过去传统农业生产相比，化学农业不仅促进了生产方式，提高了生产效率，而且也极大地提升了农业产量。但是，由于长期和大量施用化肥、农药等农用化学品，化学农业面临农田土壤质量恶化、生产后劲不足、农产品品质及安全性降低和农业面源污染严重等一系列负面影响问题，不仅危害了人体健康和生态环境，而且也制约了农业生产的可持续发展。为此，减少农用化学品投入，提倡和推进生态、绿色和有机等环境友好农业建设，是世界各国消除化学农业负面影响的共同行动。

本项目综合"黄浦江上游水源保护区农业面源污染调查及其处理利用对策研究"、"上海郊区农田化肥氮磷流失监测与环境污染评估及决策支持系统"、"促进崇明岛东滩绿色农业发展的有机农业技术和体系"等研究成果，针对上海地区农用化学品污染现状及其控制瓶颈问题，集成了一套农用化学品污染控制关键技术，建立了一套适合农用化学品污染防治的监测与评价体系，并在崇明东滩开展了示范应用研究。

本项目针对上海农用化学品污染最为突出的旱地农田养分平衡精确施肥、有机肥腐熟度质量控制和农作物病虫害监测预警及其生态化防治等关键技术问题，在历年相关研究成果基础上，创新性地吸收国外先进的技术与经验，系统集成了一套适合上海市农业生产特点的农用化学品污染控制技术体系。同时，针对农用化学品施用引起的水体氮磷富营养化、土壤盐渍化、温室气体排放和农产品安全性下降等特征性污染问题，创新地集成了一套涵盖水体环境、土壤环境、大气环境和食品安全的全方位现场监测技术，解决了国内农用化学品污染监测缺乏全面性和规范性的问题。

本项目针对国内优质农产品价格参差不齐，没有统一的定价规范，首次提出了基于"优质优价"原则的涵盖农产品品质、安全性、营养和外观指标的综合层次分析定价方法，并针对农用化学品污染特征，建立了污染物减排环境效益货币化分析方法，构建了环境、经济与社会效益多尺度评价体系，提出了环境友好型农业的生态补偿机制。

本项目紧密结合上海市农业区域环境特点，系统研究了农用化学品污染控制技术体系，体现了多项技术的高度集成和整体示范，环境效益分析的数据支持了技术集成与示范的可靠性。本项目部分研究成果已被上海市农业技术推广部门和政府相关管理部门采纳，并在上海市第三轮环保三年行动计划农业面源污染控制和生态农业建设工作中得到推广应用，其环境、社会和经济效益显著。本项目研究成果获得了 2009 年上海市科技进步三等奖。

⑦上海市农业污染源普查及农村主要环境问题调查研究

随着上海市社会经济的不断发展和环境保护工作的不断深入，中心城区生活污染及工业污染基本得到了有效控制，城市环境质量逐步改善。在工业及城市环境保护工作取得成效的同时，上海市也逐步将环境保护工作重心从中心城区扩展到更广阔的农村地区，尤其是在社会主义新农村建设的大背景下，农业和农村环境保护已成为上海市环境保护的重点工作之一。

本项目综合"上海市农业污染源普查"和"上海市农村主要环境问题调查"等调查研究成果，通过对 10 个郊区县及光明集团所属农场共 17 948 个普查点的入户调查，并结合种植业、畜禽养殖业和农村生活源产排污系数测算，全面掌握了上海市种植业、畜禽养殖业、水产养殖业和太湖流域农村生活源的基本情况和污染状况；在此基础上，本项目通过对上海市郊区 104 个乡镇的基本情况调查和入镇实地详查，基本摸清了各乡镇农村地区主要环境污染问题产生的原因及其污染影响程度，掌握了全市以乡镇为单元的农村地区环境污染真实现状和潜在的污染风险，由此进一步归纳和筛选出各区县和全市农村地区主要的环境污染问题、污染的成因、影响的区域和潜在的风险，提出了上海农村环境污染整治针对性的对策措施。

本项目研究成果真实、客观地反映了上海市农业污染源的污染现状以及农村各区域存在的主要环境问题及其影响程度，为上海市农业环境保护和农村环境管理提供了有效抓手和切入点，也为上海市"十二五"农村环境保护规划编制提供了翔实可靠的基础依据。

（9）水污染治理技术研究

①乡镇污水组合交替式曝气塘工艺开发研究和应用示范

崇明岛是中国第三大岛，也是我国现今河口沙洲中面积最大的一个典型河口沙岛。全岛东西长 78 km，南北宽 13～18 km，形似卧蚕，总面积约 1 200 km^2。崇明岛以发展农林经济为主，农业用地占岛域总面积的 81.9%，是一个典型的农业岛。与上海整体水平相比，崇明岛经济状况较差，人均 GDP 仅为全市的 1/4 左右。全岛总人口为 64.7 万人，总户数为 25 万户，其中农村人口为 49.8 万人，占总人口的 81.2%。2004 年，在中央领导的高度重视和关注之下，市委、市政府确立了创建崇明岛生态岛的战略，举全市之力支持崇明生态岛建设，为崇明未来跨越式发展提供了重大的机遇。

为了配合崇明县的发展，市政府对崇明的建制进行了重新规划和调整，下辖城桥等 13 个镇和横沙等 3 个乡。崇明岛地广人稀，人口密度只有 624 人/km^2，81.2%的人口居住在农村，崇明岛各镇中，除城桥镇外，城镇化水平不高，许多镇、乡政府所在地的常住人口只有 1 000～2 000 人，严格地说，称其为集镇更加合适。

崇明岛"气净水清"，环境质量良好，崇明岛内各级河道 1 119 条，总长度 2 027.94 km，河网密度 1.95 km/km^2。境内河道水面积总量 46.02 km^2，河道面积为 55.97 km^2，河道水面率 4.13%，地表水质总体达到国家Ⅲ类标准。2002 年，崇明县被命名为国家级生态示范区，是上海唯一的国家级生态示范区。2007 年，崇明县政府开始启动国家级生态县创建工作。按照环境保护部对国家级生态县的创建标准和要求，崇明正在提高县人均财政收入、森林覆盖率和城市化水平等方面积极开展工作，而推进过程中最为困难的一项就是提高污水处理率，崇明县环境保护局认为："完成这项指标是崇明创建国家级生态县的瓶颈。"

2004 年以前，崇明岛基本没有专门的生活污水处理设施。由于生活污水、畜禽水产养殖废水、种植业面源污染和工业废水的直接排放，使水质呈现向Ⅳ类水恶化的趋势。根据调查，一些镇的生活污染占到区域污染负荷的 40%以上，成为首要污染源。随着连接崇明岛与上海市的隧桥工程的贯通和两岸轮渡码头的扩建，人口的涌入将给崇明岛水环境带来更大的压力。

创建国家级生态县的基本条件中规定，下辖 80%的乡镇应先期创建为全国环境优美乡镇，而全国环境优美乡镇的创建标准要求"建成区污水处理率大于 70%"，这就意味着全县 16 个乡镇中，至少要有 13 个镇需建成镇区污水收集与处理设施。本研究启动时，全县仍有 11 个集镇尚未开工建设污水处理设施，并且普遍面临建设资金不足和缺少技术人员的问题；同时，这些集镇又都位于水环境Ⅲ类功能区，新建污水处理工程必须具有脱氮除磷能力并执行一级 B 排放标准。在执行严格排放标准的前提下，建设经济型的集镇污水处理工程，成为崇明县推进生态县创建工作的主要技术难题之一，本课题旨在开发一种适合崇明岛集镇特点的污水处理技术。

研究内容：一是研究基于组合交替式曝气塘工艺的最佳时序控制方案，实现高效的有机物去除和脱氮除磷。二是研究基于 pH、ORP 和 DO 反馈的自动控制方案，实现对"时间控制"和"空间控制"的最优化。三是进行组合交替式曝气塘工艺工程示范研究。

研究成果：针对集镇组合交替式曝气塘工艺的开发研究，对该工艺进行了不同模式的探索性试验，探讨了该工艺反馈运行的模糊控制策略，并对工艺的实际应用做了相关研究，得到如下结论：一是试验表明，组合交替式曝气塘工艺在同时去除碳、氮、磷方面有很好的表现。在给定的运行模式下，COD，TN，NH_4^+-N 和 TP 均有较高的去除率，出水水质达到《城镇污水处理厂污染物排放标准》（GB 18918—2002）一级 B 标准。二是 COD、NH_4^+-N、NO_3^--N、NO_2^--N、TP 等水质参数的测定分析都需花费较长的时间，导致水处理系统不能及时地实现不同处理阶段的切换。然而，pH、DO 和 ORP 的在线监测能准确地定位不同阶段的结束点，可以控制有机物去除、硝化和反硝化各个阶段的反应时间，很好地实现反应系统的在线控制。建立用于组合交替式曝气塘的在线控制系统，对于保证出水水质、节省能耗具有重要意义。三是在对组合交替式曝气塘工艺的反馈运行研究中发现反馈运行的边池的模糊控制策略。四是组合交替式曝气塘工艺中池在时序运行时的间歇曝气方式和反馈运行中的控制策略，既能达到好氧状态的要求，利于微生物的生长，满足处理效果，又能节能降耗，是两种很有前途的曝气控制方案。五是组合交替式曝气塘工艺根据上述模糊控制策略进行反馈运行，各时段反应时间并不是一成不变的，随着进水水质的不同和微生物活性不同等发生改变。由于该工艺反馈运行采用计算机自动控制，故运行管理和调整均比较灵活和方便，而且 COD、TN、NH_4^+-N 和 TP 去除效果好，出水水质达到《城镇污水处理厂污染物排放标准》（GB 18918—2002）一级 B 标准。六是通过试验对影响组合交替式曝气塘工艺运行的多个时序运行模式和反馈运行模式进行了理论研究，由此摸索出了一套适合实际水质的运行管理模式，并在中试的连续运转中取得良好的处理效果。

建成崇明县港西镇简易交替式曝气塘污水处理工程，处理规模 250 m^3/d，出水达到一级 B 标准，工艺用地指标为 0.8 m^2/m^3，工艺部分的吨水投资为 660 元，运行电耗为 0.35 元/t。

②污染物源头消减及截留技术研究

上海市中心城区苏州河流域在实施了干流、支流截污治污和综合调水等环境综合整治措施后，干流水质于 2000 年基本消除了黑臭，耐污性鱼类重新出现。然而到 2006 年年底，上海市中心城区 325 个城市小区强排水系统中分流制排水系统有 261 个，中心城区旱流污水截流率已达到 90%，苏州河流域基本完成污水管网建设和截污治污、大部分污水被收集后，水质仍未能得到持续明显的改善，河流水质主要目标不能稳定的达到功能区标准，尤其每逢降雨期前后，苏州河沿线市政和雨水泵站附近水域仍时常出现黑臭。这一现象表明一些在河道黑臭阶段的次要污染因素，随着截污治污及其河道整治的开展，逐渐凸显为影响中心城区河流水质稳定与持续改善的主要问题，这不仅是上海市中心城区河流完成截污治污后水质稳定与持续改善面临的主要问题，也是我国许多大中型城市河流水质改善所面临或即将面临的共性问题。

造成这一突出现象的根本原因主要是由于苏州河沿线泵站本身老化导致的检修频率过高、合流污水一期工程截流倍数偏低形成的雨天溢流、系统内雨污水混接、合流制排水体制自身弊端等原因，使得泵站存在着雨天放江、施工配合放江、试车放江和检修放江等，从而使改善后的苏州河水质带来重新污染、水体重现黑臭。据统计，1996—1999年苏州河沿岸 37 座泵站年均排江量约为 3 000 万 m^3，排入的 COD_{Cr} 总量约 4 320 t，2000 年对市政泵站优化运行后，2001 年的排江量仍超过 1 600 万 m^3，其中又以初期雨水排江量最大，污染最为严重。初期雨水放江污染具体表现在两个方面：a. 合流制排水系统及存在雨污混接的分流制雨水管道系统，因考虑雨水排放采用大管径，而晴天的污水量相对较小、流速低，管道中污染物沉积严重，降雨前为满足城市防洪需要泵站采用预抽空管道方式运行，管道中流量急剧增加、流速加大，将管道中沉积物冲入河道；b. 降雨初期进入管道的初期雨水携带地面径流污染物，与管道沉积物混合，直接排放到河道对水体造成严重污染。因此，为顺利实现环保"十一五"规划目标，针对中心城区市政泵站初期雨水放江问题，需开展初期雨水放江污染负荷削减技术研究，以使上海水环境持续稳定改善。

研究内容：一是初期雨水就地渗透减量技术。雨水的就地渗透技术不仅可以减轻初期雨水的污染，亦可减少进入雨水管道的雨水径流量，从而降低排水系统建设规模，减少后续初期雨水治理的规模压力。主要研究典型渗透系统设计参数、典型渗透系统饱和出水水质变化情况等。二是初期雨水净化调蓄联动快速消减技术。初期雨水治理的一个有效方式是设置雨水调蓄池，可以大量消减污染物的排江量；结合初期雨水采取高效净化措施，研究高效净化措施和调蓄池的联动快速消减技术，从而大幅消减放江污染负荷。主要研究初期雨水调蓄能力设计和运行管理等的优化方法和初期雨水高效净化和调蓄池联动的污染快速消减技术。三是雨水排水系统汇流治理技术体系。针对初期雨水的突发性、集中性等特点，同时结合排水系统沿程雨污混接造成进入雨水泵站的污水量不断增加的现状，研究排水系统汇流治理技术，提出合理的排水系统汇流治理初期雨水技术体系，主要研究雨水泵站的旱流污水截流技术和排水系统雨前预抽空防止污染水体优化方案。

研究成果：一是各典型泵站单次初期雨水放江量与降雨量有明显的相关性，放江次数、单次均值和季度总水量在秋、夏两季最大；无污水截留泵设施的典型泵站初期雨水放江时污染物浓度相对较高，特大暴雨情形下的典型泵站放江的 EMC 浓度亦较高；初期雨水放江水质浓度甚至超过《污水综合排放标准》中二级标准规定的污水排放浓度，存在严重的初期雨水放江污染。二是随着降雨量增大，典型泵站初期雨水放江 EMC 均值基本呈逐渐下降趋势；前期晴天数越长，典型混流排水系统降雨放江 EMC 整体上越高；在研究时段内，泵站初期雨水放江即时流量越大，SS 等主要水质指标越高。三是初期雨水中 NH_4^+-N、TN、TP 等溶解态污染物较易被冲刷带走，存在显著初期效应；不易被冲刷带走的固态污染物 SS、COD、BOD_5 等指标，初期效应不明显；随着降雨量的增大，典型泵站初期雨水放江事件的初期效应逐渐增强，特别是在 24 h 内降雨量大于 25 mm 时，放江事件各指标均表现出显著的初期效应趋势。四是首次提出了污染集中效应，并对其判断方法进行了探讨，对于存在污染集中效应的放江事件，可通过 K 参数法指导调蓄等措施控制放江事件的较大比例放江污染物，以减轻放江污染程度。五是基于 ArcGIS 平台开发的初期雨水放江水质、水量信息系统在收集整理上海市各区域市政泵站基本信息、放江量、放江水质的基础上，有效地显示了市区各区域市政泵站多年来的放江规律，可供查阅历年的放江水量、水质数据信息。六是雨水就地渗透减量技术能有效削减初期雨水径流洪峰流量，对初期雨水径流中污染物亦有明显的去除净化作用，但其去除效果与不同下垫面基质粒径、渗透深度等有关。七是用硬质下垫面渗透材料就地收集、净化初期雨水径流效果明显，值得推广；但其原料配方、成型压力、烧成温度的制作条件会影响渗透材料的性能，制作条件的选定是关键；分散式就地渗透系统和集中式就地渗透回灌系统形式多样，应结合城市不同区域选择合适的渗透系统，并根据本研究中相应提出的设计原则、方法和参数加以建造。八是研究确定 PAC 为初期雨水最佳混凝剂，其对浊度、COD 和 TP 的去除效果分别可达到 94.38%、60% 和 94.97%；提出了混凝调蓄联动技术思路和工艺流程：在调蓄池进水管前端设混凝系统，在混凝系统中初期雨水与混凝剂快速混合后进入调蓄池，此时调蓄池内部结构经改造后能有效地使混凝后的初期雨水在其中进行沉淀，在经历最佳沉淀时间达到污染物的最大去除效果后排入水体。九是实验表明，9 种细菌和 2 种真菌可作为初期雨水处理的菌种，与投放单一菌种相比，在调蓄池中投放混合菌可明显提高污染物去除率，COD、NH_4^+-N、TP 的去除率分别达 60%、74%、78%；综合考虑净化效果和费用，混合菌投加量可取 22 mL 比较合适，并建议将 EM 复合菌和混合菌优化组合使用。十是以漕河泾排水系统为研究对象，旱流放江量占泵站放江总水量的 13.2%～25.5%，且水质较差，除 NH_4^+-N 外，其放江水质其他指标 EMC 的最高值甚至比《污水综合排放标准》的二级标准值还要高；提出源头改造、泵站截流改造等旱流污水截留工程措施。十一是通过典型泵站管道系统污染物质量平衡计算，得出管道和泵前集水井沉积物在雨前预抽空的排江污染量中占重要比例，其 COD、BOD 和 SS 污染负荷所占的比例在 30%～54%；在此基础上，提出集水井沉积物搅拌截留方案，可有效减少总预抽空外排 COD、SS 污染量的 11.4% 和 7.9%。

　　本研究的部分技术成果在上海市莘庄地铁北广场排水系统应用示

范，技术工程实施后截流的污水量达 506.88 m^3/d，使该排水系统源头污染负荷削减 71.4%，具有很大的社会和环境效益。

③农村生活污水人工湿地和曝气稳定塘优化处理技术研究

建设社会主义新农村是党中央、国务院作出的重大决策，是实现小康社会的关键，上海在新农村建设中提出了"通过美化农村人居环境，建立良好的村镇社区"，将解决农村环境问题作为上海市社会主义新农村和和谐社会建设中的重要任务。当前，上海郊区村级河道"脏、乱、臭、塞"现象较为突出，其水环境质量与"上海大都市郊区"的要求存在较大差距。根据调查，有 37% 的上海农民对农村水环境不满意，上海新农村建设意愿排在首位的亦是改善农村水环境。令人欣慰的是，上海市政府已经决定，在"十一五"期间实施的上海第 3 轮环保行动计划中，全面启动郊区农村"万河整治行动"，按照"截污治污、沟通水系、调活水体、营造水景、改善环境"的思路全面推进。尽管如此，农村水环境形势依然十分严峻。

上海市大多数农村住宅布局较为零乱，缺乏统一的规划，农村基础设施缺乏稳定的投入，缺乏完整的污水收集管网和污水处理设施；大部分已建的户用三格式化粪池仅收集厕卫污水为主且处理效率低，而其他厨房、洗涤污水则处于无序乱排的状态。由此可见，农村生活污水已成为上海市农村环境污染重要的污染因子，不仅造成环境的污染，也易引起疫病的传播。随着村镇建设的发展，人口的集聚，污染问题日益突出，已成为制约上海市社会主义新农村建设重要影响因素。而同时，随着人民生活水平提高和全面建设小康社会的推进，广大农民群众也迫切要求改善农村生活环境和村容村貌。因此，对农村生活污水进行有效的综合整治，保护农村环境，促进人与自然的和谐已成上海市新农村建设当务之急和重中之重的任务。

上海农村生活污染源呈总体分散、局部组团式分布，各组团间距离远、组团内水量小的特点，这些特点决定了城镇污水大规模收集集中处理的传统模式及工艺在农村地区不能适用。从适用技术的角度来看，农村生活污水治理应该根据当地实际采用分散化、小型化的治理模式，技术上应该要求工艺简单、净化效果有保证、投资省、能耗低、运行维护简单。一般认为，因地制宜地采用自然生态处理技术是农村污水治理的有效手段，人工湿地技术和曝气稳定塘技术就是诸多农村污水处理典型技术的代表。人工湿地技术的处理负荷较高，被认为是传统生化处理技术向生态工程技术转化的最佳结合点，因而近年来在农村污染治理领域受到的关注也最大；曝气稳定塘与常规污水处理相比，具有较突出的实用性和优越性，是昂贵的常规二级处理的一种替代方案，能够满足农村生活污水分散处理、经济实用、操作简单、资源化利用的处理要求，其处理农村生活污水的优势还包括：曝气稳定塘塘体构造和设施比较简易，便于因地制宜；运行和维护管理方便，节省人力物力；处理效果稳定，病原微生物去除率较高。

但人工湿地和曝气稳定塘这两种污水处理技术在处理农村生活污水的过程中亦存在一定不足，如：人工湿地存在占地面积大、现有基质选定的湿地氨氮去除效果不好、容易发生堵塞等问题；曝气稳定塘技术在上海农村地区应用缺乏最佳运行技术参数、曝气装置耗能大、臭味会影响周边环境等问题。因此，有必要对这两种技术进行优化研究，解决其存在的问题，从而推动人工湿地和曝气稳定塘技术在农村污水处理中的应用。

研究内容：一是人工湿地优化处理技术研究。根据大气复氧概念模型，研究不同基质人工湿地在不同进水水力负荷条件下水流分布范围；基于大气复氧廊道的提出，调整不同基质人工湿地中布水管的间距和进水水力负荷，研究合适的布水管布置的间距参数和大气复氧廊道的宽度参数；针对人工湿地过水量随运行时间逐渐减少的问题，研究利用小型湿生动物疏通基质间隙，延长人工湿地食物链，确定小型湿生动物的最佳投放率、投放方法与季节，摸清小型湿生动物生活习性、繁殖规律与控制方法。二是曝气稳定塘污水处理技术研究。在一定的运行工况下，测定曝气稳定塘中不同点在曝气启动至污泥完全混合过程中的污泥浓度变化，考察污泥整体分布及随曝气时间的混合状态，确定曝气稳定塘曝气时间内的泥水混合程度；确定一定的曝气强度、曝气时间和曝气周期，曝气稳定塘在相应的曝气强度下连续运行，测定曝气稳定塘随时间的出水效果，确定处理效果最佳的水力停留时间；测定曝气稳定塘内不同位置流速分布，考察稳定塘流场情况，提出优化流场措施，以确保溶解氧和污泥浓度的分布均匀，泥水混合接触充分，避免塘内的局部污泥淤积；挑选一至两种合适的浮水植物，确定其在曝气稳定塘中的种植形式、位置及种植密度；测定不同位置溶解氧分布，考察流场情况，与植物种植前进行处理效果及对周边环境影响的比较分析。

　　主要研究成果：一是在人工湿地中布水管至布水管下 10 cm 基质层内既是污水大气复氧最活跃，又是有机物去除效果最好的基质层。理论推导出大气复氧是提高污水中氧量的重要途径，同时提出了基质间污水的大气复氧概念模型。二是在相同水力负荷条件下，不同基质的浸润速度不同，v（粗砂）$>v$（小砾石）$>v$（中砾石）$>v$（大砾石）；进水时间的长短对浸润范围有较大影响，粒径越小，进水时间对其影响就越大。三是垂直潜流人工湿地发生堵塞雍水的成因主要是基质层中不可滤物质的积累。四是堵塞型垂直潜流人工湿地采取轮休措施后，人工湿地雍水状况得到不同程度的改善；长期轮休措施对解决人工湿地的堵塞有明显效果；应结合人工湿地的基质、植物种类，调整运行工况进行不同时间长度和方式的轮休，从而确保湿地处理效果和植物生长不受该措施的影响。五是试验表明，蚯蚓对不同程度雍水的湿地具有修复作用，其行为主要是蚯蚓能吃湿地堵塞物中的不可滤有机物；蚯蚓推荐选择赤子爱胜蚓，投放密度 $0.4 \sim 0.8$ kg/m^2 为最佳。六是曝气稳定塘建议采用曝气周期为 0.5 h/1.0 h、水力停留时间为 $4 \sim 6$ d 为最佳运行工况。七是曝气塘内种植植物后，可有效地提高对污染物的去除率，在植物投放初期尤为明显，同时也可有效削减曝气塘臭味对周边环境的影响。

本研究成果在上海崇明岛等郊区和浙江等地都有推广应用，普遍取得良好的社会和环境效益。

2．大气环境研究

1980 年，随着大气环境研究所的前身——大气研究室的成立，上海市大气环境研究工作逐步开始。1980—1994 年，大气环境研究工作主要集中于大气污染治理技术、酸雨监测研究、二氧化硫污染防治规划等研究，开创性地在全国率先组织开展了特大城市酸雨监测研究、大气颗粒物对人体健康的影响及室内空气污染防治等具有科学价值的研究项目，为大气所后来学科建设和发展打下了坚实的基础。1995—2001 年，大气环境研究开始注重二氧化硫总量控制、工业废气污染治理、机动车污染控制、大气铅污染、颗粒物来源等研究，特别是车用汽油无铅化及跟踪等研究对促进上海车用汽油无铅化起到了重要作用；此外，与 UNDP 和瑞典科学家共同开展了消除 ODS 研究，为我国加快淘汰 ODS 作出了重要贡献。2002 年后，环科院大气环境研究所在现任所长陈长虹教授、钱华副所长的带领下，开创了能源与环境、重型车车载排放测试、城市和区域大气污染过程模拟、复合型大气污染化学过程观测、室内空气污染防治、加油站系统油气回收等新的研究领域。其中，能源与环境、长三角城市和区域大气环境研究、大气污染化学过程观测、大气高污染过程的气象与化学过程诊断、大气高污染过程模拟、机动车污染综合防治和室内空气污染研究等取得的成果在国内外享有较高的声誉。

大气所的重点研究领域包括气候变化背景下的大气环境研究、复合型大气污染化学过程观测、城市与区域大气污染化学过程模拟、区域大气污染联防联控、室内空气污染控制研究以及大气污染治理技术研究等。

多年来，大气所先后组织承担了"上海市酸雨研究"（1981—1985），

"8013（NO_x）催化剂研制"、"中日合作项目：上海市大气污染综合防治规划"（1984—1985），"世界银行—上海城市交通项目：减少上海城市车辆排污危害的战略"（1993—1995），"上海市车用汽油无铅化"（1993—1996），"上海市大气中 NO_x 污染与来源分析"（1998—2000），"上海市地方机动车排放标准"（1997—1999），"CCIED 项目：中国能源环境政策对减缓 CO_2 排放增长的效果研究"（1999—2001），"中美合作项目：上海能源方案与健康效益"（1999—2001）、"美国能源基金会项目：上海市机动车污染控制与健康效益"（2005—2006），"长三角大气污染输送研究"（2006—2007），环保部公益性科研专项（2008—2012）"加油站排放控制及管理措施研究"、"室内环境空气污染控制与改善技术途径研究"、"典型地区大气灰霾特征与控制途径研究"。

作为长三角地区的重点城市，上海在城市和区域大气污染防治领域开展了诸多研究。2006 年立项的"长三角区域大气污染输送规律"课题及时地建立长三角区域污染物排放清单，并采用 MODELS-3/CMAQ 区域空气质量模型，模拟和分析长三角区内大气污染输送机制，城市间大气污染的相互影响及区内新项目、重点行业布局规划对区域大气环境的影响，为区域环境统筹和可持续发展提供决策依据。

围绕世博会空气质量保障，大气所先后组织承担了市环保局下达的"2010 年上海世博会空气质量保障措施研究"，以及"国家科技部世博科技专项——2010 年上海世博会空气质量保障长三角区域联动方案应用研究"等课题。论述了上海市环境空气质量的变迁、世博会同期的环境空气质量状况、上海市大气污染的基本表现以及上海市最突出的几个空气污染问题；通过研究阐述了大气污染物的主要来源、形成城市复合型大气污染（灰霾、臭氧等二次污染）的科学关系、大气高污染的形成过程；阐明了世博会空气质量达标的 4 个关键因素；提出了分地区、分层次、分污染等级的包括常规与紧急状态在内的 10 大类共计 62 项世博会空气质量保障措施；并对各项措施进行了定量和定性的科学评估；为世博会的空气质量保障提供了科技支撑。开展长三角大气污染现状评估、大气高污染过程分析；研究和测算了包括全国重点大气污染源和江浙沪鲁高架源在内的大气污染物排放清单；建立了以 CMAQ、TAPM、NAQPMS、WRF-CHEM 等多尺度的模型系统；初步提出了长三角大气污染的基本方案；建立的空气质量信息共享平台（2010 年上海世博会空气质量保障长三角区域联动方案研究信息平台和2010 年上海世博会环境空气质量专栏），为世博会的空气质量保障的区域联动提供了工作基础。

区域性大气污染是制定大气环境保护规划中关注的重点之一，在上海市"十二五"大气环境保护专项规划中明确要求制定"十二五"重点区域大气污染联防联控规划"，该课题对"十一五"大气环境保护工作开展了回顾和评估，并阐明当前上海市面临的酸雨、灰霾和臭氧三大问题，通过在线高分辨率监测，测量了大气高污染期间细颗粒物中的离子组分，初步明确了灰霾污染的重要物种和大气污染来源，阐述在实施氮氧化物总量控制的同时，应大幅度降低 VOCs 排放量，避免该措施的负面影响等内容；研究还测算了 2010—2020 年的能源消耗、GHG 及大气污染物排放量，制定了"十二五"大气环境保护的目标指标、规划任务及重点措施，并开展成本匡算。此前，上海市还先后开展了"十五"大气环境保护专项规划，"十一五"大气环境保护专项规划，"上海第四轮三年大气环境保护行动计划"，在巩固脱硫和扬尘控制取得的成果的基础上，全面推进机动车污染控制，积极探索 NO_x 和 VOCs 的控制，注重室内空气污染，加强应对气候变化的能力建设。2010 年启动的"上海市重金属污染综合防治规划"，着力开展重金属大气污染物排放状况和环境空气质量重金属超标状况调查，测算上海市各区县、各行业重金属污染物产生和排放；开展了分行业污染排放状况与治理水平评估、行业重金属污染物清洁生产分析行业达标排放和污染治理水平分析；分析重点污染源或风险源，确定重点规划单元及重点行业，并制定重金属污染防控路线，确定防控对策。

随着上海市机动车保有量的不断上升，机动车污染防治受到越来越高的重视，早在 1997 年全市已实施车用汽油无铅化，1999 年 7 月 1 日和 2003 年 3 月 1 日上海提前实施国 I 和国 II 排放标准，2006 年开展了"上海提前实施国IV排放标准可行性研究"，根据上海市机动车排放和污染分担率论证提前实施国IV排放标准的必要性与环境效益。多年来，上海机动车污染控制取得了举世瞩目的成就，有效遏制了机动车污染快速上升的趋势。然而，由于城市机动车快速增加，外来车辆剧增，上海交通环境正面临新的考验。"十一五"中明确要求制订上海市"十一五"机动车污染控制行动计划，根据上海市机动车污染现状和发展状况，结合 2010 年上海世界博览会，以城市让生活更美好为目标，持续改善环境空气质量，全面促进城市交通环境可持续发展。同期还开展了"柴油公交车颗粒物排放的环境影响研究"，对上海市柴油公交车污染物排放状况统计分析，分析污染物排放对环境空气质量的影响，并评估全市柴油公交车整体应用颗粒捕集器的减排及环保效果。

结合区域复合型大气污染，在 2009 年开展了"长三角区域机动车污染联合预防"研究。从现状和机动车污染贡献着手，阐述了造成污染的基本原因、主要城市的机动车大气污染物排放清单，描述了上海、南京和杭州在用车 I/M 制度现状；根据国家环保部的要求，提出了长三角机动车尾气环保标志互认的基本思路和各主要城市机动车污染控制基本方案，从区域合作的角度出发，为世博会的空气质量保障提供了有力的支持。

近期，为了建立基于路段的机动车污染物排放清单动态测算模式，实现单位小时内交通信息数据的实时转换到道路排放的实时计算。大气所开展了"机动车实时排放空气污染预警研究与示范"与"道路交通机动车尾气排放评价技术研究"的课题，建立了上海市不同道路类型、不同拥堵时段、不同车辆类型的典型行驶工况，获得排放因子模型的校正参数，从而完善排放系数的本地化校正；根据上海市本地车辆技术与比功率分布特征，开展典型车辆的主要污染物的排放水平调查；调查上海市环境温度、湿度年变化以及车用燃油特征等机动车排放相关参数，利用本地车辆技术、比功率分布、车辆排放水平及相关参数，校正 IVE 模型，建立基于实时道路交通信息的本地化排放因子测算模式；开展上海市快速路、主干路、次干路不同车辆类型车流分布调查，分析不同道路类型、不同时段车流分布规律；通过实时交通信息的接收和处理，嵌入本地化排放因子测算模式，动态计算各道路机动车排放量；采用 GIS 二次开发技术，绘制城市道路的实时动态排放地图。

基于诸多的研究成果，大气所研究人员在环境科学学报等核心期刊中发表了《重型柴油车实际道路油耗与排放模拟及其应用研究》《重型柴油车在实际道路上的排放测试》《柴油公交车在实际道路上的排放特性》《柴油轿车在实际道路上的排放测试》等论文。

随着上海市对环境污染的治理和多年的投入，传统的大气污染问题逐渐得到改善，然而新型的区域复合型污染日益凸显。世博会契机下大气环境研究开展了中国 2010 年"上海世博会环境空气质量保障——大气污染联合观测：城市大气挥发性有机物的污染特征"与"基于挥发性有机物的世博空气质量保障措施跟踪观测评估"的课题项目，采用高分辨率在线观测手段定点监测了空气中 56 种挥发性有机物的含量，利用 OH 自由基消耗速率和 OFP 法测算了 VOCs 各物种的大气化学反应活性，识别出影响上海市光化学污染过程的 VOCs 关键活性物种，并讨论了臭氧前体物（NO_x 和 VOCs）污染水平的假期效应。观测结果显示，上海市城区空气中富含挥发性有机物、化学活性很强，其活性与乙烯相当；其污染来源以机动车尾气排放为主；且时间序列与交通及人的活动规律相符；春节和"五一"长假，上海市车辆明显减少，空气中 NO_x 和 VOCs 浓度水平相应显著降低，假期效应明显。并通过主成分分析和 OBM 方法证实 VOCs 对城市光化学烟雾生成的重要性。

针对上海日益严重的灰霾污染，2010 年年底大气所着手启动"灰霾天气发生期间关键大气污染物的污染特征和来源解析"与环保部公益性项目"典型地区大气灰霾特征与控制途径研究",基于地面观测等实测资料,分析灰霾天气发生期间关键大气污染物（SO_2、NO_x、NH_3、O_3、VOCs、$PM_{2.5}$ 等）的污染特征并对主要污染物进行来源解析；探索灰霾发生前后细颗粒污染物的化学组成及其与气态污染排放物之间的相互影响或制约关系，以及各种污染物污染特征对能见度的影响；初步确定灰霾污染的空气质量评价指标。同时，针对长江三角洲地区灰霾天气污染水平与现状，系统分析灰霾生消机制及灰霾的传输规律，阐明灰霾成因和机理；研究灰霾相关污染物协同控制技术，发展灰霾污染事件诊断与预警技术，形成以治理区域灰霾为重点，体现多污染物协同控制和区域联防联控的区域灰霾综合控制途径和对策建议；全面系统地了解并总体分析长三角地区大气环境现状，准确深入地识别该区域大气环境面对的关键污染问题，分析我国大气污染控制和空气质量管理的最新进展；全面评估对长三角所面临的主要环境问题的认知程度、大气污染控制技术及对策的发展状态和应用执行情况。

大气污染能源排放清单是有效实行大气污染防治的基础工作，2008年全国（上海市）展开了第一次污染源普查，对工业源、生活源、集中式污染源治理设施、农业源开展了普查工作。此外，多个重点项目中也涉及对污染源排放清单的调查，包括"上海市大气污染源排放清单"、"长三角大气污染物排放清单"、"山东省大气污染物排放清单"、"海峡西岸大气污染物排放清单"、"全国重点源大气污染物排放清单"、"上海市机动车大气污染物排放清单"、"长三角重点城市机动车大气污染物排放清单"等。

在排放源清单的数据基础上，大气所开展了各种空气质量模拟研究，如"利用 TAMP 模型开展长三角区域空气质量模拟"、"长三角复合型大气污染的 CMAQ 模拟研究"、"世博会大气污染调控措施的 CMAQ 模型综合应用"、"利用 CALPUFF 模型开展长三角城市大气污染输送研究"、"应用 NOAA-HYSLPIT 反向轨迹模型开展大气污染输送通道与聚类分析研究"等。

区域规划中的大气环境影响评价能为产业发展和宏观布局提供建设性参考意见，有利于区域可持续健康发展。近年来，大气所成功地参与了多个战略规划环评工作，包括浦东战略环评与海峡西岸发展大气环境影响评价，通过对目标区域能源消费现状调查、未来能源消费预测，大气污染物排放清单的建立以及 CMAQ 和 TAMP 等空气质量模拟预测未来浦东的环境质量，找出能源消费和大气环境存在的问题。2010 年，还相继开展了"山东省钢铁行业中长期发展战略大气环境影响评价"、"贵阳市大气质量预测模型建立及污染控制应用研究"、"湄洲湾区域规划的大气环境影响研究与宝山区区域规划的大气环境影响研究"等。

能源环境一直是大气环境研究领域关注的焦点，使用清洁能源是有效处理大气环境污染问题的根本性措施之一。2007 年"上海生活煤炭含硫率调研" 课题通过调查了解生活煤炭来源，实测查明生活煤炭热值、灰分、含硫率等关键因子，为详细测算全市二氧化硫剩余存量提供科学数据。2008—2009 年陆续开展了二氧化碳减排项目"上海市二氧化碳排放基准线测算"及"上海市节能减排的环境效益及二氧化碳削减对策研究"，结合上海经济和社会发展形势，分析上海能源现状及面临的压力，探讨实施节能减排可能对能源安全、环境改善、温室气体减排所带来的效益，以期实现中长期社会经济的可持续发展。2010 年"低碳"二字深入民心，大气环境研究从专业领域制定"上海市低碳清洁空气实践与中长期发展战略"，评估"十一五"期间上海市大气污染特征和演变趋势，提出中长期内低碳清洁空气的发展目标，并针对大气污染及碳排放问题，探讨上海市实现低碳清洁空气发展目标的近期行动及中长期发展战略，对于缓解经济发展不断增长的能源需求与二氧化碳排放持续增加、大气污染日益恶化之间的尖锐矛盾，寻找一条低碳清洁空气发展之路具有重要指导意义。同时开展"上海市锅炉及窑炉清洁能源替代实施方案及政策研究"，在摸清上海市现有锅炉和窑炉的数量及能耗信息的基础上，绘制锅炉和窑炉的空间分布图，为工业锅炉和窑炉的清洁能源替代提供工程性参数；对现有锅炉和窑炉资料进行统计分析，掌握各区域拥有量、地理位置、用能品种及用能量，核算各区域清洁能源需求量；开展锅炉和窑炉清洁能源替代的工程实例调研，确定清洁能源替代的建设和运行成本；利用城市尺度的空气质量模型，开展清洁能源替代的环境效果评估。

此外，近年大气环境研究领域还涵盖室内环境和油气排放管理，所涉及的项目包括环保部公益性项目——"室内环境空气污染控制与改善技术途径研究"、"加油站排放控制及管理措施研究"、"上海市室内空气污染治理技术研究暨室内空气净化技术开发研究"、"打浦路隧道空气污染物治理设备效果评估"、"翔殷路隧道空气污染物治理设备效果评估"、"上海市焦化行业排放标准前期研究"以及"上海通汇汽车维修零部件配送有限公司厂区环境空气质量监测及影响因素研究等"。

3. 声学环境研究

（1）环境噪声控制研究

①上海市环境噪声综合整治与对策研究。20世纪90年代初，上海进入大发展阶段，噪声问题日益显现，同时又缺乏技术与管理上的积累，为了更好地解决上海市所面临的环境噪声问题，上海市政府下达了"上海—大阪友好城市交流项目（上海市环境噪声综合整治与对策研究）"，以借鉴发达国家的环境噪声管理模式与控制技术。该项目为期三年，多次进行科技人员互访交流，学习了解日本大城市环境噪声管理经验、管理手段，并对各自城市的环境噪声主要问题进行了交流与探讨，日本大阪市资助上海市环保局噪声仪器用于全市的环境噪声监测，提供了管理文件，为上海市城市环境噪声的管理与控制打下了坚实基础。该项目是上海市第一个环境噪声国际合作项目，学习到了很多先进的噪声管理与

控制技术。如通过交流提高了上海市的环境监测仪器装备水平，为全市的环境噪声调查与日常管理提供了技术手段；项目中引入的日本声屏障技术对上海市后续开展的声屏障研究、开发、应用有一定的参考意义。

②上海市区域环境低噪声目标与对策研究。1993 年，国家出台了《城市区域环境噪声标准》（GB 3096—93）。根据新标准的要求，上海市废除了《上海市城市区域环境噪声标准》，同时，按新标准类别划分声功能区；此外，上海市环保局提出了安静小区管理与达标小区建设的工作要求。在此背景下，为了了解对应新标准的各功能区下的居住小区的达标情况，特别是 Ⅱ 类区影响噪声的几个主要因素，例如住宅密度、人口密度、道路密度、商业布局等，上海市环保局于 1994 年下达了"上海市区域环境低噪声目标与对策研究"课题。该课题选取了人口密度较大、商业布局密集的田林新村，人口密度较小、商业布局简单的金山石化生活区，以及杭州、南京与此相类似的集中居住小区作为样本，分析研究了环境噪声功能区的可达性，提出了人口密度与噪声的经验公式，分析了商业布局与城市道路密度对环境噪声的影响。该课题经专家鉴定，达到国内领先水平，为后一阶段的达标小区和安静小区建设提供了技术支撑，也为上海市声功能区划分提供技术支撑。在该课题进行的同时，还开展了"上海市环境综合整治规划"、"上海市噪声功能区划分"等课题，使上海市的环境噪声管理上了一个层次。

③环境噪声污染控制中的主要问题及对策研究。自 20 世纪 80 年代以来，上海市对环境噪声污染的控制取得了一定的成绩；80 年代中期，上海市环保局提出、上海市人民政府发布了《上海市固定源噪声污染控制管理办法》，为解决企业固定源噪声扰民问题奠定了法律基础，促进了全市固定源低噪声控制区（安静小区）建设。20 世纪 90 年代起，上海加快了改革开放的步伐，城市结构、城市功能发生很大变化。随着城市建设大规模推进和第三产业迅速发展，建筑施工噪声、社会生活噪声的扰民矛盾日益突出，1992 年起结合全国城考，开始建设以各类噪声源

为治理对象，全面达到相应区域环境噪声标准的环境噪声达标区。截至1995 年年底，在市区范围内共建立了 27 块环境噪声达标区，使区域环境噪声得到较好控制。

同时随着上海市城市基础设施建设发展迅猛，特别是城际高速公路网、城郊公路网、城市道路网的建设，机动车拥有量也逐年递增，交通噪声污染问题也随之日益严重、突出，造成居民投诉逐年增加。从 2003 年至今的投诉信访数据可见，每年环境问题的投诉主要集中在环境噪声污染方面，特别是交通噪声和施工噪声污染，已成为热点环境问题。

对于交通噪声及施工噪声，虽然也开展了多项控制研究及治理工程，但由于已形成的影响点多、面广，矛盾积累较多，同时受控制技术、经济等的限制，故只能解决小范围的矛盾，而难以在全市层面收到显著成效。历次环保三年行动计划均未列入这一问题，对上述影响问题的解决也缺乏一个统筹的、循序渐进的改善计划。

环境保护工作是全面落实科学发展观、加快构建社会主义和谐社会、实现经济社会又好又快发展的重要内容。在未来几年，上海市要以创建国家环保模范城市为契机，加快推进环保三年行动计划，全面提升上海环境保护各项工作水平。到 2009 年年底，上海要力争全面完成创建国家环保模范城市的各项指标要求，使城市环境和城市面貌得到明显改善，更好地体现和实践"城市，让生活更美好"的世博会主题。

因此，结合创模工作，为了在新的第四轮环保三年行动计划中充分体现环境热点，聚焦于群众关注的问题，缓解或解决环境噪声特别是交通噪声对群众的干扰，2008 年上海市环保局提出了"环境噪声污染控制中的主要问题及对策研究"这一课题（沪环科（08-05））。

课题首次全面梳理了全市的各类环境噪声污染投诉情况，对全市及典型区县环境噪声污染控制与管理的瓶颈及制约因素进行了细致的剖析，结合发展趋势、创模和环保三年行动计划的目标要求，借鉴国内同类城市的经验，经过对立法、管理主体、技术开发等多层次手段的探讨，提出进一步完善管理体系、管理制度，创新性地提出建立环境噪声污染控制所需的法律法规与技术支撑体系的构想，并探索性地提出了环境噪声管理机制与模式，以及缓解上海市环境噪声污染的近期工作重点，系统性地提出了上海市环境噪声管理须完善的法律法规体系及建立技术支撑体系的构想。

课题提出，上海市环境噪声污染控制中的主要问题为：a. 局部规划环境合理性考虑不够：小区域、局部地区规划调整的建设所引起的环境噪声污染时有发生，并且新增污染还在产生，主要体现在交通噪声污染中。b. 规划实施过程中，由于建设时间关系而形成的噪声污染，主要在新、旧工业区的实施过程中对周边居民造成影响。c. 噪声控制措施落实不力：由于资金等原因不能全面、及时落实控制措施；设计没有达到指标要求，效果较差，在交通噪声与工业噪声治理中时有发生。d. 管理体系及管理手段方面有待提高：环境噪声污染防治法律对策的研究缺乏，没有一部地方性的环境噪声管理条例和上海市统一的环境噪声执法处罚条例。

针对上述问题及制约瓶颈，从以下方面提出了解决方案与措施：a. 环境噪声管理机制与模式：形成统一的环境噪声污染投诉受理机构，或各级投诉收集后上报汇总机构，以便统一管理与执法。管理流程再造与管理职责明确：建立新的管理流程，明确相关各部门的管理职责。b. 法律法规配套体系：建立具有可操作性的环境噪声污染控制法律法规体系，并逐年完善。c. 技术支撑体系：建立今后几年市政府关于环境噪声污染研究的框架体系，并逐年加以解决，优先保证施工噪声污染与交通噪声污染控制技术的研究与开发，以与上述法律法规体系及管理要求相配套。d. 环境知识的宣传：科学、有效地进行环境知识的宣传，包括环境噪声危害性的宣传，也要开展宣传使公众了解环境噪声在达标情况下是安全的；加强宣教机构队伍及能力建设；充分发挥各类媒介的宣教能力；开展声环境保护主题宣传活动；建立环境噪声污染防治效果示范点，提高宣传力度。

课题在上述研究基础上，形成最终报告《环境噪声污染控制中的主要问题及对策研究》。课题为近期上海市环境噪声污染管理与控制提出了应对措施，为今后上海市的环境噪声污染防治与管理能效的提升奠定了基础。

该课题通过了专家验收会。与会专家认为该课题对已成为群众关注的噪声污染环保热点问题开展针对性的研究，并提出有效的解决方法，对加强污染管理和改善环境质量有着极为现实的意义，课题成果达到国内领先水平。上海市环境保护局认为该研究成果在解决环境噪声污染具有较高的参考价值和现实意义，可以作为缓解上海市环境噪声污染这一热点问题的工作基础之一，其对调研成果的采纳情况如下：a. 将环境噪声污染防治纳入了新的第四轮环保三年行动计划中；b. 在环保局新的一轮机构改革中，对环境噪声污染控制部门的管理机制进行了新的整合，调配专业人员对环境噪声污染进行管理；c. 在上海市创模工作中对抑制近期环境噪声污染投诉问题提出了技术措施；d. 环保局拟计划加大上海市环境噪声管理的科研投入，以提高上海市环境噪声管理与治理的技术水平。

（2）道路交通噪声和振动研究。1986 年，《上海市城市总体规划方案》获批，在 80 年代后期至 90 年代，随着延安路复线隧道、内环线高架、南北高架、延安路高架、逸仙路高架等工程相继建成，市区"申"字形高架网基本建成。沪嘉高速、莘松高速、沪宁高速、沪杭高速上海段、外环线一期相继建成，使公路货运、客运开始随着地区间经济联系的密切而得到迅速发展。市区干线道路噪声、振动对两侧区域的影响逐渐引起了各方关注，因此受上海市建委、环保、公路管理及建设单位等的委托，结合道路工程建设，上海市环境科学研究院（原上海市环境保护科学研究所）开始了道路交通噪声污染及其控制的科研工作。

①延安东路外滩越江隧道风塔产生噪声和排放废气的环境影响。

1988 年针对新建的延安东路越江隧道，上海市建委下达了《延安东路外滩越江隧道风塔产生噪声和排放废气的环境影响研究（1988—1990）》课题，通过现场实测、实验室流场研究、模型计算等方法，分析了隧道及风塔噪声的环境影响特点及控制对策。该项目获得 1991 年度上海市科学技术进步三等奖。

②内环线工程噪声防治对策研究。1994 年内环线全面通车，建成了第一条高架道路——内环线（浦西段）。上海市市政局下达了《内环线工程噪声防治对策研究（1994—1995）》，通过对高架加地面复合道路声场的理论与实测分析，指出必须同时控制高架、地面道路噪声才能有效控制复合道路的噪声影响；提出了低噪声路面、高架声屏障结合高架桥底吸声的噪声控制措施方案；并借鉴日本等国外声屏障建设的经验，首次在国内提出了高架声屏障设计方案，并在内环线部分路段实施，取得了良好的环境和社会效益。该项目提出的高架屏障轻质钢结构、内侧吸声、立柱加模块化插入屏体的形式一直沿用至今。

③内环线等环境行动计划。由于内环线为世界银行贷款项目，根据世行要求在工程建设期间及建成后 3 年开展了《上海市内环线环境行动计划（1993—1997）》，即每季度进行一次废气、噪声、振动监测，持续了 5 年，并通过实测分析对高架道路声场特点、屏障效果进行了分析，进一步证实了内环线地面重车是主要影响声源，地面重车噪声很大程度影响了高架声屏障的降噪作用。除了内环线外，实施了环境行动计划（3 年环境监测）的还有南、杨浦大桥工程和沪杭高速公路工程。连续 3 年对工程噪声进行监控，并督促噪声控制等环保措施的落实，效果显著。

④延安路高架、南北高架防噪声效果研究。2000 年之前，上海市基本完成"申"字形的高架道路网络，这些高架上都按照不同敏感点分布情况设置了声屏障，由于工程管理与工程建设的需要，高架上的声屏障出现了百花齐放的现象，既有全透明的反射型声屏障，也有不透明的微穿孔、玻璃棉为吸声主材的吸声型声屏障，有直立式的声屏障，也有弯

曲型的声屏障。为了了解这些屏障的实际效果，上海市政建设处下达了
"延安路高架、南北高架防噪声效果研究"等一系列研究课题。课题组
经过对各种形式声屏障的跟踪监测，基本掌握了声屏障的实际效果，对
工程声屏障等噪声防治措施的实施起到了指导作用。此外，国家对声屏
障还没有一个测试规范。课题组结合本课题研究，提出了适用于不同条
件的声屏障测试方法及误差分析，为国家后续的声屏障测试规范的制定
提供了一定的技术依据。

　　⑤高架道路声屏障的优化设计研究。虽然上海市已在高架道路噪声
控制方面投入了较多的人力物力，建设了数十公里各类声屏障；低噪声
路面、桥底吸声处理等技术也有了一些研究成果，但高架道路交通噪声
尚未得到有效控制。从实测数据可见，声屏障在技术上和使用场合上还
存在一定问题。为此，2000年，上海市市政局下达了《高架道路声屏障
的优化设计研究（2000—2001）》课题。上海市环科院与同济大学合作
完成的研究报告通过对已较成熟技术的研究、吸收国外的成功经验、结
合道路实际工况继续开发新技术，针对降噪效果持续性、便于养护、使
用寿命等因素对现有声屏障设计进行优化。课题在国内首次提出了采用
顶部强吸声体提高声屏障有效高度的技术；提出屏体吸声可结合环境采
用不同的吸声材料。采用微穿孔吸声屏体技术、顶部增设加大柱型强吸
声体的声屏障示范工程在沪青平高速公路入城段实施。此后在外环线、
浦东中环线等屏障设计中均有采用顶部加大柱型强吸声体来提高屏障
的有效高度、采用泡沫铝、铝纤维、膨胀珍珠岩等多种吸声材料，取得
了较好的效果。

　　⑥低噪声路面研究。在进行声屏障研究的同时，还开展了低噪声路
面研究，主要课题包括《多种降噪沥青路面噪声分析研究（1999）》《外
环线过江隧道降噪沥青路面噪声技术分析（2000）》等。上述课题针对
各类低噪声路面在实际应用环境中的效果进行实测与理论分析，结果显
示多孔性低噪声路面适用于设计高速高的道路、设计车速较低且重车比

例较高的道路宜采用弹性低噪声路面。研究成果对低噪声路面的工程应用具有相当的指导和借鉴作用。

⑦上海城市道路噪声污染防治管理办法研究。改革开放以来，上海开始了大规模的城市市政建设。其中内环线高架、南北高架、延安路高架、外环线等道路先后建成通车，交通噪声已成为影响城市声环境的主要噪声污染源。居民对其影响的投诉不仅数量增多，也越加激烈。另外，以轨道交通明珠线为代表的穿越中心城区的多条城市轨道交通上马，其噪声影响也不容忽视。缓解交通噪声影响已是当务之急。对于交通噪声的控制，上海已做了许多工作，如外环线以内区域禁止鸣喇叭、高架道路上已建成了数十公里声屏障、加强新建项目的审批管理等。近年来虽然取得了一些成绩，但是由于种种原因，特别是对汽车工业降噪要求不明确；对交通噪声的控制尚缺乏全面的技术、管理、规划相结合的综合方案；对控制技术的选择与应用也存在一些技术问题，主要体现在：一是城市规划与噪声功能区划不能很好地结合，特别是在交通干线选线阶段，环保的参与力度不大；二是对高架道路的噪声影响建设单位在采用减噪声措施时缺乏科学指导，没有采取综合治理措施，只在高架上建设声屏障。而声屏障的使用与环境条件有很大的内在联系，地面道路的噪声影响使高架声屏障不能起到应有的减噪声作用；三是外环线等大流量城市道路交通噪声缺乏有效的控制手段；四是技术标准、规范的滞后，引起很大一部分在用车达不到应有的噪声限值，特别是公交车辆和大型渣土运输车辆；五是产品标准化及规范化程度低，使使用单位在选择声屏障等产品上缺乏科学依据，盲目性大；六是交通管理措施的制订未能考虑到交通噪声影响因素，如"夜间运输"等加重了交通噪声的影响。道路噪声污染的影响在国内其他大中型城市同样是一个较为棘手的问题。对于交通噪声的控制，上海已做了许多工作，如外环线以内区域禁止鸣喇叭、高架道路上已建成了数十公里声屏障、加强新建项目的审批管理等，虽然取得了一些成绩，但是由于种种原因，特别是对汽车工业

降噪要求不明确；对交通噪声的控制尚缺乏全面的技术、管理、规划相结合的综合方案；对控制技术的选择与应用也存在一些技术问题，在此背景下，上海市建委建设技术发展基金会于 2000 年下达了《上海市城市道路噪声污染防治管理办法研究（2000—2002）》，在国内首次编制完成了《上海市交通噪声管理办法（草案）》。

本课题以对上海市交通噪声现状调研为基础，通过对上海市自 20 世纪 90 年代以来近 10 年的城市污染现状的分析，得出上海市交通噪声时间分布特征为交通高峰小时不明显、昼夜声级差小，空间分布规律以大流量交通干线两侧、立体化交通道路布局、中心城区路网密集及轨道交通两侧不同空间布局的特征为主的结论；并系统分析了夜间高速行驶的货运车、出入人口密集住宅区频繁的公交车、城市轨道交通、高架交通线桥体的 4 个上海市交通噪声主要成因。

根据上海市 2005 年以及 2020 年交通发展规划，对市内典型区域采用德国引进的交通噪声虚拟实验系统 Canda-A 计算软件进行预测计算，对市交通噪声污染趋势进行定量描述，并在全国范围内首次提出了在今后的全市噪声治理工作中应在重点区域建立噪声模拟地图的探索模式，可使管理部门从全局上更直观地了解各区域的噪声污染状况，进而采取针对性的有效治理措施，改善全市区域及道路的声环境质量状况。

课题通过对上海市、国内外各类交通噪声控制技术以及管理等方面的先进经验的对比分析，特别是相关直辖市提出的交通噪声管理办法等，力求本办法提倡的噪声控制技术更符合上海市特点。在参考国外相关技术的应用情况后，课题提出应重点进行的技术研究和技术应用；并对当时采用的声屏障、低噪声路面、桥架减振、声源降噪、建筑消声隔声等技术的应用及效果进行了优化组合模拟分析，提出上海市今后的道路噪声治理措施应重点加强低噪声路面和声屏障的措施，从声源和传播路径上双管齐下的降低交通噪声，并结合国外的管理经验，提出应加强各政府部门的协同管理，提出环保局应介入交通干线前期的规划选线工作中，逐年提高机动车噪声限值标准，合理科学使用声屏障、加强夜间重型车辆过境及限速的交通管理建议，从规划控制法规、技术对策及管理技术等方面提出针对性的对策措施。

该课题包括了城市规划、声源控制、道路建设、交通管理、防治技术等内容，在对国内外交通噪声污染防治技术进行全面剖析的基础上，提出了噪声地图的探索性意见，有助于管理部门更直观全面地治理上海交通噪声污染，经鉴定该课题达到国内领先。

该课题于 2003 年验收至今，已有近 7 年的时间，上海市在交通噪声管理工作中已采纳了课题提出的各项建议，具体如下：一是在 2003 年 10 月 18 日上海市人民政府令第 12 号发布的，自 2003 年 12 月 1 日起施行的《上海市城市规划管理技术规定（土地使用 建筑管理）》中，已对沿城市道路两侧新建、改建建筑；沿城市高架道路两侧新建、改建、扩建居住建筑；沿铁路两侧新建、扩建建筑的建筑物提出了规定退让距离等要求，并且上海市城市规划局在此项规定正式实施前征询了市环保局的意见。可见本成果中提出的第五条关于环保局介入规划选线的建议，已经引起了规划部门的重视。二是环保部门已介入到上海市多条交通干线的前期立项工作中，例如在沪通铁路规划选线时，市规划局向市环保局征询了选线意见，并适时调整了线路走向，以避免今后引起的居民纠纷问题；上海市环保局还承担了《近期铁路建设环境保护对策研究》《上海轨道交通规划环境影响评价》等多个重大工程的前期环境规划工作。同时，在各条新建、改扩建的城市道路开工前均需要进行环境影响评价工作，项目建设单位须根据环评的意见和结论，作环保措施的承诺，并由环保局出具审批意见后方能开展后续工作。三是本研究成果中的第十三条至第十五条有关积极采用控制交通噪声的新技术，例如在地面（高架）道路两侧设置声屏障和采用低噪声路面等建议的提出已得到了市政局的重视。低噪声路面已在上海市的各条交通干线新建、改扩建的同时被广泛运用，根据近几年的实测数据对比统计分析：弹性低噪声路面主

要适用于设计车速为 40～80 km/h 的道路，其降噪效果平均约为 3 dB
（A），最大可达 5～6 dB（A）；多孔性低噪声路面则适用于设计车速为
80 km/h 以上的高速道路，其降噪效果平均为 3～5 dB（A），最大可达
8 dB（A）。采取低噪声路面可直接从声源上降低轮胎与地面的摩擦噪声，
从而减少道路两侧的超标范围。四是吸声性的声屏障已在大流量的内—
中—外环线上普遍安装，同时在各条高速公路、高等级公路的设计施工
阶段，也已作为工程的一部分进行设计安装；对于外环线等大流量多车
道的道路提出以中间加设双向吸声屏障将多车道分隔成单向车道进一
步提高屏障效果的建议已在浦东外环线得到了实际运用，截至 2009 年
年底，上海市已拥有约 200 km 的声屏障，这对道路沿线声环境起到了
一定的改善作用，从早期内环线高架上的 3.5 m 高的 PC 板屏障到卢浦
大桥的 3.5～4 m 的泡沫铝屏障，到外环线上 6 m 的中间双向吸声声屏
障，其降噪效果也从原先 3 dB（A）提升到了 10 dB（A）以上。可见，
近几年上海市的声屏障技术也在不断地完善提高。五是在本项目专家咨
询会上，上海交巡警总队的有关负责人在听取了课题组的研究汇报后，
表示将把成果中第十一条至第十二条有关夜间限制运输车辆进入城
区以及限制运输车辆时速的措施列入今后城市日常交通管理中。该项
措施已在部分区域得到运用。六是在《国家中长期科学和技术发展规划
纲要（2006—2020 年）》中的环境领域将综合治污与废弃物循环利用作
为优先主题之一，同时也提出了加强科技基础条件平台的建设、建立科
技基础条件平台的共享机制。国家环保部对噪声控制的"十二五"规划
建议中也提出应在重点城市建立一套城市噪声地图系统，解决当前噪声
管理工作中的难点，使城市噪声污染治理更为有效，并为今后的数字化
噪声管理开展基础性的研究。可见，2002 年编制完成的课题中所提出的
噪声地图绘制建议已被管理部门逐渐采纳和应用。

　　本课题提出的各项针对上海市交通噪声污染防治的措施在近几年
的工作中得到了广泛的应用，从而在道路交通、轨道交通大力发展的同

时，上海市的区域噪声和道路噪声仍能保持较为稳定的水平，同时在采取了低噪声路面、声屏障等措施后，使得上海市在 2010 年世博会召开前期顺利完成了外环线等市政主要干线的环保验收工作，解决了上海市大流量交通干线两侧遗留的多处噪声扰民问题，改善了周边的声环境质量。

⑧上海市交通噪声污染、建筑施工噪声污染专题调研。2000 年以后，上海城市发展迅速，特别是道路、轨道交通等市政类建设与投入使用，交通噪声与建筑施工噪声污染呈现出新的污染特征。为此，2002 年，上海市环境保护局在制订新"三年"行动计划的同时，充分考虑到交通噪声控制任务的紧迫性和艰巨性，下达了"上海市交通噪声污染、建筑施工噪声污染专题调研"课题。课题拟结合"十五"期间城市发展需要，重点研究高架、外围快速环线、高速公路、城市轻轨产生的环境问题及解决对策。课题针对上海市交通噪声，分析了其在空间上、时间上的影响特征及其主要成因；指出交通噪声现存的主要问题，对交通噪声控制技术分类就应用效果进行了适用性分析。对交通噪声的控制技术的实际应用具有指导作用，如对外环线等采取了两侧及中央吸声声屏障及低噪声路面措施，使沿线居民的生活环境得到了明显改善，完成了环保验收工作；在上海市的其他各条交通干线上，大力推广和采用了 SMA、多孔沥青、橡胶沥青等低噪声路面，直接、有效地降低了声源噪声级；并在内—中环线及多条市政高速干道两侧都采用了吸声声屏障措施。课题还通过对所使用的常规建筑施工设备进行了调研、测试，分析研究了其噪声源强和传播规律，并提出了施工噪声控制对策措施。

2003 年，课题成果经鉴定处于国内领先水平，可供管理部门参考；专家认为课题对上海市交通噪声和建筑施工噪声的调查充分细致，并运用先进的 Canda-A 软件模拟城市区域噪声地图对声环境质量进行了评估；在准确预测上海市噪声污染趋势的基础上，提出的防治对策对管理部门控制交通噪声、建筑施工噪声污染具有一定的参考价值和实际意义。

成果中的大量数据已被上海市环境保护局采用，成果中对城市噪声污染现状（中心城区道路、典型城郊大流量干线、典型城市交通干线 3 类道路）进行了总结，并且归纳得出上海市交通噪声在时间、空间上的分布特征；对上海市交通噪声的主要成因进行系统分析，使得上海市环境保护局对当前的交通噪声有了更进一步的系统认识，并能依据该成果对各类交通噪声进行针对性的控制与管理。已被市环保局应用的建议及措施主要有：一是成果中提出的不同车种比对道路交通噪声的影响规律，在道路管理中已采取控制重型车辆进入市区时间的手段。二是成果中分析了车速与交通噪声的正比递增关系，对市区内主要干线、高架道路等主要城市干道等道路上行驶的车辆进行明确的限制时速管理。三是成果内总结了近几年已实施的交通噪声限制措施所显示的成效，特别是市区内环线内机动车禁鸣等措施，环保局现已将禁鸣范围扩大到了外环线。四是在城市道路建设施工时，环保局广泛推广低噪声路面，因其对高速行驶的小型车降噪效果较好，成果中已有介绍，已使用的路段有 A20 逸仙路段、外环隧道内使用，降噪效果一般在 3～6 dBA。五是提出声屏障设计使用规定，并在工程环评阶段征询声学专家的意见，对声屏障进行统一规范化管理。课题对上海市的多处噪声遗留问题进行了梳理，对外环线等采取了两侧及中央吸声声屏障及低噪声路面措施，使沿线居民的生活环境得到了明显改善，完成了环保验收工作；在上海市的其他各条交通干线上，大力推广和采用了 SMA、多孔沥青、橡胶沥青等低噪声路面，直接有效地降低了声源噪声级；并在内—中环线及多条市政高速干道两侧都采用了吸声声屏障措施，据统计，截至 2010 年上海的声屏障已达到了 200 多公里。通过上述交通噪声治理措施，近几年在道路交通、轨道交通大力发展的同时，上海市的区域噪声和道路交通噪声仍能保持稳定水平，这为世博会的召开营造了一个优美的城市氛围。六是课题提出的噪声地图研究的建议已由管理部门逐步采纳和应用。国家环保部及国内重点城市的噪声规划中也提出了在重点城区建立噪声地图的要求。七是对夜间施工进行严格控制，环保局已进行了夜间施工申报制度，并将结合本成果内的建议逐步完善管理。要求将夜间限制运输车辆进入城区及限制运输车辆时速的措施列入今后城市日常交通管理中。该项措施已在部分区域得到应用。

本课题是由上海市环境保护局立项下达的上海市环境专项调研课题，研究成果可为市环保局提供上海市交通与施工噪声控制的专题调研基础数据，为全市的噪声污染治理提供决策依据。本调研的成果有助于改善上海城市声环境质量，提升上海市整体形象，有利于上海改革开放的发展；有助于为 2010 年即将在上海召开的"世博会"营造更好的环境；有助于吸引更多的投资者进入上海，在适宜的环境中工作生活，进一步加快上海经济建设的步伐，对社会良性发展作出贡献。

鉴于该成果在对全市交通噪声及施工噪声的污染进行全面系统分析的基础上提出的建议已在近几年的实际工作中得到充分采纳和应用，环保局认为该调研成果及相关的基础数据资料具有较高的参考价值，可作为上海市交通噪声和施工噪声管理工作的决策依据，具有较大的现实意义；特别是首次提出的中间双向吸声声屏障把大流量多车道的城市快速道路分割成少车道的可控单元，是一个创新，该项措施应用于外环线、五洲大道、浦东中环线、浦东内环线等工程上，都取得了很好的效果。

⑨上海市公路交通噪声防治技术规范研究。国内外对交通噪声防治单项技术的研究较为深入，但是由于不同规模道路声场具有不同特点以及周边环境的复杂性，单一的技术措施往往不能在应用中达到理想的应用效果例如高架、地面复合道路高架声屏障的效果不佳等。另外，一些技术措施应用的经济性较差，造成建设单位难以承受。为此，有必要进行上海市道路交通噪声防治技术适用性规范研究，在单项技术的基础上，结合上海市交通噪声特点及城市发展特点，对不同类型的道路及其敏感建筑布局进行归纳、梳理，针对有典型性、代表性的路段类型提出噪声控制优选技术方案，提出具体的应用方法和适用条件，并以现行噪

声标准为基础，通过对噪声控制技术及其性能现状的调研，提出道路噪声控制渐进的目标以及道路噪声控制技术的发展方向，以指导今后道路的环境影响评价工作及环境保护建设。

上海市环境科学研究院在交通噪声防治领域已经开展了一系列工作，主要成果有《上海市交通噪声管理办法》（上海市建设和交通委员会于 1999 年下达）、《上海市交通噪声污染、建筑施工噪声污染专题调研报告》（上海市环境保护局下达）、《环境噪声污染控制中的主要问题及对策》（上海市环境保护科研项目，沪环科 08-05）等，这也为本项目的研究打下了较好的基础。随着上海市市政建设的发展，道路建设造成的环境污染有逐年上升趋势，因此，一方面交通建设部门与市政管理部门对可操作的交通噪声控制技术的需求日益迫切；另一方面，上海市环境保护管理部门也迫切需要制定规范性的交通噪声污染控制管理文件，以便规范和指导上海市道路建设环境保护工作。在此背景下，2007 年上海市环保局下达了"上海市公路交通噪声防治技术规范研究与示范（2007—2010）"课题（沪环科（07-22））。

本课题希望在对上海市道路交通噪声防治技术进行系统研究的基础上，形成技术控制规范；并通过交通噪声控制单项技术的研究及其适用特点、组合技术的综合技术经济效益对比，得出上海市不同道路等级、流量、宽度下需采取的综合措施及其效果，以指导今后道路的环境影响评价工作、环境保护建设。

本课题形成了 2 个技术文件，其一是《上海市公路交通噪声防治技术规范研究》，其二是《上海市公路交通噪声防治技术规范》。课题于 2010 年 11 月完成了验收工作。该课题首先重点分析了上海市不同公路等级及形式所产生的交通噪声污染特征，采用实验室预测模拟，分析城市支路，城市主、次干道及一、二级公路，城市快速道路、高速公路、高速公路入城段三种不同等级道路的交通噪声影响范围与程度，得出了这些道路的声场空间分布及时间分布，研究了其频域、时域特征。其次，在文献调研的基础上，结合课题组实际开展过的工作和软件预测模拟结果，对各类交通工具降噪、低噪声路面、高架桥底吸声、道路声屏障、绿化降噪、建筑隔声等单项技术的应用方法、适用条件、应用效果、经济性以及实施中可能遇到的困难和障碍等内容进行了分析比较与梳理。在对上海市交通噪声污染特征分析、各单项降噪技术理论分析及实际应用的基础上，针对不同类型的城市道路或公路研究了不同组合环保降噪措施的应用方法、适用条件、应用效果及经济性等内容，通过各类组合的效果及经济性对比，提出适用于不同道路类型的最佳降噪技术组合；并结合上海市公路管理处、高校科研单位等专家在项目技术交流研讨会上提出的有益见解，完善了总研究报告并编制完成了《上海市公路交通噪声防治技术规范（试行草案）》及编制说明。

该课题在对国内外主要道路交通噪声控制技术及其发展、应用和相关的控制规范进行文献调研的基础上，对上海市道路交通噪声防治技术进行较为系统的研究；在交通噪声控制单项技术研究的基础上，结合上海市交通噪声特点及城市发展特点，对不同类型的道路和敏感点布局进行归纳、梳理，分析具体的应用方法、适用条件及组合技术的综合技术经济效益比，得出上海市不同道路等级、流量、宽度下需采取的综合措施及其效果，在此基础上提出了上海市道路交通噪声防治技术政策。

随着上海市市政建设的发展，道路建设造成的环境污染有逐年上升趋势，本研究成果可为交通建设部门与市政管理部门提供可操作的交通噪声控制技术建议；同时也可为上海市环境保护管理部门制定规范性的交通噪声污染控制管理文件提供扎实的理论技术依据，以便规范和指导上海市道路建设环境保护工作。

（3）铁路、轨道交通噪声和振动研究。上海市环境科学研究院很早就致力于对传统铁路和城市轨道交通的噪声和振动问题研究，积累了大量经验，为政府相关部门决策提供帮助。

①徐汇区铁路沿线主要环境问题及对策研究。铁路南站开通以来，进出站列车产生的噪声与振动影响严重干扰两侧居民正常生活。为了更好地缓解与处理居民矛盾，上海市环境科学研究院受徐汇区人民政府委托就铁路沿线主要环境问题进行调查研究，并提出多种环境治理方案，并从技术经济角度及社会环境要求等方面考虑，确定经济技术可行的推荐方案，作为徐汇区人民政府的决策依据。主要研究内容：一是课题研究范围主要为徐汇区内铁路沿线 200 m 范围内涉及的住宅小区。二是课题首先对研究范围的噪声和振动影响进行了成因分析，提出了标准的相对落后、各种噪声源的叠加以及管理上的疏漏是造成影响的主要原因。三是通过对沿线各小区不同距离、不同楼层的噪声振动现状实测了解这一区域噪声和振动的实际影响程度，并由此确定主要的污染源。四是研究该区域的环境特点，分析各类车辆产生噪声振动的不同特点、噪声和振动分布的时间和空间特点、沿线超标范围和户数。五是通过实测和软件的模拟计算，提出了多种的噪声和振动控制方案，经方案必选后确定了推荐方案。在上述研究基础上，形成《徐汇区铁路沿线主要环境问题及对策研究报告》。该成果提出的措施建议已在近几年的实际工作中得到充分采纳和应用，相关主管部门认为该研究成果对铁路沿线噪声和振动控制具有较高的参考价值和现实意义，同时有利于缓解居民矛盾。根据该研究成果，徐汇区人民政府对受南站地区铁路沿线距铁路外轨中心线小于 30 m 的住宅进行了功能置换，对大于 30 m 的邻铁路住宅加装了隔声窗。

②城市高架轨道交通噪声与振动研究。伴随着城市交通发展而产生的噪声污染问题一直是各国关注的问题，有效地解决轨道交通噪声问题，将为城市公共交通的发展带来促进作用。国外如法、英、美、日等国，自 20 世纪 60 年代以来，对轨道交通噪声的影响和控制技术已进行了全面的研究。主要侧重于噪声源——机车头和车辆噪声的控制，如日本研制了线性电机，以降低牵引电机噪声，通过转向架轴改用滑动轴以

控制轮轨摩擦噪声，以及采用了弹性车轮和减振轨道，车辆底部吸声和屏障，取得了较好的效果。此外，国外还对轮轨减振技术、高架结构振动控制等进行了系统的研究，并也取得了一定的进展。但要使城市高架轨道交通达到城市环境噪声控制要求还有一定的距离。国内上海明珠线高架轨道交通的通车标志着国内轨道交通建设的兴起，而明珠线带来的噪声污染问题使该技术在国内的发展面临了挑战，据明珠线通车后实测，距列车 7.5 m 处声级超过 90 dB（A）。因此开展高架轨道交通噪声与振动控制技术的开发研究是非常及时和必要的。在此背景下，上海市建委下达了"城市高架轨道交通噪声与振动研究"的重大科研课题。

本课题通过对轨道交通三号线（明珠线）运行中出现的噪声问题的研究为中心，通过高架轨道交通噪声和结构振动产生的二次激发噪声辐射分析，掌握污染的状况和特性，结合高架轨道交通噪声在城市传播特点和规律，研究和开发切实有效的降噪新技术，并进行优化设计，以达到对轨道交通建设协调发展的需要。

课题首先分析了造成高架轨道交通噪声与振动的机车动力设备噪声控制、轮轨系统噪声与振动控制、高架结构振动与噪声控制、传声途径噪声控制 4 个主要因素与轨道交通噪声振动的相关性，在此基础上汇总得出今后在降低轨道交通噪声及振动方面优选的结构与途径：建议在降低机车噪声后通过调整轮轨长度、提高轮轨表面精度、采用刚性道床+碎石道床等多孔阻尼性质材料加强对轮轨降噪控制措施，同时可结合高架桥梁的设计结构改用槽型梁降低噪声传播，并提出在城区人口密集段控制车速来降低噪声影响范围的建议。

通过跟踪轨道交通三号线（明珠线）的不同距离、行驶特征的水平、垂直声场分布的实测结果，得出了上海市轨道交通运行噪声的主要特征，并结合部分路段已设置的声屏障实测了其降噪效果，并大胆地提出了设计全封闭声屏障的设想，但由于各项因素，全封闭声屏障的实际工程运用未在本课题内实现。

在掌握实测数据的基础上运用德国模拟软件对明珠线沿线不同建筑结构的近远期的轨交噪声进行了模拟预测,通过不同参数组合的搭配分析出今后轨交运行对数达到 15 对/h 时的轨交两侧的达标范围和第一排建筑分布起到的隔声效果,也为上海市今后轨交发展时沿线的土地布局提供了科学的建议。

本课题对欧美发达国家及亚洲的日本等国的轨道交通噪声控制标准进行了调研整理和对比,并结合对明珠线实测的数据、软件模拟的分析结果后,鉴于轨道交通每日限定班次的特点,其对 L_{eq} 的干扰比道路交通噪声要小得多,在此基础上课题提出用列车经过时的最大声级作为轨道交通的评价量并制定标准的理念。

本课题系统调研了国内外自 20 世纪 60 年代以来对轨道交通噪声的影响和控制的各类标准和要求;并通过实测掌握了上海市早期的轨道交通三号线(明珠线)的各类工况下的噪声声级衰减规律及早期轨交声屏障的降噪效果;结合实测和调研结果针对轨交沿线不同建筑结构的水平垂直声场进行了预测模拟,科学直观地绘制了上海市轨道交通今后发展所可能产生的声场分布图,为上海市轨道交通的环境管理、沿线土地规划及建筑分布设计提供了科学的依据及建议;课题通过调研、实测、模拟预测的综合手段对控制轨道交通噪声及振动从机车降噪、轮轨降噪、桥架结构降噪、传播途径降噪等多方面提出了各类针对性的措施,为上海市高架轨道交通环境保护提出了理论系统的建议,也为相关环保产业提出了科学的依据。

本研究成果为上海市有效控制轨道交通噪声及振动提供了科学依据,提出的各类降噪措施对于改善轨道交通沿线声环境质量,提高沿线居民的生活质量有着积极的社会意义。

③上海市城市轨道交通噪声、振动及振动引起的室内二次激发噪声标准研究。近年来上海市城市轨道交通发展较快,随着世博会的临近,即将通车的轨道交通越来越多。截至 2010 年将近 400 km 城市轨道交通

基本网络建成后，上海中心城区（内环线以内）的轨道站点 600 m 服务半径的人口覆盖率将达到 70%，面积覆盖率达到 67%；市民到达轨道交通车站的距离将减少到 900 m，城市交通难、市民出行难将从根本上得到缓解。城市轨道交通建设中为减少噪声的影响，在人口密集的外环线内，轨交以地下形式为主。但轨道交通形成网络后，在地下不可避免要穿越居民住宅，尽管部分路段采取了一定的减振措施，"地铁扰民"事件仍频有发生，特别是下穿住宅处居民反映强烈，对地铁振动、噪声投诉众多。而现行的各类环境标准在评价、处理上述噪声及振动的居民投诉问题上却存在一定缺失或缺乏适用性。在此背景下，需要出台一部适用于上海市轨道交通（地下段）工程设计与运行管理的标准法规，使得上海市轨道交通与环境保护可以协调发展，在为居民提供便利的同时也不妨碍居民的日常生活，为上海市城市轨道交通的发展和社会稳定打下坚实基础。为指导与规范上海市城市轨道交通（地下段）工程设计与运行管理，上海市环境保护局、上海市城乡建设与交通委员会向上海市环境科学研究院及上海市环境监测中心下达了开展"上海市城市轨道交通噪声、振动及振动引起的室内二次激发噪声标准研究"工作的课题，开展相关研究，并制定《城市轨道交通（地下段）列车运行引起的住宅建筑室内结构振动与结构噪声限值及测量方法》及编制说明，力求在与现行国家环境标准相一致的基础上，通过该标准的实施使城市轨道交通建设与环境保护协调发展，在为居民提供便利的同时也不妨碍居民的日常生活，为上海市城市轨道交通的发展和社会稳定打下坚实基础。

研究内容：本课题由上海市环境保护局于 2009 年 8 月以编号"沪环科（09-33）"下达，由上海市环境科学研究院及上海市环境监测中心承担开展研究与标准编制工作。课题通过对国内外关于轨道交通噪声、振动及振动引起的室内二次激发噪声标准限值及相关技术依据、各种不同监测量及其监测方法、主观感受调查等的调研，在对近几年上海市轨道交通噪声、振动投诉集中点进行详细梳理分析的基础上，结合主要投诉集中点现场实测、类比分析、模型预测等手段，充分考虑上海市实际环境特征及城市环境需求，在听取专家意见的基础上，提出了上海市轨道交通地下线的结构振动与结构噪声影响的环境控制限值及与其相配套的监测方法、评价方法，并形成上海市地方推荐性标准《城市轨道交通（地下段）列车运行引起的住宅建筑室内结构振动与结构噪声限值及测量方法》（DB 31/T470—2009）及编制说明。

该课题最终形成上海市地方推荐性标准《城市轨道交通（地下段）列车运行引起的住宅建筑室内结构振动与结构噪声限值及测量方法》（DB31/T470—2009）及编制说明。该标准已于 2009 年 12 月 31 日由上海市质量技术监督局发布，并于 2010 年 3 月 1 日起实施。本课题首次在国内对流动源（轨道交通地下线）的结构振动与结构噪声提出了环境控制限值。提出的标准体现了与现行相关国标的衔接关系，力求与现行国家环境标准相一致，做到法律法规的相符性。

该课题的研究成果以及颁布的标准可指导与规范上海市城市轨道交通（地下段）工程设计与运行管理，使得上海市轨道交通与环境保护可以协调发展，在为居民提供便利的同时也不妨碍居民的日常生活，为上海市城市轨道交通的发展和社会稳定打下坚实基础，课题产生的社会效益明显。

（4）现代交通系统噪声和振动研究

①研究基础。现代交通系统主要指高速铁路和磁悬浮列车等高速轨道系统。上海市环境科学研究院在对传统铁路的研究基础上，近年来又集中开展了沪杭、沪宁、京沪等高铁的研究工作，通过大量的现场实测和预测模拟计算，基本掌握了高速铁路的噪声、振动特点以及与传统铁路的区别，并对规划建设的铁路提出了具有指导性的意见和建议，为政府决策提供依据。上海市环境科学研究院是国内最早介入磁浮交通线环境影响研究与评价的单位，自磁浮上海示范线实施之初至今几乎参与了

国内磁浮发展研究的全过程，针对高速磁浮和低速磁浮完成了大量相关的源强分析、测试、研究及影响咨询等工作。

②上海市新建铁路噪声与振动影响分析研究。根据《中长期铁路网规划》和《长三角地区城际轨道交通网规划》，以上海为重要组成部分的"五大通道"的路网布局已正式确定，包括京沪、沪昆、沪汉蓉、沿海和南北二通道五大路网性通道铁路干线均在 2010 年前后建成。在这个新一轮铁路大发展的背景下，亟须加强对铁路前期规划和建成后核查阶段的环境保护工作。此外，高速铁路不同于传统铁路，其特点是速度快、影响时间短、造成的环境影响有别于现有的传统铁路，因此有必要研究其特性和规律，以便采取更为有效的控制措施。在此背景下，上海市环保局于 2009 年下达了"上海市新建铁路噪声与振动及轨道交通振动污染防治指导意见研究"（沪环科（09-27））课题。

研究内容：一是通过对近期上海市境内拟开工建设的 5 条铁路——京沪高速铁路、沪宁城际铁路、沪杭客运专线、沪通铁路以及金山支线的研究，了解和分析拟建铁路线经过区域的建设、规划与环境现状，分析线位在环境影响及其控制方面存在的问题、研究可行的解决方法，及时反馈工程规划、建设、设计等部门单位，将有效避免铁路建设带来的环境影响，使铁路建设与环境协调发展。二是通过对相关资料的调研，掌握了所研究的京沪高速铁路、沪宁城际铁路、沪杭客运专线、沪通铁路以及金山支线五条铁路的工程基本情况；调查了线路途经区域的现状及规划。三是分析了铁路噪声的产生机理，从规划控制、声源控制技术、振动控制技术三大方面分析了铁路噪声、振动控制措施的可行性。特别是针对新型高速铁路的噪声、振动控制技术进行了详细调研。四是实测了高铁不同车型、车速的列车经过时产生噪声、振动，分析衰减规律以及与普通铁路客车的差异，首次系统性地对高铁噪声衰减规律进行了研究。五是采用软件系统对高铁噪声进行预测计算，分析沿线的达标情况。六是判断规划选线的环境合理性，提出距离控制要求。七是提出噪声、振动污染控制手段，包括线位局部调整建议和声屏障、隔声窗等措施。

在上述研究基础上，形成《上海市新建铁路噪声与振动影响分析研究报告》。该课题于 2010 年年底通过成果评审。参加评审的专家和领导认为：课题研究分析了轨道交通建设与居民住宅环境的矛盾成因，提出了上海在解决该矛盾所面临的困难及近阶段应对措施的建议，形成的指导意见对上海市轨道交通振动污染防治具有可操作性和指导意义；提出的规划选线调整意见合理可行；对高铁在不同速度下的噪声与振动影响特点与规律进行了实测研究，数据完整与充分，其成果具有创新性，对铁路沿线区域的噪声和振动控制、土地利用规划与铁路建设的协调性具有指导意义。

③磁悬浮交通系列研究工作。磁浮技术是世界各国现正在研究和发展中的前沿高新技术，也是我国明确鼓励发展的高新技术产业。近年来，我国以上海示范线为基础，消化、掌握了高速、全自动磁浮交通系统的运行和维护技术，并坚持自主创新，掌握了拥有自主知识产权、国际领先的磁浮轨道核心技术和系统集成技术，提出了众多具有自主知识产权和创新的技术，并带动了其他相关新兴产业的形成。磁浮这种交通形式在德国也仅为试验线，位于上海市浦东新区的磁浮上海示范线是我国首次引入德国技术建造的磁浮交通运营线路，也是世界上第一条用于商业运营的高速磁浮列车交通线路。上海示范线在运营过程中，也暴露了环境方面的很多问题，如运行时产生的噪声较高、这种噪声是否可控、若线路形式转为地下则其振动影响如何等，对此都须开展相关研究。

④高速磁浮环境影响及控制措施研究。磁浮交通是一种新型的交通形式，对于其工程应用、结构设计，及其噪声、振动、电磁辐射等污染源的特性、传播规律、污染控制、标准等的研究，国内尚属空白。上海市环科院结合上海示范线及规划沪杭磁浮交通工程的环境影响评价工作和环保验收结果，对磁浮噪声、振动、电磁辐射等源强开展了深入研究；此外，国家科技部下达了多个国家高科技研究发展计划

（863 计划）——"高速磁浮交通技术研究"课题和"十一五"国家科技支撑计划——"高速磁浮交通技术创新及产业化研究"课题，为磁浮技术实现长干线应用提供技术基础，其中上海市环境科学研究院物理所承担的噪声、振动等环境科研领域的子课题包括："十一五"国家科技支撑计划——"高速磁浮交通技术创新及产业化研究"子课题（保密级别：秘密）：高速磁悬浮交通噪声排放标准限值研究（115-06-BZ-008）；磁浮交通线结构振动特性、传递规律测试研究（11504-XL-032-01）；桥上轨道梁降噪措施上线试验测试及降噪效果仿真试验研究（115-04-XL-067）。国家高技术研究发展计划（863 计划）——"高速磁浮交通技术研究"子课题（保密级别：秘密）：磁浮交通线梁上吸声结构及其降噪效果研究。

● 源强研究

A. 结合环评开展磁浮源强研究。结合环评项目"沪杭磁浮交通工程环境影响评价"，开展磁浮交通工程环境影响源强研究工作。

沪杭磁浮交通工程自 2006 年提出，中间经过多次方案，该项目环境影响评价是由上海市环境科学研究院与浙江省环境保护科学设计研究院合作开展、上海市环科院总负责的跨省项目。在项目的开展过程中，上海市环境科学研究院在强强联合、团队合作、取长补短的基础上，作为总负责单位在总体协调、技术交流等方面做了一定尝试，并受到了两省环保部门及国家环保部（原国家环保总局）的肯定。

该评价项目的技术关键之一是确定噪声及电磁辐射源强。工程采用的技术、轨道梁型等与已建成的磁浮上海示范线有所不同，沿线环境也更为复杂；在没有相关可参考的资料和类比数据的情况下，课题组进行了大量的试验与研究，结合示范线实测及验收数据，对声源、电磁辐射源强进行了修正及实验验证，经国内权威专家论证认为所确定的源强符合工程今后实际运营情况，为环境影响预测工作的开展奠定了基础。

此外，本次环评针对污染源的产污特点，开展了污染控制的试验研究工作（863 子课题"磁浮交通线梁上吸声结构及其降噪效果研究"），开创了上海市环境科学研究院科研与环评同步进行、并将科研成果直接应用于环评的先例。

B．源强测试与研究。相应项目："磁浮上海示范营运线环境测试研究（2002—2003）"。

作为世界首条磁浮列车商业线，上海磁浮于 2002 年 11 月建成。并且，上海磁浮线桥梁采用了自我开发的混凝土梁与钢轨混合的形式，与德国试验线采用的钢梁不同。

为了全面了解磁浮列车行驶噪声等环境影响，于 2002 年 11—12 月磁浮调试阶段进行了 3 次测试，对磁浮在悬停及 100～430 km/h 典型速度下运行时的噪声、振动、电磁波进行全面测试研究。包括车厢内、车外、车站等处在不同行驶状态水平下，对磁浮列车的乘坐舒适性和行驶噪声对环境的影响作出评价。

测试与研究结果有助于了解磁浮不同运行状态下的源强情况，并了解工程局部调整对列车噪声的影响，此外可用于磁浮线应用于长大干线的可行性分析。

C．地下线振动源强研究。相应项目："磁浮交通线结构振动特性、传递规律测试研究（2008—2009 年）"。

磁浮作为新型交通工具以隧道形式为世界首创，而磁浮地下线的振动源强、衰减规律等尚无相关研究。

"磁浮交通线结构振动特性、传递规律测试"研究课题为"十一五"国家科技支撑计划"高速磁浮交通技术创新及产业化研究"子课题——"长大磁浮交通隧道的关键技术问题研究"中的研究内容之一。课题对既有磁浮高架线、轨道交通地下线及高架线共三种形式的交通方式的振动进行了类比研究，分别得到了相应的振动源强数据和衰减规律；并采用振动衰减经验公式进行类比估算，得到了磁浮地下线的振动源强量值范围以及衰减规律的初步探索。

　　课题已通过以中科院声学所研究员为组长的专家组验收，专家组一致认为，课题研究内容及成果具有创新性，可为磁浮长干线隧道结构振动研究提供基础数据，并为地下磁浮线提供设计参数。

- 标准限值研究

　　相应项目："高速磁悬浮交通噪声排放标准限值研究（2008—2009年）"。

　　磁浮技术作为一种高新技术产业，其噪声也是一种新的声源，介于航空噪声与轨道交通噪声之间。国内尚没有对于磁浮噪声特性、传播规律、噪声控制方面的研究，无论是磁浮轨道设计还是磁浮环境排放都没有可用的噪声控制规范/标准，这不利于磁浮今后的规划发展、选线、环境预测、环境评估和环境保护工作的开展。

　　本课题在此背景下提出，为"十一五"国家科技支撑计划——"高速磁浮交通技术创新及产业化研究"子课题，针对高速常导型高速磁浮高架、地面线列车行驶噪声开展交通噪声排放标准限值研究工作。

　　课题组在国内外相关的噪声标准及其编制依据调研基础上，分析磁浮噪声特性、传播规律；分析磁浮噪声的时间、空间特性并与铁路排放噪声进行比较，研究在等值条件下对环境影响的区别，分析在衰减方面的相似性与不同点，从而提出磁浮运行噪声的控制点；在上述研究基础上，兼顾社会经济发展水平、土地集约利用，结合对人的烦恼感受的实验室主观调查研究成果，确定了容许的、可承受的磁浮交通噪声排放标准限值，并拟将其作为设计规范或者相关标准的条文或条文说明。

　　本课题的特色和创新之处在于：在国内首次全面系统地对磁浮既有线路进行了实测研究，分析得到了磁浮各种速度段下的声场分布特点及距离衰减规律；对国内现有高速铁路进行了实测，分析得到了高铁各种速度段下的噪声影响特点，并与磁浮噪声进行对比分析；在国内首次开展了针对磁浮噪声特点的声突发率、最大声级以及 L_{Aeq} 的实验室主观调查，得到了人的烦恼度与磁浮声突发率、最大声级、最大声级影响时间之间的关系及经验公式；分析研究了所提的噪声排放限值与国内相关标准的协调性、可达性及经济技术可行性。

磁浮噪声排放标准是磁浮交通的技术标准之一，其限值的提出，可有效地提高磁浮线路两侧土地利用率，使环境效益与经济效益相统一，从而使德国的试验线和上海示范线成为真正走向市场运营的新型交通工具。

课题已通过以中科院声学所研究员为组长的专家组的验收，专家组一致认为：课题测试方法正确，数据详实，类比分析结果可信；研究思路正确，结论可信，研究成果为磁浮交通噪声排放标准的编制提供了良好基础，可为《高速磁浮交通设计规范》的编制及磁浮交通新线的规划、环境评价和环境保护等工作提供研究基础和技术依据，有利于更好地服务于磁浮交通的发展，促进磁浮技术创新、产业发展及在国内的应用。

● 控制措施研究

A. 长大干线应用中的环境保护研究。相应项目："磁浮交通技术在长大干线应用中的环境保护研究（2002—2003 年）"。该课题为科技部子课题，在分析上海磁浮示范线主要环境问题的基础上，从规划选线、工程性污染控制以及管理措施等方面探讨了高速磁浮交通技术在长大干线应用过程中的环境污染防治措施，为磁浮交通长大干线的应用提供了环境保护对策建议。

B. 声屏障措施研究。相应项目："桥上轨道梁降噪措施上线试验测试及降噪效果仿真试验研究（2010 年）"。磁浮在高速运行时会产生气流噪声影响，这制约了磁浮交通系统的应用与发展。按照原德国设计及上海示范线所应用的梁型结构，其降噪技术只能在梁上贴覆吸声材料来加以控制，但在某些声环境要求较高的区域，要在高速条件下达到环境要求存在一定的困难。根据"十一五"科技支撑课题中"新型轨道结构研制"和"磁浮交通降噪措施分析及试验研究"的要求，需在磁浮上海示范线低置段进行桥上轨道梁上线模拟测试，以便更好地论证新型桥上板梁轨道系统的功能性；同时，利用模拟的桥上梁型式，借助该平台对磁浮降噪方案及降噪效果进行研究。

本课题基于此提出并开展，结合新型梁考虑声屏障降噪措施。但模拟桥上轨道梁结构型式路段的列车为低速运行，利用该平台可得到低速条件下的实测降噪效果；而在环境评估中，更关心的是磁浮列车高速运行条件下的噪声水平及措施降噪效果。本课题是结合环境保护所开展的一项创新性降噪技术研究项目。从研究结果来看，其效果明显，可以满足较高的声环境要求。课题已通过以中科院声学所研究员为组长的专家组验收，专家组认为：课题研究成果可为轨道结构的优化、环境保护措施的实施提供技术依据，也有利于磁浮线路两侧的环境保护及土地利用率的提高，从而更好地服务于磁浮交通的发展，促进磁浮技术创新、产业发展及在国内的应用。

C. 梁上吸声结构措施研究。相应项目："磁浮交通线梁上吸声结构及其降噪效果研究（2007—2010 年）"。从磁浮上海示范线的运行状况来看，其高速段的运行噪声影响较大，对沿线居民的生活和学习产生干扰；另外由于噪声高，两侧的噪声达标控制线要求很宽，从而影响了城市有限土地资源的有效利用。因此为使磁浮实现真正的长干线应用，降低磁浮的运行噪声尤为重要。在开发建设磁浮交通的同时，必须尽快研制符合磁浮交通特点的降噪技术，为磁浮交通的进一步发展打下良好的基础。磁浮梁上吸声措施在磁浮上海示范线上曾经开展过初步的试验测试，但由于系统研究不够，及高速气流、梁的结构振动、材料的附着力等方面的因素，在材料的适用性、结构、安装方式等方面还存在一定缺陷，该降噪方案在当时无法推广应用。因此需要进一步深入研究，以解决上述问题，使其能够真正运用到实际工程中去。鉴于上述原因，国家科技部下达了"高速磁浮交通技术研究"的"863"研究课题，其中包含"磁浮交通线梁上吸声结构及其降噪效果研究"的子课题，为磁浮降噪技术的开发及工程应用开展研究。

　　课题研究了磁浮运行噪声的成因及各噪声源构成的贡献，确定磁浮的主要声源及其控制手段；通过理论分析、实验研究相结合的方法，在对影响材料附着力的因素进行分析与研究后，遴选出适用于磁浮轨道梁的吸声材料及结构；选定适合的安装工艺，模拟磁浮轨道梁，采取理论与试验相结合的方法对不同材料及结构组合进行研究，确定适用于磁浮高速段的梁上降噪技术，使高速磁浮的噪声影响得到有效控制。

　　本课题旨在研究经济、有效、具可操作性的磁浮降噪技术，以有效降低磁浮交通声源，从而降低磁浮运行对沿线居民可能造成的噪声影响，缩小磁浮工程两侧的控制距离，大大提高沿线土地利用效率。课题对进一步创建中国在磁浮应用领域的自主知识产权、保持中国在磁浮应用方面的领先水平、促进磁浮工程实际应用等方面具有重大意义。

　　D. 低速磁浮环境影响及控制措施研究。上海市环境科学研究院在磁浮环境影响尤其是噪声、振动、电磁辐射影响等方面积累了大量的监测数据和研究成果，在磁浮的噪声、振动、电磁辐射影响分析领域具有一定的权威性。除上述针对高速磁浮的环境研究之外，也参与了国内多条低速磁浮线的环境影响研究与咨询工作，包括临港新城低速（城轨）磁浮交通试验线、北京轨道交通门头沟线（S1 线）等。低速磁浮试验线的建设是推进轨道交通系统产业化的需要。低速磁浮的车辆制式、轨道形式等不同于高速磁浮，其噪声、振动、电磁辐射源强及影响也不同于高速磁浮，需区分研究。

　　（a）临港新城低速（城轨）磁浮交通试验线。临港新城低速（城轨）磁浮交通试验线工程位于南汇区临港新城，全长 1 704.2 m，总装停车线长 276.0 m；试验线基地总占地面积 13.58 hm^2。该试验线主要用于开展有关试验和测试工作，以期研究拥有自主知识产权的低速磁浮系统继承技术，形成一套相关标准，推进低速磁浮系统在我国的行业化进程。上海市环境科学研究院结合相关课题，对该试验线工程的噪声、振动、电磁辐射等源强、环境影响及措施进行了分析研究，并参与了该工程的环保验收监测工作，以促进低速磁浮的环境研究工作。

（b）北京轨道交通门头沟线（S1 线）工程噪声、振动、电磁辐射影响研究。北京市中低速磁浮交通示范线/轨道交通门头沟线（S1 线）西段工程位于北京市境内，沿线经过门头沟区新城和石景山区苹果园首钢地块。

中国铁道科学研究院承担了该工程的环境影响评价工作。但由于该低速磁浮线是我国第一条自主知识产权的磁浮交通系统，其噪声源特征、振动产生机理与源强、电磁辐射的影响程度都是空白，源强及影响分析较为复杂，特委托上海市环境科学研究院环境物理研究所对上述问题开展研究，并为其评价提供源强数据及衰减规律。

上海市环科院物理所利用所掌握的磁浮系统的物理污染特征研究成果，通过类比与理论研究，较好地解决了上述源强数据，并得到了专家的认可，使该工程环评报告顺利通过国家环保部的批复，已顺利开工。

（5）飞机噪声控制研究。上海市虹桥机场是一个特殊的市中心区域机场，周边人口密度较大，因此其扩建对周边环境影响较大，如何既保证机场运行，又保护周边环境，对上海市环保界提出了严峻挑战。上海市环境科学研究院在该方面做了大量基础研究工作。

①虹桥国际机场周围飞机噪声影响范围调查与分析。2010 年年初，虹桥国际机场扩建工程建成竣工；2010 年 3 月中旬，虹桥机场第二跑道及航站楼正式启用。上海虹桥国际机场扩建 3 000 万人次、4 000 万人次的环评报告先后于 2007 年 5 月、2008 年 1 月得到国家环保部的批复。由于到 2010 年 3 月，环评阶段所开展的环境调查已超过 3 年，虹桥机场的航空业务量及周边环境均发生了较大变化，为了了解新跑道启用前后飞机噪声对周围环境的影响，上海市环境保护局向上海市环境科学研究院下达了开展"虹桥机场飞机噪声影响范围调查与分析"工作的课题任务。

上海市环境科学研究院于 2010 年 3 月 2—10 日新跑道启用前，在机场周围对 16 个点位进行了实测；新跑道启用后，于 2010 年 3 月

16—28 日，对其中 9 个点位进行了实测。通过实测，得到主要机型单机噪声（LEPN 值）、起降架次和机型组成等数据，结合航班时刻表，利用模型软件绘制了飞机噪声等值线图，模拟分析飞机噪声影响情况，并与环评阶段进行对比。利用"虹桥机场 2010 年夏秋季航班时刻表"，结合相关气象资料，对世博期间虹桥机场飞机噪声影响作了预测分析。结合上海机场(集团)有限公司及松江区环保局等单位下达的课题，于 2010 年 9—10 月对机场周围共 17 个点位进行了实测；结合实测结果对模拟的飞机噪声等值线图进行了修正，分析虹桥机场现有流量下的飞机噪声超标影响范围与程度，估算受影响的人口。在上述研究工作基础上，结合修正后的飞机噪声超标影响范围与人口，估算现阶段需采取的噪声控制措施及投资；梳理飞机噪声影响区域的土地利用规划，提出噪声控制对策建议及规划调整建议。

课题综合上述研究内容，编制了《虹桥国际机场周围飞机噪声影响范围调查与分析报告》。课题为市政府摸清飞机噪声影响情况提供了基础技术工作，为下一步的飞机噪声治理提供了详实数据。

②松江区受虹桥机场飞机噪声影响范围实测研究。虹桥机场飞机噪声影响范围包括松江区，由于影响区内别墅、住宅小区较多，且在 2010 年 3 月虹桥机场 2 跑道投入使用后，区内陆续接收到居民对飞机噪声的投诉案件。因此，松江区政府拟对其区域内受虹桥机场飞机噪声影响的小区进行现场实测，了解超标的范围等情况，进而采取有效措施，缓解居民矛盾，特此下达了"松江区受虹桥机场飞机噪声影响范围实测研究"课题，委托上海市环境科学研究院选择松江区内多个典型敏感目标开展飞机噪声实测工作，并分析松江区内受飞机噪声影响的计权等效连续感觉噪声级 75 dB 以上的影响范围。该课题对典型敏感目标进行了飞机噪声实测工作，在整理汇总分析有效数据的基础上，结合机场常规航班班次、飞机机型等信息参数，采用美国联邦航空局综合噪声模型（INM6.1）按 5 dB 间隔绘制机场周围计权有效连续感觉噪声级 LWECPN≥70dB（A）

的等值线图（全年平均）。运用监测数据对预测模拟的飞机噪声影响范围曲线进行修正，得到了松江区受飞机噪声影响的等声级曲线图，划分出了 75 dB 以上的影响范围为政府部门今后区域管理开发工作提供了科学的依据。该研究课题通过对松江区重点居民小区的飞机噪声进行的连续一周的系统监测后，获得了详实的飞机噪声感觉噪声级的数据，可为松江区政府部门处理该区域内的居民对飞机噪声投诉案件提供基础有效的数据，同时绘制的飞机噪声影响等声级曲线也可为该区域今后的土地开发控制提供参考，用科学的手段来避免今后居民及飞机噪声间的矛盾冲突，社会效益明显。

③居民住宅飞机噪声控制措施跟踪测试分析。飞机噪声较好的控制方法主要为：执行低噪声飞行程序、进行机场周边土地利用控制、影响大的建筑采取隔声措施。结合上述调查工作可见，虹桥机场周边住宅受飞机噪声影响较为严重，上海市政府拟对机场周边受影响较大的建筑采取隔声处理。上海市房地产科学研究院开展了某居民住宅试点隔声改建工程。为配合工程的顺利进行，受上海市房地产科学研究院委托，上海市环境科学研究院在该工程各阶段进行跟踪测试，并分析不同措施以及组合措施的效果。课题对不同措施下（不同类型隔声窗、隔声门，屋面隔声改造，外墙隔声加固及其部分组合）的室内外声级进行了实测分析。从研究成果可见，隔声门窗改造是本次改造的关键，在采取该项措施后，室内声级可以满足相关室内标准；研究结果为大面积推广产品选型提供了技术依据。

4. 土壤环境研究

（1）世博会园区土壤环境评价标准研究。2010 年上海世博会是第一次在特大型城市中心城区举办的以城市为主题的世博会。由于上海具有悠久的工业史，城市土壤环境长期受到工业"三废"排放和废物处置不当的污染影响，世博会园区土壤质量对参展人群健康存在潜在威胁。因此，如何区分污染土壤与非污染土壤就非常重要了。此前，《土壤环境质量标准》（GB 15618—1995）是应用最为广泛的土壤环境评价标准，我国尚无专门针对展览会用地环境质量的标准。现行的《土壤环境质量标准》（GB 15618—1995）主要基于对农林业用地的保护，未考虑展览会用地利用方式，而且规定的污染物指标较少，特别是有机污染物的缺乏，不能完全满足世博会园区土壤环境质量评价的需要。鉴于这种情况，在上海市环境保护局的支持下，上海市环境科学研究院开展了"上海世博会园区土壤环境评价标准"项目的研究，旨在为世博会园区土壤污染评价提供实际指导和科学依据。

"上海世博会园区土壤环境评价标准"项目在广泛收集国内外相关土壤环境质量标准、污染土壤修复标准等数据资料的基础上，结合上海地区的土壤背景值特点，通过对比分析，以非农业用地为重点对象，借鉴国内外的有关研究成果，从污染物对土壤—地下水体系的影响、对人体健康和土壤生态系统的危害等方面进行探讨，提出了世博会园区污染土壤的评价指标及其相应限值。研究选取的评价指标能够反映世博会园区内主要土壤染源及其潜在污染因子，提出的限值可作为世博会园区污染土壤的"筛选值"。

"上海世博会园区土壤环境评价标准"项目是国内在土壤环境质量评价标准领域的创新研究，该项目首次针对不同的土地开发用途，提出了 92 种土壤污染物的含量控制要求，按照 A、B 两级确定限值，实行分级控制。编制的标准是国内首项以非农业用地为对象的区域性土壤环境质量评价标准。该项目的研究结果，已直接应用于上海世博会园区的土壤污染识别中，为世博规划区域内污染土壤的控制与修复提供了实际指导和科学依据，具有很强的实践性和可操作性，有助于确保世博会的顺利举办及其后续利用的安全性。该项目的成果已上升为我国第一部用于污染场地质量评价的标准——中华人民共和国环境保护行业标准《展览会用地土壤环境质量评价标准（暂行）》（HJ/T 350—2007），具有重要的实践意义。

（2）土壤污染修复指导限值研究。土壤污染修复指导限值可用于评价在土地使用过程中土壤污染物暴露对人体健康造成的风险性大小，回答"土壤污染物浓度与引起人体健康与环境危害的风险性之间的关系"，当土壤中污染物浓度高于指导限值时，可能对场地使用者产生不可接受的健康风险，该场地即要求进行修复。同时土壤污染修复指导限值也可以作为土壤污染的修复目标值，即修复到何种程度为止。土壤污染修复指导限值有机地结合了权威的科学结论及相关政策法规的要求，利用指导限值可较好地协调环境保护法与污染场地修复的关系。我国对建设用地土壤污染修复指导限值和风险评估的研究还比较薄弱，主要以介绍和应用国外的研究成果为主。在判断出世博会园区土壤污染的种类、具体范围之后，亟待解决的问题是如何修复、修复到何种程度。同时，上海市建设用地土壤污染风险管理、城市土地可持续发展也对于这些方面的研究具有现实需求。鉴于这种情况，在上海市环境保护局的支持下，上海市环境科学研究院开展了"上海建设用地土壤污染修复指导限值（标准）的研究"项目。

"上海建设用地土壤污染修复指导限值（标准）的研究"项目对国外建设用地的土壤修复限值进行了广泛调研，在分析土壤污染物的生态毒理学资料和健康风险临界水平基础上，结合上海建设用地尤其是工业用地和搬迁企业土壤污染特征，依据现有国际通用的风险评价方法，针对住宅用地、娱乐用地、商业用地和工业用地 4 种典型的土地再利用类型，选择 10～15 种具有上海区域特性的土壤污染指标，建立了这些主要污染指标的修复指导限值（标准）。在调研现有土壤修复技术及修复成本的基础上，分析土壤污染修复指导限值（标准）的技术和经济可行性，以及与国家和上海市现行政策法规的兼容性，建立了修复指导限值（标准）实施纲要和配套政策，并选取南汇区某搬迁化工厂和电镀厂进行应用研究与分析。

"上海建设用地土壤污染修复指导限值（标准）的研究"项目对于

指导污染土壤修复，减少污染土地的修复费用，降低土地再开发的成本，为环境管理部门的决策提供科学依据等方面具有非常重要的现实意义。本项目的研究成果在上海世博会园区非自建馆的土壤质量评价中加以了应用。

（3）污染土壤修复技术研究。20 世纪 80 年代以来，许多国家特别是发达国家纷纷制定并开展了污染土壤治理与修复计划，美国和英国是其中的杰出代表。国内在焚烧、稳定/固化、挖掘—填埋、生物堆、热处理、生物通风等土壤修复技术上已有工作基础，主要体现在北京、上海、重庆、宁波、沈阳等城市，但尚缺乏成规模的应用实例，而且此前我国已颁布实施的土壤环境保护相关标准均未涉及污染场地土壤修复方面，因此我国缺乏统一的土壤修复技术规程，迫切需要制定出台。为加强场地开发利用过程中的环境管理，保护人体健康和生态环境，规范污染场地土壤修复可行性研究的程序、内容和技术要求，2008 年原国家环保总局以《关于开展 2008 年度国家环境保护标准制修订项目工作的通知》（环办函[2008]44 号）下达了制定《受污染场地土壤修复技术导则》（已调整为《污染场地土壤修复技术导则》）的任务。上海市环境科学研究院固体废物与土壤环境研究所作为承担单位接受了这项任务。

"受污染场地土壤修复技术导则"项目通过对国内外污染场地土壤现有修复技术、工作程序、修复目标、技术筛选等情况的广泛调研，编制了《污染场地土壤修复技术导则》，对标准适用范围、术语和定义、工作程序、评估预修复目标、筛选和评价修复技术、制定技术方案、编制污染场地修复工程可行性研究报告进行了明确规定和阐述。提出了结合场地的特征条件，从成本、资源需求、安全健康环境、时间等方面综合考虑筛选和评价修复技术，借助评分矩阵法找出最佳修复技术。关于制定土壤修复技术方案，该项目提出了要确定修复技术的工艺参数，制订场地修复的监测计划，估算场地修复的污染土壤体积、分析成本—效益、分析环境影响、修复工程管理等具体要求。

　　"受污染场地土壤修复技术导则"项目编制的《污染场地土壤修复技术导则》已经成为我国场地环境保护系列标准之一，国家环境保护部已经发布了该标准的征求意见稿。该导则能够直接应用于与污染土地再利用有关的环境管理，为环境管理部门的决策提供科学依据，为土地开发和利用提供环保技术支持。

　　上海市环境科学研究院土壤修复中心开展了上海市科委支持的"世博园区原工厂旧址受损土壤修复技术与应用"项目。该项目对上海世博会园区原工厂旧址污染场地的土壤质量调查、监测和评价，修复指导限值的确定，污染土壤修复的管理（包括废旧工厂的拆除、工程监理和第三方监测），污染土壤的修复技术和工程方案进行了系统研究。通过总结发现，上海世博会园区原工厂场地污染物主要为两大类：重金属和以苯并[a]芘为代表的多环芳烃，结合这种实际情况，该项目通过实验室研究，提出了适合于世博园区原工厂旧址受损土壤修复的主体技术：处理土壤中多环芳烃的生物堆法和重金属固化/稳定化技术，其中固化/稳定化技术在世博会城市最佳实践区场地土壤维护工程中得到了实际应用。

　　模拟生物堆试验中，加 EM 菌、复合肥、绿肥、秸秆和调节空气流量的情况下，均能提高污染土壤中苯并[a]芘和二苯并[a,h]蒽的降解效率。苯并[a]芘生物堆处理的适宜条件为：水分为饱和持水量的 50%～60%，通气速率为 0.10 m³/h，添加 2%的秸秆；二苯并[a,h]蒽生物堆处理适宜条件为：水分为饱和持水量的 50%～60%，通气速率为 0.10 m³/h，添加 2%的绿肥。投加一定量的 EM 菌对污染土壤的处理有促进作用。

　　污染土壤固化/稳定化技术研究表明，水泥和固化剂处理都显著增加了固化体和浸出液的 pH 值，改善了固化体内的酸碱环境；固化剂添加量达到 20%时，浸出液中 Cu 和 Zn 的浓度分别为对照处理的 1/3 和 1/7，有明显的稳定作用。在一定程度上起到了稳定重金属的作用。

　　"世博园区原工厂旧址受损土壤修复技术与应用"项目为上海世博会园区污染场地土壤修复提供了管理思想（采样与监测、评价与标准、拆除与监理、技术导则与工程管理和第三方监测)、技术路线和工程方案，填补了我国在大规模污染场地修复的空白；为上海世博园区污染场地土壤修复和维护提出了三个工程方案，为世博园区全面实施土壤修复提供了集成技术和优化方案，为我国场地土壤污染的控制和管理提供了新鲜经验。

上海市环境科学研究院在污染土壤电动修复方面开展了大量的工作，曾获得过国家自然科学基金、上海市自然科学基金和上海市环境科学研究院创新基金等多项支持，在可渗透反应层套电极的开发与应用、直流电场对土壤微生物群落多样性和活性等方面取得了可喜的进展。

5. 生态环境研究

(1) 生态环境调查、监测与评估
①上海市自然保护区调查。

上海市随着全市经济的发展、人口规模的扩大，其生态环境受到了前所未有的压力。如何对上海市自然保护区进行合理保护，成为近十年来政府和公众关心的问题。自然保护区具有巨大生态价值、社会价值和经济价值，是组成整体环境的一种特殊环境要素，既是"受到人为保护的特定区域"，又是保护自然环境的一种有效形式。因此，正确认识和评价当前上海市自然保护区现状，并在此基础上制定合理的利用及管理保护措施，是城市生态环境建设，提高整个生态系统的质量的一项重要工作。

本项目结合长期研究成果，进行了上海市4个自然保护区的概况介绍，基础信息调查表及相关批件的收集统计，综合考察报告、总体规划、动植物名录的整理情况，自然保护区功能区划图、主要保护对象分布图的制图进展，保护区的生态系统功能与健康评价，并且提出了尚存在的问题与保护对策。

图 3-3　上海市自然保护区

　　该项目于 2010 年 3 月开展，2011 年 2 月结束。项目完成了合同的要求，完成了项目报告《上海市 2010 年自然保护区调查报告》，为自然保护区的管理提供了重要的数据支持。

　　②上海市饮用水水源地基础环境调查及评估。2008 年 3 月环境保护部下发了《关于印发〈全国饮用水水源地基础环境调查及评估工作方案〉的通知》（环办[2008]28 号），要求开展全国饮用水水源地基础环境调查及评估工作。根据环境保护部的总体要求，上海市环境保护局成立了上海市水源地环境调查及评估工作小组，组织相关技术单位和各区县环保局等，编制了具体工作方案，开展了上海市各区县政府所在城镇饮用水水源地的调查与评估工作。本次调查在各区县环保局上报数据的基础上，建立了覆盖上海市各区县政府所在城镇水源地的基础信息库，建立了相应的地理信息系统，对各水源地的基础信息进行了收集汇总，包括社会、经济、水质监测情况等资料。对水源地和水厂进行了实地调查和复核工作，拍摄影像资料。同时，以航空遥感为手段，对土地利用信息进行解译，分析了水源地周边地区的土地利用格局。本项目按照《全国饮用水水源地基础环境调查及评估工作方案》和技术大纲要求，全面开展上海市饮用水水源地基础环境状况调查和评估，并为全国饮用水水源地基础环境调查及评估工作提供基础资料和数据信息。

　　主要研究内容：一是全面开展城镇饮用水水源地环境状况调查和评

估。全面调查上海市区县级政府所在城镇集中式饮用水源地的综合信息，全面调查影响饮用水水源水质的主要因素和管理状况；从环境质量、污染源特征及影响、现行法律标准执行状况、水源地环境建设的规范程度、监管能力建设和水平等方面对饮用水水源地环境状况进行综合评估。二是完善城市饮用水水源地环境状况调查和评估。在 2005 年上海市市级集中式饮用水水源地环境基础状况的调查评估工作基础上，更新 2006—2007 年上海市集中式饮用水水源地规模、类型、建设情况、环境状况、污染源和环境管理等环境状况。从环境质量达标、污染源特征及影响、现行法律标准执行状况，水源地环境建设的规范程度，监管能力建设和水平等方面对上海市饮用水水源地环境状况进行全面评估。三是建立上海市饮用水水源地环境状况信息数据库。对上海市城市和城镇集中式饮用水水源地、典型乡镇饮用水水源地环境状况及典型污染源调查数据进行采集、汇总和分析整理，初步建立上海市集中式饮用水水源地环境基础信息数据库。四是开展上海市饮用水水源地环境管理对策研究。在饮用水水源地基础环境调查与评估的基础上，开展不同类型饮用水水源地污染防治对策研究，制定并完善集中式饮用水水源地环境管理体系、环境政策体系和技术保障体系，研究制定饮用水水源地监控预警方案、信息平台方案和宣传教育方案，提高水源地水质安全保障能力。本项目于 2008 年 10 月 17 日通过国家环境保护部、环境保护部环境规划院验收。研究成果包括：上海市饮用水水源地基础环境调查及评估报告；上海市饮用水水源地基础环境信息数据库；上海市饮用水水源地基础环境信息图集。

③上海市典型乡镇饮用水水源地基础环境调查及评估。2009 年 3 月，国家环保部下发了《关于印发〈全国典型乡镇饮用水水源地基础环境调查及评估工作方案〉的通知》（环办[2009]27 号），要求各省市在开展省市级、区县政府所在城镇的饮用水水源地调查工作的基础上，进一步开展典型乡镇饮用水水源地的基础环境调查及评估工作。根据通知的

相关要求，上海市环境保护局认真组织、协调，积极开展了上海市辖区内典型乡镇饮用水水源地的基础环境调查及评估工作。本项目按照《全国典型乡镇饮用水水源地基础环境调查及评估工作方案》和技术大纲要求，全面开展上海市典型乡镇饮用水水源地基础环境状况调查和评估，并为全国典型乡镇饮用水水源地基础环境调查及评估工作提供基础资料和数据信息。

研究内容：一是全面开展典型乡镇饮用水水源地环境状况调查和评估。全面调查乡镇集中式饮用水水源地基本信息，以环境监测与数据分析为基础，重点开展典型乡镇集中式饮用水水源地基础环境状况调查，建立并完善典型乡镇集中式饮用水水源地基础环境数据库，全面评估典型乡镇集中式饮用水水源地环境禀赋、污染状况、环境监管与环境风险状况。二是完善乡镇饮用水水源地环境保护对策建议。综合考虑典型乡镇饮用水的源水、供水、用水特征，统筹考虑区域地表水环境质量、污染源普查和总量减排等相关环境管理工作，全面分析饮用水水源地污染防治、监控预警、宣传教育、环境管理、环境政策等问题，提出乡镇集中式饮用水水源地环境保护对策建议。三是建立上海市饮用水水源地环境状况信息数据库。对上海市城市和城镇集中式饮用水源地、典型乡镇饮用水水源地环境状况及典型污染源调查数据进行采集、汇总和分析整理，初步建立上海市集中式饮用水水源地环境基础信息数据库。四是开展上海市饮用水水源地环境管理对策研究。在城镇和典型乡镇饮用水水源地基础环境调查与评估的基础上，开展不同类型饮用水水源地污染防治对策研究，制定并完善集中式饮用水水源地环境管理体系、环境政策体系和技术保障体系，研究制定饮用水水源地监控预警方案、信息平台方案和宣传教育方案，提高水源地水质安全保障能力。本项目于 2009年9月通过国家环境保护部、环境保护部环境规划院验收。主要成果包括：上海市典型乡镇饮用水水源地基础环境调查及评估报告；上海市典型乡镇饮用水水源地基础环境信息数据库；上海市典型乡镇饮用水水源地基础环境信息图集。

④上海市农村主要环境问题调查研究。近年来，在城市环境逐步改善的同时，农村地区由于经济发展滞后、环境基础设施薄弱，环境污染问题日益凸显。虽然经过多年的努力，农村环境污染防治和生态保护取得了积极进展，但是农村环境形势依然严峻。上海市政府也逐步将环境保护工作重心从中心城区扩展到更广阔的农村地区，尤其是在社会主义新农村建设的大背景下，农村环境保护已成为上海市环境保护的重点工作之一。为此，市环保局立项开展上海市农村主要环境问题调查，以期摸清上海市各乡镇农村地区，尤其是环境敏感区域环境污染的主要矛盾及其主要环境问题。调查工作由环科院组成的市级技术工作小组负责调查工作相关技术资料编写及对区县的技术指导，调查工作的责任主体为各区县环保局，具体调查工作由市级技术小组相关人员配合、指导区县完成。生态所除了总课题组相关任务外，还承担闵行区、奉贤区以及崇明县三个区（县）的调查工作。

市级技术小组工作内容主要包括以下几个方面：一是上海农村主要环境问题调查表设计及调查培训。根据上海农村地区生产和生活实际情况，从镇级基本情况、工业企业污染、农村生活污染、种植业污染、畜禽养殖业污染、水产养殖业污染、水源地风险源和河道水系情况等九大方面，选择具有代表性的多级指标，构建上海农村主要环境问题调查指标体系，设计调查表格，并选择部分区县典型乡镇开展调查表填报试点，针对存在的问题修正和完善调查表格，并根据调查表格具体内容，编写调查培训资料，组织开展上海农村主要环境问题调查培训。二是上海农村主要环境问题调查基本情况表填报及数据审核。在市级技术工作小组的指导下，由各区县技术工作小组组织各乡镇开展基本情况调查表的填报工作，并对填报数据进行初步审核，确保调查数据的准确性和可靠性。在各区县每个乡镇完成调查表上报后，由市级技术工作小组组织实施调查数据的审核工作，随机抽取部分区县典型乡镇，结合污染源普查数据，开展调查表格的现场核实和数据验证工作,及时纠正调查表格中出现的问题。三是各乡镇主要环境问题排序及入镇实地调查。通过汇总分析各乡镇调查数据,结合污染源普查和其他相关数据资料,以每个乡镇为调查单元,识别存在的主要环境问题和潜在环境问题,并分析其严重程度,提出针对上海市每个乡镇的主要环境问题清单。同时,根据各区市级,按照典型镇和一般镇相结合的方法,分层次开展各乡镇农村主要环境问题的入镇实地调查工作。四是上海农村主要环境问题调查结果汇总分析。根据基本情况填报及入镇实地调查情况,汇总形成相应的调查报告。调查报告成果分三个层次:××乡镇农村主要环境问题调查报告、××区(县)农村主要环境问题调查分报告和市级农村主要环境问题调查报告。生态所已协助完成崇明、闵行、奉贤三个区县的农村主要环境问题调查报告编制工作,并作为主要成员完成了市级总报告的编写工作,有关视频影像资料汇编,以及三个区县报告及市级总报告相关图件的绘制工作。

⑤崇明新农村建设中环境保护问题的研究与示范。2005年10月,党的十六届五中全会指出"建设社会主义新农村是我国现代化进程中的重大历史任务",这是中央作出的又一个重大决策,是统筹城乡发展,实行"工业反哺农业、城市支持农村"方针的具体化。在市有关部门及县委、县政府的领导下,经过近2年的努力,崇明县新农村建设取得了阶段性成就,并正在不断加强和完善。崇明县环境保护局为了解决在新农村建设过程中若干重大农村环境保护问题和老百姓关心的热点问题,特委托上海市环境科学研究院就崇明新农村建设中若干环境保护问题进行研究及示范,以期对崇明县的新农村建设提供技术支撑。

本项目研究内容主要体现在以下几个方面:一是开展适合崇明生态岛定位的环保产业调研。在对国内外环保产业发展现状调研的基础上,首次对环保产业进行了系统的分类;同时,根据国内环保产业的发展情况,分析了我国环保产业存在的问题,并提出了如何加快发展环保产业发展的建议；最后，结合崇明岛实际，提出了适合崇明定位的环保产业发展建议及相应的保障体系。二是开展农村秸秆气化调研工作。在进行相关资料收集整理的基础上，对崇明县秸秆气化项目考察点提出了推荐意见，并编写了调研材料。三是开展农村沼气建设调研工作。在进行相关资料收集整理的基础上，对崇明县沼气建设项目考察点提出了推荐意见，并编写了调研材料。四是开展农村生活污水处理设施试点研究。在详细调查崇明岛农村生活污水排放特点的基础上，提出了基于三格化粪池的农村生活污水处理方法，在港西镇双津村建立了 5 处生活污水处理示范工程，并编写了项目专题报告。2008 年 11 月，完成项目报告编制，并提交崇明县环境保护局。依托本项目，已发表论文 1 篇；申报专利 2 项，其中发明专利 1 项，实用新型专利 1 项；建成 5 处基于三格化粪池的农村生活污水处理示范工程。

⑥崇明岛土地利用与土地覆盖状况调查和分析。本项目为崇明岛生态环境本底调查专题之一，意在了解崇明岛生态环境状况，为今后的发展提供技术和数据支持。为了便于跟踪评估生态岛建设过程中岛域生态格局和环境状况的变化趋势，2008 年市环保局组织开展了崇明岛生态环境本底调查，以此作为今后的重要参照。土地利用与土地覆盖状况直接反映了岛域生态格局，也是评价岛域生态服务功能的一项重要内容。根据《崇明岛生态环境本底调查方案》的要求，本专题基于卫星遥感信息的提取和分类，解译岛域土地利用与土地覆盖情况，分析岛域土地利用特征。该项目起讫年月为 2009 年 7 月至 10 月。在该项目中，本所主要负责遥感解译和报告的撰写，使用 2008 年 Landsat-5 TM 遥感影像，对崇明岛进行了土地利用类型的解译，并完成了《崇明岛土地利用与土地覆盖状况调查和分析》报告。

⑦青浦白鹭湖水环境质量监测及评估。水是白鹭湖社区的灵魂，白鹭湖是贯穿整个社区的景观主体，为保持白鹭湖水质，进而保护湖泊水生生态系统的结构和功能，青晨房地产公司委托生态所对白鹭湖水体和

沉积物进行全面综合的监测和评估。项目内容：一是理化因子监测。水体监测：共设 8 个常规监测点（在白鹭湖东、西、南、北、中 5 个方位各设置采样点，同时在相邻水系尖圩港桥、任屯桥和群英桥设置 3 个采样点）和 1~2 个机动监测点（机动监测点位置及监测因子由乙方根据控制水质的实际需要选取）；每年监测 7 次（2 月、4 月、5 月、7 月、9 月、10 月、12 月）；主要监测因子包括 pH 值、TSS、溶解氧、透明度、五日生化需氧量、化学需氧量、高锰酸盐指数、总磷、氨氮、总氮和石油类。沉积物监测：共设 5 个常规监测点（在白鹭湖东、西、南、北、中 5 个方位各设置采样点，与水体监测同）；每年监测 4 次（每季度 1 次）；主要监测因子包括 pH 值、有机质、土壤全氮和土壤全磷。二是环境质量评估。获得可靠的、系统的、具可比性的数据，充分掌握白鹭湖水质背景状况，为今后的白鹭湖水体保护和管理提供基础资料；及时发现白鹭湖各项因子异常变化，以便迅速分析问题、查找原因，为乙方提出有针对性地采取有效措施遏制水体水质恶化趋势；密切关注并进一步调查白鹭湖周边水体水质状况，为以后白鹭湖水体与外界水系的沟通界面处理提供科学依据。已完成 4 次监测计划，初步掌握了典型浅水湖泊的理化与生物特性，对白鹭湖湖泊生态系统有了基本的认识。此项目对于今后深入了解上海地区典型浅水湖泊生态系统的结构和功能，进一步探索湖泊生态保护与修复技术也具有重要参考价值。

⑧上海滩涂湿地的生态服务功能评价与保护对策研究。上海市的滩涂湿地具有重要的生态服务价值，同时也是重要的生态脆弱区。受人类活动干扰、生物入侵等多种因素的威胁，上海市滩涂生态系统的结构与功能已经受到严重破坏，这将进一步影响到上海市的城市生态健康与国际声誉。如何将滩涂湿地生态系统的保护与利用科学地结合，是当前面临的重要问题。本项目为环保局科研项目。本项目结合长期研究成果，在对上海市滩涂湿地的分布、面积和主要类型进行深入调研的基础上，对滩涂湿地生态系统的生态服务功能进行评价，并以此为依据，确定上

海市重点滩涂名录，建立滩涂湿地健康评价指标体系，提出对滩涂湿地保护与恢复的方案。本项目研究成果对于上海市滩涂湿地的保护与合理利用具有重要意义，同时对我国东部沿海地区滩涂湿地的保护与利用的科学结合也具有借鉴作用。本项目研究内容包括：上海滩涂湿地的类型、分布、面积及时空变化；上海主要滩涂湿地生态服务功能评价研究；上海滩涂湿地保护与恢复对策研究。生态所在该项目中主要负责项目申报与主要的科研工作，2010 年 12 月，已经顺利通过验收，受到了评审专家的肯定。

⑨海峡西岸经济区战略环境影响评价——生态专题。海峡西岸经济区在国家东南沿海区域发展战略中地位十分重要，也是我国生物多样性最丰富的地区之一。但该区域很多地方尚未摆脱传统的发展思路和粗放型的发展模式，各地均以邻港产业为发展重点，产业发展缺乏有效的协调机制，有限的环境容量和自然资源面临着巨大压力，生态环境状况堪忧。开展海峡西岸经济区重点产业发展战略环境评价，有利于在区域层面推动建立节约资源和保护生态环境的产业结构和增长方式，对于解决区域的共性资源环境约束问题也具有普遍的指导意义。这既是环境保护落实科学发展观的重要举措，也是促进区域可持续发展、探索生态文明建设途径的创新性工作。本项目以科学发展观为指导，针对海西区的发展目标和定位，围绕重点产业发展的规模、结构和布局三大核心问题，全面分析海西区产业发展现状、趋势及其关键性的资源环境制约因素。以资源环境承载力为依据，提出海西区重点产业发展规模、结构和布局的优化调控方案，科学制定区域产业与资源环境协调发展对策机制，推进海西区又好又快发展，并为国家"十二五"规划编制提供科学支撑。

生态所的主要任务包括生态制图并参与生态专题分报告撰写，已完成并提交项目报告图鉴与生态专题分报告。2010 年 9 月，该项目参加了国家环保部的项目验收，工作成果获得了肯定，生态制图作为总报告中的亮点受到普遍好评。

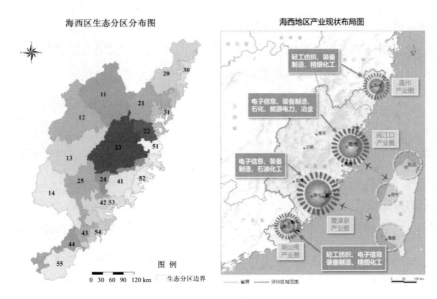

图 3-4　海西地区生态图

⑩上海市人居环境报告研究——环保篇。为迎接 2010 年世博会的召开，改善城市人居环境，上海市人居协会立项开展《上海市人居环境报告》的研究，其中环保篇由环科院承担完成。根据上海市环境保护的特点和今后开展的工作，《上海市人居环境研究——环保篇》主要包括六方面内容：环境现状、环境质量与社会经济发展趋势分析、环境质量改善的制约因素分析、指标体系构建、对策措施、管理保障。该项目完成后提交了专题报告。专题报告立足于生态环境领域，评估了上海环境质量现状和变化趋势，分析了社会经济发展与环境质量演变的趋势关系，在此基础上，分析环境质量改善的制约因素，构建人居环境中环境领域的指标体系，给出近期和远期环境质量改善和污染物控制的目标，并相应地提出改善上海市人居环境的对策措施。

（2）生态指标体系研究

①上海市环境友好城市指标体系研究。环境友好型城市动议项目由上海市环保局与联合国开发计划署（UNDP）、联合国环境规划署

（UNEP）和中国国际经济技术交流中心共同合作的项目。该项目旨在为上海建立一个综合、系统的环境评估体系，以跟踪评估环境友好型城市的建设进程，加强环境保护综合决策和执行能力，提高公众环境意识，强化合作伙伴关系，帮助上海成为国际认可的环境友好型城市，并以2010年上海世博会为平台，向世界展示上海的努力和取得的进展，为发展中城市提供借鉴和示范。

环境友好型城市动议项目包括五方面的内容：环境友好型城市指标体系的开发应用，环境友好型城市指标体系与综合决策，环境友好型城市指标体系与公众意识提高，环境友好型城市指标体系与合作伙伴关系，环境友好型城市指标体系与示范项目。上海市环境友好城市指标体系研究是"环境友好型城市动议"项目的专题之一。该专题在阐述全球可持续发展背景的基础上，探讨了"环境友好型城市动议"项目的实施意义和环境友好型城市的概念与内涵。针对上海环境保护所面临的形势，通过分析和比较国内外相关指标体系及实践经验，指出其对上海环境友好型城市指标体系构建的启示。在此基础上，确定上海环境友好型城市的总体目标与重点领域，并从经济发展、社会生活、资源环境和环境管理4个方面构建上海环境友好型城市指标体系，筛选出39项具体指标，对每项指标的筛选依据、数据来源和历程进行分析，同时，指出本指标体系的一些局限性和今后深化与改进的方向。该项目于2008年5月立项，2009年7月通过内部专家的认可和外部专家的评审，提交了专题报告。该专题主要建立了上海环境友好型城市指标基础数据库，收集整理相关指标的数据变化或记录有关工作；筛选近期跟踪评估指标，并于国内和国际水平进行比较分析，反映上海城市所处的状况；为其他专题工作的开展提供基础资料，包括综合决策的培训、公众意识的提高、环境友好型城市评估标准的制定等。

②崇明生态岛生态环境指标与评估监测网络研究。近年来，崇明经济显著发展，并且长江隧桥建成通车后将对未来崇明发展产生重大影

响。为了确定崇明生态岛内涵和具体的生态环境指标，同时建立系统的生态环境监测网络，对生态岛环境现状以及变化进行综合监测和评估，上海市环保局立项开展《崇明生态岛生态环境指标与评估监测网络研究》，由市环科院牵头，上海市环境监测中心共同参与研究。项目分为两个专题。专题一为崇明生态岛建设生态与环境指标研究，由我所承担，主要通过分析生态岛建设的国际经验案例，提出对崇明生态岛建设的启示；同时研究崇明生态岛的内涵与核心理念，筛选适合崇明生态岛的生态与环境指标，明确生态与环境指标的分阶段目标值。专题二为崇明岛生态环境监测网络优化研究，由市环境监测中心承担，主要对崇明生态岛生态与环境（包括水环境、大气环境、声环境、土壤环境及生物多样性）监测网络提出长期监测的优化方案，为生态与环境指标的数据采集系统提供基础。该项目于 2008 年 10 月立项，两个专题研究工作与 2009年 6 月通过专家评审。专题一明确了崇明生态岛建设的 21 项生态环境指标，包括生态环境质量、资源环境压力、环境调控管理三个方面，针对每个指标，确定了指标现状值和近期目标值；在此基础上，提出了今后生态环境建设与保护行动建议。专题二对崇明岛现有生态环境监测网络进行分析评价，并提出崇明岛水环境、空气环境、声环境、土壤环境、生物多样监测网络的优化方案和评估方案。

③崇明生态指数研究与应用。为使崇明生态岛指标体系的研究成果有效应用到生态岛建设过程中，为政府管理部门决策的制定和调整提供依据，上海市科委于 2006 年 10 月正式立项，开展本项目的研究工作。该项目由环科院牵头，复旦大学、中国科学院生态环境研究中心联合参与组成课题组。项目设置了四个专题：专题一为国际经验调研与生态岛建设理念与内涵研究，专题二为崇明生态岛指标体系构建，专题三为崇明生态指数的评价方法与模型开发，专题四为崇明生态指数的操作与应用，其中我所负责专题二、专题三的研究和整个项目报告的统稿工作。技术关键主要有四个方面：一是借鉴国际上可持续发展和生态建设的研

究实践经验，系统阐述"生态岛"的理念，明确崇明生态岛建设的内涵、目标及主要任务；二是对纷繁复杂多样的各类指标进行筛选及其适用性评估，构建符合崇明岛特点的生态岛建设进程评估指标体系；三是开发指标体系的评价方法与计算模型，集科学性、可操作性的"崇明生态指数"表达方式，直观反映出生态岛建设进程；四是崇明生态岛建设进程的信息集成平台与多媒体系统开发，"崇明生态指数"的应用实践。该项目四个专题内容于 2008 年 11 月全部完成，汇总成项目总结报告，并于 11 月 5 日验收结题。

总结报告系统阐述了"生态岛"建设的理念与内涵，探讨了崇明生态岛的建设内容与评价指标，开发了一套"崇明生态指标体系"及其评估方法和 GIS 系统，生动、形象地反映并展示了崇明生态岛的建设进程，对崇明生态岛的生态建设具有重要的指导意义，为深化研究制定崇明生态岛建设标准奠定了扎实的基础。项目实施期间，召开了"崇明生态岛建设指标体系研究"院士专家咨询会和"崇明生态指数"国际专家咨询会议，同时结合崇明县委组织部、县党校组织开展的"委办局和乡镇干部培训学习"，分批在崇明岛开展了"崇明生态指数"研究应用的培训交流。在此基础上，将"崇明生态指数"付诸了应用实践，针对崇明岛实际状况发布了生态岛建设进程年度评价结果公报（2006 年和 2007 年）。

④上海市生态乡镇和生态村标准及考核办法研究。国家环境保护部于 2010 年 1 月 28 日发布了《关于进一步深化生态建设示范区工作的意见》（环发[2010]16 号），提出了进一步深化生态建设示范区工作的总体要求和意见。同时，出台了全国生态乡镇的创建标准和考核办法。其中明确规定，申请创建国家生态乡镇必须首先获得市级生态乡镇的称号。为此，开展市级生态乡镇的创建标准和考核要求的研究工作。同时，在生态乡镇的创建过程中，对生态村的创建也提出了相应的要求，因此需对原市级生态村的考核指标作进一步的调整。

项目内容：一是生态示范建设指标调研。收集整理我国各类生态示范建设标准，总结国内外主要生态建设指标体系构建的理论与方法，提出构建上海市各级生态建设指标体系的思路、原则、方法和技术路线；通过对上海市已创建成功的全国环境优美乡镇和生态村的调研，分析现有评价标准在实施过程中存在的问题及标准的可操作性，形成上海市生态乡镇和生态村的备选指标库。二是市级生态乡镇和生态村建设指标研究。根据上海市生态建设的总体要求和基本目标，提出生态乡镇与生态村建设的基本目标，结合生态建设指标体系的建立方法与原则，分别构建上海生态乡镇与生态村建设指标体系框架结构；按照典型性、可操作性、主成分性与合理性原则，分别选择上海市生态乡镇与生态村建设指标，并以国家生态乡镇和生态村标准为指导，结合上海实际情况，分别对市级生态乡镇和生态村的建设指标进行赋值。三是编制市级生态乡镇和生态村考核办法。基于上述的调研基础及对上海市生态乡镇和生态村的标准研究，编制完成上海市生态乡镇和生态村考核办法。四是配合市环保局开展生态乡镇申报培训工作。根据国家和上海市生态乡镇、生态村考核办法和指标，编制了培训教材，并为浦东新区各镇进行国家级生态乡镇、上海市生态乡镇的标准及创建工作培训。

现已完成项目合同规定的各项要求，包括上海市生态乡镇标准及考核办法和上海市生态村标准及考核办法。市环保局已分别印发了《关于印发〈上海市生态乡镇申报及管理规定（试行）〉的通知》（沪环保自[2010]432 号）和《关于印发〈上海市生态村申报及管理规定（试行）〉的通知》（沪环保自[2010]431 号）文件。

（3）生态功能区划研究

①上海市主体功能区划研究。为规范区域空间开发秩序，形成合理的空间开发结构，实现人口、经济、资源环境以及城乡、区域协调发展，《国民经济和社会发展的第十一个五年规划发展纲要》提出在全国范围内开展主体功能区划工作，并根据其定位调整完善区域政策和绩效评价。根据国家要求，上海市着手开展本区域主体功能区划的研究工作。

该项目由市发改委牵头，全市 13 家政府部门、科研院所共同参与。该项目通过结合上海市的具体情况，研究本区域的主体功能区划分方案和相应的政策配套、绩效考核措施。研究内容主要分为三类，一是综合研究类，二是政策研究类，三是支撑研究类，共设置了 12 个子专题。主要配合完成综合研究类中的上海人口资源环境承载力综合评价分析子专题的研究工作，主要负责上海市环境容量、生态系统脆弱性、生态重要性三个指标的数据收集处理、图层制作和空间分析工作。根据国家《省级主体功能区划分技术规程》和上海市发改委的要求，完成了上海市主体功能区划技术方法的探讨研究：结合上海市地域特征，提出自下而上和自上而下相结合的划分技术路线，并对空间网格划分、指标数据处理与计算方法进行了细化研究，为承担的子课题研究奠定了技术基础。该项目于 2007 年 8 月立项，2008 年结题完成，并且进行子课题具体方案的研究。

②上海市主体功能区划——环境容量子专题。为规范区域空间开发秩序，形成合理的空间开发结构，实现人口、经济、资源环境以及城乡、区域协调发展，《国民经济和社会发展的第十一个五年规划发展纲要》提出在全国范围内开展主体功能区划工作，并根据其定位调整完善区域政策和绩效评价。根据国家要求，上海市着手开展本区域主体功能区划的研究工作。该项目由市发改委牵头，全市相关政府部门、科研院所共同参与，其中环境容量子课题由环科院承担。环境容量子专题包括两部分内容：一是技术方法研究，二是相关政策研究。技术方法主要以国家主体功能区划政策和省级规程为基础，结合上海大气、水环境要素特点，制定上海市主体功能区划中环境容量评价技术方法，并根据上海现状情况分析环境容量超载情况。相关政策研究主要根据上海市主体功能区划分结果，对各区域发展的提出环境政策建议。2009 年 12 月，环境容量子专题工作基本完成。按照市发改委要求提交了单篇文字报告和相关图层：从大气、水两个方面分析了上海市环境质量现状；结合上海市总量

控制目标，分析二氧化硫、化学需氧量的排污和环境容量的空间分布特征；在此基础上，计算大气、水环境容量超载指数，分析环境容量超载的空间分布情况；同时，结合上海市环境保护状况，从节能减排、产业布局、环境准入、环境经济政策四个方面提出了政策建议。

（4）生态创建研究

①崇明生态县建设规划。为扎实推进生态岛建设，崇明县委、县政府提出了"十一五"期间创建国家生态县的目标。为全面规划生态县建设工作，明确建设内容并落实各项创建任务，2007年年初，崇明县政府立项开展生态县建设规划的编写工作。"两条主线"贯穿生态县建设始终：以"生态保护优先"和"基础设施先行"为两条主线，贯穿崇明生态县建设的始终；"六个体系"支撑生态县建设框架：构建资源利用与生态保护体系、循环经济与生态产业体系、污染防治与生态环境体系、舒适人居与生态安全体系、社会和谐与生态文化体系、能力建设与生态保障体系六个体系，涵盖各项建设任务，支撑生态县的建设；"八大领域"落实生态县建设任务：实施生态产业发展、资源利用与保护、环境基础设施建设、环境污染防治、自然生态保护、生态人居建设、生态文化建设、综合保障能力建设八大领域的重点实施工程，将各项建设任务落到实处，全面推进生态县建设。规划报告于2007年5月初通过专家评审，6月县人大审议通过并颁布实施。规划的颁布实施为崇明县全面规划生态县建设工作，明确建设内容并落实各项创建任务起了重要作用。

②崇明生态县建设技术支撑。为扎实推进崇明国家级生态县建设，统筹安排生态县创建过程中的各项推进工作，崇明县生态创建办委托生态所开展生态县技术支撑工作，负责2008年生态县创建工作总体推进策划和相关材料编写工作。根据生态县创建要求和崇明生态县创建的进展情况。

2008年技术支撑主要包括以下内容：一是编写生态县推进调研报告。针对国家生态县指标调整情况，配合县创建办到各相关委办局调研，拟写会议通知和调研计划，梳理总结创建工作推进情况，针对不达标指标分析存在问题，提出对策措施，并对下阶段工作安排提出建议。二是编写崇明生态县建设规划补充报告。针对国家级生态县指标调整情况，编写生态县建设规划补充报告，根据 2007 年生态县建设情况，评价生态县指标达标情况，并针对节能减排、污水处理设施建设、农业污染控制、生态文明建设等方面补充提出相应任务措施。三是梳理生态县指标台账。以 2007 年为基础年，梳理各委办局基础台账准备清单和上报材料，查漏补缺，指导各委办局基础台账整理工作，为编写生态县创建技术报告做好准备。四是编写经济社会发展三年行动计划的生态环境专项调研报告。根据崇明县 2009—2011 年经济社会发展行动计划编写的要求，编写生态环境保护专项调研报告，明确工作目标和工作内容，包括节能减排、生态县建设和第四轮环保三年行动计划的启动实施。五是编写崇明生态县创建中期评估报告。根据生态县推进情况和取得成效，对基本条件和具体指标达标情况和对应任务的实施和完成情况进行评估，明确创建中面临的问题，并提出下阶段对策建议。六是领导汇报拟稿。根据生态县推进进程和会议安排，拟写领导汇报稿和讲话稿，如生态县协调座谈会的领导讲话稿，生态县推进会议的汇报稿和讲话稿，向县人大汇报讲话稿，县人大审议县政府汇报稿等。该项目与 2008 年 1 月启动，2008 年 12 月完成。此项目对于全面掌握崇明环境保护和生态建设情况具有重要的意义，同时对于其他同步实施的崇明生态岛指标体系研究、崇明第四轮环保三年行动计划等项目提供了很好数据支撑。

③闵行区生态文明建设规划。党的十七大报告首次明确提出了建设生态文明要求，并于 2008 年开始正式发发文推进全国生态文明建设工作。闵行区位于上海中心城区的西南部，先后创建成功了"国家环境保护模范城区"（1999 年）、"国家生态区"（2006 年），在上海市均属首例。为积极响应国家生态文明建设要求，进一步巩固和提升"国家生态区"建设成果，树立"生态闵行"的品牌形象，2008 年年底，闵行区提出了

建设生态文明城区的目标。

　　本规划将通过四项专题研究，形成六项规划方案。四项专题研究。基于区域特点和相关领域的研究基础，本规划编制过程中设置如下四项专题研究任务，研究成果可为规划编制提供技术依据和理论支持。主要内容包括：一是区域发展战略评价研究。回顾闵行区社会经济发展历程，围绕区域发展规模、产业结构和总体布局三大核心内容，以区域资源环境承载能力为约束条件，分析区域发展现状、趋势及资源环境制约因素，评估区域发展目标与定位，研究提出促进区域发展与资源环境相协调的调控对策，为闵行区中长期发展提供决策依据。二是生态文明理论内涵研究。研究目标：调研国内外生态文明研究理念和建设实践，辨析生态文明理论的实际内涵，明确闵行区生态文明建设的指导思想与总体目标，研究确定闵行区生态文明建设的主题领域。三是低碳经济发展模式研究。借鉴国际经验和相关课题研究成果，在现状判断的基础上寻求改进传统增长方式的途径，研究低碳发展的可行模式，探讨闵行区未来发展的方向。四是生态文明建设指标体系研究。对国内外有关可持续发展、生态建设等方面的指标体系进行调研，总结可借鉴的经验与启示，结合生态文明的内涵研究内容，紧扣闵行区域特点，制定闵行生态文明建设指标体系，根据闵行实际情况，确定现状值和阶段性目标值，同时，研究指标体系评估方法与模型，简洁明了地表达指标体系评价结果。"1246"规划方案。根据对生态文明内涵与基本目标的解读与分析，结合闵行区的实际发展状况，提出了闵行区生态文明建设"1246"总体规划方案。包括生态文明的一个核心要求、两个基本观点、四项基本目标和六大建设领域。并以此为框架编制了六大领域的规划方案。包括：低碳发展与循环经济、环境改善与生态建设、城乡统筹与民生保障、文化传承与宣传教育、公众参与与生态意识及能力建设与管理机制。本项目于 2009 年 7 月正式启动，2009 年 9 月形成规划研究纲要，2010 年 3 月完成规划研究报告、规划文本和行动计划等编制任务，并顺利通过环保部组织召开的专家评审会，获得专家、领导的好评。2010 年 12 月根据国家新的生态文明建设要求，进一步完成了规划修编工作。

④金山区国家环保模范城区创建规划。原国家环保总局于 1997 年组织开展国家环保模范城市的创建活动，于 2006 年对考核指标进行了调整，新的考核指标体系于 2007 年 1 月 1 日起实施。随着金山区社会经济的持续发展，综合实力的不断提高，陆续开展了创建国家卫生区和上海市文明城区的活动。2006 年年底，金山区委、区政府进一步提出了创建国家环保模范城区的目标，以促进社会、经济和环境的协调发展。本规划依据上海市、金山区城市总体规划和相关环境保护规划，全面分析了金山区社会经济发展和环境保护的现状与趋势，比较发展状况与模范城市考核标准的差距及创模的可行性，合理制定了创模规划目标、任务和措施。规划围绕"创模"指标，从构建安全环境体系、开展循环经济建设、加强环境污染控制、推进生态保护以及提高环境管理能力等方面入手，提出了"创模"的主要任务和特色工作。并充分考虑到金山区的发展定位为"上海国际化工城"，将化工产业环境风险作为一个重点来考虑，体现了创建国家环境保护模范城区的"重特点、重解决难点"的指导思想，提出了创建金山模范城区的特色工作，并落实到具体工程项目中。金山区创模规划时限为 2007—2009 年，规划基准年为 2006 年。规划文本共分九个部分：总则；城区发展现状与趋势；创建国家环境保护模范城区可行性分析；规划目标指标；规划主要任务；重点工程及投资方案；保障措施；预期效益评价；持续改进计划。"上海市金山区创建国家环境保护模范城区"规划已于 2007 年 9 月通过专家评审，将作为金山区政府开展创模工作的总体部署和开展各项创建工作的依据。

⑤长宁区国家环保模范城区创建规划。近几年，长宁区社会经济发展迅速，生态环境保护工作不断深入，并获得"上海市环保模范城区"称号。为进一步深化市级环保模范城区的建设成果，提升全区生态环境

质量，长宁区区委、区政府提出创建国家环境保护模范城区的目标，并委托上海市环境科学研究院编制《长宁区创建国家环保模范城区规划》。本规划按照《国家环境保护模范城市规划编制纲要》要求，以实现"创模"为主线，始终贯彻环境友好、资源节约的方针，以社会、经济、环境为三大基本系统，通过分析现状和趋势，明确问题与差距，制定目标，并提出"产业优化与经济健康、节能减排与发展优化、污染防治与环境保护、生态建设与生态和谐、能力建设与环境良治、宣传教育与生态文明"六大规划任务，积极落实"赤、橙、黄、绿、青、蓝、紫"七项工程，确保长宁区按照规划时间节点达到国家环保模范城区要求，真正把长宁区建设成为环境优美、生态文明、社会和谐、经济健康的现代化国际城区。该项目于 2008 年 6 月开始实施，7 月完成规划大纲，10 月完成规划初稿，11 月进行区环保局局和相关委办意见征求，并完成修改稿，并且顺利通过专家验收。

⑥崇明县陈家镇生态建设与环境保护规划。受陈家镇开发公司委托，生态所负责编制陈家镇地区（含陈家镇、前哨农场及上实东滩）的生态建设与环境保护规划，为陈家镇地区的可持续发展提供支撑。经过多次资料调研、现场踏勘，在对陈家镇地区现状进行详细分析的基础上，作为长江隧桥登陆崇明岛的门户地区，考虑陈家镇地区社会经济发展及长江隧桥通车的影响，对陈家镇地区未来 10 年的生态建设与环境保护规划提出了具体的建议。内容涉及生态环境现状分析、区域发展与环境压力分析、规划目标与指标体系、生态功能去划分，水污染防治、大气污染防治、固体废弃物污染防治、噪声污染防治、生态保护与生态建设、循环经济与清洁生产等专题规划，以及各专题相对应的重点工程投资估算和保障措施体系。2009 年 5 月，本规划通过陈家镇开发公司组织的专家评审。

⑦枫泾镇创建全国环境优美镇技术支持。为全面落实科学发展观，保护生态环境，根据国家环境保护总局《关于深入开展创建全国环境优

美乡镇活动的通知》(环发[2002]101 号)和上海市环保局《关于进一步完善全国环境优美乡镇创建工作的通知》(沪环保自[2005]386 号)的有关要求,上海市枫泾镇提出了创建全国环境优美镇的目标,并委托环科院开展相关的申报工作。枫泾镇创建全国环境优美镇申报的技术支持工作主要包括:协助收集整理相关材料;编制申报技术报告;编制申报工作总结;制作创优申报宣传画册;制作创优宣传短片。通过几个月的沟通、协调与努力,顺利完成了技术报告、申报总结、申报宣传画册与短片的编制任务,并于 2007 年 10 月顺利通过市环保局验收。

⑧青村镇环境保护与生态建设规划。为了进一步落实科学发展观,积极响应党的十七大大提出的建设"生态文明"要求,深入社会主义新农村建设,奉贤区青村镇提出创建全国环境优美乡镇(后调整为创建生态镇)目标,并决定编制《青村镇生态建设与环境保护规划》,以指导全镇环境保护工作和创优工作。本规划主要根据青村镇生态镇建设目标,按照《国家小城镇环境保护规划编制导则》要求,通过对青村镇的生态环境状况调查和评估,结合青村镇经济和社会发展特点,预测分析青村镇环境变化趋势,研究制定青村镇环境保护的规划目标和保护方案,最终形成《上海市奉贤区青村镇环境保护规划》。规划编制框架包括:一个核心:以实施可持续发展战略为核心,并以此明确规划的指导思想和基本原则,制定环境规划的总体目标。两大体系:围绕规划目标,构建生态建设和环境污染防治两大支撑体系,制定规划目标指标及其规划任务。三个阶段:以启动推进、优化提高和完善发展为基本要求制定规划三个阶段目标,并确定分阶段的规划具体指标要求与主要任务。四个分区:按照生态功能要求,以产业发展生态调控区、商贸居住生态优化区、郊区农业生态储备区、园林绿地生态保护区为青村镇四大生态功能区,并通过制定生态功能区调控导则,引导四大区域的优化布局与发展。八个领域:围绕水环境污染防治、大气环境污染防治、固体废物污染防治、噪声污染防治、生态产业与循环经济、生态人居与景观绿化、

生态文明与宣传教育、生态安全与应急保障八大领域为规划实施重点方向和实施规划任务的主要内容。本规划自 2009 年 9 月启动，2010 年 6 月完成规划编制工作，并于 2010 年 6 月 17 日顺利通过专家评审验收。

⑨港西镇双津村创建上海市生态村工作计划。2006 年 12 月，上海市环保局发布了《关于开展上海市生态村建设活动的通知》（沪环保自[2006]376 号），要求各区县结合本地实际情况，指导有条件的行政村制定和实施《生态村创建计划》。为指导和规范创建工作，市环保局还制定了《上海市生态村指标体系（试行）》和《上海市生态村考核管理办法（试行）》。基于生态岛的定位，崇明县的生态县、环境优美乡镇、生态村等创建工作均已纳入日常工作之中。受崇明县环境保护局委托，市环科院生态保护研究所承担港西镇双津村创建上海市生态村工作计划的编制工作。通过 2004 年度的县级生态村创建活动，双津村 2005 年被评为"县级生态文明村"，双津村的生态环境质量有了一定的提高，村容村貌也得到了进一步的改观，具备进一步创建上海市级生态村的条件。在对双津村生态环境状况进行调查的基础上，将其现状与上海市生态村的各项基本要求和考核指标进行详细对照，进行指标可达性分析，筛选滤定出尚不能达到上海市生态村指标要求的项目，并据此提出未来工作的重点内容。已经完成《崇明县港西镇双津村创建上海市生态村工作计划》编制工作，并交崇明县环保局、港西镇政府以及双津村征求意见，最终通过市环保局审核。

⑩青浦白鹭湖社区生态设计。2006 年 7 月，上海市环境科学研究院生态所参与青晨房地产开发有限公司主持的青浦白鹭湖社区生态设计方案竞标会。该生态概念方案内容科学、理念先进、设计专业，最终从众多方案中脱颖而出，获得了甲方认可。2007 年，本所在前期白鹭湖生态环境背景调查的基础上，开展了相关工作，这也是上海市环境科学研究院在生态社区建设领域的新尝试。项目内容：一是生物多样性及其保护：综合考虑植被的生态及经济价值，将陆生植被划分为不同的保护等

级，提出了相应的保护对策；为了不影响鸟类栖息，提出加强施工管理，开展生态重建的具体建议，并提出减少景观破碎化、增加斑块之间连通性的建议；针对入侵物种泛滥的现状，提出了多途径的综合防治方法。二是水域生态保护与修复：通过对菹草发生机制的调查研究，确定适当的收割方案，同时放养鱼类，作为辅助措施。筛选了对净化水体、改善水质具有显著作用的水生生物，重建新开挖的水系生态系统。基于水流特征模拟分析，采用"外循环处理系统+内循环系统+曝气复氧系统"，强化水体循环曝气与净化。三是生态别墅设计与建设：设计建设绿化隔离带和声屏障等，减少小区外界的各种噪声的干扰；利用园林绿化减少热岛效应。采取有效的节能措施改善建筑热工性能，通过使用可再生能源，调整和优化建筑能耗结构。开展雨水回用，减少市政供水。四是社区生态养护与管理：制定鹭岛湖水体水质定期监测方案，根据水质状况和水生生物的生长情况采取收割、补种或其他调控措施，以保证水体的水质与景观要求；制定生态管理的规章制度，制作工作手册。针对意外事件，制定相应的应急措施处理出现的问题，修复受损的生态系统。本项目最终生态设计方案已基本完成，得到了甲方的充分肯定，课题研究成果也已在白鹭湖景观设计和建设中得到了应用。今后生态所将进一步跟踪，与青晨公司加强合作，为白鹭湖社区建设提供技术服务。

（5）生态修复技术研究

①苏州河上游滨岸缓冲技术研究。上海市科委立项开展《苏州河环境综合整治三期工程实用技术研究》，环科院作为课题依托单位开展研究工作。"苏州河上游滨岸缓冲技术研究"课题作为"苏州河环境综合整治三期工程实用技术研究"5个研究子题中的一个，主要研究在上海地区农业面源污染特征下，利用滨岸缓冲带技术研究其对农业面源的污染防治作用，并选择苏州河上游地区河道，研究建立具有生物栖息地功能、滨岸带景观功能和有效改善河流水质功能的缓冲带生态系统。根据上海地区农业面源污染特征，模拟上海地区降雨产汇流过程和雨量进行

小试试验，考察不同草皮植被缓冲带对 TN、TP 和径流 SS 的净化效果，并比较不同草皮的耐污能力和生物量。在小试试验植被选择的基础上，建成占地 8 000 m² 的东风港滨岸缓冲带试验基地，开展现场试验监测。试验内容主要包括不同草皮植被、不同群落配置、不同坡度、连续降雨等情况下滨岸缓冲带的面源污染防治效果和试验基地生物栖息地功能、滨岸带景观功能、水土保持功能的生态效益评估。在 2006 年现场试验的基础上，2007 年继续开展试验研究，着重于不同季节滨岸缓冲带对面源污染的净化效果和土壤、植被生态效益评估等研究。课题已于 2007 年 1 月 22 日顺利通过验收，所取得的技术成果能为上海苏州河环境综合整治三期工程提供相应的技术支持和储备，具有较好的应用前景。子课题"苏州河上游滨岸缓冲技术研究"已发表论文 5 篇，录用待发表 3 篇，另有 3 篇处于投稿评审之中。

②抗风浪浮床围隔内植物种植模式和系统净化技术研究。淀山湖是上海境内最大的天然淡水湖泊，也是黄浦江上游的重要水源保护区和主要航道。湖泊横跨上海市青浦区和江苏省昆山市，总面积约 62 km²，其中上海境内 46.7 km²，占总面积的 75.3%，江苏境内 15.3 km²，占总面积的 14.7%。湖底自然平坦，总体上没有较大的自然地形起伏，但存在较多工程性凹陷。湖底平均高程为 0.44 m，平均水深为 2.16 m。湖区底质原状泥土坚硬，没有生物成因的淤泥，仅存在工程性回淤土，淤泥没有形成堆积。为降低和控制淀山湖水体富营养化程度的加剧，控制和改善千墩浦入湖河道水质，防止蓝藻水华的暴发，在淀山湖富营养化防治和生态修复的试验性工程中拟定实施千墩浦前置库生态浮床试验工程。本课题紧紧围绕淀山湖特定环境条件，开展浮床应用的关键技术研究，包括浮床系统抗风浪能力、浮床植物配置模式及其系统净化效率研究，以期为大规模浮床系统的工程运用提供设计依据。一是植被种植配置模式设计。根据选择植被种类，结合千墩浦前置库建设，设计供科研实验用的浮床体。实验研究考虑植被种类为美人蕉、黄菖蒲、壅菜、再力花

和水芹菜。二是不同植被及其配置方式植被生物量研究。针对不同植物体的生长特性，对植物体进行收割及生物量监测研究，以对比不同植被生物量差别。植物体生物量监测为全株生物量，包括水上植物体部分和水下根系部分。植物体生物量收割监测按照生长季进行，并取平行单元的平局值来计量。三是不同植被及其配置方式水质净化效果研究。通过浮床植物体种植前后氮、磷含量，植物根系的发达程度，植物根系周围形成生物膜厚度、活性的情况等几个方面进行综合监测，以对比分析不同植被及其配置方式对水质净化效果的差异性。四是不同植被及其配置方式景观效果研究。通过分析不同植被及其配置方式下浮床单元游憩价值、审美价值（景观优势度、景观多样性）、生物多样性价值，建立浮床景观评价指标体系，利用专家咨询法与赋值法综合评价其景观功能价值。2010 年是该课题的结题年，在前期研究的基础上，2010 年度进行了植物的春夏季采样监测工作，并进行了数据整理分析，编写了专题研究报告，专题研究发表论文 2 篇。课题已于 2010 年 10 月顺利通过科委验收。

三、环境工程技术领域

1．工业废水治理

在工业废水治理方面，上海市环境科学研究院充分发挥污染治理技术研究实力优势，完成了一批有难度、有特色的环保工程项目，主要包括：阿克苏诺贝尔宁波化学工业园区生化废水处理厂设计；浙江昱辉阳光能源有限公司六厂废水处理工程设计；世成柔性线路无锡厂房废水治理工程；正泰电气输变电设备产业基地污水处理工程。

正泰电气输变电设备产业基地污水处理工程设计处理规模220 m³/h，其中含氢废水 20 m³/h，一类重金属废水 30 m³/h，含铜废水 20 m³/h，综合废水 150 m³/h。四种废水分别采用不同的处理工艺：一是对于含氰废水的处理，采用含氰废水闭路循环处理系统（已申请国家发明专利），废水先经二级氧化破氰处理，使 CN⁻ 被彻底氧化成 N_2 和 CO_2，然后进行过滤和离子交换处理，使处理出水达到回用水要求，离子交换产生的 NaCl 浓液电解制造 NaClO，NaClO 返回破氰用，达到闭路循环不排放废水。二是对于含铬、镍、锡的一类重金属废水处理，先用还原剂将废水中的六价铬还原成三价铬，然后中和—沉淀剂沉淀—混凝—絮凝，经斜管沉淀固液分离和过滤后达标排放。三是对于含铜废水的处理，先化学沉铜回收铜以获取良好的经济效益，沉铜以后与综合废水合并处理。四是对于综合废水及回用水处理，综合废水与沉铜后的废水混合后，其废水中含有铜和锌等重金属物质，处理工艺采用：沉淀剂沉定、混凝—絮凝—气浮处理工艺，处理出水达到松江西部污水处理厂的接管标准。其中 30 t/h 排入污水处理厂，其余的 120 t/h 再经生物反应塔—多介质过滤—活性炭过滤—保安过滤—反渗透等工艺处理，反渗透出水 60 t/h 回用于生产车间，反渗透的浓水排入松江西部污水处理厂。

另外，上海市环科院在深井曝气废水处理技术研究起步早，1984年设计建成国内首座深井曝气废水处理工程。深井曝气科研成果曾获得上海科技成果奖、国家发明专利、实用新型专利。近期以深井曝气工艺为核心的"印染废水深度处理及中水回用技术"获得中国纺织工业协会颁发的科学技术进步奖。在工程应用方面积累了一定经验，在天津、江苏、浙江有多处工程应用实例，处理规模达到 5 000～20 000 m³/d。

上海市环科院近年来完成有关渗滤液处理技术多项课题研究，提出以催化内电解、高级氧化、高效吸附处理技术为核心的组合处理工艺，试验效果良好，正在申请实用新型专利。在工程应用方面，联合城投公司等单位，在老港卫生填埋场、崇明县生活垃圾综合处理厂一期工程将垃圾渗滤液处理技术进行了工程应用，积累了一定的实践经验。

2. 城镇污水处理

在城镇污水处理方面，参与了上海崇明县的小城镇污水处理，主要项目有陈家镇污水处理厂一期人工湿地工程、崇明小城镇生活污水处理工程（新村等 9 镇）。

（1）陈家镇人工湿地污水处理工程。陈家镇人工湿地污水处理厂建成于 2007 年 9 月，是一座应用人工湿地先进处理工艺的污水生态处理厂。污水处理厂将解决裕安现代社区一期动迁基地建成后的污水出路问题。污水处理厂一期规模预处理系统：0.4 万 m^3/d，人工湿地：0.2 万 m^3/d，服务面积：28.62 hm^2。设计出水达到《城镇污水处理厂污染物排放标准》（GB 18918—2002）一级 B 标准。采用生物化学强化絮凝+序批式潜流人工湿地组合工艺。污水经过预处理系统去除一部分污染物及大部分固体悬浮物后，进入人工湿地污水处理系统。污染物通过湿地基质的过滤吸附，湿地植物根系的吸收、好氧与厌氧微生物菌群的分解作用，从而达到净化。结合本工程污水处理的特点，污泥经微氧消化、浓缩脱水一体机脱水（带式压滤机）脱水后与收割、粉碎后的湿地植物混合作为有机肥料回用于郊野森林，可实现污泥的资源化综合利用。污水处理与园林景观建设相结合，构造了一座美丽的"湿地园"。

（2）崇明小城镇生活污水处理工程。崇明县新村、庙镇、三星、建设、竖新、向化、中兴、横沙 8 个乡镇污水处理厂处理规模为 130～800 m^3/d，均采用了"生物接触氧化+人工湿地"为主体的污水处理工艺，其工艺流程基本相同。污水集中收集后进入集水井，由提升水泵提升进入调节池，调节水质水量，然后通过调节池提升泵进入接触氧化池进行处理，去除大部分 COD、BOD、SS、氨氮等污染物，处理后出水进入主体构筑物人工湿地处理，进一步降低以上指标，并对 TP 予以吸收和降解。人工湿地处理后的尾水经消毒后达标排放。各乡镇污水处理厂的排放标准执行《城镇污水处理厂污染物排放标准》（GB 18918—2002）

中一级标准的 B 标准。污泥则从沉淀池气提至污泥池后进行微氧消化，并定期通过环卫车抽吸外运方式或由农家沤肥回用方式进行处理处置。

3. 农村污水处理

对于远离市政污水管网的农村生活污水，主要采取集中、联户或分户形式，结合稳定塘、土壤处理、人工湿地等技术措施，因地制宜地处理农村生活污水，探索出一些符合上海实际的处理模式。

（1）南汇区航头镇海桥村顾家宅稳定塘污水处理工程。稳定塘系统是由若干自然或人工挖掘的池塘通过菌藻互生作用或菌藻、水生生物的综合作用而实现污水净化的目的。为实现资源化利用，稳定塘还可种植经济植物，放养水生动物等。稳定塘系统一般投资较低，维护管理简单，对有机污染物有较好的处理效果，有的还具有脱氮除磷功能。水环境要求不高农村地区可以结合地形条件等有利因素，设立污水的稳定塘生态处理方式。上海市南汇区航头镇海桥村顾家宅污水处理工程采用了"化粪池+自然稳定塘"污水处理工艺。该工程充分利用两个长条形的天然沟塘，岸边水深 0.8 m，中心水深 1.2 m，土质直立边坡，生态塘总面积 2 600 m²，工程改造费用 2.3 万元，在运行维护方面，仅需根据季节对植物进行定期打捞、污泥清理，运行费用约为 0.01 元/t 水。

（2）崇明县瀛东村污水土壤处理工程。污水土壤处理系统是在人工控制的条件下，将污水投配在土地上，通过土壤—植物系统，进行一系列物理、化学和生物的净化过程，使污水得到净化的一种污水处理工艺。在土壤处理系统中，污水中的营养物质和水能被农作物、牧草和林木吸收利用，污染物去处效果较好。除此之外，污水土壤处理系统能够整治土壤，建立良好的生态环境，是一种环境生态工程。污水土壤处理系统的不足之处在于占地面积相对较大，对土质的要求较高，一般以土质通透性能强、活性高为原则。上海市崇明县瀛东村污水处理工程采用强化絮凝预处理+土壤渗滤生态系统工艺。瀛东村污水处理工程主要处理生活污水和农业面源废水，其中生活污水设计规模为 105 m^3/d，污水经预处理后达到《农田灌溉水质标准》（GB 5084—2005）后回灌；通过地下水及周边表面水体连续采样监测表明，预处理出水经土地渗滤处理后对地下水及周边水体水质没有影响。

（3）生活污水人工湿地处理工程

人工湿地从自然湿地发展而来，通过人工强化自然湿地中的天然净化过程，利用植物、介质和微生物的联合作用来去除或削减水中污染物的生态处理技术。人工湿地系统处理污水具有一系列的显著优点，相比稳定塘处理，人工湿地的处理效果较好且稳定；相比土壤处理，人工湿地具有占地面积小的优势。对于农村地区来说，人工湿地污水处理工艺具有很好的应用前景。

上海市环境科学研究院与同济大学合作开发的人工湿地污水生态处理技术，已获得 6 项国家专利，先后完成了工程实践丰富，在人工湿地设计、施工、运营管理方面积累了丰富经验。

表 3-1　人工湿地项目一览表

项目名称	设计水量/（m^3/d）	工艺流程	工程特点
奉贤区青村镇北塘新苑污水处理工程	700	生物化学强化絮凝+序批式潜流人工湿地	1. 结合园林景观设计，将人工湿地按照公园的标准建设，治理污染的同时起到了美化环境的作用，也为川南奉公路增加一道亮丽的风景； 2. 设置了休闲、锻炼设施，为人们休憩创造了条件
崇明前卫村污水处理工程	630	生物化学强化絮凝+序批式潜流人工湿地	1. 采用河内敷管、沿河截污技术，敷设污水收集管网，避免道路开挖影响村民的正常生活和生态旅游； 2. 景观化设计的人工湿地，成为前卫村生态旅游的一个新景点； 3. 污泥与湿地植物秸秆送到前卫村沼气站发酵制沼气，实现了资源回收利用

项目名称	设计水量/(m^3/d)	工艺流程	工程特点
南汇区航头镇海桥村陶陆家宅污水处理工程	14	PDI+人工湿地	1. 占地面积小、施工方便，运行费用低；2. 按照花园的标准建设，为陶陆家宅新农村建设增加亮点
崇明县三星镇生活污水处理工程	60	自然沉淀+潜流式人工湿地	1. 工艺简单、维护量小、管理要求低；2. 无臭味噪声、对周边环境影响小
崇明县陈家镇生活污水处理工程	2 000	生物化学强化絮凝+序批式潜流人工	1. 园林化设计，将人工湿地处理厂建设为一个鸟语花香的公园；2. 生态污水处理技术非常符合"生态陈家镇"的发展定位；3. 污泥与秸秆堆肥回田利用，消除二次污染，实现资源化

4．河道景观水体净化

（1）苏州河梦清园景观水体生态净化系统示范工程及技术推广。2000 年年底,苏州河水体基本消除黑臭,随着苏州河的进一步综合整治,产生了在苏州河沿岸第一块大型绿地——梦清园,同时在园内建成了一个"活水公园"。这就是综合应用国家"863"研究成果的梦清园景观水体生态净化系统示范工程。该工程设计水量为 50 m^3/h, 实际运行可达 100 m^3/h。工程于 2003 年 12 月开工, 2004 年 4 月竣工, 7 月对外开放。该工程分水质处理和水质稳定两部分。进水经过水车从苏州河取水后,经折水涧采用层层跌水的方式,并辅助以人工曝气等,使新鲜的氧气及时进入河水,提高水体溶解氧。随后,水流进入 800 m^2 的芦苇人工湿地,利用植物拦截,微生物处理,初步去除水中的悬浮物、有机物和氨氮。曲曲折折的木桥下,是种植沉水植物伊乐藻的下湖,辅以岸边的浮水、挺水植物和水中的鱼、螺丝等动物,利用水生生物净化污染物。正在冒出汩汩气泡的是曝气复氧系统，为净化污染物提供氧源，它的能源来自于位于九曲桥中的风光互补清洁能源系统。卵石围堰的外侧，则是种植沉水植物——苦草的中湖。利用湖中植物、微生物、水生动物对水质进一步净化。至此，水质处理任务完成。河水再被提升到空中水渠，进入水质稳定段。水质稳定部分由空中水渠、蝴蝶泉和月亮湾等部分组成。河水顺渠道欢畅而下，再次吸进大量氧气，对水质进行深度净化。在梦清园中心，5 个池塘形成美丽的蝴蝶图案。喷泉开放时，一阵阵细密的水舞腾起，恰似晨舞中的蝴蝶抖动翅膀上的露珠，观光休闲者如身在仙境。

综合评估结果表明，河水经本示范工程净化后年平均水质提高了 1 个类别，水体生物多样性指数达到中度以上，生态处理运行吨水电耗为 0.024 kWh，吨水运行费为 0.013 元。该套景观水体综合生态净化技术，已在其他工程中得到有效地运用。

（2）上海世茂佘山国际艾美酒店景观水处理工程。上海世茂佘山国际艾美酒店，置身于国家 4A 级森林旅游度假区——佘山，是一座可容纳 2 500 人五星级酒店。在酒店的后院有一个约 22 000 m² 的景观湖泊，供客人休闲娱乐。该景观湖泊是一个相对封闭的水体，在其东北、西北、西侧分别有三条支流河道，为了预防水体受到频繁的人为活动影响及雨水排入的污染，使景观湖泊常年保持良好的水质与景观效果，整套净化系统采取了水体内部循环、外部补给调水、人工湿地处理、喷泉曝气复氧、水生植物和动物生态净化、生态坡岸构建等技术，使水体保持在Ⅳ类水质及以上。

5. 工业废气治理

上海市环科院大气污染防治业务自 2008 年以来发展迅速，特别是工程技术中心成立后，专门成立了大气专业组，人员技术力量进一步增强，有力地支持了大气污染防治业务的开展，年均项目合同额稳步增长，

2010 年，大气项目合同额达到 1 200 多万元。

已完成和正在进行的工程项目主要有：一是振华港机长兴基地生产废气治理工程；二是芬美意硫化氢气体处理洗涤装置；三是上海昭和高分子有限公司废气治理工程；四是上海斯米克建筑陶瓷有限公司 D1、P2 窑含氟废气处理工程。

上海斯米克建筑陶瓷股份有限公司"陶瓷烧成"辊道窑生产线（D2+P1）含氟废气治理工程，设计处理规模 50 000 m^3/h，烟气温度 220℃，进口氟化物浓度 66～110 mg/m^3，排放浓度≤6 mg/m^3。本项目引进德国技术，采用颗粒石灰石垂直流动吸附床工艺。该工艺具有除氟效率高，可满足我国新近颁布的、与欧盟标准一样严格的《陶瓷工业污染物排放标准》（GB 25464—2010）中规定的排放限值；而且维护简单，运行费用低，废弃物少；避免了国内常用的"湿式洗涤"工艺所存在的流程较复杂、存在二次污染、运行费用高、设备易腐蚀、使用寿命短、排烟视觉感官差等缺点；是当前最有效、最适宜的含氟废气治理设备。

振华港机长兴基地废气治理工程。共分两部分：一是油漆废气；二是焊接烟尘废气。油漆废气项目废气主要产生于 2 000 亩冲砂车间和 300 亩冲砂车间，两车间排风量分别为 121 万 m^3/h 和 20 万 m^3/h。设备采用"纳米涂层活性炭净化器"，主要部件为活性炭和紫外灯，共设置 33 套，处理风量 8 万～11 万 m^3/h。对于焊接烟尘废气采用"焊接烟尘净化机组"，处理风量 1 200～1 500 m^3/h，过滤面积 2×18 m^2，电机功率 2.2 kW，共 15 台。

6. 噪声、振动治理

（1）振动引起的结构噪声控制。振动引起的结构噪声与一般工业噪声、生活噪声和交通噪声不同，以低频噪声为主，我国暂无相关法律法规和室内噪声控制标准对此进行制约。随着我国城市化进程的不断提高，大大拉动了房地产开发，人均居住面积也不断提高和改善。高层建筑由于受空间限制及其他一些原因，居民用水靠大楼地下一层水泵房水池供水。水泵运转时所产生的噪声、水泵关闭时产生的水锤噪声以及管道共振声均会对上层的居民住户产生影响。随着人们对居住环境要求的不断提高及维权意识的增强，开发商与住户间的矛盾也不时发生。这一类矛盾在高层建筑为主的居民区中显得尤为突出。上海市环科院针对这一较为普遍的问题进行了专门研究，对水泵房的各类设备噪声进行了频谱分析测试，并针对水泵房振动引起的结构噪声的控制提出了两大措施：增加楼板隔声量、隔绝固体传声。上述技术在专门向环科院进行技术咨询的国家安全局某小区、瑞金南苑Ⅰ期、Ⅱ期小区、万科华尔兹小区等多个居民小区得到应用。开发商均组织相关设计单位对这些措施进行了具体的细化落实，相邻上层住户水泵房运行时室内声级均低于 40 dB（A）（扣除背景噪声），直观上也已听不到设备运行声音，得到了相关住户的肯定，从根本上杜绝了水泵房噪声扰民的发生。

（2）消声百叶技术的工程应用。环科院于 1994 年完成了市环保局下达的"消声百叶研制"的课题。消声百叶既解决了热源车间、热泵机组的降噪问题，又解决了设备的通风散热问题，降低了以往传统隔声技术由于通风不畅导致的能耗上升的问题。

上钢五厂轧钢车间原采用隔声封闭，但由于车间内温度居高不下，工人们一直将车间窗户打开，某些隔声部位还经常被工人拆除弃置不用，造成噪声外泄。在采用消声百叶技术后，既解决了车间内通风问题，车间噪声又得到了控制，至今仍在使用中。在解决了热源车间通风降噪问题后，环科院又进一步将这一技术应用到普遍使用的热泵机组、冷却塔降噪控制中。首先得到应用的是上海外汇交易中心，在外滩这样一个俗称"万国建筑博览会"的地区，要做到既不破坏其原有的历史风貌，又要在螺丝壳里作道场，使热泵机组噪声不影响到周边楼宇内的居民。通过环科院精心设计和施工组织，在狭小的夹层空间内完成了这一标志性的工程，取得了良好的社会效益。通过该工程的示范效应，环科院又不断将这一技术应用在九洲宾馆、国家安全局某小区、昆明上证、内尔电话公司、小糸车灯、斯伦贝谢智能卡公司、飞利浦电子元件（上海）有限公司、上海吉列有限公司、宜家家居等多个热泵机组噪声治理以及空压机房、冷冻机房的噪声治理工程中，取得了良好的经济效益和社会效益。

（3）车间内噪声控制技术。在工厂，噪声的直接受害者是长期劳动于生产第一线的广大工人群众。由于噪声直接作用于人体的感官，噪声源停止发生时噪声污染立即消失。正是由于噪声污染的这种特殊性，它的危害常常是不为人们所理解，因而也容易被忽视。一个人长期暴露在强噪声环境之中而不采取任何防护措施，会逐渐导致耳聋，并且这种耳聋是不可逆转的。除此之外，噪声还间接影响人的神经系统、消化系统、呼吸系统。所以，控制和治理工业噪声是一项刻不容缓的重要任务。确定车间噪声控制措施时，应从声源根治噪声、在噪声传播途径上采取控制措施、在接受点采取防护措施三个方面来考虑。现代化企业从劳动保护角度来说，在进入车间前一般均配有耳塞作为防护措施。但对于声源降噪或在传播途径上采取控制措施则还略显单薄。环科院根据多年的实地调研和监测，多数企业生产车间内噪声居高不下，主要是由于生产设备产生噪声的部位大多敞开，车间墙壁和顶面基本为光洁表面，声源反射引起的混响声较高，工人间语言交流较为困难。因此设备隔声和降低车间混响声是降低车间内噪声的关键技术。根据不同企业生产设备的性能和噪声特点制作有针对性的隔声罩，一般均需进行非标设计；对车间的墙面和顶面安装吸声结构，吸声结构所选材料需综合考虑耐候性、消防安全、劳动保护要求，并需针对车间噪声的频率特性进行选材。受上海吉列有限公司委托，1999—2002 年先后对其磨机车间、包装车间、装配车间进行了车间内降噪控制技术研究及相关工程，使车间内平均噪声级从 110～92 dB（A）分别降至 85～80 dB（A）以下。通过上述措施，该公司主要生产车间内混响声级均达到了劳动保护的要求。

（4）声屏障技术。1992 年，环科院承担了上海市市政工程管理局下达的声屏障及其隔声效果的研究课题，并在此研究成果基础上产生了第一代以亚克力板为隔声屏体的反射型声屏障。上述成果在延安路高架、沪青平高速入城段等处得到了应用。此后上海市环科院又陆续在南北高架路和延安路高架等处设计了以双层夹膜玻璃为隔声屏，以离心玻璃棉或岩棉为吸声材料的第二代吸隔声型声屏障。由于声屏障对于降低道路交通噪声有着明显的效果和作用，该阶段随着上海市高架道路的建设热潮，各类声屏障在上海市高架道路中百花齐放、争奇斗艳，但这也为市政养护部门带来了维修保养不便、使用寿命不统一的难题，也不利于城市景观的美化。2005 年，受市政管理部门委托，环科院为其编制了上海市高架道路声屏障标准化图集，此举既解决了市政养护部门对声屏障的日常养护和维修工作，同时也为市政管理部门提供了声屏障制作费用的可量化依据。该图集中了环科院着手解决声屏障的三大技术问题：声屏障吸声体的最佳设置部位、定型了双层夹膜玻璃的厚度和最大高度、定型在上海市高架道路上声屏障顶部吸声体的最佳弧度。

该型声屏障已在延安高架路、南北高架路、内环高架路、沪闵高架路、中环线浦西段等高架道路广泛应用。随着上海市高架道路建设的不断发展和中心城市的向外扩展，居民小区随着路网建设不断延伸，道路交通噪声扰民成为上海市噪声扰民环保投诉的一个热点问题。声屏障作为控制交通噪声污染的一个有效技术手段也从市区的高架道路逐步向城市干道、快速路、高速公路、桥梁等不断延伸和铺开。声屏障设计高度从传统的 3 m 高度突破至 6 m 高度。同时鉴于大流量、多车道的道路在上海市不断增多，无限增加声屏障的高度无论从建设资金、城市规划还是城市景观上存在一定困难，如何用好有限的建设资金，又要把交通噪声控制在一定水平是首要问题。上海市环科院在长年跟踪研究道路交通噪声控制技术的实践基础上，特别是对南北高架道路路中屏障示范段多年使用跟踪监测的基础上，首次在国内提出了设置路中声屏障的理念，为大流量、多车道的城市干道道路交通噪声治理指出了一个切实有效的控制手段，并在上海市外环线永泰花园路段得到了首次应用，得到了较好的效果，随即在上海市多条道路中得到推广和广泛应用。

随着第三代无纤维金属吸声材料的诞生，上海市环科院陆续参与和设计了采用金属吸声材料的卢浦大桥声屏障、A5 高速公路曹安路立交声屏障、外环线永泰花园段声屏障、外环线一期（上南路—杨高路段）声屏障、A4 高速公路交大段声屏障、内环线浦东段快速化改建工程声屏障、中环线浦东段工程声屏障、浦东国际机场北通道工程声屏障等一系列重大市政工程的噪声治理工程。自 20 世纪 90 年代初起，上海市环科院迄今为止已参与设计和完成了上海市声屏障设计约 110 km。声屏障设计总量约占上海市现有声屏障总量的 50%，取得了良好的经济效益和社会效益。

（5）测试消声室设计。消声室是专门用来测试设备噪声声功率级的一间没有反射的房间。浙江龙飞实业股份有限公司创建于 1997 年，是由龙飞集团有限公司全资控股，集医用保健制氧机、医用变压吸附式制氧设备与医用中心供氧系统、医用中心吸引系统、医用传呼对讲系统工程的开发、设计、生产、安装、服务为一体的省级高新技术企业。公司位于浙江省乐清市盖竹工业园区，总建筑面积 3 万多平方米，注册资金 2 088 万元。

该公司原产品测试消声室为一极其简易和原始的单位，不符合消声室设计和测试规范的要求，更不能出具有效的实验室数据。随着该公司产品的不断升级换代和越来越大的市场需求，以及国内外市场的各种技术要求，没有一间正规的测试消声室成为该公司发展的极大阻碍。为此，该公司委托环科院为其设计一间正规的全消声测试实验室。

2002 年 4 月，环科院完成了相关设计工作。2002 年年底，该公司全消声测试实验室宣告落成并通过了浙江省质量技术监督局的认证认可。

7. 土壤修复治理

（1）世博会城市最佳实践区场地土壤维护工程。城市最佳实践区位于世博会围栏区的浦西 E 区，北区地块长约 210 m，宽约 105 m，总面积大约 2.4 万 m^2。2008 年 2 月，上海市环境科学研究院环境实验与检测中心对该地块土壤质量进行了监测后发现，受污染的土壤中含有的污染物质主要是重金属和半挥发性有机物质。重金属主要为 Cu、Zn、Pb，有机物主要为苯并[a]芘、苯并[a]蒽、苯并[b]荧蒽、苯并[k]荧蒽、茚并[1,2,3-c,d]芘和二苯并[a,h]蒽等。根据加密监测的数据，上海市环境科学研究院固体废物与土壤环境研究所以地统计学模型模拟结果作为参考，将分析监测数据与《展览会用地土壤环境质量评价标准（暂行）》（HJ/T 350—2007）的 B 级标准加以对比，确定出主要的污染区域。据此计算，场地总污染土方量为 12 400 m^3，其中重金属污染土方量为 8 600 m^3，有机污染土方量为 3 800 m^3。土壤污染深度为 1～4 m。

根据场地特征，固体废物与土壤环境研究所确定了污染土挖掘、稳定/固化剂添加、混匀搅拌处理、资源化利用、跟踪监测（施工单位自检和第三方验收监测）的施工流程，并制定了详细的技术方案。上海市环境科学研究院环境工程技术中心负责工程施工管理，并组织相关单位编制施工组织设计。施工单位严格按照技术方案和施工组织设计进行施工，采取多种防止二次污染作用的措施，施工过程中工程监理单位全程监督，确保工程施工质量。

上海市环境监测中心的第三方验收监测结果表明，土壤维护工程达到了预期的工程维护目标，现场土壤质量要达到《展览会用地土壤环境质量评价标准（暂行）》（HJ 350—2007）中的 B 级标准；场地维护时挖出的污染土稳定固化处理后成为无害的土壤。

该项目在国内首次成功实施了污染土的固化/稳定化工程，这也是迄今为止我国最大规模的土壤修复工程，在一定程度上推动了国内污染土处理处置技术的进一步发展。该工程在解决土壤污染问题的同时实现了污染土壤的资源化利用，体现了费用低、可操作性高、效果明显等优点。工程实施过程中，针对遇到的实际问题制定了一系列现场施工技术要求、标准及规范，包括"地下构筑物拆除施工技术要求"、"回填土施工技术要求"、"地下垃圾层清除施工技术要求"、"现场疑似污染土壤处理处置方法"、"回填后遗留污染土的施工处理要求"、"关于确定土壤混匀标准的特别说明"，这些技术标准及要求具有首创性，对国内相关领域的发展提供了参考。

（2）广兰路某污染调查、评估和修复工程。2008 年 1 月，上海轨道交通某线路延伸施工过程中，施工单位在广兰路该场地内发现土壤呈黑色并伴有刺鼻气味，随后停止施工封闭现场，并将该状况上报给上级主管部门。受业主委托，上海市环境科学研究院固体废物与土壤环境研究所制定了场地监测方案，根据场地历史使用状况确定疑似污染区域和关心的主要污染物，在兼顾均匀性的基础上对土壤有针对性地设置采样点位和采样深度，结果表明，土壤中超过《展览会用地土壤环境质量评价标准（暂行）》（HJ/T 305—2007）B 级标准的污染物有三氯乙烯、苯并[a]芘、苯并[a]蒽、苯并[b]荧蒽、苯并[k]荧蒽、茚并[1,2,3-c,d]芘、二苯并[a,h]蒽、总石油烃 8 类有机污染物以及砷、铜、铬和铅等重金属。

据土壤污染物监测数据，上海市环境科学研究院固体废物与土壤环境研究所利用 GS+和 ArcGIS 等地统计学软件模拟土壤中污染物的空间分布规律，结合人体健康风险评估手段，圈定了广兰路场地污染地块的范围，土壤污染深度为 2～9 m，污染土壤共计 1 962 m^3。

污染土壤处置采用了污染土挖掘、稳定化预处理、填埋场填埋的工艺路线。上海市环境科学研究院固体废物与土壤环境研究所制定了详细的技术方案，施工单位据此制定了施工组织设计。固体废物与土壤环境研究所还担当了施工过程的现场技术指导，对施工过程进行监督，确保了工程施工质量。

上海市环境监测中心制定了第三方验收监测方案，共采集了 22 个土壤样品，监测结果表明现场遗留土壤中污染物含量均符合《展览会用地土壤环境质量评价标准（暂行）》的 B 级标准的要求，土壤修复工程达到了预期的工程维护目标。

（3）南翔某灯泡厂场地土壤稳定化处理与地下水监测。南翔某灯泡厂主厂区面积 63 940 m²，主要生产普通灯泡和彩泡，场地的主要生产活动可以分为缠丝车间和灯丝车间的缠丝以及彩泡车间的灯泡组装。据称，该场地在 1971 年前为农业用地。从 1971 年开始，场地的使用功能转变为工业企业用地。该厂已于 2008 年年底停产，工厂退役后，场地将归还给当地政府，重新开发利用。

2008 年 6 月，采用国际通用的 Phase I 和 Phase II 场地环境评估方法，对该场地进行了系统调查和评估，场地土壤中的污染物有锑、汞、砷、镉、铜、镍、硒、锌、苯并[a]蒽、苯并[a]芘、苯并[b]荧蒽和苯并[k]荧蒽、茚并[1,2,3-c,d]芘、二苯并[a,h]蒽等。上海市环境科学研究院固体废物与土壤环境研究所根据我国关于场地污染修复的相关规定和要求，利用国际通用的健康风险评估的技术方法，编制了《通用电气照明有限公司南翔灯泡厂场地污染健康风险评估》报告，危害风险超过风险可接受水平的土壤污染物为：砷、苯并[a]蒽、苯并[b]荧蒽和苯并[k]荧蒽、苯并[a]芘、茚并[1,2,3-c,d]芘、二苯并[a,h]蒽。在此基础上，圈定了该场地污染地块的范围，土壤污染深度为 2～3.5 m，污染土壤共计 3 590 m³。

上海市环境科学研究院固体废物与土壤环境研究所制定了污染土壤修复工程的施工工艺流程，主要过程包括污染土壤挖掘、稳定剂的添加、稳定剂与土壤的混合搅拌、外运暂存养护、资源化利用和清洁土回填等，编制了污染土壤稳定化处理技术方案。固体废物与土壤环境研究所还担当了施工过程的现场技术指导，对施工过程进行监督，确保了工程施工质量。

上海市环境监测中心作为第三方对南翔灯泡厂场地土壤修复工程

进行了验收监测。当地块的土壤挖掘到设计方案规定的深度后，在地块边界和底部设置了 17 个土壤监测点，共采集 17 个土壤样品，分析结果表明样品中砷、苯并[a]芘等污染物的含量均低于《土壤环境质量标准》（GB 15618—1995）中最严格的一级标准值，以及《展览会用地土壤环境质量评价标准（暂行）》（HJ 350—2007）中最严格的 A 级标准值；经过稳定化处理后，原来的污染土壤成为无害的土壤。该场地土壤修复工程的实施达到了预期的效果和要求。

第三节　重大科研成果获奖情况

上海环科院自建院（所）以来，在环境科学研究领域取得了丰硕成果，30 年共获得各类科技进步奖 65 项，其中国家科技进步奖 2 项、部级科技进步奖 4 项、上海市科技进步一等奖 2 项、上海市科技进步二等奖 11 项、上海市科技进步三等奖 27 项、上海市决策咨询研究成果奖 9 项。这些成果，凝结了全院科技人员的辛劳和心血，充分显示了市环科院人的不断开拓、奉献和环科院精神，以及为环境保护事业所作的贡献。

【液膜分离技术】1980 年获上海市重大科技成果三等奖。主要承担者：舒仁顺、张月贞、刘瑜、张妫、陶遵玉、陆雄镇、张兴海。

液膜分离技术是 1979 年在接受上海新华香料厂的委托，针对该厂在生产香兰素香料中所产生的愈创木酚废水进行治理而开发研究成功的关键新技术，新华香料厂的愈创木酚废水浓度大于 2 万 mg/L，经采用苯淬取后，废水残余愈创木酚浓度仍在 1 000 mg/L 左右。采用液膜分离技术后，可使废水中残留的愈创木酚浓度降低到 3～5 mg/L，酚的去除率达到 99%以上，还可同时去除废水中的残余苯，其去除率在 92%以上，废水中的化学需氧量 COD_{Cr} 和生化需氧量 BOD_5 分别下降 76%和72%，并可回收愈创木酚原料，成为当时国内具有重大影响的污染治理关键技术之一。

【8013 催化剂研制及其治理氧化氮气体应用】1982 年获得上海市重大科技进步三等奖，主要承担者：江研因、邓华龙、丁兰珍、钱华、方翠贞、朱新国、杨春林、陈惠华等。

8013 催化剂用 r-Al$_2$O$_3$ 为载体，以铜盐为活性组分，采用浸渍法制备，工艺简单，原料来源广，在干法催化还原 NO$_x$ 废气时，催化反应温度低，是一种新型的催化剂。8013 催化剂在催化还原氮氧化物废气的扩试中，脱除 NO$_x$ 效率在 95% 以上。其优点是能耗低、投资省、运转费用低、设备简单、操作方便等，具有一定的推广价值。

【黄浦江上游工业排放废水测试方法研究】1990 年获得部级环保科技进步三等奖。主要承担者：华秀、王素文、李文贞、张利中、朱心、徐秀英、张志强、倪婵娟、倪继青、丁永鹿等。

该课题研究在文献资料调研的基础上，做了大量的实验，提出了 43 个项目，96 个测试方法。对所选取的测试方法，进行实际废水样品的分析，并采取了一定的质量保证措施，测试方法准确度和精密度均符合水质分析的要求。

该测试方法被采纳，作为与黄浦江上游地区工业废水排放标准配套的分析方法，也适用于其他地区工业废水的分析。本测试方法适合我国国情，对上海黄浦江上游工业废水排放标准的执行具有重要意义，并对国家环境废水排放标准测试方法的制定和选用具有重要价值。该研究具有一定科学性和先进性，部分有一定的创新。

【气提循环式超深层曝气技术】1987 年获得上海市科技进步三等奖。主要承担者：张明友、陈祖义。

气提循环式超深层曝气技术是针对啤酒和食品生产的老企业由于场地狭小，而废水浓度高，废水量大，采用一般生化处理技术难以实施治理工程而开发研究成功的一项国内首创的新技术。

气提循环式超深层曝气技术已为国家专利技术，经多年应用实例证明，这一新技术具有工艺先进、负荷能力大、占地少、能耗低、污泥量少、运行稳定的特点，在啤酒、食品、医药等行业有机废水处理中获得广泛应用，1992 年被收入国家环保最佳实用技术汇编。

【上海地区酸雨研究】1990 年获得上海市科技进步三等奖，部级环保科技进步三等奖。主要承担者：江研因、王素芸、林汉刚、孙竹如、吴依平、吴奇方、杨春林、蔡文富、朱萍、朱玉梅。

1980 年，市环保所首次在上海地区观测到酸雨现象。这一研究结果经有关部门上报后得到陈云同志的重视，并作了"治理费用要放在前面，否则后患无穷"的重要批示。1983 年承担了上海市科委下达的重大研究课题"上海地区酸雨研究"，由于上海酸雨研究的突破性进展，带动了全国各大城市的酸雨问题的研究。通过对上海地区酸雨现状监测和降水化学组成的长期深入研究，得出了酸雨对上海地区土壤的影响，对地表水及水生生物的影响和对农作物蔬菜的影响，以及酸雨与气象条件的关系等方面的重要科学结论，以及上海市酸雨的规律发展趋势和酸雨对金属材料、建筑物危害的探索。上海地区酸雨研究成果，为政府部门在控制酸雨污染问题上提供了科学决策依据，对全国酸雨研究产生了积极的影响，研究成果达到了国内领先水平。

【2000 年上海市环境预测及对策研究】1988 年获得上海市科技进步二等奖，主要承担者：吴林娣、舒仁顺、曹健、曲绍清等。

1984 年市环保所与上海铁道学院管理科学研究所共同承担了 2000 年上海市环境预测及对策研究。该课题全面分析了经济发展、人口增长、交通、能源等社会环境问题和水资源、大气、噪声、地面沉降、城市绿化等环境因素。研究既有各项环境要素的现状质量评价，又有对 1990 年至 2000 年各项因素的变化趋势预测，最后提出了相应的对策，并进行了费用、效益分析。

研究成果提出了防止环境进一步恶化和得到改善的对策措施，为制定上海市社会经济发展的长远规划、环境保护规划和城市总体规划，提供重要科学依据。该课题研究达到国际水平。

【浦东地区开发环境对策研究】1991 年获得上海市科技进步二等奖。主要承担者：许扬三、江家骅、万丽华、朱宏贵、殷浩文、章一、沈培良、张利中等。

该课题结合社会经济发展与环境的关系，对大气、水环境、生物资源、土壤、固体废弃物、噪声、生态经济区划等均做了全面的分析研究。并以发展经济与维护生态平衡相协调的原则，从宏观上对经济发展、环境保护、经济区划三者关系作了深入探讨；对水环境提出了多方面的综合治理及具体对策；从生态学角度出发，依据不同的环境质量现状，合理区划其功能区，并按人口发展规模，提出了多种设计方案；在生态经济区划研究中，首次提出信息综合区划原理方法，并试用 ISM、AHP 和 SD 联用的环境经济系统分析技术，改进和发展了环境经济系统分类区别和动态趋势分析的理论方法。

该课题研究结论具有科学性，对策设想具有一定的可操作性，今后可作为进行浦东地区环境规划研究的主要依据，该研究有较高的科学意义和应用价值，研究水平达到国内先进，在某些方面属国内首创。

【竹园排放口环境影响研究】1991 年获得上海市科技进步三等奖。主要承担者：顾友直、赵仲兴等。

竹园排放口环境影响研究是上海市重点工程之一——合流污水治理工程排放口的环境效益的重要研究课题。该课题从长江口的自然条件，污水排放的特性出发，全面分析了污水排放后对排放口附近和长江口南港及其远场的水质、底质、生态等因素的影响，对于优化工程设计和指导系统运行管理具有重大意义，许多研究内容国内首创，课题研究总体上达到国内领先水平。

【机动车尾气排放标准及尾气净化技术】2000 年获得上海市科技进步二等奖。主要承担者：陆书玉、刘昶、陈长虹、李德等。

该课题紧密结合上海机动车排放污染现状，在借鉴国外先进治理控制经验的基础上，对机动车污染排放标准、机动车排放控制目标、净化技术及机动车排放管理办法，进行了系统的多方位的研究和科技攻关，为对上海全市机动车污染综合防治提供了重要的科学依据。

该课题的研究填补了我国在特大城市系统开展研究治理机动车尾气排放方面的空白，部分研究成果被有关职能部门采纳，总体水平达到国内领先。

【上海市能源与环境协调发展研究】2003 年获得上海市科技进步三等奖。主要承担者：陈长虹、李德、陈明华、伏晴艳等。

该课题首次对上海经济发展、能源需求、能源结构、能源消费、污染物排放与环境质量进行了综合分析，根据中长期能源需求预测和大气环境质量目标，提出了 SO_2、NO_x 和 PM_{10} 等污染物排放总量控制目标及分行业控制目标测算。根据上海市城市总体规划，以能源结构调整为契机，分别从终端能源需求和一次能源供应角度，进行了多情景的污染物浓度空间分布和技术成本分析，从而提出"十五"期间上海应采取的能源环境行动计划建议。还首次结合能流图对 MARKAL 能源模型进行改进和优化。

该课题为上海能源与环境的协调发展提供了科学的决策依据，其主要成果得到有关政府部门指定专项规划所采纳，该课题研究方法为国际先进，研究成果总体上达到了国内领先水平。

【上海水源地环境分析与战略选择研究】2006 年获得上海市科学技术进步二等奖，主要承担者：林卫青、曹芦林、矫吉珍等。

该课题在搜集了大量资料的基础上，对数据进行了综合分析比较，利用模型进行模拟计算，提出水源地战略选择的方案。该课题应用改进的三维 ECOM-si 数值模式建立了长江河口三维流场和盐度的数值模式，并对三峡工程等重大工程以及海平面上升对长江口水源地盐水入侵的影响进行了预测；利用多年监测资料分析了长江口的水质现状及变化的趋势，并用 Delft3D 水动力和水质耦合模型对长江口水源地的水质进行了模拟和预测。

该课题根据上海地区水资源的特点、国外先进城市水源地的建设经验和上海城市总体规划的基本框架和指导思想，提出了上海水源地的战略选择原则和水源地选择推荐方案。该课题总体上达到国际先进水平。

【上海市城市尾水排放对周边水域影响的研究】2005 年获得上海市科学技术进步二等奖，市环科院参加课题之三《近海排污的生态毒性效应及控制研究》，主要承担者：顾友直、殷浩文、戎志毅、陈晓倩、杨文华等。

该课题首次应用卫星导航水下扫描新技术用来探测河—污混合过程。该课题通过尾水排放对该水域的可能影响进行系统分析，可为排放水域污水处理厂处理程度和方式、水源地选择等重大问题的决策提供科学依据。该项目研究具有创新性、先进性，成果总体达到国际先进水平。

【苏州河水环境治理关键技术研究与应用】2003 年获国家科学技术进步二等奖。主要承担者：徐祖信、林卫青、张明旭等。

该课题由上海市环境科学研究院、同济大学、上海市苏州河环境综合整治领导小组办公室、上海市苏州河综合整治建设有限公司、上海市政工程设计研究院、华东师范大学、上海佛欣爱建河道治理有限公司共同承担。针对苏州河水系水体严重黑臭、河网密集、受潮汐影响大的特点，课题研究开发了一系列污染治理关键技术，具体包括苏州河水环境治理决策支持系统、截污治污技术、河道水质修复技术和污染底泥资源化实用技术等。经专家鉴定，本研究总体达到国际先进水平，其中，5项成果达到国际先进水平，4 项成果处于国内领先，2 项技术属于国内首创，2 项技术获得高新技术认定，5 项技术获得专利，2 项技术正在申请专利。本项目研究成果成功应用于苏州河环境综合整治，苏州河水质得到明显改善，干流基本消除黑臭，到 2002 年，除氨氮外，溶解氧、化学需氧量、五日生化需氧量均达到 V 类水标准。与治理前相比，各项指标的改善幅度都在 60%以上。研究成果还用于上海其他中小河道治理，取得了明显成效，对我国河道污染治理提供了可借鉴的成功经验和工程范例。

【上海市河网数学模型开发及水环境治理与保护规划研究】2003 年获得上海市科技进步二等奖。主要承担者：徐祖信、林卫青等。

本课题以上海市内陆河网和长江口、杭州湾大范围水体为研究对象，建立全市河道地理信息系统（GIS），结合全市最新污染源普查资料，开发全市河道基于 GIS、水动力、水质模型和水环境容量模型的计算机决策支持系统（DSS），以此为工具，研究和制定了上海市水污染控制规划，为上海的经济、社会和环境协调发展，以及如何以最少的污染控制费用，实现最大或最佳的环境效益，提供科学决策依据。项目开发的水环境管理决策支持系统（DSS）为类似城市和地区水环境治理研究规划提供了有价值的科学工具。

【上海城市生态系统评价及其关键技术研究】2005 年获得上海市科学技术进步二等奖。主要承担者：徐祖信、黄沈发、王敏、袁峻峰、沈根祥等。

该课题首次系统地对上海地区植被、水资源、湿地、土壤、生物多样性、外来物种等生态环境状况及其演变过程进行调查分析，基本摸清上海市生态环境现状及其变化状况。建立上海城市生态系统空间信息基础数据平台，开发形成具有强大功能的空间查询、数据统计、动态更新和可视化的上海市生态环境地理信息系统，充分反映了全市生态因子和环境要素的分布、特征、变化趋势及其内在联系。该研究揭示上海自然生态系统的演变规律和城市生态的主要问题，为城市生态管理和监控提供了科学依据，同时也为上海生态型城市建设规划奠定了基础。

该课题研究提出了一系列创新成果：①水质标识指数理论与方法；②生态系统供需指数理论与方法；③编制上海城市生态系统土地覆盖信息分类体系及遥感调查两套地方技术标准规范；④开发的自然邻点插值方法及其功能模块。该课题研究成果总体上达到国际先进水平。

【黄浦江突发性水污染事故预警预报系统】2007 年获得上海市科学技术进步二等奖。主要承担者：林卫青、卢士强、余江、矫吉珍、刘立坤、邵一平、裴蓓等。

本课题以黄浦江上游水源保护区为研究重点区域，利用实验水槽研究了潮汐流对黄浦江中、下游河道溢油漂移扩散，建立了适用于变态水流模型的风场模拟方法，得到了溢油油膜在风场环境下、潮汐水流中扩展、漂移的基本规律。建立了黄浦江上运输的常见化学品环境模型参数查询数据库。项目建立的黄浦江突发性溢油、化学品泄漏影响预警预报系统，在溢油和化学品事故发生后可提供污染物漂移轨迹、污染物/油膜长度和面积、影响范围、到达敏感水域的时间、污染物/油品属性变化等信息，为事故预警、预报和应急决策以及损害评估等提供决策支撑。项目建立的突发性水污染事故模拟系成功应用于黄浦江化学品泄漏事故模拟，为事故应急处理提供了较好的预测预报服务。

【土壤生物工程在河道边坡生态修复中的应用与示范】2007 年获得上海市科学技术进步三等奖。主要承担者：李小平、陈小华、赵振、程曦等。

该课题以生态学为基础，提出了生态河道工程方案，村落污水就地处理方案，重点河道生态系统修复方案和生态河道管理方案，设计和实施以土壤生物工程为主要技术的生态坡岸示范工程，该研究项目提出的主要工程方案、生态修复技术和规划管理，为上海市及类似河网地区的河道整治和坡岸生态修复提供了示范。对生态坡岸技术，特别是土壤生物工程技术和工程方法进行系统的研发，在上海市浦东新区机场镇实施的 16 km 河道生态坡岸示范工程建设，是我国首次对河道边坡进行生态修复并大规模的工程应用。该课题提出的底栖生态修复技术和河道生态系统自然恢复技术，对河流生态的修复，尤其是基底生态系统修复有重要的实用价值。机场镇村落住宅污水及暴雨径流就地处理方案，首次提出以暴雨塘技术，为全国农村村落污水处理与处置提供一条新途径。该课题研究达到国内领先和国际先进水平。

【城市景观水体生物净化关键技术研究与苏州河梦清园示范】2008年获得上海市科学技术进步一等奖。主要承担者：黄沈发、李小平、孙从军、陈漫漫、吴建强、傅威、杨青、熊丽君。

该课题依据生态学原理，采用生态工程技术方法，研究集成了坡岸生态修复、挺水/浮水/沉水型全系列水生植物构建、水生生物放养、微生物驯化、生物协同强化、清洁能增氧等城市景观水体生物净化工程技术，实现净化水质、改善栖息地生境和恢复水生态功能。

该课题研制的天然高分子矿物类混凝材料及其复配组合的新型泡腾片式混凝剂，能快速去除水体污染物质，显著提高水体透明度。研制的酶制剂与生物促生剂优化配置的新型复合生物制剂，能就地处理水体沉积物和底泥污染。研制的风光互补式清洁能源曝气技术装置，能按照景观水体平衡需求，对生物净化系统进行长期低强度的复氧。

该课题在上海首个利用生态净化技术处理污染河水的景观水体示范工程——苏州河梦青园活水公园，经连续三年监测结果显示，生物净化系统运行稳定，水质改善了一个类别，出水氨氮达到功能区标准，生物多样性提高 13%～26%，水质毒性降低了 46.9%。该项成果在上海和云南滇池等 9 个景观水体治理工程得到推广应用。

第四节　重大环保科研成果转化与运用

一、水环境研究成果转化与应用

"长江口、杭州湾水动力及水质数学模拟"研究建立了长江口、杭州湾整体水环境数学模型。该模型系统为环境管理部门合理选择排污口位置、正确规划排放规模和标准以及选择适合的放流系统提供科学的决策依据，该成果仍然是该水域的重要管理手段。

"苏州河水环境综合整治"研究开发了适用于感潮河网的苏州河水动力、水质模型，建立了基于 GIS 的水环境治理治决策支持系统。研究发现了导致苏州河黑臭的原因，提出了底泥疏浚不是消除黑臭的必要条件的重要结论，优化了苏州河整治工程方案。为苏州河水环境改善起到了重大的技术支撑作用，于 2004 年获得国家科技进步奖二等奖。

"城市景观水体生物净化关键技术研究与苏州河梦清园示范"课题研究成果在梦清园及其他多个地区得到成功实施和推广。该成果获得 2008 年上海市科技进步一等奖。

二、大气环境研究成果转化与应用

"2010 年上海世博会空气质量保障长三角区域联动方案应用"研究课题提出了长三角区域重点大气排放源名录，建立了区域空气质量监测网络、联合预报会商平台、联合预报系统，制定了长三角区域空气质量预报方案和大气污染应急联动方案，成功应用于世博期间上海的空气环境质量保障上，使上海市世博会期间的环境空气质量得到有效改善，世博会期间的空气质量优良率达到 98%，为近 10 年最佳水平。

三、土壤环境研究成果转化与应用

"上海世博会园区土壤环境评价标准"项目的成果已上升为中华人民共和国环境保护行业标准《展览会用地土壤环境质量评价标准（暂行）》（HJ/T 350—2007），这是我国第一部用于污染场地质量评价的标准。

2006 年起，在上海世博会园区启动了现有企业土壤污染调查、49 个外国自建馆的土壤污染调查、非重点区域（外国租赁馆、联合馆、国家组织馆和城市最佳实践区）场地污染土壤调查，在 5.28 km^2 范围内获得了近 40 万个各类监测数据。依据这些数据，上海市环境科学研究院固体废物与土壤环境研究所编制了 49 个外国自建馆的"场址土壤质量报告"，为充分了解世博会园区土壤环境质量及其污染地块的修复奠定了基础。

2008 年,上海市环境科学研究院固体废物与土壤环境研究所采用世界通用的专业风险评估模型（RBCA Tool Kit）对世博会园区 A、B、C、D、E 五个片区进行了场地土壤健康风险评价，并编制了评估报告。本次风险评估项目覆盖了 4.46 km² 的范围，共计使用了 36 万个监测数据，每平方公里平均 8 万个数据，每 100 m² 有 8 个数据。这也是迄今为止我国最大规模的一次场地风险评价，被专家誉为"开创了我国大型污染场地的土壤风险管理的创新模式，具有推广和示范意义，达到国内领先和国际先进水平"。

分三个阶段对世博园区实施了土壤修复和处置。第一阶段对浦东 8 个超 B 级标准的污染场地进行了修复，主要采用了暂时储存、重金属污染处理方法和生物堆法等技术。第二阶段对世博园区 47 个自建馆进行了土壤修复和维护。第三阶段采用固化/稳定化技术，对城市最佳实践区的污染场地进行了修复。三个阶段共处理和修复了约 30 万 m³ 污染土壤，修复过的场地经第三方监测，土壤各项指标均达到《展览会用地土壤环境质量评价标准（暂行）》（HJ 350—2007）的要求，可以作为展览馆用地使用。这是我国一宗最大规模的土壤修复工程。

总结以上内容，上海世博园区的场地土壤修复项目创造了四个第一：①第一次进行了大面积的、以工程为目的的场地污染调查；②制定了我国第一部用于污染场地质量评价的标准：中华人民共和国环境保护行业标准——《展览会用地土壤环境质量评价标准（暂行）》（HJ 350—2007）；③实施了我国最大规模的土壤修复工程；④进行了我国最大规模的一次场地风险评价。

第五节　合作与交流

一、地区环境合作与交流

环境问题的发展和解决一直是建立在互相合作交流的基础上的。环保系统的科研单位上海市环境科学研究院、上海市环境监测中心、上海市辐射环境监督站、上海市固体废物管理中心等与同济大学、上海交通大学、复旦大学、华东师范大学、华东理工大学、东华大学、上海大学等高校以及其他系统的环保科研单位一直保持了长期的、密切的交流与合作。特别是在地区重大环境问题的解决上，都离不开多家单位共同协作攻关。

此外，沪上环保科研单位与国内众多高校和科研机构建立了合作研究关系。与清华大学、北京大学、北京师范大学、中科院南京土壤研究所、中国环境科学研究院、环保部南京环境科学研究所、轻工业环境保护研究所、北京市环境科学研究院等建立了密切的工作联系，与众多其他类型环境保护科研机构开展了频繁的交流与合作。

沪滇合作：截至 2013 年年底，沪滇环保合作已有 17 年，双方通过互派干部挂职锻炼、定期工作交流等多种形式，不断创新合作模式，完善合作机制，开创合作新局面，并取得实效。

援藏交流：应环保部开展全国环保系统技术援藏工作的要求，上海市环保局先后派出环境监测、环境监察、环境信息等方面的专业技术人员赴西藏，帮助当地提高环境管理水平，并探索建立了长效合作机制。

二、境外环境科研合作与交流

20 世纪 70 年代，主要是通过澳大利亚、日本、法国以及联合国环境规划署等国家和国际机构以旅行团、访华团的形式进行中外环保界的学术交流，使上海的环保科技界了解国际环境保护科技发展的动态和经验。1979年上海市环保局成立以后，环境领域的国际合作得到加强。仅1980年就接待了10批来自美国、日本、联邦德国、瑞典等国家的环保访华团。1981年11月，以上海市环保局副局长陈江涛为团长赴英、美水质污染治理考察团出访；同年12月，以上海市环保局局长靳怀刚为团长的中美合作研究"上海市黄浦江污染综合防治规划及技术评价"中方小组，赴美考察河流治理规划与工程，从此上海环境保护国际合作进入了新的阶段，成为环保科技的重要组成部分。

20世纪80年代中期起，上海与国际环保科技界的互访、考察和交流日益频繁。从1981年中美合作研究"黄浦江污染综合防治规划及评价"项目开始，上海先后得到了美国、澳大利亚、日本、加拿大、挪威、英国、奥地利和法国等国家，以及世界银行和亚洲开发银行等国际组织的资助，开展了包括水环境、大气环境、城市噪声、固体废物、环境管理与规划等领域的国际合作研究项目，使上海的环保科技发展大大缩小了与国际的差距。到1995年年底，所进行的重大国际合作研究项目达10余项。

1981—1995年的15年间，上海共组织了62批、累计147人次到国外进行环境保护工作考察；派出了70批、累计140余人次到国外进行环境保护科技方面的专业培训、短期合作研究和进修；仅环保系统就有49人次到国外参加21个各种不同类型的国际学术会议；在上海举行了11次大型国际环保学术交流与研讨会。上海市环保界还与日本的大阪府、大阪市、横滨市、瑞典的哥德堡市、法国的马赛市等国际友好城市进行了12次的友好互访活动。累计接待了几十个国家、地区及国际组织和机构的共计670余批，2 400余人次来沪进行访问、考察和科技交流。

1. 世界银行贷款项目

（1）世界银行"上海环境项目"。利用世界银行贷款的上海环境项目，主要包括黄浦江上游引水二期工程、吴泾闵行地区污水截流北排工程、松江污水处理厂改造、松浦大桥环境监测设施建设、城市固体废弃物和粪便处理以及组织机构加强等，总投资约为 54 亿元人民币，其中世界银行贷款 1.6 亿美元。项目自 1991 年起实施，主体项目已于 1999 年完成。由于项目利用余款追加了长桥水厂改造和部分排水设施建设与改造等续建项目，整个项目已按计划延期至 2002 年年底全部完成。

（2）世界银行"上海 APL 项目"。上海城市环境项目是中国第一个利用世界银行可变计划贷款（APL）的项目，项目的总体目标是加强和提高上海的综合经济实力、综合服务功能、综合发展环境、综合创新能力、综合管理水平和市民综合素质。内容是完善上海城市污水收集、输送和处理设施，加强固废收集、运输和处置系统，建设大型公益性绿地，强化黄浦江上游水源保护和污染控制，保护上海历史文化遗产，支持工业区综合环境的合理整治。整个项目将从 2003 年起至 2010 年分三期实施，拟利用世界银行贷款 7 亿美元。

上海 APL 项目的前期准备工作开始于 2000 年。

2001 年 3 月底至 4 月初，世界银行评估代表团对该项目进行了评估。

2002 年 12 月国内专家完成了对 APL 一期项目部分调整内容的工程可行性研究方案的评估。

和世界银行的谈判于 2003 年 4 月在上海和美国华盛顿进行。

2. 国际合作项目

（1）2001—2002 年

①中意合作清洁柴油合作项目。2002 年 10 月 15 日，意大利环境部、国家环保总局外经办、上海市环境保护局和上海市城市交通管理局在北京签署了"中意清洁柴油合作项目框架协议"，并于 12 月正式启动。该项目为中意环境合作一揽子项目之一。项目由上海市环境保护局、

上海市城市交通管理局、上海巴士一汽公司、意大利 Camtec 公司承担。在项目实施的一年时间内，意大利方面将提供 90 万欧元的赠款，向上海巴士一汽公司提供添加剂和生产清洁柴油的设备。同时，项目将对公交车尾气的排放、发动机性能、项目运行的效益以及相关经济政策进行研究。本示范项目的实施为上海市今后采用清洁柴油，控制汽车尾气污染提供科学依据。

②中美电力行业二氧化硫总量控制和交易政策研究上海示范项目。作为国家示范工作的重要组成部分，上海市环境保护局和美国环保基金会于 2002 年 3 月启动了电力行业二氧化硫总量控制和交易政策研究项目。通过学习美国二氧化硫排放总量控制以及二氧化硫排放权交易的政策和方法，项目将根据国家环保"十五"计划对"两控区"二氧化硫总量控制的要求，以及上海电力行业二氧化硫排放的实际情况，建立上海电力行业二氧化硫总量分配的原则和计算方法，确定总量分配方案，编制电厂二氧化硫交易实施办法，并开展交易试点。本项目计划于 2003 年下半年结束。

③上海市环境教育流动车——"海豚车"。2001 年 6 月，在上海市外办、德国汉堡市驻沪代表处、上海市环保局和上海市教委的合作下，上海环境教育流动车"海豚车"项目正式启动。该项目作为上海—汉堡友好城市交流合作项目，得到了德国"拯救我们的未来"基金会（SOF）的支持。项目由上海环境保护宣传教育中心负责具体实施。

2002 年中，上海市首辆环境教育流动车"海豚车"按照项目计划，圆满完成了各项任务。

"海豚车"深入学校和环境教育基地进行环境保护的教育和宣传活动共计 64 次，参加海豚车教学活动的人数接近 4 000 人。"海豚车"亲近自然的教学形式深受学生的喜爱。"海豚车"在活动中培养了学生热爱自然的美好情感，弥补了学校环境教育资源的不足，同时给传统的教学注入了新的教学理念。

（2）2003—2004 年

①上海—意大利环境合作项目。2004 年 9 月 6 日，意大利环境和领土部和上海市环保局在上海签订了上海—意大利环境合作项目谅解备忘录，正式启动了上海—意大利环境合作项目。项目的第一阶段主要开展项目前期准备工作，涉及六个项目，即空气质量监测系统、可持续农业、绿色世博项目开发、培训、能源和可持续交通。项目成立了领导小组和工作班子。制订了相应的工作计划。

②壳牌—可持续交通环境指标体系项目。2003 年 11 月，上海市政府与壳牌基金会正式签订了《可持续交通环境指标体系项目》合作框架协议。2004 年 2 月，上海市环保局与世界资源研究所和壳牌基金会签署了交通指标体系项目的谅解备忘录，确定了项目的基本工作框架和工作经费。该项目的研究时间为 14 个月。

项目的研究内容包括上海市交通环境现状调查、交通环境现状的可持续评价以及可持续交通情景的分析。项目将分三个阶段完成：第一阶段为现状调查和数据收集；第二阶段为交通环境现状评估和排放因子测试以及可持续发展交通指标体系的建立；第三阶段对可交通发展方案开展多方案情景分析，结合可持续发展交通指标体系标准要求，提出交通对策和实施方案。

③美国 TDA 医疗废物集中处置可行性研究项目。2003 年 5 月，美国贸易和发展署（TDA）批准向上海市环保局赠款 20.4 万美元开展上海市医疗废物集中处理处置系统建设项目的可行性研究。美国 TETRA TECH 公司中标承担咨询工作。项目于 2003 年 10 正式启动。

该项目主要包括医疗废物的收集系统、运输系统及处理处置系统三个部分，并将开展可行性研究以确定上海市医疗废物集中处理处置系统所需的技术、管理和财务要求，其目标是建设一个现代化的医疗废物集中处理处置系统，从而有效地防治与控制上海市医疗废物对环境造成的污染。本项目的实施将为上海的环境管理和政府决策提供充分的依据。

项目在 2004 年年底结束。

④中国—意大利清洁柴油项目。继意大利环境部、国家环保总局外经办、上海市环境保护局和上海市城市交通管理局于 2002 年 10 月在北京签署了"中意清洁柴油合作项目框架协议"之后，上海—意大利清洁柴油示范项目已于 2003 年年初正式启动。2003 年 1 月在意大利 CAMTEC 公司的安排下，项目组前往意大利就清洁柴油的生产、使用和推广等方面进行了全面的调研。同时，上海巴士一汽公司着手开始项目所需的厂房、管道等基础设施的改建工作。设备安装工作已经于年底完成，并开始了 10 辆柴油公交车的测试工作。

⑤中美二氧化硫排放交易研究上海示范项目。上海市环境保护局和美国环保基金会于 2003 年组织完成由美国环保协会资助的"二氧化硫排放交易研究"上海示范项目。

（3）2005—2006 年

①芬兰政府赠款项目。为了配合上海实施世界银行贷款"上海城市环境项目"（APL 项目），世界银行利用芬兰政府 30 万美元的赠款，开展上海空气质量和能源管理评估项目。项目由芬兰雅哥贝利集团下属的专业咨询公司承担，市环保局为地方合作伙伴。项目通过评估上海的空气质量现状和能源结构，为世行实施 APL 贷款项目提供科学、可行的建议。项目于 2004 年 3 月启动，整个评估进行 6 个月。

②开展"清洁发展机制"（CDM）培训。2006 年 3 月，在意大利环境，领土和海洋部的资助下，上海市环保局同意大利威尼斯国际大学合作在上海举办了为期 3 天的"清洁发展机制能力建设"培训班。邀请上海市相关政府部门、企业和咨询公司参加。来自中意两国的 CDM 专家和项目管理官员就清洁发展机制的概况，申请和批准程序，范例介绍等作了专题讲座。

③中—意合作促进崇明岛东滩绿色农业发展的有机农业体系和技术项目。2006 年主要完成的工作有：a. 建设和完善了田间道路、排水

沟、灌溉水预处理沉淀池、滴灌系统设备房、嫁接育苗房和计算机控制房等示范基地基础设施；b. 收集、翻译和编辑了本项目所涉及的各项农业革新技术的培训教材，意方专家对中方技术人员和基地实施人员开展了革新农业技术的现场培训工作，取得了良好的效果；c. 进行了滴灌滴肥系统和温室环境自动监控系统等革新农业技术设备的运输、安装与调试工作；d. 完成了第一茬目标农作物（梨、毛豆、南瓜）的田间试验，收集整理了第一茬农作物的田间管理和成本效益等数据，正在开展第二茬目标农作物的田间试验工作；e. 按计划开展了大田农业面源污染监测工作，获得了一年的监测数据；f. 中方两名技术人员完成了在意大利开展的为期 4 个月的农业革新技术培训，得到了意方的好评；g. 进行了农业废弃物堆肥试验的资料收集和前期准备工作，正在制定堆肥试验方案。

④在联合国环境规划署（UNEP）的支持下，"上海环境友好型城市动议"项目于 2005 年开始准备工作并计划于 2006 年年底签约。

合作内容主要包括：结合上海市第三轮环保三年行动计划和"十一五"环境规划的实施，利用环境友好型城市指标体系跟踪和评估环保工作成效，反映成绩，找出问题，为今后规划和政策的制定提供科学依据；提高公众的环境意识，鼓励公众参与环境保护事务；建立政府与企业、公众的合作伙伴关系；提升政府在环境管理领域的能力建设；建立若干个示范点等领域。项目的执行期拟定为 2006—2009 年。

（4）2007—2008 年

①启动与美国国家环保局合作《上海环境空气质量动态发布系统（AIRNow-I）项目》。2008 年 4 月，上海市环保局与美国国家环保局签约，启动"上海环境空气质量动态发布系统"（AIRNow-I）项目。合作项目基于上海现有空气质量的日报预报系统和美国 Airnow 系统，针对上海市环保局的需求，采用国际先进的地理信息系统（GIS）工具和数据库开发管理工具，中美双方共同开发新一代 AIRNow 国际版——上海

示范系统。该系统将成为一套国际先进、具有国际合作示范意义的空气质量日报预报综合发布系统。

②启动《联合国—环境友好型城市动议项目》。2008 年，由联合国开发计划署、联合国环境规划署和上海市环境保护局合作开展的“环境友好型城市动议项目”正式签约并全面启动。项目将通过在上海建立一个综合的环境评估体系，加强环保综合决策和执行能力建设，提高公众环境意识，强化合作伙伴关系，帮助上海构建环境友好型城市。项目将以 2010 年上海世博会为平台，向世界展示上海在建设环境友好型城市的进程中所付出的努力和取得的成绩，为发展中城市提供借鉴和示范。该项目已列入联合国千年行动计划目标实施项目计划。

③上海市环保局与美国环保协会签署合作备忘录。2008 年 11 月 11日，上海市环保局与美国环保协会签署合作备忘录。在今后的三年内，双方将围绕 2010 年上海世博会，就在上海推动绿色出行、建立绿色社区等领域展开合作。美国环保协会是一家美国的非政府组织，一直致力于中国环境与可持续发展事业，其在中国环境方面的贡献得到了中国政府的广泛认可。

④上海市环保局与美国休斯敦市市长办公室签订合作协议。2008年 11 月 18 日，上海市环保局与美国休斯敦市市长办公室签订协议，建立“休斯敦市和上海市政府环境合作伙伴关系”。在此基础上，双方将就排放清单的开发、污染监测实践，包括开发遥感监测技术等领域展开合作。

⑤2008 年，由联合国开发计划署、联合国环境规划署和上海市环境保护局合作开展的“环境友好型城市动议项目”正式签约并全面启动。项目将通过在上海建立一个综合的环境评估体系，加强环保综合决策和执行能力建设，提高公众环境意识，强化合作伙伴关系，帮助上海构建环境友好型城市。项目将以 2010 年上海世博会为平台，向世界展示上海在建设环境友好型城市的进程中所付出的努力和取得的成绩，为发展

中城市提供借鉴和示范。该项目已列入联合国千年行动计划目标实施项目计划。

（5）2009—2011年

①中意环保合作"上海交通空气污染排放监测、模拟和对策研究项目"。在中意环保合作框架下，上海市环保局于2009年12月启动了上海交通空气污染监测项目，为期18个月。项目针对上海市快速增长的机动车和拥堵的交通尾气排放所引起的局部空气污染问题，通过引进意大利先进监测和模拟技术，对上海市中心地区交通污染的时空分布进行研究，为上海市尤其是世博会期间的交通管理决策提供技术支撑。

②中意环保高级培训项目。2010年4月和11月，上海市环保局分别组织两批学员赴意大利参加了由意大利威尼斯国际大学组织的"低碳经济"高级培训。

2010年9月16日至18日，中意合作"战略环评"培训在上海举办。来自上海环保系统、科研院所、高校和企业等约80人参加了本次培训；2010年9月18日，结合意大利环境部的"绿色未来周"活动，上海市环保局和威尼斯国际大学在上海世博会意大利国家馆联合举办"中意战略环境培训结业典礼暨城市可持续发展论坛"。

③中意环保合作"上海柴油车污染控制技术项目"。在中意环保合作的框架下，上海市环保局于2010年7月启动了柴油车污染控制技术项目，为期12个月。项目引进意大利的先进技术，对柴油公交车进行改造示范，为上海市柴油车污染治理进行有益的探索。

④利用美国贸易发展署赠款开展《上海市柴油车排放技术改造可行性研究项目》。2010年9月3日，上海市环保局与美国贸易发展署签订《上海柴油车排放技术改造可行性研究项目》合作协议，项目将支持在上海实施公交车改造项目的可行性研究。

⑤上海—北九州环保教育交流促进项目。2010年7月，上海市环保局、上海科普教育发展基金会和日本北九州环境局共同启动了"上海—北九

州环保教育交流促进项目"。项目为期两年，通过互相派遣人员，交流彼此在环保宣传教育方面的做法和经验，进一步促进两市的环保教育事业。

⑥上海—波特兰州立大学交流合作谅解备忘录。2010 年 10 月 16 日，上海市环保局与美国波特兰州立大学于上海签署了"交流合作谅解备忘录"。该备忘录有效期为 5 年，旨在通过互派人员进行考察培训，加强双方在科研和实践领域的交流。

⑦上海—台北环保合作谅解备忘录。2010 年 4 月，在韩正市长率团访问台北期间，上海市环保局和台北市环保局签署合作谅解备忘录。

3. 国际学术交流与会议

（1）2002 年

①2002 年 5 月，上海市环保局和德国工商大会上海代表处共同举办"上海—汉堡的新机遇"环境教育讨论会。汉堡市市政府办公厅、上海市教委和上海市环境保护局的代表出席了会议。会上，中德的环境教育工作者就"海豚车"的活动、上海市开展绿色学校的活动、德国的环境教育活动等专题进行了广泛的交流。

②2002 年 5 月 8—12 日在上海举行亚洲开发银行第 35 届年会。会议期间，召开了"大城市环境研讨会"。联合国环境规划署执行主任 Klaus Toepfer 先生、原国家环保总局局长解振华和时任上海市副市长韩正等参加了本次研讨会并做大会发言。

③2002 年 5 月 22—24 日，由上海市政府和国际工程咨询联合会共同举办的"上海可持续发展工程咨询国际论坛"，为上海的城市建设和环境保护开展项目咨询和项目融资。

④2002 年 6 月 13—14 日，由联合国开发计划署、中国科学院和上海市政府等单位共同举办第三届亚太地区城市信息化论坛。期间，召开了"城市信息化和可持续发展"专场会议。本次会议是南非约翰内斯堡

"全球环境和发展首脑峰会"的前期准备会议之一。

⑤2002 年 9 月，时任上海市副市长韩正率上海市政府代表团应邀参加在南非约翰内斯堡举行的"全球环境和发展首脑峰会"分会场会议，会议授予上海"城市可持续发展特殊贡献奖"。

⑥2002 年 11 月，上海市环保局与丹麦驻沪领事馆联合举办"中—丹环境研讨会"，时值丹麦奥胡斯州大型代表团访问上海并参加了研讨会。会议为两地间即将开展的环保交流和友好城市协议签订奠定了良好的基础。

⑦2002 年度通过国家外国专家局引进的国外技术和专家项目。德国同等待遇专家 Gorge Zenk 博士参与 POPs 项目框架研究，清洁生产，ISO 14000 培训等方面工作；挪威污水处理专家 Paul Sagberg 先生来沪举办污水处理厂运行和管理的专题讲座；荷兰 Delft 水力研究院和美国威廉玛丽海洋学院的专家来沪进行"生态数学模型及其在长江口营养化研究中心的应用"的交流；瑞典大气研究院的专家来沪举办"$PM_{2.5}$ 颗粒物的研究"讲座。

（2）2003 年

①上海—哥德堡环境保护和商务研讨会。2003 年 10 月 28 日，在上海宛平宾馆举行了上海—哥德堡环境保护和商务研讨会。上海市环保局领导和瑞典歌德堡市环保商务代表在开幕仪式上分别致辞，歌德堡市市长也亲临现场。会上，来自哥德堡的环保企业家代表向中方环保企业界详细介绍了哥德堡在大气治理、水环境管理、固废等方面取得的成就以及相关持有技术产品的企业。上海市环保局代表也向在座的国内外环保企业介绍了新一轮上海环保三年行动计划。中外双方就在环保领域的合作事宜进行了热烈的交流，需求合作契机。此次研讨会为上海与瑞典的环保企业界开展环保交流提供了良好的平台。

②城市生活垃圾处理处置技术中外专家研讨会。2003 年 8 月 29 日，上海市环保局召开了"城市生活垃圾处理处置技术中外专家研讨会"。

来自美国、英国、挪威、日本的环保专家以及国内相关领域的专家作了精彩的专题发言，会议议题涉及国际生活垃圾处理技术发展趋势及经验教训、国内外垃圾处理典型技术的环境风险评价和比较、中国城市生活垃圾处理技术政策、上海垃圾处理的现状和规划以及从循环经济的角度探索有利于垃圾减量化、无害化、资源化的技术途径。此次会议旨在借鉴国内外垃圾处理的经验和教训，寻求解决垃圾出路问题的最佳途径，为领导决策提供科学依据。

③第二届中国—上海环境与经济论坛。2003 年 10 月 29 日，在上海市环保局举行了第二届环境与经济论坛，主题为"2003—2005 年上海市环境保护和建设三年行动计划"。此次论坛由德国工商总会上海代表处主办，上海市环保局协办。会议上，上海市环境保护和环境建设协调推进委员会办公室副主任柏国强向与会的德国环保企业界代表和国内环保企业人士详细介绍了上海的环境保护工作计划，总结了第一轮环保三年行动计划取得的成就，并重点介绍了新一轮三年行动计划的六大重点领域。会议最后，与会人员就三年行动计划的具体实施问题展开了热烈的讨论，以寻求在环保领域投资与合作的契机。

④中美有毒有害气体控制研讨会。2003 年 11 月 10—14 日，上海市环境保护局召开了为期 4 天的"中美有毒有害气体控制研讨会"。来自美国环保局的两位专家介绍了美国有毒有害气体控制工作背景及相关工作回顾，详细介绍了有毒有害气体最佳控制技术 MACT 标准的制定和实行过程，并就乙烯生产厂及综合性钢铁产业的 MATT 标准的制定和应用进行了案例分析，并且与来自中方的大气控制技术科研人员以及相关企业界代表展开了热烈交流，为双方今后在上海大气污染控制领域的合作提供了良好的平台。

⑤中英环保技术研讨会。由英国贸易投资署和英国环保市场联合小组组织的英国环保代表团于 2003 年 12 月访问上海。代表团共由 6 个英国环保企业组成，涉及环境管理咨询服务，空气质量监测仪器和污染控

制设计等领域。2003 年 12 月 11 日，在上海市环保局、上海环保产业协会和英国驻沪总领事馆的支持协助下，代表团在上海贵都大酒店召开环保研讨会。中方共有 40 余名环保企业界人士参加了此次研讨会。中外双方尤其在环境管理体系认证和空气监测仪器方面开展了热烈交流。

⑥德国志愿者来沪交流。经德国工商会驻沪代表处推荐，两名德国大学生志愿者来沪开展有关环境保护的交流活动。在近一个月的时间内，他们帮助市环境宣教中心更新了英文版的上海环境热线并参与中小学环境教育活动。该项交流活动为今后的人员交流提供了新的思路。

⑦友好城市环保交流活动。上海市环保局于 2003 年上半年对加拿大蒙特利尔市开展了访问，下半年访问了日本的横滨市。此外，还和丹麦奥胡斯州、新加坡环保部和俄罗斯莫斯科环保局等就双方的交流合作开展了联络通信，为今后的合作奠定了基础。

⑧继续加强复合型外向性人才培养和引智项目。2003 年，上海市环保局共争取到国外资助参加国际会议和留学机会 9 次，有 13 人次参加了会议，一人出国留学。同时，2003 年将引智工作作为一项重点工作来对待。上半年向上海智力引进办提出六项申请，全部获得批准。批准的引智项目包括邀请美国专家和学者开展有关生物环境监测讲座，机动车污染物排放模型技术培训，农业面源污染控制技术及管理对策的讲座，上海感潮河网水环境数学模型研究和开发，有毒有害气体污染物控制管理技术培训和德国同等专家聘用等。这些派出和引智项目的实施，能够提供发达国家在环境管理、环境科研和监测方面的最新信息，提供复合型外向性人才的培养机会，并为下一步开展这方面的国际合作交流开辟渠道。

⑨开通上海环境英文网站。上海市环保局环境网站的英文版于 2003 年的"六·五"世界环境日正式向外推出。它包括历年上海环境状况公报、大气质量日报、新一轮环境三年行动计划的介绍、市环保局职能和机构介绍、环境法律法规，并将及时更新环境新闻。英文网站的推出将

使更多的国外友人了解上海的环境状况、上海在环保方面所做的努力和取得的成绩以及今后的工作方向，从而能吸引多方位的资金和技术参与上海的环境建设。英文网站的建立为国外人士了解上海的环境保护工作开辟了一个新的窗口。

（3）2004 年

①由上海市政府主办，世界银行和联合国环境规划署协办的"绿色世博"国际环保研讨会于 2004 年 9 月 29—30 日在上海召开。本次会议由上海市环保局和上海世博事务协调局共同承办。此次研讨会历时两天，吸引了来自五大洲 14 个国家、地区和国际组织的 310 多位政府代表、知名学者、环保专家和工商界人士参加。联合国环境规划署执行主任克劳斯·托普夫先生接受韩正市长的邀请，亲临会议，并做主旨演讲。韩正市长参加研讨会开幕式并致辞。时任原国家环保总局副局长祝光耀也在开幕式上作了讲话。研讨会围绕"绿色世博"主题，就城市环境战略和规划、城市生态环境建设、能源和大气污染控制、水资源和废水管理、固体废物管理和受污染土壤修复五个专题进行了深入的交流和探讨，会议共发表了 50 余篇论文。会议期间，还组织实地考察了上海世博会场馆选址区域的环境现状和上海的公共交通系统。

②邀请美国波特兰州立大学教授来沪进行培训。通过引智渠道，邀请美国波特兰州立大学的教授来沪开展了"多元回归分析在生物监测数据分析中的运用"的培训。培训内容包括美国生态环境监测方法和数据处理分析技术以及生态监测数据分析软件 PRIMER、Canono for Windows、PC-ORD 的应用等。这次培训使上海的科研人员学习到了先进的生态监测和数据分析技术，提高了这方面的研究能力和手段。

③邀请美国加州大学专家来沪交流"光化学反应模拟和污染物排放模型"技术。通过引智渠道，邀请美国加州大学专家来沪就美国对环境空气质量预测和污染控制的管理方法和程序以及美国加州大学正在开发和正在应用的不同尺度的环境空气质量预测模型和研究方法进行技

术培训，使上海的技术人员学习和掌握了加州大学开发的光化学烟雾预测模型、大气能见度分析模型和污染排放模型，使上海今后能够结合上海地方污染源排放清单和数据库，建立上海市光化学污染研究模型，开展上海市臭氧生成机理和污染控制对策研究，为上海市有效预防光化学烟雾的形成，提高大气能见度提供有效的污染控制手段和技术导向。

④邀请美国国家环保局专家来沪进行空气污染源清单调查与监测交流。通过引智渠道，邀请美国环保局的2位专家来沪交流美国对环境质量中污染物监测和管理方法；美国大气环境污染清单的研究程序和机动车污染排放与环境质量效益研究手段；美国实验室空气中挥发性有机物的监测手段；学习和了解美国 EPA 分析方法 TO-14、TO-15 以及 TO-11，从而协助上海建立以 GIS 系统为平台的上海市环境空气中挥发性有机物污染源数据库系统。此次交流为上海市制定环境空气中挥发性有机物污染控制措施提供了有力的技术支持。

⑤邀请美国北卡州立大学专家来沪交流农村氮磷有机污水生态化处理技术。经济、高效地处理利用农村氮磷有机污水，防治氮磷等污染物流失并污染水环境是上海市需要解决的重要环境问题。通过引智渠道，邀请了美国北卡州立大学的教授来沪，就美国氮磷有机污水高效厌氧预处理技术工艺及其应用、人工湿地污水处理技术工艺优化、实例介绍以及运行管理和效果评价等与上海的专家做了交流，为上海今后推广该领域的工作具有非常重要的指导意义。

⑥邀请荷兰专家来沪交流水环境决策支持系统开发、研究与应用。通过引智渠道，邀请荷兰代尔夫特水力研究院的专家来沪，协助开展了长江口水动力、水环境数学模型的建立、标定与验证工作，并交流了相关领域最新的国外发展动向，并讨论了下一阶段具体的合作内容以及时间框架。

（4）2005 年

①协助国家环保总局成功举办首届"大湄公河次区域环境部长会

议"。"大湄公河次区域环境部长会议"于 2005 年 5 月 24—26 日在沪举行。来自柬埔寨、老挝、泰国、越南、缅甸和中国的环境部长，以及亚洲开发银行行长，欧盟代表等 100 多位代表参加了会议。韩正市长、杨雄副市长，洪浩副秘书长等市领导出面宴请和参加了会议。会议发表了《大湄公河次区域环境部长联合宣言》，会议积极肯定了自 1995 年来该区域的各项环保行动，强调了保护本区域的环境和保护生态生物多样性的重要意义，提出了今后在可持续发展方面优先合作的领域和重点。通过各方的共同努力，进一步加强合作，并依据各国制定的可持续发展战略，履行 2002 年的约翰内斯堡首脑会议的承诺，对联合国千年发展目标的实现作出积极贡献。这次环境部长会议的成功召开意义重大，不但为国际间环境合作、对话提供了一个良好的交流、沟通的平台，而且具有深远的政治意义。

②国外智力引进。国外智力引进是通过向上海市智力引进办公室申请有限的资金，邀请国外专家开展讲座，把环境管理和科研的国际前沿方向介绍到上海市，使上海市管理和科研人员能够跟踪国际动向，在环境管理和科研领域不断更新知识。2005 年通过国外智力引进的渠道，环保领域上海市共邀请了 3 批共 5 人次专家来沪，开展技术培训或参与科学研究工作，其中涉及空气质量预测预报系统、空气质量分析、水质预警预报系统等领域，为中外专家的沟通和交流提供了机会。

③环境研讨会。结合当前中央和市政府积极推进"节约型社会"的形势,上海环境科学学会同联合瑞士的 ICM 公司在 11 月共同举办了"资源回收—2005 年上海国际研讨会"，研讨在废电池，废电子产品回收利用等方面的技术和管理经验，为在上海市推进资源回收工作作出相应贡献。

（5）2006 年

①邀请美国 AirNow 系统的专家来沪交流空气质量预测预报系统。本年度通过引智渠道，邀请了美国 Sonoma Technology 公司的 AirNow

系统专家 Alan Chan 和 Timothy S.Dye 来沪交流空气质量预测预报系统的技术。交流内容包括日报过程中实测污染物浓度数据有效性判别；环境空气质量监测站点的分布优化；模型的验收标准及相关技术培训；分类回归树预报方法的建立；EPA 空气质量日报统计模型的介绍及应用；实现实时空气质量报告的关键技术因素；空气质量日报、预报结果发布的可视化技术等。该交流活动提高了上海在空气质量日报、预报方面的能力建设。

②邀请美国专家来沪交流大气污染输送模型。通过引智渠道，邀请美国国家环保局专家 Carey Jang 来沪交流国际先进的第三代空气质量模型 Models-3/CMAQ，从而学习大气污染物长距离输送与扩散方面的研究方法和技术手段，提高上海模型技术队伍的建设。

③邀请美国专家来沪开展大气有毒物排放监测与控制技术培训。通过引智渠道，邀请美国国家环保局专家 Conrad K. Chin 先生和 Penny E. Lassiter 先生来沪举办讲座。讲课内容包括有毒大气污染物的理论知识；重要工业点源工艺过程中有毒大气污染物的排放估算及排放控制；面源类大气有毒物排放估算及排放控制；大气有毒物排放行业控制标准的制定原则及方法；颗粒物排放监测与控制技术。本项目的实施，不但可以提高环境监测中心的实际监测水平，同时也促进了理论方面的研究，为监测工作更好地服务于大众提供技术支持和保证。

④邀请美国专家来沪交流生态监测技术。通过引智渠道，邀请美国俄勒冈州环保局专家 Eugene Foster Jr.和波特兰州立大学教授 Yangdong Pan 来沪交流生态监测技术。交流内容包环境健康监测和评价方案；环境毒理学标准实验室规程的制定；环境毒理试验的质量保证条例的制定等。通过技术交流，学习国外的先进技术、成熟经验和管理模式，促进上海生态环境监测、评价和管理水平的提高。

⑤邀请美国专家来沪开展石化行业无组织排放定量技术培训。通过引智渠道，邀请美国 Research Triangle Park 公司专家 Jeffrey B. Coburn

和 Robert A. Zerbonia 来沪开展石化行业无组织排放定量技术培训。培训的内容包括 WATER9 和 TANK4.0 软件介绍和应用；无组织排放模型的建立和参数设置的基本方法；美国在无组织排放方面的先进技术方法和规范；以及无组织排放定量方法。本项目的实施可以通过引进美国先进的定量模型、管理思路，培养上海本地的技术力量，建立适用于上海的计算模型，并能提高上海市环境保护局无组织排放监测方面的能力，使得监测工作能够更广泛有效地进行。

⑥邀请美国专家来沪交流滨岸缓冲带技术研究。通过引智渠道，邀请美国波特兰州立大学交流 J.Alan Yeakle 来沪交流滨岸缓冲带技术。交流内容有滨岸缓冲带工程改造与设计，包括：环境条件分析（土壤、水文、气候、坡度等因素）；适宜生物物种选择（建群植物、动物和底栖生物）；小规模工程性改造与建设，以及滨岸缓冲带试验与监测技术等。通过本项目，学习国外对滨岸缓冲带技术的最新研究动态、研究的关键技术和实施情况，对上海开展《苏州河干流上游滨岸缓冲带技术研究》提供技术支持。

⑦邀请美国专家来沪交流微生物群落及功能分子生物学测定技术。通过引智渠道，邀请美国北卡罗里那州立大学 FRANCIS L. DE LOS REYES III 教授来沪就微生物群落分子生物学测定技术与方法，从而提高市环科院在微生物群落分子生物学测定方面的技术水平。

（6）2008—2009 年

①成功举办"上海环境与发展国际咨询研讨会"。2008 年 12 月 12 日，"上海环境与发展国际咨询研讨会"在沪顺利召开。来自联合国环境规划署、全国政协人口资源环境委员会、国家环境保护部以及上海市相关委办局、区县政府、各国驻沪机构代表和企业界代表约 100 人参加了会议。

大会的专家组由来自联合国环境规划署亚太区主任朴英雨博士、美国环保协会首席经济学家 Dan Dudek（杜丹德）博士，北京大学教授唐孝炎院士，国家环境保护部南京环境科学研究所研究员蔡道基院士，国际清洁运输委员会主席 Alan C. Lloyd（劳易德）博士，前香港环境运输及工务局局长、2008 年北京奥运会环境顾问廖秀冬博士，华东师范大学校长俞立中教授，同济大学副校长赵建夫教授，同济大学公共管理系主任诸大建教授，上海交通大学能源研究院院长黄震教授 10 位专家组成。

围绕"2010 年世博会和环境友好型"主题，专家们展开了积极的研讨。大会专家组 10 位专家对上海这几年实施环保三年行动计划等环境保护工作给予了充分肯定，并对未来几年上海进一步加强环境保护和生态建设，建设环境友好型城市积极出谋划策，形成了许多非常有价值的意见和建议。这对于推动上海建设环境友好型城市、筹办好 2010 年世博会具有重要的借鉴和指导意义。

②举办《环境管理高级培训》。为了提高上海环境管理的能力建设，在意大利环境、领土和海洋部的支持下，在 2008 年共组织 42 名来自上海市环境保护局局机关及其基层单位、区县环保局和其他部门的部门负责人前往意大利开展以"环境管理和可持续发展"为主题的专题培训，同时 2008 年 3 月在上海举办以"环境友好型城市"为主题的地方培训。培训项目的执行方为意大利威尼斯国际大学和都灵大学。

2008 年，邀请国外专家 5 批共 9 人次来沪进行交流，涉及空气质量预测预报系统、石化行业无组织排放定量技术、烟气排放在线监测技术培训，富营养化水体污染控制及生物能源生产技术等领域。

③"呼唤绿色中国"活动。由环境保护部和世界银行共同主办、挪威驻华使馆协办，环境保护部环境保护对外合作中心、中国环境文化促进会及上海市环保局共同承办的"呼唤绿色中国"环保系列活动首场活动于 2009 年 5 月 14 日在上海市举办。

环境保护部部长周生贤对本次活动高度重视，特作书面致辞，副部长李干杰亲自出席了在上海大剧院举办的"环保国际研讨会"和"环保主题晚会"并讲话。世界银行驻华首席代表杜大伟先生、挪威驻上海总领馆总领事诺和平先生、上海市政府副秘书长尹弘先生等中外嘉宾参加了活动。

本次国际研讨会回顾了中国与世行在环境保护领域的合作，展望了进一步合作的前景，就当前国家和上海所关心的环保问题，如中国"十二五"期间面临的挑战及机遇、绿色世博——上海环境保护概况、构建生态城市和中国水污染防治现状等问题进行了研讨。

来自环境保护部、世界银行、挪威驻上海总领馆、上海市环保部门及相关部门、科研院所、高等院校等200余名代表参加了国际研讨会，约1 600人观看了环保主题晚会。

④城市空气质量改善国际研讨会暨上海市第二届清洁空气论坛。2009年7月14—15日，由上海市环保局和CAI-Asia（亚洲清洁空气行动中心）主办，上海市环境监测中心、上海市环科院、上海市环境科学学会承办的 "城市空气质量改善国际研讨会暨上海市第二届清洁空气论坛"在沪举行。

来自北京、广州、伦敦、亚特兰大等大型活动举办城市的代表，国外大气管理方面的政府官员和专家、市政府相关部门代表、研究机构及大学的代表等100余人出席了会议，就大型活动举办地如何改善空气质量、如何提高与媒体和公众的沟通能力等进行了探讨，为2010年上海举办世博会积极建言献策。

⑤第14届中韩环境联席会议。2009年10月9—10日，由环境保护部和韩国外交通商部联合主办的"第14届中韩环境联席会议"在沪举办。

2009年由市外专局支持淀山湖蓝藻水华预警监测和预报技术示范项目等11个项目共15人次的专家来沪进行技术交流。

（7）2010年

①国合会圆桌会议。2010年3月25日至26日，中国环境与发展国际合作委员会（以下简称国合会）在上海浦东香格里拉大酒店召开2010

年圆桌会议。国合会中外委员和专家，国家环保部，国务院有关部门，城市政府，地方环保局代表，企业界代表及有关国家和国际组织驻华机构代表共150多人参加了此次会议。上海市副市长沈骏和上海市环保局张全局长出席了会议并分别发言。

②上海世博会"环境变化与城市责任"主题论坛。2010年7月3日至6日，由国家环保部、上海世博会执委会、联合国环境规划署等共同主办的"环境变化与城市责任"世博会主题论坛在南京隆重召开。作为2010年上海世博会六场主题论坛之一，"环境变化与城市责任"主题论坛探讨了环境保护、气候变化和节能减排重大问题，呼吁政府、企业和公民分工合作来共同应对环境变化挑战。

③世博园区各国环保研讨会。世博会期间，上海市环保局协助了20多个国家和国际组织在世博园区各自国家馆或国际组织馆召开以环保为主题的各类研讨会、交流会共计50余场。其中，帮助邀请相关领域专家和官员出席会议570多人次，发言10余人次。主要的研讨会包括：联合国工发组织"绿色产业论坛"，比利时法兰德斯环保论坛周，波兰"环保产业"交流会和滨海省环保论坛和法国罗阿大区水论坛周等。

第四章　环境监测

第一节　机构与网络化建设

历经数十年的成长与磨合，上海市环境监测行业已初步构建了以上海市环境监测中心、19 个区县监测站（以现有的行政辖区划分）和 12个行业/大型企业监测站（纺织、仪电、轻工、建材、电力、电气、航天、铁路、化工、港政、宝钢、石化）为核心的（体制内）环境监测网络。此外，还有一批从事环境监测业务的外资、民营企业，形成了结构多元化的监测业务体系。截至 2010 年年底，上海市环境监测中心和 19 个区县环境监测站的在职员工总数为 700 余人，行业/大型企业监测站在职员工总数近 400 人。

一、市、区（县）环保系统监测机构

1. 上海市环境监测中心

（1）概况。上海市环境监测中心始建于 1983 年，是从事环境监测的公益性科学技术单位，隶属于上海市环境保护局，业务上受中国环境监测总站的指导，属全国环境监测一级站，是全市环境监测体制内的技术领导者和管理者，是全市环境监测系统的技术中心、网络中心、信息

中心和培训中心。

上海市环境监测中心是国家计量认证和实验室认可"二合一"机构，建立了较为完善的内部质量管理体系。此外，上海市环境监测中心也是国家环境标准样品协作定值实验室、国家有机产品检测机构、上海市安全卫生优质农产品检测机构、中国绿色食品定点监测机构、方圆标志产品质量认证检验实验室。现已具备的监测能力为水和废水、空气和废气、室内空气、机动车排放污染物、土壤（含底质、植物、固体废物、生物残留体）、生物、噪声振动和加油站储油库油气回收检测八大类，可测参数达 700 余个。

截至 2011 年 3 月，上海市环境监测中心现有职工 180 人，其中专业技术人员 157 人，占职工总数的 87.2%；具有高级及以上职称任职资格的有 40 人（其中教授级高工 4 人），具有中级职称任职资格的有 83 人。

上海市环境监测中心拥有 8 000 m^2 的南丹路中心实验室和 2 700 m^2 的松浦大桥水质监测实验室，固定资产 7 000 余万元。实验室配备了先进的分析仪器和监测设备，包括傅立叶红外气体分析仪、便携式测汞仪、气相色谱—质谱仪、气相色谱仪、高效液相色谱仪、等离子发射光谱仪、离子色谱仪、卤素仪、原子吸收分光光度计、酶标仪、环境空气自动监测车、环境应急监测车等先进的大型分析仪器设备，以及无菌室、鱼类急性毒性实验室、动物实验室、路边空气质量自动监测站等先进的监测设施。

上海市环境监测中心每年获得的各类监测数据逾 100 万个，为上海市政府全面掌握上海市的环境质量现状和变化趋势提供了可靠的依据，为有关管理部门全面了解市政工程对环境的影响提供了大量的基础资料，为环境管理部门顺利开展污染源监督管理、排污收费和环境综合整治提供了技术依据。近几年相继完成了浦东国际机场验收监测及军用机场噪声监测、轨道交通明珠线运行噪声的监测、封闭式声屏障可行性研究监测及后评估监测、苏州河综合整治效果的水文水质、生态监测、合流污水一期工程的后评估监测和二期工程设计监测等多项国家重大监测项目；作为首批农产品质量认证中心的合同实验室，监测中心近年来承担了近 20 个食用农产品生产基地的环境检测；在淡水生态学检测、毒性检测、生物安全检测及"三致"效应测定等方面进行探索，开展了水和固体污染物方面的生物检测、藻类生长潜力试验项目、发光菌群和鱼类急性毒性检测、大肠菌群及金黄色葡萄球菌和志贺氏菌等致病菌的检测；在全国率先开展了空气质量日报预报和分区预报工作。

（2）工作职责。上海市环境监测中心负责编制全市环境监测工作计划和规划，组织各区、县环境监测站共同实施全市的环境质量监测工作，对上海市的大气（含降水）、地表水水质、土壤（含河流底质）、生物、噪声、振动等各种环境要素进行监测，同时分析、收集、整理和存储各监测数据，编写环境质量报告书（包括月报、季报、年报、五年报等）、环境监测年鉴、重点污染源排污状况报告书和各类专题技术报告，及时向市环境保护局和中国环境监测总站呈报上海市环境质量状况及污染动态，为上海市环境管理和决策提供技术监督、技术支持和技术服务；组织实施对国家和市级重点污染源进行监督监测和排污总量复核监测，承担突发性污染事故监测及仲裁监测；负责建设项目环境影响评价监测、污染治理设施竣工验收监测、环境影响后评估及社会委托检测项目的综合管理；对环境监测网络各单位进行技术指导、业务培训和考核；参加国家和地方环境标准的制定和修订，从事环境监测新技术的开发和研究，承担国家和地方环境标准、技术规范、环境测试新技术和新方法研究等的验证工作。

2. 区县环境监测站

（1）概况。上海市以现有的 17 个行政辖区划分，共设立了 18 个区县环境监测站（其中闵行区有 2 个独立法人的监测站），这些区县监测站隶属于各区县环保局，业务上受上海市环境监测中心的指导，属全国环境监测二级站，主要承担辖区内的计划性环境监测任务，其特点是属地化管理、权责分明、条块结合、联系密切。

区县监测站均为事业单位编制，人员定编数量在 25～90 人不等，规模最大的是浦东新区环境监测站，设有浦东新区监测站分站，在职员工达 80 多人，拥有较为先进和完备的监测技术装备和实验设施，负责管理 10 多个空气质量自动监测子站，包括空气质量自动监测背景点和监测光化学污染前体物的超级站，同时也是国家环境分析方法标准制修订科研任务的承担单位。此外，已有近半数区县监测站依据能力建设标准实现或落实了场所搬迁计划，添置了气质联用仪、液相色谱、等离子发射光谱仪等大型仪器设备，扩大了事业单位人员编制数，招聘了一批具有博士硕士学历的高素质专业技术人才，监测工作经费也逐步实现全额纳入同级政府财政预算的目标，各项能力建设工作正在稳步有序的推进之中。

"十二五"期间，上海将在现有区县监测站中致力于建设一批在空气质量自动监测、饮用水水源地全项目监测、水生态环境监测、近岸海域海水监测、固定污染源特征因子监测、无组织排放监测、应急监测、土壤环境质量监测和危险废物鉴别等监测领域形成特色的区县环境监测站，保证体制内的监测资源得到有效合理的配置，特色站的能力既体现区域环境功能特点，又可满足全市环境监测工作的整体需要，环境质量和污染源两大监测体系更趋完善。

（2）工作职责。各区县监测站担负着辖区内环境质量和污染源的监测任务，其监测任务下达部门为市环保局和所属区县环保局。总体而言，大部分区县监测站基本具有与所辖区域内环境和污染源相匹配的常规监测能力，能够独立、正常地开展环境质量和污染源常规监测及连续自动监测，部分区级监测站能够开展微量有机物和有毒有害金属分析及微生物检测，其他技术难度较高的监测项目主要由上海市环境监测中心承担。

二、其他行业环境监测机构

除以上隶属于市区两级环保行政主管部门的监测机构，上海市还拥有纺织、仪电、轻工、建材、电力、电气、航天、铁路、化工、港政、宝钢、石化 12 个行业或大型企业监测站，在这些隶属于相关行业主管部门的监测站中，宝钢环境监测站和石化环境监测站的规模较大，现有员工人数为 50～80 人，其他监测站的规模较小，一般为 15～40 人。在工作职责上，行业监测站除承担其主管部门下达的内部监测任务外，主要开展非政府性质的公共事务类环境监测活动，通过承接社会委托业务求得生存和发展，其中实力较强的监测站有纺织、仪电、轻工、电气、化工、宝钢、石化等，在水和废水、环境空气和废气、噪声振动等主要环境要素中具备较为完整的监测能力。

三、经营性环境监测机构

上海是我国市场经济发展最为活跃的地区之一，也是检测市场起步较早、发展较快的地区，近年来民营检测机构在数量和能力两方面都有明显的增长，经营形式有纯外资、中外合资、股份制和民营等多种，这些经营性环境监测机构与所在地的环保行政主管部门无隶属关系，一般为兼营环境监测、卫生检测、建筑质检、地质勘查及商品检验的综合类实验室，其中不乏规模较大、技术力量较强、人员素质较高、有广泛业务渠道和较好声誉的专业实验室，其市场竞争力不容小觑。

四、环境监测机构能力建设

经过近 30 年的建设和发展，上海市环境监测系统已形成专业类别较为齐全、人才队伍基本稳定、理论水平和实践经验已达一定高度、能够正常开展环境质量和污染源监测的工作格局。监测领域涵盖地表水、大气降水、污水、环境空气、污染源废气、机动车排放气、室内空气、土壤、底质、固废、生物、噪声、振动等。监测业务类型主要分为监视性监测（例行监测和常规监测）、特定目的性监测（污染事故监测、纠纷仲裁监测、考核验证监测和应急监测）、研究性监测以及咨询服务性监测等，技术能力包括常规理化分析、大型仪器分析、连续自动监测等多种，可覆盖环境质量和污染源常规监测、微量有机物监测、生物群落监测、化学品毒性检测、环境空气连续自动监测、机动车排放气污染监测、噪声监测、污染源连续自动监测、空气质量数值预报等各类环境监测领域，同时具备环境质量和污染源监测数据统计分析能力，对环境监测信息进行编辑处理和发布的技术能力，能够科学、全面、及时地反映上海市的环境质量状况和变化趋势。

五、监测站位的布设与网络建设

为全面提升环境质量监测能力，建设先进的环境监测预警体系，上海市建立了大量的包括空气、水质、污染源、噪声等内容的自动监测系统。

1. 空气质量监测系统

（1）空气质量自动监测系统。上海市环境空气质量自动监测系统主要包括 52 个自动监测子站和 1 个数据处理中心，其中国控点位 9 个（含清洁对照点 1 个），市控和区控点位 43 个，各子站分布在不同的功能区域，点位功能涵盖了城市站、背景站、工业区站和农村站。

上海市环境空气质量监测项目包括二氧化硫（SO_2）、二氧化氮（NO_2）、可吸入颗粒物（PM_{10}）、总悬浮颗粒物（TSP，包括铅）、一氧化碳（CO）、臭氧（O_3）、$PM_{2.5}$、降尘（包括可燃物）、硫酸盐化速率、氟化物等 12 项，其中二氧化硫、二氧化氮和可吸入颗粒物为重点监测项目。降水中的监测项目包括降水量、pH 值、电导率、硫酸根（SO_4^{2-}）、硝酸根（NO₃⁻）、铵（NH₄⁺）、钙离子（Ca²⁺）、氯离子（Cl⁻）、镁离子（Mg²⁺）、钠离子（Na⁺）、钾离子（K⁺）和氟离子（F⁻）12 项。

（2）空气质量手工监测系统。手工监测作为自动监测系统的补充由市控和区（县）控点位组成。全市布设总悬浮颗粒物监测点 23 个，其中 20 个监测点加测铅；降尘监测点 276 个，其中区域降尘测点 228 个，道路降尘测点 48 个；硫酸盐化速率、氟化物和可燃物监测点各 42 个；降水监测点 22 个，其中市环境监测中心南丹路测点、卢湾区环境监测站测点、闵行区环境监测一站测点和青浦区淀山湖测点（对照点）为降水国控点。

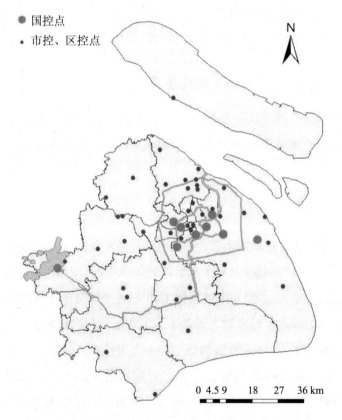

图 4-1　上海市环境空气质量自动监测点位分布图

图 4-2　上海市环境空气质量手工监测点位分布

2. 地表水自动监测站

为保障饮用水水源地水质安全，上海市自 20 世纪 90 年代中期开始积极开展地表水自动监测。在黄浦江上游建有松浦大桥和大泖港 2 个市级水质自动监测站，国家环保部在东太湖下泄通道急水港设置了国控急水港水质自动监测站，部分区县环保局在饮用水源地及主要入境断面建有区级水质自动监测站。

3. 污染源在线监测系统

2005 年，为了实现重点污染源实时监控，上海市全面启动了水污染源在线监测系统和烟气排放连续监测系统的建设工作。现已在 56 家重点监管企业和 48 家城镇污水处理厂建成了 168 套水污染源在线监测系统，对废水中 COD 等污染物进行实时监控；在包括火电厂在内的 70 家重点监管企业安装了 254 套大气污染源在线监测系统，对烟尘烟气中的二氧化硫等污染物进行实时监控。污染源在线监测系统对排污企业实现了全天候监控，提高了环境执法效率，为促进污染减排提供了重要技术保障，对稳步提高污染源排放达标率和完成"十一五"减排任务发挥了重要作用。通过在线监测系统能够掌控全市二氧化硫和 COD 排放量的60%和70%。

第二节 环境监测管理

一、监测体制管理

上海市环境监测工作坚持以探索中国特色社会主义环境保护新道路统领环境监测事业发展，把建设先进的环境监测预警体系作为根本任务，把实现"三个说得清"作为工作目标，已初步形成了以环保部门所属环境监测中心、辐射环境监督站和 19 个区县环境监测站为主体，国土资源、海洋、农业等部门所属监测机构为补充，12 个行业/大型企业环境监测站和一批社会监测机构为辅助的结构多元化的环境监测业务体系。

二、监测标准管理

上海市环境监测中心以《实验室资质认定评审准则》和 ISO/IEC 17025：2005《检测和校准实验室能力的通用要求》为指导，以完整的内部体系文件（质量手册、程序文件、作业指导书和记录等）为依据，以最高管理者、技术负责人、质量负责人、技术管理层（总工和副总工）、行政管理部门、技术管理部门、技术业务部门和技术支持部门为组织架构，以全市体系年度内审和管理评审、日常质量监督和质量检查、办公例会、科室年度考评以及定期或不定期的外部审核等多种质量活动，结合制度建设和能力建设，形成了认识统一、渠道畅通、自我改进的质量管理氛围，步入了以体系建设带动能力建设、又以监测能力的增强促进质量管理水平提高的良性循环，为维护质量管理体系的有效运行提供强有力的保障。持续保持国家实验室资质认定、国家实验室认可、国家环境标准样品协作定值实验室、国家有机产品检测机构、上海市安全卫生优质农产品产地环境检测机构、中国绿色食品定点检测机构、方圆标志产品质量认证检验实验室等多项资质的有效性，2010 年又被美国国家海岸警卫队（USCG）下属的认可检测机构"美国国家试验中心"（NSF）确定为"全球可接受的子实验室"，成为美国 USCG 在检测业务方面的合作伙伴，使监测业务从国内拓展到海外。

三、监测质量管理

1. 上海市环境监测中心质量管理发展状况

（1）体系建设。2000 年以来，上海市环境监测中心以《实验室资质认定评审准则》和 ISO/IEC 17025：2005《检测和校准实验室能力的通用要求》为指导，以完整的内部体系文件（质量手册、程序文件、作业指导书和记录等）为依据，以最高管理者、技术负责人、质量负责人、技术管理层（总工和副总工）、行政管理部门、技术管理部门、技术业务部门和技术支持部门为组织架构，以体系年度内审和管理评审、日常质量监督和质量检查、办公例会、科室年度考评以及定期或不定期的外部审核等多种质量活动，结合制度建设和能力建设，为维护质量管理体系的有效运行提供强有力的保障。通过体系建设，监测中心内部自上而下逐步形成了认识统一、渠道畅通、自我改进的质量管理氛围，步入了以体系建设带动能力建设，又以监测能力的增强促进质管理水平提高，进而拓展市场、提高单位知名度和影响力的良性发展轨道。历经 10 余年的努力，上海市环境监测中心不仅保持国家实验室资质认定和实验室认可资质的持续有效性，同时还保持国家环境标准样品协作定值实验室、国家有机产品检测机构、上海市安全卫生优质农产品产地环境检测机构、中国绿色食品定点检测机构、方圆标志产品质量认证检验实验室等多项检测机构资质的持续有效性，2010 年又被美国国家海岸警卫队（USCG）下属的认可检测机构"美国国家试验中心"（NSF）确定为"全球可接受的子实验室"，成为美国 USCG 在检测业务方面的合作伙伴，使监测业务从国内拓展到海外。这是以扎实的质量管理体系为基础，以认证认可工作为平台，从管理层至普通员工团结一致，努力工作，积极进取，勇于开拓所取得的丰硕成果。

（2）制度建设。《实验室资质认定评审准则》和 ISO/IEC 17025 是指导实验室建立和维护质量管理体系有效运行的纲领性文件，也可以将其理解为是国家对各级各类实验室具有普遍适用和强制约束力的通用要求。然而，以上两个准则无法完全涵盖环境监测行业内部的特定要求，也无法触及环境监测质量管理的全部内容，作为环境监测机构，必须深入思考游离于准则之外的行业管理要求，重视并促进行业整体和机构内部的制度建设，才能真正实现质量管理共性原则与个性要求的紧密结合。五年来，监测中心积极探索管理制度的建设，先后制定了 48 个管理制度，其中有 26 个制度涉及质量保证的内容，着重从人员管理、实验室管理、仪器设备管理、安全管理、信息管理等方面对质量管理工作进行全方位的深入和细化，其中《新进毕业生论文撰写规定》《新进人员带教管理暂行办法》《员工奖惩规定》《网站发布管理暂行规定》等都是监测中心富有创新精神的管理制度，对提高质量管理整体水平起到了极好的推动作用。

（3）实验室信息管理系统（LIMS）建设。实验室信息管理系统（LIMS）是促进检测实验室提升管理水平、快速与市场竞争机制接轨、与国际惯例接轨、与科学化管理体系接轨的重要手段和工具。2007年，监测中心成为全国环境监测系统中首家实现用LIMS对监测业务实施全程序管理的专业环境监测实验室。经过近四年的稳定运行，现有的LIMS流程设计既满足了项目管理的要求，也符合ISO 17025准则关于数据控制的要求，系统涉及11个科室、34个岗位和150余个用户，涵盖了"三同时"验收监测、社会委托监测、环境质量常规监测、污染源监督监测、突击抽查监测、安全优质农产品检测、专项监测、环境污染纠纷仲裁监测和信访监测等主要业务类型，实现了分析数据自动采集、样品跟踪和条码支持以及与原有的环境质量监测数据库之间的数据导入和导出等功能。在LIMS中具有的QA/QC功能主要是：在静态数据表中建立了岗位管理、方法管理、标准品管理、仪器管理和环境管理等完备的基础信息，使人、机、料、法、环等质量控制要素始终与分析测试关联；通过对系统中不同角色的权限控制，严格区分了数据审核权限和修改权限，确保所有被系统采集的数据以及审核意见和修改内容等在系统流转中始终具有可追溯性，在报告审核过程中可随时查阅与任务相关的QC结果，提高了数据审核和报告审核的可控性，对提高监测数据准确性和报告合格率发挥了重要作用。

2. 上海市环境监测行业质量管理发展状况

（1）技术培训和持证上岗考核。截至"十一五"期末，上海市环境监测行业初步构建了以监测中心、18个区县监测站和12个行业/大型企业监测站为核心的市级环境监测网络，18个区县和行业/大型企业监测站全部取得了实验室资质认定资质，另有15个区县监测站和近半数的行业/大型企业监测站取得了国家实验室认可资质。同时监测中心制定发布了《上海市环境监测技术人员持证上岗考核实施细则》，由来自行业内各单位的60名专家共同组成了上海市环境监测网络持证上岗考核专家库，网络内每年组织各类集中式技术培训逾20次，持证上岗考核近

1 000 人次。全市环境监测行业的质量管理已形成常态化、规范化运作模式并有循序改进和提高的意识。

（2）能力建设。"十一五"期间，上海认真贯彻《国家环境保护"十一五"规划》和《国家环境监管能力建设"十一五"规划》的要求，加快推进先进的环境监测预警体系建设和主要污染物总量减排监测体系建设，将能力建设的目标和任务作细作实。依据《全国环境监测站建设标准》，市环保局于 2007 年 12 月制定了《上海市区县环境监测站能力建设标准》《上海市区县环境监测站能力建设和达标验收实施方案》及《上海市环境监测、执法和管理能力平台建设实施计划》，为上海市区两级环境监测站的建设和发展提供了重要的政策依据和技术指导。经过多年坚持不懈的努力，特别是以举办 2010 年上海世博会为契机，在市、区两级层面积极争取财政投入，环境监测能力得到显著提升。截至 2011 年年底，18 个区（县）环境监测站中已有嘉定、宝山、浦东、闵行、青浦、松江和虹口 7 个区的环境监测能力建设通过《上海市区县环境监测站能力建设标准》的达标验收，有 9 个区县监测站已实施搬迁或是启动了新址建设工程，其余监测站的能力建设也已得到明显改善，为环境管理部门顺利开展污染源监督管理、排污收费和环境综合整治提供可靠的技术依据。在提升环境监测硬实力的同时，部分监测站的软实力也得到同步发展，其中嘉定站在环境监测信息化建设方面初见成效，LIMS 系统上线启用已有 2 年；浦东站管理的空气质量自动监测子站已达 10 多个，其中包括空气质量自动监测背景点和首个监测光化学污染前体物的超级站，并成为国家环境分析方法标准制修订科研任务的承担单位；而宝山站则在全市环境监测系统中建立了第一个博士后流动工作站。

（3）质量考核、能力验证和技术大比武活动。近 10 年来，上海市环境监测中心及区县监测站每年都积极参加由中国环境监测总站组织的全国环境监测系统质控考核和质量比对、国家实验室认可委员会组织的能力验证、上海市质量技术监督局组织的计量认证检查考核，以及由监测中心组织的年度质量考核活动，考核内容涉及环境空气自动监测、大气降水中阴阳离子分析、地表水 109 项全项目监测、土壤中金属元素和微量有机物分析、室内空气监测、重点污染源废水和烟尘烟气监测等各类环境要素和多种监测分析方法。除参加国内的能力验证和质量考核活动，自 2007 年起监测中心和部分监测网络单位还积极参加由国际权威机构组织的环境样品国际比对活动，使上海市环境监测队伍在国际环境分析检测行业这一更大更广阔的舞台上检验了自身的技术实力和质量水平，达到开阔视野、检验能力、提高水平的目的。

自 2005 年起，结合精神文明建设工作的要求，监测中心在全市环境监测系统中坚持每年开展"红五月监测技术大比武"活动，比武主题有：烟尘烟气现场监测操作技能，水环境监测数据合理性分析和利用相关软件进行水环境功能评价、环境空气常规监测操作技能及自动监测数据分析、建设项目竣工环境保护验收项目管理和污水采样操作技能、突发环境污染事故应急监测，比武形式为现场操作比赛结合理论知识考核，专家现场评分，最后总结点评。连续多年的技术大比武活动有效激发和促进了监测系统技术人员努力提高业务技能的练兵热潮，反映了基层监测站广大技术人员的真实能力和业务水平，为保证全市年度监测工作的顺利完成提供了技术支持，也对促进区县监测站的能力建设起到了推动作用。

四、监测信息化管理

上海市环境监测中心建立了包括局域网、科技网、政务外网和互联网的网络架构，以及主要基于 SQL Server 原理的环境质量和污染源数据库；开发了水污染源在线监测系统、大气污染源在线监测系统、监督监测上报系统、环境质量监测管理系统、分区日报系统、空气质量管理系统、日报和预报发布系统、空气数值预报系统、实验室信息管理系统（LIMS）、环境监测中心门户网站系统和环境监测中心内部协作平台等一系列应用系统。

第三节　环境监测技术及成果

一、环境质量监测

环境质量监测主要包括地表水环境质量、环境空气质量和声环境质量监测三大部分。

1. 水环境质量监测

上海市地表水环境质量监测围绕中心城区河道消除黑臭，郊区河道基本达到功能区标准，全市河道水质持续改善的目标，监测的主要水域为水环境质量评估监测断面、水环境综合整治重点河道考核监测断面、黄浦江及其上游来水支流（包括太浦河、圆泄泾、大泖港）、淀山湖、苏州河、长江口及近岸海域、城市集中式饮用水水源地、太湖流域省界断面以及市级主要河道监测断面，2011 年，监测断面/测点共计 372 个，其中市控断面/测点 148 个，区、县控断面 224 个。

黄浦江松浦大桥断面、淀山湖急水港桥断面和大泖港横潦泾交汇口断面采用自动连续监测，其余所有河流的水质监测均采用人工采样实验室分析的方法。

上海市地表水水质常规监测项目共 24 项，根据上海市地表水的污染特征以及污染物产生的危害程度分为重点监测项目和一般监测项目。其中重点监测项目共 11 项，包括：水温、pH 值、溶解氧、高锰酸盐指数、化学需氧量、五日生化需氧量、氨氮、挥发酚、石油类、总磷和总氮，淀山湖各测点还将透明度和叶绿素 a 列入重点监测项目。一般监测项目共 13 项，包括：氟化物、硒、氰化物、砷、汞、铜、六价铬、镉、铅、锌、硫化物、阴离子表面活性剂（LAS）和粪大肠菌群。重点监测项目为每次监测的必测项目，一般监测项目全年监测 1 次。

水环境综合整治重点河道考核监测断面每次监测水温、溶解氧、高锰酸盐指数、化学需氧量、五日生化需氧量、氨氮、石油类和总磷 8 个项目。

城市集中式饮用水水源地、郊区（县）主要饮用水源地以及镇级饮用水水源地每次必测 29 个项目，包括：11 项重点监测项目、13 项一般监测项目以及硫酸盐、氯化物、硝酸盐、铁和锰。另外，集中式饮用水水源地每月进行 1 次集中式生活饮用水地表水源地特定项目中 1～35 项的监测，全年进行 2 次集中式生活饮用水地表水源地 80 项特定项目的监测；郊区（县）主要饮用水源地和镇级饮用水水源地全年进行 1 次集中式生活饮用水地表水源地 80 项特定项目的监测。

太湖流域省界断面逢单月须监测 27 个项目，包括：流量、水温、pH 值、电导率、溶解氧、高锰酸盐指数、五日生化需氧量、氨氮、石油类、挥发酚、汞、铅、化学需氧量、总磷、铜、锌、氟化物、硒、砷、镉、六价铬、氰化物、阴离子表面活性剂、硫化物、粪大肠菌群、铁和锰；逢双月须监测 12 个项目，包括：流量、水温、pH 值、电导率、溶解氧、高锰酸盐指数、五日生化需氧量、氨氮、石油类、挥发酚、汞和铅。实施总量监测的断面把氰化物、砷、汞、铅、镉、六价铬也作为重点监测项目。生物学监测的内容包括大型底栖无脊椎动物、浮游动物、浮游植物、生物残毒、叶绿素 a 和粪大肠菌群等，不同的水体选择的监测项目不尽相同。

2. 环境空气质量监测

上海市环境空气质量监测网络所采用的方法由连续自动监测和连续采样实验室分析(化学法)两部分组成。监测项目包括二氧化硫（SO_2）、二氧化氮（NO_2）、可吸入颗粒物（PM_{10}）、总悬浮颗粒物（TSP，包括铅）、一氧化碳（CO）、臭氧（O_3）、降尘（包括可燃物）、硫酸盐化速率、氟化物等 11 项，其中二氧化硫、二氧化氮和可吸入颗粒物 3 个项目为每天向公众公布环境空气质量日报和预报的主要项目。降水监测项目包括降水量、pH、电导率、硫酸根（SO_4^{2-}）、硝酸根（NO_3^-）、氟离子（F^-）、氯离子（Cl^-）、铵（NH_4^+）、钙离子（Ca^{2+}）、镁离子（Mg^{2+}）、钠离子（Na^+）和钾离子（K^+）共 12 项。

2011 年，环境空气质量例行监测点分为国控点和市（区）控点。其中环境空气质量国控点 9 个（含清洁对照点 1 个，国控点虹口区监测站自动监测子站因整体搬迁，暂停），市控点 38 个（含对照点 1 个）；降水国控点 4 个，市控点 18 个；降尘测点 266 个（其中区域环境降尘测点 219 个，道路降尘测点 45 个，区域对照测点 2 个）；总悬浮颗粒物测点 20 个，并加测铅；可燃物、硫酸盐化速率和氟化物测点各 39 个。

3. 声环境质量监测

上海市声环境质量监测工作以区域环境噪声、功能区环境噪声和道路交通噪声监测为主，同时，加强机动车和非机动车禁鸣效果的监测力度。2011 年，上海市区域环境噪声监测点位 249 个；道路交通噪声监测点位 199 个；功能区噪声监测点位 56 个。

二、污染源监督监测

上海市的污染源监测是一个政府监督监测、在线监测和企业自行监测三位一体的污染源监测体系。以市、区两级监测站为主体、市环境监测中心主要组织实施对国控大气污染源的监督监测，区县监测站对辖区内的国控、市控和区控水环境污染源以及市控和区控大气污染源进行监督监测。社会监测机构主要承担在线监测设施的运营维护工作。

1. 污染源监督性监测

上海市污染源监督性监测工作始于 20 世纪 90 年代，在各级政府的努力下，污染源监督监测体系不断完善，污染排放企业的监督监测力度不断加强。上海市根据管理需求制订监测计划，监督性监测工作有序有侧重的开展，体现了为管理服务的宗旨。

上海市的废水污染源监测主要对象为直接排入河流的工业废水。近年来，根据国家相关规定，不断加强对废水排放企业的监督监测力度。2010 年，上海市对辖区内的所有水污染源国家重点监控企业和市级环保重点监管企业实施了监督性监测，每季度监测不少于 1 次，并对全部 44 家污水处理厂实施了监督性监测，每月监测不少于 1 次，每季度不少于 1 次全项目监测。

上海市的废气监督性监测主要对象为上海市燃煤电厂。为了摸清上海市重点污染源的情况并进行针对性管理，上海市开展了一系列的监督性监测工作，如 2005 年大面积的摸底分类监测，2006 年分类别的跟踪监测，2007 年对新调整市级环保重点企业的有侧重监测等。2010 年，上海市对辖区内的所有废气国家重点监控企业和市级环保重点监管企业实施了污染源监督性监测，国控废气重点污染企业每季度监测 1 次，一般废气污染源每年监测 2 次。

上海市机动车污染监测主要分为机动车污染年检和在用机动车抽检两类，在用机动车抽检项目为一氧化碳、碳氢化合物、氮氧化物、烟度、林格曼黑度等常规项目；机动车污染年检监测技术主要是以汽油车双怠速检测、柴油车不透光烟度为代表的常规监测方法，简易工况法、遥感监测作为一种新的检测方法正在全市逐步推广。上海市于 2009 年 5 月正式启动加油站储油库的油气回收治理工作。

2. 污染源在线监测

（1）水污染源在线监测。上海市水污染源在线监测工作启动于 2005 年，分两个阶段完成：2005 年，由政府出资建造，投资总额约 3 000 万元人民币的水环境重点监管企业在线监测建设项目被列入当年市政府实事工程。截至 2005 年年底，水污染源重点监管企业在线监测系统初步建成，系统由 58 家市级以上废水重点监管企业的 66 个在线监测站和水污染源在线监测信息平台组成，监测项目包括化学需氧量或总有机碳、pH 值和流量。系统于 2006 年试运行，2007 年 5 月全部通过验收，进入正式运行。为加强对污水处理厂的监管力度，2008 年上海市开始将城镇污水处理厂纳入水污染源在线监测系统，以政府组织、企业出资、政府适度补贴的模式，在全市 48 家城镇污水处理厂建设了 106 个在线监测站，基本覆盖了上海市所有的污水处理厂。进水口监测项目为化学需氧量和流量，排放口监测项目为化学需氧量、氨氮、总磷、总氮、pH 值和流量。迄今为止，纳入上海市水污染源在线监测系统的站点包括 58 家市级以上废水重点监管企业的 66 个在线监测站和 47 家城镇污水处理厂的 100 个在线监测站，45 家市级以上废气重点监管企业的 195 个在线监测站。上海市环境监测中心负责定期比对监测、监督管理、数据审核、监控报告编制和信息平台维护等工作。

（2）大气污染源在线监测。上海市废气在线监测（CEMS）工作启动于 2005 年，分三个阶段完成：2005—2006 年，上海市启动 CEMS 试点阶段，由上海市环保局牵头成立了 CEMS 推进工作领导小组和技术小组，制定了 3 个地方性试行技术规范、开发完成 CEMS 监控平台系统、在不同类型的排污设施进行 CEMS 试点安装。2007—2008 年，CEMS 进入全面建设和验收阶段。以政府组织、企业出资、政府适度补贴的模式，以招标方式确定进入上海市场的 5 家设备供应商名单，建立了有效的推进和监督制度，完成计划内的 CEMS 安装和验收工作等。2008—2010 年：CEMS 管理与应用研究阶段，通过比对监测、CEMS 数据每日审核、制定管理规范保证数据有效性，CEMS 的日常运行维护监督，CEMS 超标数据执法应用研究并试应用，CEMS 数据脱硫效率、投运率统计及排放量计算的研究应用等。

三、重大验收监测项目

上海经济发展进入了一个飞速发展时期，重大市政项目，支柱产业项目不断开工建设。上海市环境监测中心受中国环境监测总站委托如期完成了这些重大建设项目的环保竣工验收监测。

2004 年，突破传统轨道交通使用的车轮和轨道技术界限，引入德国技术建造，全长 30 km，运行时速达 430 km/h 的世界上第一条用于商业运营的高速磁悬浮列车交通线路——上海市磁悬浮快速列车项目完工投运。

2005—2009 年，信息产业半导体行业进入飞速发展的时期，台积电（上海）有限公司、上海广电 NEC 液晶显示器有限公司、上海华虹 NEC 电子有限公司、中芯国际集成电路制造（上海）有限公司、剑腾液晶显示（上海）有限公司、上海天马微电子有限公司等纷纷完成投资、扩能建设。

2006 年，上海化工区重要配套工程之一，为上海化工区内各化工生产厂家产生的废气、废水、固体废物等危险废料提供集中焚烧处理的一体化服务的高性能环保项目上海化工区太古升达废料处理有限公司有害废料焚烧项目建成运行。项目建成不但减少了有害废弃物对周围环境的不利影响，其焚烧的热能产生的蒸汽由输送管道送往邻近工厂得到有效利用。

2008 年，总投资达 55.36 亿元人民币，生产规模可达年产自主品牌发动机 30 万台套，整车 30 万辆，以具有自主知识产权的 KV4、KV6 系列发动机、自主品牌"荣威 550"整车为主要产品的上海汽车集团股份有限公司临港产业基地项目及自主品牌新产品技术改造项目完成建设。

作为国内规模较大的航空枢纽的上海浦东国际机场，一号、二号和三号跑道先后于 1999 年、2005 年和 2009 年投入运行。

2008 年，为支持和配合上海世博会的建设和举办，改名为宝钢集团中厚板分公司的浦钢公司搬迁至宝山区罗泾工业区，投资 192.1 亿元，引进奥钢技术，安装了国内首座 COREX 炼铁炉，拥有国内第一套最清洁的非焦原煤炼铁生产工艺。

2010 年，对于缓解上海电网的供需矛盾，提高上海电网的安全可靠性，实现节能减排等方面都具有重大作用的上海世博会配套重大工程，上海漕泾电厂（2 000MW）工程项目于当年 2 月建成投运。

四、突发污染物事故应急监测

上海是一个特大型国际大都市，为确保城市环境安全，上海市环保局根据上海市城市管理、经济发展等各类自身特点，制定了《上海市环境监测应急源预案》（以下简称《预案》），作为突发性环境事件上海市应急监测工作的指导。根据《预案》，上海市建立起市区二级应急监测队伍，建设有区域特征的应急监测能力，建成全市二级应急监测联动响应机制，提高应急监测的快速反应性、监测数据结果的时效性，搭建了市区二级应急监测信息共享平台，同时，建立了应急监测定期检查培训考核制度，以演练、交流学习、讨论参观等形式开展应急监测的素质技能培训。

在突发性环境事故发生时，各部门的职责为：市环保局应急办——市级环保应急指挥中心，指挥市级环保监察、环境监测和下一级指挥中心实施应急预案；区（县）环保局——区级环保应急指挥中心，指挥区（县）级环保监察、环境监测和下一级指挥中心实施应急预案；市环境监测中心——接到市局应急办通知，迅速启动应急监测预案，实施较大环境事件（Ⅲ级）或重大环境事件（Ⅱ级）或特大环境事件（Ⅰ级）的应急监测工作；区县环境监测站——接到应急命令，迅速启动应急监测预案，实施一般环境事件（Ⅳ级）、较大环境事件（Ⅲ级）的应急监测，参与并组织区县环境监测站开展重大环境事件（Ⅱ级）或特大环境事件（Ⅰ级）的应急监测工作；专家组——负责技术咨询指导。

市级应急监测能力与配备依托于上海市环境监测中心，由大气环境应急监测组、水质环境监测组、分析组、生物（态）监测组、后勤保障组和专家组组成"上海市环境监测中心环境污染事故应急监测队伍"，各专项组共 23 人（不包括专家组），各组设组长 1 名，其中大气组 7 人，水质组 5 人，分析组 4 人，生物组 3 人，后勤保障组 3 人。全市 19 个区县环境监测站设有突发性环境污染事故应急监测队伍，以及所在行政区域应急监测装备，按照各自的分工和应急监测程序实施所在辖区内应急监测工作。

2000 年以来，上海市突发性环境事件呈现快速增加趋势；每年各类事故数量比例相对稳定，80%以上为水、气污染事故，气污染事故占 50%以上；从事故空间分布上，以郊区的浦东、嘉定、松江、金山、闵行、宝山、青浦发生的频率高，逐年递增；中心城区普陀相对较多。每次应急监测发生时，中心应急小组均能迅即启动预案，火速出动，第一时间赶至现场，会同先期到达的事故辖区应急监测队员，在上级部门的统一调配下，妥善处置现场情况，为环境事故的后续处理提供了科学依据。

五、企业的日常环境监测

上海市建立了政府监督监测、在线监测和企业自行监测（委托监测）三位一体的污染源监测体系。以市、区两级监测站为主体，上海市环境监测中心主要组织实施对国控大气污染源的监督监测，区（县）监测站对辖区内的国控、市控、区控水环境污染源以及市控、区控大气污染源进行监督监测。企业污染源在线监测系统主要由上海市环境监测中心联合各区县污染源监控中心进行监控。部分行业监测站也在上海市环境监测中心的组织带领下参与了国控污染源的监督监测，另有部分社会监测机构参与了企业污染源在线监测的第三方运营和委托检测。

1. 监督监测

水污染源监督监测主要是针对直接排入地表水的工业废水、城市污水处理厂尾水、垃圾焚烧厂和填埋站渗滤液进行定期的监测。监测项目和频率严格依据相关的污染物排放标准并按照国家和上海市的规定执行。根据管理需要，不定期地对其他 2 000 多家工厂直接排放河道的废水进行抽样监测。大气污染源监督监测主要是针对电厂锅炉、中小型工业锅炉、大型工业炉窑、垃圾焚烧厂、危废焚烧炉和工业排放进行定期监测，监测项目和频率严格依据相关的污染物排放标准并按照国家和上海市的规定执行。

2．在线监测

上海市于 2005 年开始全面启动水污染源在线监测系统建设和烟气排放连续监测系统建设的试点工作。已在全市 56 家国控/市控重点废水监管企业和 48 家城镇污水处理厂建设了 172 套污染源在线监测系统，对废水中的化学需氧量或总有机碳、pH 值、流量、总磷、总氮、氨氮和排放量等因子进行监测；在全市国控/市控重点废气监管企业建设了 259 台/套污染源在线监测系统，对烟气中的二氧化硫、氮氧化物、烟尘和排放量等因子进行监测。

六、绿色世博监测

2010 年上海世博会期间，上海市环保部门联合社会各方，以全力保障世博会环境质量以及为城市未来可持续发展奠定基础为目标，明确了"常态长效为主、重点强化保障"的工作思路，充分依托原有的工作体制和责任体系，在市环境保护和建设协调推进委员会工作机制下系统推进"环保三年行动计划"和污染减排等全市重点工作；在"迎世博 600 天行动计划"领导小组和指挥部工作机制下全面推进河道、扬尘、交通噪声、机动车和锅炉冒黑烟、秸秆焚烧等量大面广的城市环境综合整治工作；在长三角环保合作机制下，由环保部牵头，江浙沪合作开展区域污染联防联控工作。

世博期间，环境空气质量优良率达到 98.4%，二氧化硫、氮氧化物和可吸入颗粒物等大气污染物浓度均创近 10 年历史最好纪录；饮用水水源地、危废、辐射等安全保障工作得到全面加强，世博期间无重大环境安全事故发生；低碳环保的理念、技术、产品和实践以最直观的方式在世博园内得到集中展现，并通过各类宣传实践活动得到各方广泛响应，低碳环保成为本届世博会的一大亮点，全社会的环保意识得到全面提升。

上海市在世博筹备和举办全过程中贯彻绿色、低碳的环保理念，实施全过程的环境管理；通过发布世博绿色指南和世博环境报告，引导组织方、参展方、运营商和参观者积极践行绿色、低碳的环保理念；开展全社会低碳宣传，通过"绿色出行"、"人人一棵树"等环保低碳实践活动，积极倡导全社会践行绿色、低碳的生产、生活和消费方式。联合国环境规划署发布了《中国 2010 年上海世博会环境评估报告》，对上海大力推进低碳世博和环境保护给予高度评价。

第四节　环境监测结果的发布

2006 年至今，上海市每月在上海环境网站上（http://www.sepb.gov.cn）发布水质监测数据，水质包括淀山湖、黄浦江、苏州河、上游来水、重点整治河道的水质状况。

上海市在 2011 年 1 月 1 日正式发布实时空气质量状况，空气质量包括 10 个国控点和全市平均的监测数据，降尘包括全市 17 个区县的监测数据，为全国第一个对公众发布实时空气质量状况的省市级城市。于 2012 年 12 月 1 日正式发布上海市空气质量指数（AQI），发布内容包括每小时发布一次各国控点和全市平均的 6 项污染物实时浓度数据、空气质量指数（AQI）、空气质量等级、首要污染物等。正式发布时除继续采用网站、微博、电视、广播等发布渠道外，还同步推出了"上海空气质量"手机软件和英文版空气质量实时发布系统网站。在新改版的上海市空气质量实时发布系统网站上,市民会发现备受关注的空气质量宝宝和外滩地区实景照片已被移到了最为醒目的位置。网站上方同时增加了手机软件和英文版页面的相关链接。

新推出的"上海空气质量"手机软件包括苹果版和安卓版两个版本。苹果手机用户可通过苹果软件商店(App Store)下载苹果版软件,安卓手机用户可通过上海市空气质量实时发布系统网站(http://www.semc.gov.cn/aqi)或安卓市场下载安卓版软件。通过"上海空气质量"手机软件,市民可随时随地获取最新的空气质量信息(每次整点时刻过后约半小时更新一次),包括全市和各国控点的空气质量指数(AQI)、空气质量等级、首要污染物、健康影响及建议措施、单项污染物空气质量分指数(IAQI)及浓度等,其中全市和各国控点的 AQI 除了显示实时数据外,还可以查询最近 24 小时以及最近 30 天的历史数据。

市民通过多种途径来及时获取空气质量信息,包括手机软件、网站、微博、电视、广播等。各种方式发布具体时间为:"上海空气质量"手机软件每小时更新一次(每次整点时刻过后约半小时更新);上海市空气质量实时发布系统(http://www.semc.gov.cn/aqi)、上海环境(http://www.sepb.gov.cn)、上海市境监测中心(http://www.semc.gov.cn)和上海环境热线(http://www.envir.gov.cn)4 个网站每小时更新一次(每次整点时刻过后约半小时更新);新浪网、腾讯网、东方网、新民网四大微博平台"上海环境"官方微博每天发布 2~4 次正点实时数据(7:00、10:00、14:00、17:00);上视新闻综合频道每天 7 点早新闻、12 点午新闻、18:30 新闻报道、21:30 新闻夜线播出 4 次最新正点实时数据;东方明珠移动电视每天滚动播出 4 个正点实时数据(7:00、10:00、14:00、17:00);上海人民广播电台、东方广播电台每天随新闻栏目多次播报最新空气质量信息。

第五节 监测技术的创新与推广运用

为有效提高环境监测科技含量，更好地为环境管理提供科学依据，上海市依托科技创新，加大环境监测的科研投入与人才培养力度，全面提升了环境监测的整体科研水平。

上海市在国内首次实现跨区域合作开展长三角地区的环境空气质量的信息共享与空气质量实时预报会商。上海市环境监测中心先后完成环保部、科技部、上海市重点环保科研攻关项目近百项，并承担了美国环保局—上海市环境空气质量管理信息系统（AIRNow-I）示范项目、意大利国土资源部、美国能源基金会等多个国际合作项目。2008年，上海市环境监测中心组织协调国内及上海市20余家著名科研院所与高校进行世博环境空气质量保障科研攻关，在上海及长三角地区首次构建了"环境监测—污染源监控—排放清单—预测预警—区域联动"的环境监测与环境管理联动新机制，为上海市成功保障世博会环境质量提供了重要的技术支持与监测服务。上海市的环境监测科研项目曾获得环保部科技进步三等奖、科技部世博科技集体奖、上海市科学技术进步二等奖、三等奖、上海市政府决策咨询一等奖、三等奖等多个奖项。

第五章　环保产业

　　人们正走进一个新时期。一个经历了 30 年改革开放、经历了 30 年经济高速增长、经历了 30 年资源和生态的掠夺性开发而终于认识到调整经济增长方式的重要性时期，一个采取包容性经济增长方式和大力发展节能环保产业的时期正在到来。

　　在 2010 年召开的哥本哈根国际气候会议上，我国承诺"至 2020 年，单位 GDP 二氧化碳排放比 2005 年下降 40%～50%"。这一目标给我国的节能减排工作带来了巨大的压力和动力。发展以低能耗、低排放、低污染为标志的低碳经济，已成为我国今后很长一段时间内经济发展的战略目标，以及产业结构调整和环境保护工作的方向。

　　当前我国的环保产业已进入快速发展阶段。2009 年，国家安排资金581 亿元，用以支持十大重点节能工程、城镇污水垃圾处理设施建设和重点工业污染源治理等节能环保和生态环境重点工程建设。我国在实施经济刺激计划中有 2 100 亿元用于节能减排、发展循环经济和生态环境建设。在近日下发的国务院关于重点扶持的七大产业中，环保排在第一位。这也为上海的环保制造业发展提供了很好的机遇。

　　近年来，上海坚持以科学发展观为指导，按照"国际型大都市争做环境污染治理模范和生态建设模范"的要求，通过多轮环保三年行动计划的实施，推动环境保护从传统污染治理向环境优化发展的方向转变，每年环保投入始终保持在 GDP 的 3%以上，使全市环境保护和生态建设再上新台阶，城市环境质量持续稳定改善。

改革开放 30 多年是上海市环保事业发展的 30 多年，也是不懈探索上海环保工业取得进步和发展的 30 多年。环保工业的专业门类从工业污染治理扩展到城市环境保护和自然资源及生态保护，此外各类投资型、管理型和营销型环保企业也纷纷产生。不少企业紧跟环保产业的发展节拍、坚持开拓创新。同时随着国内外环保技术交流的广泛开展，上海市环保工业的科研水平也取得明显的进步和提高。

第一节　上海环保制造业现状

近年来，在市委、市政府的关注、支持下，上海环保产业取得了十分显著的发展成就。产业规模迅速扩大，产业结构不断优化。2008 年，上海环保产业共实现产业收入 501.58 亿元，比 2004 年年均增长 31.77%。与此同时，服务业收入占环保产业总收入的比重，也从 2004 年的不到 10%，直线增加到了近 33%。

尤其自 2000 年以来，由于国家加大了环境基础设施建设投资，有力拉动了相关产业的市场需求，使环保产业总体规模迅速扩大，产业领域不断拓展，产业结构逐步调整，产业水平明显提升。产业贡献持续增加，进一步推动了上海环保工业的发展，在发展中形成了一批在行业中具有引领作用的重点骨干企业，逐步形成了门类齐全、领域广泛、具有一定规模的产业体系。

一、环保产业结构特点

就环保产业所具有的重大战略意义和上海在全国的经济地位来说，上海环保产业的发展尚不能令人满意。上海环保制造业在技术创新、模式创新、市场创新和服务创新等方面的创新步伐并不快，在包括产业技术交易市场、产权交易市场、资上海市场三大市场的建设方面成果不显著，技术创新现状不容乐观。

上海在环保产品、设备等生产方面，存在技术含量低、自动化程度低、运行可靠性差、工艺落后等明显问题。在产业领域，自主开发技术和二次开发技术的市场化率偏低，产研沟通渠道不畅，产业技术更新换代缓慢，产业发展严重受阻。

首先，与其他产业的互动发展作用未得到充分有效体现。现代服务业和先进制造业是上海未来发展的两大战略方向，而金融、市场、技术研发、信息、现代设计、管理咨询服务和具有自主知识产权的大型核心装备制造、以电子信息工程技术为基础的系统化集成这些与环保产业发展密切相关的现代服务业和先进制造业产业门类，并未与环保产业形成有效的互动发展。

其次，整体产业优势未得到有效发挥。上海在环保产业诸多领域中，尤其是在产业链前端的规划设计、技术研发、工程项目咨询，以及产业链后端的管理咨询服务、检测控制等领域中，拥有明显优势。但由于缺乏有效的一体化整合发展机制和必要的要素支持，因此，上海环保产业的整体产业优势并未得到有效发挥。

再次，产业创新能力比较欠缺，技术创新、模式创新、市场创新和服务创新能力都存在着明显不足。一是商业模式创新不够活跃。现行的EPC 模式（工程总承包）、BOT 模式、EMC（合同能源管理）模式等均属较为传统的环保商业模式，其中对节能减排具有重大价值的 EMC 模式在国际产业界已存在近 40 年，国内也引入近 20 年，但在上海市场的发展极为缓慢，企业数量屈指可数。上海对其他新型商业运营模式的引入和开发，更是严重滞后。环保技术交易市场在上海的发展才刚刚启动，而产权交易市场建设尚未起步。二是市场创新、金融创新不足。具体体现在两个方面：一是金融资本介入不足。受制于我国整体创新不足的金融环境，上海环保产业与金融业的融合程度不够。不仅中小企业难以获得项目融资贷款支持，而且导致环保企业无法为客户提供以金融服务为基础的各项产业服务，从而对大规模拓展市场带来不利影响。二是环保产业投入来源仍显单薄，产业投入市场体制需健全。上海环保产业市场化程度不足，行业行政垄断妨碍企业平等竞争的市场环境，企业缺乏发展的积极性。长期以来上海的环境保护完全由政府投入，被看作环境保护事业，污染治理一度由政府行政性公司负责，如水务局下属企业负责污水处理，市容环卫局下属企业负责垃圾清运处理，环保局下属企业负责环境影响评价等服务。尽管近几年上海环保投融资渠道已呈现多样性，如苏州河治理工程利用世界银行贷款，浦东御桥垃圾处理厂向国外招标等，但适应市场经济环境的环保投入机制还没有建立。在现行环保投资渠道中，基本建设资金、城市维护费和更新改造资金是最主要渠道，其中主要资金来自政府预算资金（含预算外）。在上海市"环境保护三年行动计划"中，市、区（县）两级政府投入占绝大多数。在与市政环保工程相关产业领域存在严重的行政垄断，竞争缺失，产业活力大大受挫。

最后，新领域拓展能力，尤其是高端服务领域的主动拓展能力亟待加强。更重要的是，上海环保产业同样尚未做好应对低碳经济时代到来的准备。上海环保工业的发展具有强烈制度驱动型特征。

近年来，国家对环境污染治理的投资迅速增加。按照市政分类，我国环保投资领域大体分为三类：一是城市环境基础设施建设，二是工业污染源治理投资，三是建设项目"三同时"投资。从 2003 年开始，环保投资总额中，城市环境基础设施建设投资比重逐年下降，建设项目"三同时"投资比重逐年上升，工业污染源治理投资比重大体维持在16%～20%的水平，2007 年，我国环保投资中，城市环境基础设施建设、工业污染源治理投资和建设项目"三同时"投资额分别为 1 467.8 亿元、552.4 亿元和 1 367.4 亿元，分别占环保投资总额的 43.33%、16.31%和40.36%。这是对环保制造业需求的重要动力。

环保工业是新兴的产业，政府对环保工业高新技术的直接鼓励政策，推动了环保工业的发展；不少环保项目具有公共服务性质，政府对企业提出必需的资质要求，从而促使行业实现资源有效配置，促进环保工业企业的有序发展。同时，环境问题日趋复杂多样，技术性难题越来越多，迫使环保产业向尖端科研领域挺进，如煤的清洁化利用技术、碳捕捉碳截存技术、受损环境修复技术等。另外，传统产业为了在原有基础上提升效率，大量投入高端技术研发，而这些研发活动多数都与节能、减耗等环保领域相关，成为刺激环保技术发展的又一个重要因素。

二、环保产业企业分析

据有关部门提供的汇总资料，2009 年上海市环保产业企业约有 3 524 家，从业人员超过 15 万人，其中大部分为综合经营（包括绿色食品）、维修服务、材料供应和工程管理的企业，属于环保工业范围的有 373 家，其中环保工程设计的企业有 47 家，约占上海环保产业企业总数的 10.58%。

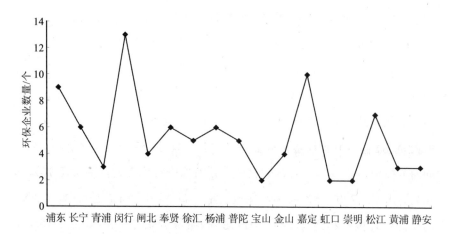

图 5-1　上海市环保制造企业区县分布概况

图 5-1 表明：上海市环保制造企业比较集中于浦东、奉贤、青浦、闵行和松江等郊区，而市中心区域相对聚集的是环境工程项目规划设

计、资本运作、产品营销和技术服务等工业企业。

据上海环境公报及年鉴资料显示,水环境治理是上海环保产业的主要部分,业内企业和从业人员数量最多,产业收入规模最大,占据上海环保产业超过 1/3 的份额。据不完全统计,2008 年上海水环境治理企业为 1 119 家,从业人员 46 176 人,产业收入达 125.24 亿元。分别占上海环保产业总企业数的 33.20%、总从业人数的 32.69%、产业总收入的 35.60%,三项数据均位居各子行业之首。

水环境治理相关企业可大致分为产品与服务两类,由于部分企业既生产产品,也提供服务,二者之间存在交叉。

在产品型水环境治理企业中,水污染处理相关的仪器设备、零配件、药剂等生产企业占据主体。据不完全统计,2008 年上海的 910 家从事水环境治理相关产品生产的企业中,有 92.86% 从事各种水污染处理的仪器、设备和零配件的生产,其产业收入占产品型水环境治理企业总收入的 93.21%。水处理相关药剂生产在产品型企业中排位第二,水相关信息系统与软件生产排在其后。

服务型水环境治理企业所占比重远少于产品型。据不完全统计,2008 年上海 384 家提供水环境治理服务的企业中,其中以水处理工程服务(包括工程咨询、设计和承包)企业最多,为 157 家,其产业收入占服务型水环境治理企业总收入的 44.28%,稳居首位。位居第二的是水污染治理设施(主要是污水处理厂)运营,虽然企业数仅 50 家,但产业收入近 7 亿元。结合上海的资本和服务业优势,这一领域的未来成长空间很大。在产业收入上排第三位的是从事水环境监测、检测与仪器分析的单位,共 85 家,吸收从业人员超过 5 000 人,表明单位人员规模较大,对就业贡献显著,但产业收入不足 7 亿元,收益性明显偏弱。此外,规划设计是上海市环保产业的优势,在带动就业和产业收入方面已有所体现,今后这一优势有待进一步发挥。类似领域还包括认证评价、贸易、科研开发等。

总体而言，产品生产仍为水环境治理业主体，其中又以设备制造和销售企业为多，而水环境治理服务业在规模上均不占优势。在上海水环境治理企业中，从企业数量和从业人员看，纯产品型企业为纯服务型企业的约 3.5 倍——单纯从事产品生产的企业占企业总数的 65.68%，而单纯从事服务的企业仅占 18.68%。而从产业收入上看，纯产品型也超过纯服务型的 4 倍。

上海水环境治理业的现有结构必须调整，上海应从解决技术难点、提供综合解决方案两方面着手，大幅度提高服务业比重，开拓水环境治理的服务市场。首先，水环境治理领域有大量技术难点需要突破，尤其是低成本治理技术极为缺乏，如污泥利用与处理、水中总氮、总磷去除等。这些技术问题的解决，将大大拓宽水环境治理市场。而上海的技术竞争力恰能在这一领域得到充分发挥。其次，上海应着眼于水环境治理的宏观与微观整体，强调在集成化服务、流域管理、生态安全等领域的综合解决方案供应，注重对现有技术、方法等的系统整合。这一方向将在我国水环境治理大局中扮演举足轻重的角色，其市场容量难以估量。

大气环境治理业是上海环保产业中仅次于水环境治理的部分，其各方面规模仅略低于水环境治理业。据不完全统计，2008 年上海大气环境治理业共有企业 1 067 家，从业人员超过 4.2 万人，产业收入 113.83 亿元，企业数、从业人员数和产业总收入分别占上海环保产业对应总数的31.66%、29.87%和32.36%。

在产品型大气环境治理企业中，大气污染处理相关的仪器设备、零配件、药剂等生产企业占据主体。据不完全统计，2008 年上海 868 家从事大气环境治理相关产品生产的企业中，94.35%从事各种大气污染处理的仪器、设备和零配件的生产，其产业收入占产品型大气环境治理企业总收入的 94.63%。大气处理相关药剂生产在产品型企业中排位第二，大气相关信息系统与软件生产排在其后。

总体而言，与水环境治理业类似，产品生产是大气环境治理业的主要产业领域,其中又以设备的制造和销售企业为多。在上海大气环境治理企业中,从企业数量和从业人员看,纯产品型企业为纯服务型企业的近 3.5 倍——单纯从事产品生产的企业占企业总数的 64.95%,而单纯从事服务的企业仅占 18.65%。而从产业收入上看,纯产品型也为纯服务型的近 3.5 倍。但从产业价值看,服务型显著高于产业型,主要体现在纯服务型企业的收益性好于纯产品型企业。纯服务型企业的人均增加值贡献为后者的将近 2 倍。此趋势在复合型企业与产品型企业的对比中也有明显表现,服务业在对产业实际经济贡献中具有更重要的地位。

大气环境治理在上海和全国均占有庞大市场在未来也有一定增长空间。对上海而言,两个重点产业市场在于烟气脱硫和机动车尾气治理,后者的重要性在未来将超过前者。

在烟气脱硫方面,我国大量煤炭消耗为烟气脱硫市场创造了空间。二氧化硫排放治理主要依靠对电厂烟气和工业锅炉气体的脱硫实现。据预计,"十一五"期间我国脱硫工程市场需求将达 780 亿元,平均每年 150 多亿元。根据市发改委、市环保局会同全市各发电企业共同完成的《上海市"十一五"期间燃煤电厂脱硫工程实施方案》,"十一五"期间上海全面启动了燃煤电厂的烟气脱硫工程建设,计划到"十一五"期末,全市 95% 的燃煤机组完成脱硫,总投资为 40 亿元左右。上海在烟气脱硫技术和工程方面已积累了大量经验,并已在本地电力等行业应用,今后可在技术不断改进和工艺逐步成熟后,向全国市场拓展。需要注意的是,由于煤的清洁化利用是二氧化硫减排的主流方向,一旦这一技术成熟并成为主导,脱硫在经过数年的发展高潮后,很可能逐渐走入下行通道。

在机动车尾气治理方面,全国汽车消费的日渐增长正在不断推动这一市场向前发展,对上海而言,重点应放在机动车保养的监测、检测与管理等一系列服务方面。预计到 2010 年,我国汽车保有量将达约 3 000 万辆;在上海,截至 2008 年年底的注册机动车总量达到 227 万辆,同比增长 7%，其中汽车保有量 122.9 万辆，由此产生的大气污染物治理空间不仅庞大，且将随机动车数量增加而扩张。机动车尾气污染的一个重要原因是保养不善，这一因素的影响可占机动车一半左右的污染物排放量。从超标排放监测与处理、车辆维修保养标准的提高、保养抽检等方面着手，设计并推行一套针对机动车保养的监控和督促体系，是减少机动车尾气污染的有效手段，也是与上海的服务能力结合最紧密的领域，更是机动车污染控制对上海的巨大市场意义所在。

噪声和振动控制在上海环保产业中属占比较小的子行业。其经营范围主要包括：消声器、隔声、吸声材料、低噪声设备、低噪声机房建设、噪声计、消声室工程、建筑声学工程等。

据不完全统计，2008 年上海噪声和振动控制业共有企业 78 家，从业人数 3 995 人，产业收入 8.50 亿元。由于噪声治理的利润空间相对其他污染治理较小，因此在 78 家企业中，专门从事噪声治理的企业仅 4 家，绝大多数企业都是以兼营形式经营，即同时从事其他领域的经营。

上海噪声和振动控制业依然以产品型企业为主，其中从事噪声治理设施设备的企业最多，年产业收入超过 5 亿元，高于所有服务型噪声和振动控制业的总和。

我国噪声和振动控制设备的市场容量相对较小，需求主要在工业、道路、建筑中的噪声控制设备、耗材生产及技术研发。但对随着城镇化程度的不断提高，城市交通和施工噪声污染问题日益突出，治理需求也不断加大。统计显示，汽车所产生的噪声已占到城市噪声的85%。以上海为例，截至 2008 年 12 月 31 日，上海市约有 237 万辆机动车，其中汽车约 135 万辆、摩托车约 100 万辆。由此产生的交通噪声不容忽视。对上海而言，各类声屏障、隔声窗和吸隔声材料等的技术研发将是主要市场。

固体废弃物处置业包括对城市生活垃圾、粪便、建筑垃圾、工业固体废物以及医疗废物等各种固体废弃物的清除、运输和处理，以及对固体废弃物的回收、再生和利用。

据不完全统计，2008 年上海固体废弃物处置业的企业共有 643 家，从业人员 33 573 人，产业收入 76.07 亿元。这一子行业的显著特点是服务型企业在数量和收入等规模上超过生产型企业，成为行业主角。

在产品方面，依然是固体废弃物处理与资源再利用设施设备的制造企业在企业数量、从业人员和产业收入方面均占据绝对主体地位，其产业收入占产品型固体废弃物处理业总收入的 96.14%。

从行业内部结构看，固体废弃物处置业中的服务型企业大大多于产品型企业，且其就业吸纳能力和经济贡献均显著强于产品生产型企业，这在几个规模最大的行业中是独一无二的。在固体废弃物处置业中，纯服务型企业占行业总企业数的比例接近六成，产业收入占 55.05%，远超任何一个行业中的服务型企业所占比例。同时，纯服务型企业的从业人数占行业总人数的 66.72%，单位企业从业人员数超过纯产品型企业的 25 人近 20 倍。尽管其中有大量转制事业单位存在的因素影响，但这一数字也十分醒目。此外，虽然由于企业员工多，纯服务型企业的单位企业收入略低于纯产品型企业，但其人均增加值为纯产品型的近 1.3 倍，总增加值贡献为 70.28%，经济贡献能力明显较强。

尽管工业固体废弃物的资源化利用率已较高，但我国生活垃圾、粪便等的资源化利用还相对滞后。仅在上海，2007 年处理的 694.24 万 t 生活垃圾中，就仅有 109.84 万 t 进入焚烧厂，即使加上进入综合处理厂和回收利用的垃圾量，资源化利用率也仅为 20.03%，提高空间很大。而未资源化利用的生活垃圾大多数以填埋方式处理，不仅占用土地，而且污染环境。对于资源化利用率较高的工业固体废弃物，在一段时期以后的将来也存在重新考虑资源化路径的可能性，因为大量低附加值工业固体废弃物主要的资源化利用途径是加工成为建材应用于建筑行业，而当上海乃至我国的大规模基础设施建设暂告一段落之时，这些废弃物的新型资源化利用需求也将凸显。因此，有必要通过开发适当的技术路线，提高固体废弃物特别是城市生活垃圾和粪便等的资源化利用率，这也是上海以及全国固体废弃物处置的未来市场空间之一。

另外，在节能业领域，产品型企业依然较多，在产品型企业中仪器设备及零配件生产企业占了91.0%，其产业收入也占产品型的94.84%。同时，这一领域的企业规模相对较大，单位企业的收入也显著高于其他产品型企业，甚至高于多数服务型企业。相比较而言，耗材生产和软件生产所占份额明显较小。

上海的清洁生产与循环经济业不仅包括清洁生产审核主体，还包括从事促进循环经济相关活动的企业。作为循环经济的一部分，以废弃物能源化利用为主体的环境可持续能源也计入其中。据不完全统计，2008年上海清洁生产与循环经济业有企业154家，从业人员9 526人，产业收入超过18.7亿元。其中，产品型企业的企业数量和从业人员数均比服务型企业多，但程度比其他行业明显偏低，表明这一领域中提供清洁生产服务的企业比例相对较高。

以上数据显示，在上海的环保产业中，大部分属于服务型企业，或者属于单独的产业门类，如节能降耗、清洁生产等，真正属于环保制造业的约占10%。

三、环保技术与经济效益

从373家环保工业企业中，上海市环境保护工业行业协会选择130家作为调查对象发调查表，返回90份，回收率近70%。根据返回的调查表进行分析，90家环保工业企业2009年产值为68.56亿元，从业人员6 690人。这90家企业共申请各项专利422项，其中发明专利92项，获得各级奖励64项。

据此得出如下结论：上海环保工业企业的规模总体上来说比较小，平均每个企业有员工74人；上海环保工业企业的产值相对来说比较高，平均每个企业达到7 617万元；上海环保工业企业的科技创新能力较强，平均每个企业申请专利 4.7 项，其中发明专利 1 项；上海环保工业企业的管理水平相对来说比较高，平均每个企业获奖 0.7 项。

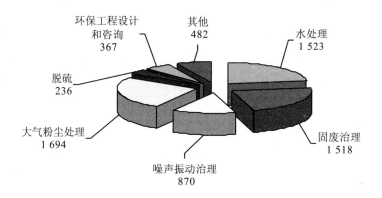

图 5-2 按专业划分人员分布情况（单位：人）

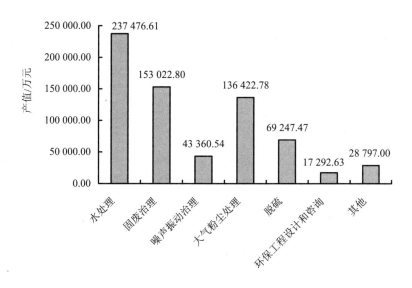

图 5-3 上海市环保工业企业 2009 年产值分类图

表 5-1　上海市环保工业（仅调查 90 家）近三年主要经济指标完成情况

指标	2007 年	2008 年	同比增长/%	2009 年	同比增长/%
销售/万元	602 470.58	678 963.18	12.7	685 619.83	0.98

根据调查表反映的信息推算，上海环保制造业（373 家）2009 年总产值约 280 亿元，就业人数约为 27 000 人，拥有专利约为 1 700 项，其中发明专利约为 370 项，获得各项奖励约为 250 项。由于遭受国际金融危机，2009 年产值增长率明显放缓。

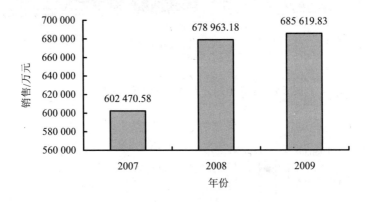

图 5-4　近三年上海环保企业主要经济指标完成情况

第二节　上海环保产业的发展

经过多年的努力，上海市环境保护和建设持续取得了一定的成绩，但当前的环境状况与规划预期要求、与建设生态型城市、国际化大都市的要求仍有相当距离。

为此，经市环保局《上海市 2012—2014 年环境保护和建设三年行动计划》的总体目标是：基本完成污染减排等"十二五"规划明确的目标和任务，环保工作继续走在全国前列，为建设资源节约型、环境友好型城市奠定扎实基础。环境污染得到有效治理，大幅度削减污染物排放总量，城市环境更洁净。环境监管体系不断优化，环保监督执法能力得到提升，城市管理更科学。环境质量持续稳步改善，城市生态与人居环境健康舒适，建成生态型城市框架体系。

表5-2　上海市环境保护主要指标

序号	指标	单位	目标	属性
1	环境空气质量优良率	%	85 以上	预期性
2	饮用水水源地水质达标率	%	90 以上	预期性
3	城镇污水二级生化处理率	%	80 以上	约束性
4	工业区污水集中处理率	%	95 以上	约束性
5	生活垃圾无害化处理率	%	80 以上	约束性
6	环保重点监管工业企业污染物排放稳定达标率	%	95 以上	约束性
7	机动车环保定期检测率	%	80 以上	预期性
8	市区全面建成"扬尘控制区"，郊区建成"烟尘控制区"			预期性
9	化学需氧量排放总量控制	万 t	25.9	约束性
10	二氧化硫排放总量控制	万 t	38	约束性
11	万元生产总值用水量下降率	%	16	预期性
12	环保投入相当于全市生产总值比值	%	3	预期性

一、上海环保产业的优势领域

1. 上海在环保技术研发领域拥有较强的人才和科技优势

上海在环保技术研发领域拥有较强的人才和科技优势。上海是全国人力资源高地，也是我国科学研究的前沿阵地，上海的科技综合优势为环保产业的发展提供了强有力的人才和技术支撑。上海众多科研院所、高等院校每年完成的科研成果在全国处于领先地位，许多研究院所和高等院校都设有环境专业或专业科研机构；工业系统中也有相当数量的设计研究院所具有较强的环保科研开发能力。除这些科研院所直接提供的技术研发服务外,为数众多的环保企业都通过与科研机构的合作共同研发新技术、开发新产品,形成一定程度的产学研合作。

从科研创新成果看,上海环保专利申请量在全国排名总体靠前。根据对水、气、声、固体废弃物的监控与治理、节能技术、清洁生产技术、受损环境修复七个领域的专利申请情况分析,上海在全国的排名均在前五名,显示具有一定实力。大学和科研机构是申请主体,专利申请量占总量一半左右,企业和个人专利申请数量相对较少。

科研优势已部分转化为产品优势。凭借上海研究型事业单位显著的人才和科技优势,已有大量环保先进和集成化技术得到开发。在此基础上,上海环保企业在部分环保产品、技术领域已在国内具有一定优势。上海的电除尘器和布袋除尘器、油烟净化器等已达世界先进水平,并已形成相当生产规模,在国内占有较大市场;汽车尾气净化器、吸声隔音材料、设备的机电一体化等领域在国内市场也有较强竞争优势;工业锅炉脱硫除尘、电厂脱硫、畜禽场污水处理、固废焚烧等方面也有较好的技术储备。

从科研实力来看,上海各大高校的环境学科在全国一级学科排名中相对靠前。据教育部学位与研究生教育发展中心最新统计,以同济大学、上海交通大学为代表的上海高校在环境科学与工程学科全国排名中比较靠前。

2. 上海环保工业起步较早

20 世纪 70 年代开展"三废"治理,基本是国有企业的一个技术部门参与,到 80 年代,才有乡镇环保企业出现,至今在环保的各专业门类,已形成一定数量的重点骨干企业,但仍留有国企技术装备的基因。他们的工程项目设计和成套水平、产品技术已处于国内先进或领先水平,并在许多重大工程项目中,创立了显著的工作业绩,显示出相当的影响力和著名度。其中部分企业介绍如下:

（1）上海神工环保股份有限公司。坚持以低碳经济、循环经济为发展方向，以保障环境安全为前提，运用先进技术，将生产和消费过程中产生的废物转化为可再利用的资源和产品，包括将废物转化为再生资源及将再生资源加工为产品两个过程。公司以固体废弃物全过程管理为发展方向，对城市固体废弃物实行从源头分类收集、中转运输到末端资源化综合处理的全过程管理。其在宝山区建设的生活垃圾处理厂是末端资源化综合处理的示范工厂。该工艺包括垃圾分选、有机垃圾厌氧发酵产沼气发电、可燃垃圾气化发电、建筑垃圾制砖等方面，最终实现生活垃圾处理处置的"减量化、无害化、资源化"。公司已申请 6 项相关专利。上海神工的生活垃圾处理理念和先进技术，得到了国家商务部的认可，成为商务部对外环保技术合作的重点企业。公司曾作为上海唯一的一家环保企业，作为全国生活垃圾处理行业的代表，参加国家 12 个部委组织的"2010 年中国绿色博览会"。

（2）上海申华声学装备有限公司。成立 15 年来，坚定走"产、学、研"相结合之路，秉承科技创新理念，不断提高自主研发能力，谋划声学品牌发展战略，不断开拓噪声治理新领域。2009 年，申华公司订单已经超过亿元大关；消声、吸声、隔声三大类声学装备从 30 多个品种增加到现在的 300 多个品种；主体声学产品涉足城市轨道交通、高速铁路、公路、文化体育馆、国家特大型电网配套工程、中央直属钢铁企业、航空航天及军工等众多领域。公司取得国家知识产权局授权颁发的"实用新型与外观设计"专利 41 项；有 6 个声学产品获得国家级重点新产品称号；7 项声学产品被评为上海市重点新产品，同时有 4 个项目成功实现了科技成果的转化，先后得到国家科技部、上海市科委一级闸北区科委"重点新产品、创新基金、引进技术吸收与创新、小巨人培育"等科技奖项。国家有关部委和上海市相关委办的大力扶持与资助，为"申华公司"加大科技投入实施产品结构调整不断增添了新的力量，从 1997 年至 2009 年已连续 13 年通过了上海市《高新技术企业》复审认定，得到了国家电网公司的信任，公司不仅为上海，也为长三角、为全国在噪声治理领域作出了自己的贡献，赢得良好的口碑。

如（国家电网）地处上海奉贤的华东电网"向家坝—上海±800 kV特高压直流交流站"噪声治理工程：它是直接为华东、上海、2010 年世博会服务的重大工程，建成后将创造世界上电压等级最高、输送功率最大的输电工程等 18 项世界第一，将荣登国际特高压压直流输电的巅峰。公司平均每年有近三个声学装备取得专利授权，每两年就有 3～4 只新产品成果的诞生。

（3）上海乾瀚环保科技有限公司。是一家专业从事气态污染物治理的高新技术企业，是一个集研发、制造、安装、销售、服务为一体的环保企业。公司拥有自主知识产权开发的"低温等离子体工业废气净化设备"，在 2007 年被认定为上海市高新技术成果转化项目。公司在坚持自主开发的同时，引进吸收以色列、韩国、澳大利亚、美国等国家多项先进环保技术，并密切加强与西安交通大学、华东理工大学、上海市环科院、恶臭治理国家重点实验室等国内研究机构的合作。

公司生产的低温等离子体工业废气处理成套设备产生的高能电子能量高、自由基密度大，因此绝大部分异味分子均能被分解，且处理对象广泛，可对含硫化合物、含氮化合物、苯系物、酯类以及因蒸煮、发酵产生的超饱和含异味的湿气等物质进行有效净化；对《国家恶臭污染控制标准》中规定的 8 大恶臭物质——硫化氢、氨、三甲胺、甲硫醇、甲硫醚、二硫化碳、苯乙烯、二甲二硫均能有效去除。

该设备既可广泛用于石油化工、制药行业、饲料和肥料加工厂、化纤厂、污水泵站、各类污水处理厂、涂料、食品添加剂厂、皮革加工、汽车制造以及公厕、粪便转运站等诸多行业存在的有机废气、异味、恶臭等污染问题；也可应用于室内空气净化等，是一项用途极为广泛的新型空气环境洁净技术和产品。

公司正加大低温等离子技术的科研力度，向高浓度有机废水治理等领域拓展。

（4）中船第九设计研究院工程有限公司。是由原中船第九设计研究院改制而成，隶属于中国船舶工业集团公司。公司是一家多专业、综合技术强的大型工程公司，是从事工程咨询、工程设计、工程项目总承包的骨干单位，能承担多类大型项目的工程总承包业务。在中国创建世界第一造船大国中，担负着环渤海湾地区、长三角地区、珠三角地区的船舶工业规划设计"国家队"的角色。公司已取得了国家有关部委批准的船舶、军工、机械、水运、建筑、市政、环保等领域的工程设计综合资质甲级以及工程咨询、工程监理等多项甲级资质，具备了对外工程总承包、境外设计顾问及施工图审查的资质。公司是"全国工程设计百强单位"、"全国优秀企业形象单位"、"上海市文明单位"、"上海市优秀工业企业形象单位"、"上海市高新技术企业单位"。

成立于1979年的环境工程设计研究专业主要从事环境污染防治工程设计和总承包、规划和建设项目环境影响评价，并具有国家甲级从业资质。环境工程设计研究专业现有员工30余人，其中注册环保工程师15人、注册环评工程师10人、二级以上建造师12人。先后承担了船舶、机械、电子、轻纺、建材、轻工、食品、冶金、市政等行业的数千项大中型环境工程设计、环境影响评价和工程承包项目，涉及高浓度有机废水、电镀混合废水、市政污水的处理，微污染水源治理及中水回用，油漆（涂装）废弃、工业炉窑烟气、机械加工粉尘等有毒、有害气体的净化治理，大型动力站房和市政道理的隔振降噪，具有特殊声学要求的实验室设计及建筑设备的隔振与噪声治理等。

（5）上海金源环保有限公司。自1992年成立以来，已为逾1 000家用户按照总承包形式建设了污水处理厂，服务对象涉及市政污水、食品及酿造、制药、造纸、石油化工、纺织印染、钢铁等行业等领域，许多世界知名企业如通用汽车、通用电气、拜耳制药、罗纳普朗克、联合利华、可口可乐、百事可乐、汽吧、依维柯、宝钢股份等都先后成为金源的客户，是国内最优秀的水处理环保工业企业之一。

在家用化学品行业，为联合利华、玫琳凯、妮维雅品牌服务；在食品行业，为多美滋奶粉、哈根达斯食品、百事食品、百事可乐品牌服务；在精细化工行业，为全球五大香精香料中的美国香精香料、德国的德之馨香精香料服务；在电子行业，为知名的台基电、剑腾液晶、硅峰电子、恒诺电子、中环半导体等品牌企业服务；在钢铁企业行业，为上海宝钢股份特钢的水处理设施用有多项设施建设及运营管理服务；上海金源维拓环境保护设备工程有限公司，集中了集团内部最优秀的技术专家和工程管理人员，为用户提供及时和完善的工程服务及技术支持。上海金源公司具有废水工程设计、废水站运营管理、设备制造及代理的能力。拥有 500 m^2 的实验中心，具有全套的分析实验手段，可进行各类水处理的小型实验和中试基地。

为了向用户提供更为完善的全程服务，公司在国内首先开拓了污水厂工程运行技术管理服务，为用户提供全部水处理工艺与工程设备的日常管理服务，为用户提供全部水处理工艺与工程设备的日常管理服务，已接手工程技术管理的污水厂数量达到 10 个，积累了数以万计的运行数据，为进一步提高了水处理工程的技术水准创造了有利条件。

宝钢股份特殊钢分公司　　　　　万向硅峰电子股份有限公司
条钢厂棒二厂循环水处理项目　　　　废水处理项目

（6）上海凌桥环保设备厂有限公司。是专业从事袋式除尘器的设计、制造、安装、服务和聚四氟乙烯薄膜覆合滤料、聚四氟乙烯纤维制品生产的公司，是"中国环保产业百强企业"、"骨干企业"和"上海市高新技术企业"，是国家"863"项目 PEM 课题主持单位。作为国内外知名的袋式除尘器和高科技滤料的专业公司，公司已通过 ISO 9000 国际质量体系认证。公司董事长黄斌香是全国劳动模范、国家"863"项目 PEM 课题组和国防科委卫星电池膜课题组组长。

公司多年来坚持参与国际环保大市场竞争，坚持质量是立厂之本，创新是强厂之路的理念。拥有授权专利 31 项，其中发明专利 7 项。公司拥有较强的科研开发能力，拥有各种机械振打、反吹风和脉冲喷吹等清灰形式的高效低能耗袋式除尘器，产品多次获各级科技奖，产品多次适用于宝钢、首钢、鞍钢、太钢、攀钢等大型钢铁冶炼企业，深受用户好评。

公司在国内第一家研制成功"聚四氟乙烯薄膜覆合滤料"，使袋式除尘技术实现表面过滤，近于零排放，在国内同行中处于领先地位，达到国际先进水平。公司利用聚四氟乙烯薄膜制造技术，进一步开发了相关的延伸产品，在国内第一家研制成功"聚四氟乙烯长、短纤维及滤料"，填补国内空白，突破了国际垄断，产品广泛使用于垃圾焚烧和电厂烟气除尘系统，深受用户的欢迎，并被评为国家和上海市重点新产品。

上海凌桥环保配件公司的部分业绩

（7）上海舜禹环保科技有限公司。是一家拥有自主知识产权，并获得政府创新项目支持的环保水处理专业公司，是"中国高科技产业化研究会"的会员单位，也是上海市科委批准的"科技型企业"。公司拥有一批在水处理行业享有盛名并获得过国家级和部委级科技成果与科技进步奖的高级工程技术人员。舜禹环保专业从事各种水处理系统的设计、施工、安装、调试及售后服务。如河道、景观水域的生态自净处理和机械设备物化处理、工业废水、污水处理、工业用净水及循环冷却水处理、生活用水及饮用水处理、生活污水处理及中水回用处理。

舜禹环保在水处理技术与工艺上具有独创性和实用性，特别是近几年刚兴起的人工景观水体的处理领域，借鉴国外的先进技术，结合其他水处理领域的技术，研制、改进及开发了针对河道地表水、景观水处理的设备与工艺，提出了"充分循环，充分处理，经济运行"的设计理念以及水体生态自净与水质物化处理相结合的综合性工艺路线。

舜禹环保针对工业节水的要求，自主开发了直接用河道水净化后作为工业用冷却水和循环水的成套装备，其在上海正泰橡胶轮胎公司的成功实例，大大节约了能耗和水资源，只用了一年多就全部收回了设备的投资。此技术开辟了一条工业节水、节能的新路子。

无锡灵山 10 万 m³ 水体治理效果

（8）上海睿优环保工程技术有限公司。自行开发的催化氧化技术核心部分是由催化剂、利用撞击流技术制成的反应器组成。空气进入设备，处理后的废水从反应器中穿出，气水两相在介质处激烈碰撞，流过反应器的反应区，在催化剂和撞击流的作用下，有机物得到了快速氧化。

公司的催化氧化技术属于多相湿式催化氧化技术，由于使用了复合氧化剂，并在多种催化剂的作用下产生协同作用，因此也可归类于高级氧化技术。氧化剂在催化剂的激发下生成羟基自由基，羟基自由基具有极强的得电子能力也就是氧化能力，是自然界中仅次于氟的氧化剂。可以对范围很广的有机物进行无选择氧化，在必要的条件下将会使有机污染物矿化成二氧化碳和水，还可以使无机物氧化或转换。羟基自由能激发有机物分子中的活泼氢生成 R·自由基或羟基取代中间体、成为进一步氧化反应的引发剂，使环状有机物开环裂解成大分子有机物、再断链成小分子有机物，部分氧化成 CO_2 和 H_2O，适合后续生化处理。

该技术已于近日在德国朗盛公司溧阳工厂的高浓度有机废水的治理中运用，得到德国化学家的称赞。该化学家曾将此废水带到德国去试验治理但没有成功，说明睿优公司的催化氧化技术已达到一定的水平。

经过 20 多年的发展，普通的生活污水和工业废水治理技术已经成熟，迫切需要解决的是一些高浓度有机废水的治理，睿优公司自主研发的催化氧化技术，将有着很好的发展前景。

（9）上海尚泰环保配件有限公司。是"上海市创新型企业"。自成立以来，尚泰公司坚持走科技创新的道路，成功开发出"袋式除尘器用滑动阀片式电磁脉冲阀"，采用刚性滑动阀片替代传统的橡胶膜片，全面提升了电磁脉冲阀的开关特性和脉冲喷吹性能，具有结构新颖、紧凑、高效、长寿命的特点，填补了国内空白。被中国环境科学学会组织的鉴定会一致认定为"产品的综合性能属国内领先，并达到国际先进水平"。该产品于 2009 年 5 月用于浦东水泥厂水泥窑窑尾除尘系统，进行工业性应用，历时 14 个月，无任何故障。在低气源压力条件下，仍能可靠喷吹，且滤袋外壁积灰明显少于采用传统脉冲阀的滤袋。随着国家在大气环境治理力度上的加大，该产品的市场前景十分广阔。

（10）上海环境集团老港填埋场。上海环境集团是上海城投控股股份有限公司全资子公司，注册资本金 12.8 亿元人民币，总资产 40 多亿元人民币，是国内环境产业资产规模最大的专业公司之一，是国内固废行业的领先者，专业集团提供城市生活垃圾管理从前端收集到末端处置的全方位（投资、建设、运营、技术）、全过程（收集、转运、处理处置和综合利用）服务。拥有着上海市区 70%以上的生活垃圾处理处置市场份额，投资、建设和运营生活垃圾焚烧发电厂、卫生填埋场、综合处理厂、大型转运系统，以及包括填埋气体发电、风力发电项目等国内领先的环卫设施。同时，采用 BOT、TOT 特许经营等市场化运作方式，在成都、宁波、奉化、淮安、深圳、南京、青岛、威海等城市投资、建设和运营一批生活垃圾焚烧发电、卫生填埋项目，向社会提供经济高效的固废管理服务。以先进的管理、领先的技术和优异的服务赢得了政府的一致好评，奠定了行业的领先地位。集团拥有中高级专业技术职称人才 200 多名，其中，高级技术职称人员 43 人，国家建设部专家 4 人，中国环卫协会专家 5 人，硕士学位以上 41 人。历年来获得的省部级以上科技奖项有近 30 项，专利 17 项，编制行业标准约 30 项。

老港填埋场是上海市最大的生活垃圾处置设施，位于上海市中心东南约 60 km 的东海之滨，该场已实施了四期工程，总占地 671 hm²。一期、二期、三期工程于 1989 年开始建设，全部填埋区占地约共 335 hm²，已停止堆填垃圾，正进行终场覆盖和生态修复工程。四期工程于 2005 年开始建设，占地 336 hm²，已实施填埋。上海环境集团经多年调研，对已终场覆盖的填埋场采取风力发电、填埋沼气发电和太阳能发电多种绿色能源并存的建设路线。老港填埋场位于东海之滨，具有良好的风能利用条件，可以利用填埋场封场区域和基地沿海护堤上建设风力发电场。而利用垃圾填埋场土地资源建设太阳能并网电站，可提高土地等资源的循环利用水平，同时，也可减少温室气体排放，减少环境污染，为上海提供绿色电力。封场后的垃圾填埋场上开发太阳能发电不仅突破了城市发展大规模太阳能并网发电土地资源不足的瓶颈，同时对填埋场封场后土地再利用提供了一种新模式。

风力发电

老港风力发电一期将安装 1.5MW 发电机组 13 台，总装机容量 19.5MW，年平均上网电量约 3.8 万 MWh。该项目 CDM 申请已经注册成功，2009—2014 年，总碳减排量估计值约为 21 万 t。老港风电一期是首座建造在垃圾填埋场上的风力发电厂，对已基本完成封场的老港废弃物填埋场场地进行了再利用，同时实现了能源的再利用。二期规划 24 台左右 2MW 的风力发电机组。

②填埋气发电

填埋气发电项目本期建设规模为总装机容量为 15MW，该项目完全满负荷生产后，与相同发电量的火电相比，每年节约发电用煤约 3.78 万 t，每年减少了填埋场区 8 100 余万 m^3 可燃易爆填埋气体的排放；2008 年正在申请 CDM，预计 2009—2013 年，CO_2 总减排量估计值为 260 万 t 左右。

填埋气发电

2008 年，收集、净化、发电系统已初步建成，并已有 2 台 1.25MW 发电机组投入了孤网运行。本项目实现电、热、冷三联供。采用燃气内燃机发电，同时对发电机组的缸套冷却，对尾气排放的余热进行回收。余热冬天用于污水处理厂加热和管理区间的采暖，夏天用于管理区间的制冷，以及全天候提供填埋场、污水处理厂和发电厂 100 人次的洗澡用热水。

③大型光伏并网电站

老港一期、二期、三期垃圾填埋场已进入封场和生态修复阶段。若利用垃圾填埋场土地资源建设太阳能并网电站，可提高土地等资源的循环利用水平，同时，也可减少温室气体排放，减少环境污染，为上海提供绿色电力。封场后的垃圾填埋场上开发太阳能发电不仅突破了城市发展大规模太阳能并网发电土地资源不足的瓶颈，同时对填埋场封场后土地再利用提供了一种新模式。

大型光伏并网电站

随着风力发电和填埋气发电的建设，老港静脉园区能源再生利用体系正在逐步完善，若继续推进垃圾场上的大型太阳能并网发电项目，将形成"地下——填埋气回收发电、地表——太阳能发电、空中——风力发电"的立体式、多模式可再生能源开发利用的格局。届时，老港可再生能源开发利用将实现新的突破，将成为全国的可再生能源示范基地和封场后土地再利用示范基地，对区域经济发展和环保事业有重要意义。

④老港新能源科研、实证、展示基地。老港新能源基地建设带来的电网接入的便利条件,老港垃圾填埋场封场后具有丰富的土地资源,同时老港园区风力资源、太阳能资源、生物质能资源丰富,非常有利于新能源技术的研发实证、产品测试,可为国内外各种新能源技术和产品提供实验场地和平台,推动新能源产业发展。在立体化新能源示范应用的基础上,基于日渐完善的基础设施,设想构建一个新能源技术实验、产品测试研究基地,为国内外各种新能源技术和产品提供实验场地和平台,同时也是一个集风能、太阳能、生物质能等各种新能源技术、装备和智能化管理的在线实验展示和培训基地。老港新能源基地建设中和建成后,也将为配套的环保装备提供一个很大的市场。

3. 上海在环保制造业领域开展国内外技术交流,具有得天独厚的有利条件

行业有更多的机会与国际著名的环保企业进行接触与交流,以便获取更多先进的环保理念、科研理论和在环保工艺、设备和材料等方面的最新技术。使上海环保制造业在引进和消化吸收国外先进环保技术,促进科技创新上具有一定的比较优势。

二、产业政策的管理实践

作为全国的经济引擎,对外交流的窗口,资金、技术、人才集聚的高地,上海在技术、资金、人力资源和国际合作方面,天然地拥有自身的优势。而这些优势,恰好和低碳经济技术密集、资金密集、人力资源密集、全球合作需求强烈等特点相一致。因此,在环保产业的发展思路和方向选择上,上海需要跳出一般的产业推进思路,以科学发展观为指导,顺应国际低碳经济的发展潮流,服务于国家战略需求,抓住上海建设"两个中心"的机遇,确定上海市环保制造业的发展战略,集中资源,实现环保制造业的跨越式发展。与上海发展现代服务业和先进制造业的产业方向紧密结合，确立环保制造业在上海经济发展战略中的核心地位，加速制定环保制造业发展规划，逐步建立健全与市场经济相适应的环保制造业管理体系；建设促进与环保制造业相关联的各类产业要素集聚的平台或载体；依托上海在金融、科技研发、传统制造业领域的优势，提升自主创新能力，推动科研成果的产业化，以此提升环保制造业的竞争力，并在推动全国经济增长模式低碳化转型方面，承担自己的特殊责任。以实现上海环保制造业的跨越式发展，带动上海环保制造业向"高端化"、"集成化"方向发展，使环保制造业成为上海经济发展一个重要的战略性产业和新增长极。

1. 建立上海制造业发展战略推进体系

（1）尽快出台上海市环保制造业战略发展规划。明确上海环保制造业的发展目标、重点领域、推进方式、实施步骤等，确立上海环保制造业在上海未来社会发展基础性战略产业中的地位。在环保制造业内部，赋予集成创新与原始创新、配套产业与核心产业相同的优先地位。整理或修订现有的各项产业扶持政策目录，逐步扩大环保制造业享受有关财税优惠政策的覆盖面。为使产业扶持政策充分发挥作用，需要尽快落实环保制造业界定问题，制定相应的企业认定实施办法，规范认定主体、申报程序、审核标准等具体办法，为政府优惠政策落地提供识别支持。

（2）建立上海环保制造业信息平台。依托互联网，建立全市环保制造业体系内的信息化共享平台，实现政府政策、法规信息发布、国内外高新技术推广以及产业内部信息和资源共享，提高环保制造业综合发展效率。充分发挥上海市环保制造业信息中心指导行业、服务企业的作用。环保制造业信息中心的筹建应在政府有关部门的领导和支持下，通过协会、研究院所和高等院校相结合的形式组建和运行。

（3）建立环保制造业高级人才信息库。在充分发挥现有人才潜力的基础上，依托高新区人才引进平台，利用高校信息渠道，有计划、有目的地引进节能环保领域重点产业的科研领军人物和有高层次管理经验的经营管理人才落户上海，同时，通过访问学者、外聘专家等多种形式利用外部人力资源，设立高新技术人才和突出贡献人才奖励基金。

（4）建立技术交易机制和技术交易市场。建立技术交易机制和技术交易市场，是提升节能环保技术水平，发展这一新兴产业的关键之一。要抓住此次产业调整的机遇，通过交易机制和交易市场，推动节能技术、设备、产品的研发和应用，帮助节能环保技术资源在中小企业和大企业间合理配置，有效推动节能环保产业的发展。

2. 建立健全上海环保制造业的创新体系

上海环保制造业的科研与市场之间存在较大程度的脱节现象，在推进现有科研成果转化、引进吸收外部成熟技术并实现有效转化、发挥科研资源的产业吸引力等方面，均有大量潜力可挖。相关科研工作主要由高校及科研机构主导，企业处于从属地位，研究方向与市场需求耦合度不高。环保科技成果转化率偏低，产业高新技术应用程度低，大量最新科研成果沉淀在高校及科研机构，产业化渠道相对狭窄，上海的科技优势未能转化成产业优势。由于缺乏成熟的应用性试验推进机制，试验的成本、风险难以控制，相当部分环保技术没有进入中试阶段，未能达到技术成果转化的成熟点，被长期搁置。另外，由于科研成果扩散机制不完善，区内强大的科研资源难以转化为对外部企业和资本的吸引力。

产研结合力度差导致上海环保产业竞争力下降。产研合作的不畅直接导致企业在技术、设备上创新不足，企业在产品生产和环保技术开发等领域仍以传统或常规技术为主，能自行解决投资、自行完成技术开发并占领市场的企业仅约占20%。一些具有高新技术水平的设备、仪器等的开发能力较为薄弱，多数依赖进口。由于设备和工艺更新速度慢，无法满足高标准的项目要求，容易陷入低端竞争，市场竞争力下降。因此，亟待加强产业创新。

（1）充分发挥上海的人力和科研优势。扶植环保产业技术创新联盟，加速高新技术的开发和产业化。按产业链和产业要素，紧密联系优势企业和高校、科研院所，促进环保产业技术创新联盟的形成，联合联盟成员多渠道争取政策和资金支持，开展关键性技术研究和成套装备及配套装备研发，推动重大环保技术装备的成套化、集成化发展。

（2）上海环保制造业以中小型为主，而这些中小环保企业的创新意愿最为强烈，是技术创新的主要源泉，而得到政府和社会的帮助最为微弱。建议设立中小环保企业新技术成果转化专项资金，加速推进环保产业高新技术成果的转化及规模应用，加快高新技术走向市场。鼓励企业积极开展自主创新，在关系产业竞争力的关键领域，形成一批具有自主知识产权的核心技术，提升产业整体竞争力。

（3）组织好高新技术的示范推广，针对技术共性强、企业数量多、污染严重的行业，组织好共性污染防治技术的攻关、示范和推广，加快新技术成果转化和示范推广机制的建设，切实做到推广一项技术，带动一个行业的污染治理。据协会了解，上海的环保产业中具有自主知识产权的高新技术产品如低温等离子除臭技术、袋式除尘器用滑动阀片式电磁脉冲阀、高浓度有机废水的催化氧化膜技术、一体化城镇生活污水处理装置、工业冷却水回用节能技术等，在各自领域中都处于领先的地位，亟待政府的政策支持和资金的帮助，在市场上发挥应有的作用。

3．加快建立环保制造业标准化体系建设

推进环保制造业的国产化、标准化、现代化产业体系建设，政府主管部门要制定和实施环保制造业标准化战略，企业按照国标、行标要求，加快淘汰落后工艺、设备和产品，提高环保产品和技术的现代化水平。建议以各高校现有的环境监测、质量检测实验室为基础，根据国家标准化认证要求，建立各种专业化技术鉴定或认证中心和环保技术标准化中

心，并在此基础上，推行企业化运作机制，将鉴定认证服务产业化，为企业提供方便快捷的服务，降低成本。

4．建立上海环保制造业战略发展的服务体系

（1）重点做好对环保制造业骨干企业的扶持和服务，推动企业实施品牌战略，支持有实力的企业兼并重组，发挥骨干企业在行业发展中的带头作用，推动形成具有核心竞争力优势的环保制造业集群。

（2）开展环境金融业工作，首先应抓住"碳金融"（包括碳交易市场以及与之相关的掉期交易、低碳证券、低碳期货、低碳基金等各种金融衍生品）、低碳认证与咨询服务业等高端行业，并灵活运用低碳经济的金融工具，促进上海市新能源技术开发、节能服务、能效管理等行业的发展。除碳排放权外，还包括排污权交易与衍生金融产品，VC、PE等各类投资性环境金融服务，绿色抵押等银行类环境金融服务，环境债券和保险类环境金融服务，以及生态基金等公益类环境金融服务。

（3）通过协会与国家授证部门合作的形式，开展环保工程与设备运行管理资质培训认证工作，培养和组建上海市环保工程与设备运行管理专业队伍。同时可建立环保工程与设备运行管理的示范站点，推广应用先进的运行管理理念、制度和经验，为客户提供全面、规范、先进的设备运行管理服务，全面提升上海环保产业的工程运行管理水平。

（4）上海环保制造业在近年内会有快速的发展，但随着经济的进一步发展和大规模污染治理工作的结束，上海环保制造业的发展将会遭遇瓶颈，因此政府应超前考虑，提前做好准备，加强环保制造业国际交流与合作，积极引进国外先进技术及设备，推进环保制造业"走出去"战略的实施，鼓励和协助有条件的企业参与国际竞争。协会内部分企业已开始着手这方面的工作，如上海神工环保股份公司、上海尚泰除尘器配件公司等，希望能得到政府的大力支持。

（5）建议建设上海市环保制造业综合性技术信息中心；按专业门类

成立 5 个市级技术研发中心（环保工程设计与研究、污水治理、大气粉尘治理、噪声治理、固废综合利用）；为上海市 5 个工业生态园区完成环保装备的系统配套；树立 20 个上海市环保工程先进技术与服务示范点。

5. 进一步发挥环保工业行业协会的行业桥梁作用

上海市环保工业行业协会成立以来，坚持"为企业服务、为行业服务、为政府服务"的宗旨，加强会员服务、行业统计、发展研究等基础性工作，为上海环保制造业的发展作出了一定的贡献。

希望政府主管部门进一步发挥环保工业行业协会的桥梁作用，制定一系列针对协会会员企业的优惠政策，政府采购项目适当向会员企业倾斜，同时让协会共同参与产业发展规划制定、制定产业地方标准、维护业内公平竞争、审查认定企业资质、监督行业质量、组织人员培训和技术交流、引导公共技术研发投入、开展行业统计和专项调查等工作，分担部分政府职责，并将协会作为参谋机构和信息沟通渠道，为政府决策提供支持。

协会将充分发挥技术先导和服务作用，筛选符合国家产业、技术政策，具有自主知识产权，技术含量高、产业带动性强、经济效益和社会效益显著的技术成果，加以宣传和推荐，进一步推动上海环保制造业的发展。

第三节　上海环保产业的发展前景

一、国内外形势推动节能环保产业快速发展

从 20 世纪 90 年代开始，许多西方发达国家纷纷将环保产业视为对未来发展具有重要战略价值、能极大提升其产业竞争力的战略性产业，给予了巨大关注和扶持，并使之获得了巨大的经济发展能力与机会。环

保产业市场容量急剧扩大、发展速度不断加快，是一个具有巨大发展空间的朝阳产业；产业渗透力超强、对其他产业具有强大引领作用。一方面，环保产业与几乎每个产业都具有交叉性，能与很多产业进行良好结合，其他产业的企业也容易转型进入环保产业。另一方面，环保产业所涉领域多为当代最前沿科技领域，其技术进步能对很多其他产业产生重大辐射作用。是一个政府作为空间很大的制度政策推进型产业。据外电报道，自 2004 年以来的五年中，全球环保产品贸易额约增加一倍，显示出这个新兴产业强大的增长势头和潜力。2009 年全球环保产品贸易额为 1 825 亿美元，占世界贸易额的 1.5%，其中，发达国家出口占了环保产品贸易总额的 70%，而 2006 年这个数字为 76.3%，此后逐年下降，可以看出发展中国家对环保产品的出口重视程度也日益增加。节能环保产业已成为国际产业结构调整的重点方向之一，促进环保产品贸易交流也是近年来国际贸易谈判的主题之一。

2009 年全球环保产品贸易中，美国出口 215 亿美元，占比 14.1%，欧盟 15 国出口 736 亿美元，占比 40.3%，其中德国出口 269 亿美元，是世界环保产品出口份额最多的国家；中国为 244 亿美元，占比 13.4%，日本则逊于中国，当年出口 159 亿美元环保产品。

特别是在 2009 年的 G8 会议上，发达国家达成了愿与其他国家一起到 2050 年将全球温室气体排放量至少减半，且发达国家排放总量届时减少 80%以上的承诺。从近几年国际会议的议题可以看出，环保产业的地位显得愈加重要，全球气候变暖和碳减排目标的讨论，一定程度上已经超越了经济发展目标的议题，成为影响人类发展和经济发展模式的重要变量。

来自国家发改委的数据显示，"十一五"期间，全国节能环保投入约 1.6 万亿元，其中中央政府的投入达 2 000 多亿元，比"十五"期间增加了 70%。实施十大重点节能工程，形成节能能力 2.6 亿 t 标准煤。开展千家企业节能行动，节能 1.5 亿 t 标准煤。"十一五"期间关停小火电机组 7 000 多万 kW, 淘汰炼铁产能超过 1 亿 t、水泥产能超过 2.6 亿 t。污水处理、城市垃圾处理、工业污染源治理也取得明显进展。预计到 2010 年年末, 全国城市污水处理率可达到 75%, 比 2005 年提高 23 个百分点。

2009 年第四季度, 环保行业继续恢复增长, 环保、社会公共安全及其他专用设备制造业完成工业销售产值 1 333.93 亿元, 同比增加 17.71%; 废弃资源和废旧材料回收加工业完成销售总产值 1 217.57 亿元, 同比增长 16.97%, 实现全年的最大增幅。

为满足污染防治和生态环境保护的需要, 我国近几年环保技术开发、改造和推广的力度不断加大, 环保新技术、新工艺、新产品层出不穷, 各种技术和产品基本覆盖了环境污染治理和生态环境保护的各个领域。在环保设备 (产品) 中, 达到 80 年代国际水平的 1/5, 少数产品具有当代国际先进水平。

环保产业是战略性新兴产业, 是新的经济增长点, 发展前景广阔。中国将把发展节能环保产业作为发展绿色经济、低碳经济、循环经济的重要支撑, 在政策、实施重点工程、扶持自主创新、服务体系等方面推动节能环保产业的发展。

以上数据说明, 节能环保产业以后若干年内在全世界都是发展最快的产业。

二、上海对环保产业提出更高的发展要求

任何国家或地区的经济发展, 由于资源的稀缺性、有限性而受到资源的供给性约束。同时, 由于供给是由需求来调节, 因此需求结构变动也制约经济的发展。当一个国际性大都市发展到一定成熟阶段就不可避免地要受到这两极性约束的限制。而克服上述两种根本性约束的主要手段是科学技术的不断进步与发展, 以及消费模式的改变。一个国际化大都市的根本标志是生态文明。

未来我国环保产业的市场需求将发生结构性变化:第一,从"末端治理"向 "源头控制"乃至"全程控制"方向转化。如煤的清洁化利用在大气污染治理中的作用越来越突出,固体废弃物资源化利用程度得到不断提升。第二,未来市场需求将从工程型需求转向服务型需求。以水环境治理业为例,随着城镇污水处理设施总能力的逐渐饱和,工程建设需求将逐步降低,而污水处理厂所需要的管网配套、污水处理厂运营管理、污水处理厂升级改造、流域水资源管理等方面的服务需求将快速上升。第三,未来市场需求将主要集中在高技术设备及综合化解决方案的设计领域。我国未来环保产业的市场需求将主要集中在诸如煤的清洁化利用技术、碳捕捉碳截存技术、固体废弃物焚烧技术等相关设备的需求上,而在建筑节能、循环经济和受损环境修复领域,对提供综合化解决方案的需求将日益凸显。因此,上海在环保制造业发展战略的选择上,需要顺应变化,与时俱进。

1. 坚持环保制造业为国家发展战略服务的方向

低碳经济是一种崭新的发展模式,是我国今后经济发展的方向。低碳经济最重要的体现是新能源和低碳清洁能源,与环保制造业相关联的能效改造和废弃物综合利用、氮氧化物和碳氢化合物治理等内容,也在低碳化实现过程中占据了重要地位,低碳经济也为环境金融的发展提供了广泛的空间。在此意义上,环保制造业是最大的受益者之一。

近期,中央多次提出要转变我国的经济增长方式,要使包含性增长成为我国今后经济增长的目标模式。包含性增长是科学发展观的具体体现,包含性增长的重要内容之一是坚持"人与自然的和谐统一",努力建设生态文明。因此对环境保护提出了更高的要求,也必将推动节能环保产业的快速发展。

上海环保制造业在推动上海经济低碳化及经济增长方式转型上负有重要责任,由于低碳经济具有技术密集、资金密集、人力资源密集等特点，上海作为全国的经济引擎和对外合作的窗口，具备资金、技术、人才的诸多优势，应考虑尽快建立低碳技术研发、转化、扩散中心，把上海打造成"低碳城市"的典范。这为上海环保制造业提出了很高的要求，同时也为环保制造业的跨越式发展创造了极佳的外部条件。

2. 坚持把环保制造业打造成先进制造业

当前，党中央、国务院高度重视环保产业，将环保产业作为战略性新兴产业加以培育。国家将颁布"十二五"节能环保产业发展规划，进一步推动环保产业成为新的经济增长点。环境保护部在"十二五"环境保护规划制定过程中，也对环保产业的发展提出了更高的目标要求。为此，上海应依靠环保制造业的人才和技术优势，努力将上海的环保制造业打造成先进制造业。

（1）推进环保制造业的国产化、标准化、现代化产业体系建设，协助政府主管部门制定和实施环保制造业标准化战略，引导企业按照国标、行标要求，加快淘汰落后工艺、设备和产品，提高环保产品和技术的现代化水平。

（2）努力创造条件，促进环保产业与上海先进制造业（特别是具有自主知识产权的大型核心装备制造、以电子信息工程技术为基础的系统化集成等与环保产业密切相关先进制造业门类）进行互动对接，推动上海市优势企业主动进军环保产业，或与环保产业进行深度融合——引导重点企业将企业内部环保部门剥离出来组建子公司，发挥自身先进技术优势走向外部市场；支持上海电气集团成为大型环保设备生产制造及系统集成商，上海城投集团成为综合性水务和城市固体废弃物处置方案提供商。协调、配置多种要素，采用分拆、整合、兼并等方式，逐步提高环保制造业的水平。

（3）鼓励科研院所联合中小科技型企业，组建以研发设计为核心的环保服务型企业，在内部，促进本地中小企业的合作，共享资源，同时，充分利用上海优越的商务环境和丰富的人才资源，大力吸引大型跨国环保公司的地区总部、研发中心进驻，引进国际先进环保制造技术，并积极引进与环保相关的世界性行业协会、公益组织等。

上海建设国际化大都市的目标，首先是要建成资源节约型、环境友好型城市。上海市领导最近指出，上海人口多、地域小、资源匮乏、环境承载力弱，资源环境约束瓶颈非常突出。对上海来说，进一步加大节约资源和保护环境的力度，加快建设资源节约型、环境友好型城市，努力走出一条以人为本、全面协调可持续发展的科学发展之路，显得尤为必要、非常迫切。这既是上海深入贯彻落实科学发展观的必然要求，也是上海突破资源环境约束瓶颈的根本出路。经过这些年的不懈努力，上海资源节约和环境保护取得了一定成绩。特别是近年来，全市万元 GDP 综合能耗持续走低，2006 年全市万元 GDP 能耗约合 0.87 t 标准煤，比 5 年前降低约 17%，再下降 4% 的目标经过努力也可以实现。城市总体环境质量不断改善，污染减排取得了积极进展。

随着经济的持续增长，上海的资源环境形势仍然非常严峻。能源资源利用效率不高、环境承载压力过大，与先进国家和地区还存在较大差距。这也说明，上海在资源节约和环境保护方面的潜力很大、空间很大。

——根本之举是加快转变经济发展方式，而其中的关键是产业结构调整。上海将大力发展现代服务业，建立支撑"四个中心"的战略性产业体系，加快形成以服务经济为主的产业结构，同时着力提高先进制造业的技术能级，实施与资源、环境政策协调的产业发展政策。

——当务之急是突出重点领域，抓好关键环节。当前，节能减排是一个重要突破口。上海将采取各种切实有效的措施，确保完成"十一五"规划确定的节能减排目标，即到 2010 年万元生产总值综合能耗比 2005 年下降 20% 左右，二氧化硫年排放量减少 26%，化学需氧量年排放量减少 15%。

——综合运用经济、法律、技术等手段，有针对性地加强引导。经济手段的重点是建立能够反映资源稀缺程度和环境污染治理成本的价格形成机制；法律手段的重点是健全资源节约和环境保护的法律法规，切实把这项工作纳入法制轨道；技术手段的重点是促进节能环保新技术、新设备、新产品的推广应用。

——动员全社会力量，全民参与，共同行动，形成良好社会氛围，把节约资源、保护环境变成全社会的自觉行动。政府机关要率先做节约资源、保护环境的模范，企业要更好地承担社会责任，每个社区、每户家庭也都能积极参与，自觉抵制浪费、保护环境。上海建设国际化大都市的内在需求，将极大地推动上海环保制造业的发展。

三、节能减排已作为我国经济可持续发展的一项重要决策

市委、市政府坚决贯彻中央精神，高度强调要着力推进节能减排，加快发展低碳经济，转变经济增长方式。市经信委、市环保局分别多次召开的节能减排工作会议上，也强调指出，要充分发挥环境保护参与宏观调控的先导作用和倒逼机制，以减排推动低碳经济发展。以环境容量优化区域布局，以环境管理优化产业结构，以环境成本优化增长方式，转变发展方式、增强发展后劲，促进经济转型，使环境保护成为低碳减排的重要动力。有力地推进了上海市的环境保护工作，促进上海市环保工业成为战略决策推进型产业。

1. 着力拓展适合环保制造业发展的新领域

来自国家环保部的消息，"十二五"期间，国家将在持续推进化学需氧量（COD）和二氧化碳（SO_2）污染减排的同时，新增氨氮（NH_3-N）和氮氧化物（NO_x）约束性指标，在部分区域实施总氮（TN）、总磷（TP）、VOCs、重金属等特征性污染物总量控制。继续推进重点流域水污染综合防治，改善区域和城市细粒子和臭氧超标等空气质量问题，促进区域和城乡生态环境改善，积极推进工业污染全防全控，确保核与辐射环境

安全，着力解决危险废物、持久性有机污染物（POPs）、危险化学品等环境安全问题。

为实现上述目标，国家将新增 5 000 万 t/d 的城镇污水处理规模，新增管网 16 万 km，缺水地区污水回用率达 20%，污泥无害化处理率达 10%，加大难处理工业废水的治理力度，COD 削减 150 万 t 以上，氨氮削减 2 万 t 以上；全面加强工业烟尘、粉尘的控制，燃煤脱硫机组比例达到 70%，在重点区域和城市加快燃煤电厂烟气脱硝设施建设；城市生活垃圾处理能力达 35 万 t/d，无害化处理率不低于 80%，工业固废综合利用率达 70%，危险废物处置达标率达到 90%，大中城市医疗废物基本实现无害化处置；机动车尾气污染防治 2011 年全面实施国家第Ⅳ阶段机动车排放标准，形成以削减机动车排放为核心的城市氮氧化物防治体系。

"十二五"期间，国家和地方将进一步加大环境保护投资力度，催生出巨大的环保市场需求。预计环保产业将继续保持约 15%的速度发展，到"十二五"末（2015 年），环保产业产值将达到 2.2 万亿元，其中环保装备制造业约 4 500 亿元，环境服务业约 3 500 亿元，资源循环利用行业约 10 000 亿元，洁净产品约 4 000 亿元。这将为上海环保制造业带来巨大的发展机遇。

2. 形成一批高科技、高效率、低成本的环保装备

（1）水环境治理和地沟油治理

①水环境治理今后仍是我国环境保护的重点，据不完全统计，2008 年水环境治理业年收入约为 623.15 亿元。其中，水污染治理产品销售收入达 502.7 亿元，水环境治理服务年收入约 213.2 亿元。在水环境治理服务业中，水污染治理运营业年收入为 192.7 亿元，其他规划设计、技术咨询等服务年收入约 20.5 亿元。截至 2008 年 11 月底，全国已投入运营的城镇污水处理厂达 1 530 家，总设计处理能力为 8 800 万 m³/d，实

际日平均处理量为 6 600 万 m³。其中，规模以上企业 134 家，销售收入为 47.19 亿元，单位企业销售收入为 3 521.6 万元。可以看出，我国水污染治理业规模以上企业所占比重很低，仅占企业总数的 8.8%；企业平均规模较小，产业集中度很低。

仅上海一地，每天产生的生活和工业污水总量约达 800 万 t。国家花费大量财力物力建设了许多污水处理厂，但总的运行情况并不理想，特别是"十二五"期间国家将提高污水处理厂的出水标准，将使一大批污水处理厂面临技术和设备升级的问题。因此，上海应提高常规生活污水处理厂工艺的优化配置、自动分析及过程控制水平；开发和推广污水管网水量、水质联合调控的前端控制技术，高性能鼓风机—曝气器—控制一体的综合曝气系统，高效低耗污泥回流系统；以膜生物反应器（MBR）等高新技术升级改造城市生活污水处理厂，加速推广污水资源化。上海在污水处理方面的国内领先技术是：处理高浓度有机废水的膜催化氧化装置、处理生活和工业废水的一体化快速污水处理装置、工业冷却水处理后作为锅炉补充水的成套装置，以及大型生活污水处理装置。

②在城市化进程中，生活污水处理厂建设得到了各级政府的重视，然而产生的一个问题是大量的污泥没有得到有效处理，仅上海一地，每天产生的污泥理论上达到 6 000 t，这些污泥主要靠填埋，既浪费资源又破坏填埋场，造成二次污染。因此要大力开发、示范、推广污泥调质高效脱水技术、污泥干化与造粒系统技术、污泥沼气发电技术、污泥除臭灭菌技术和重金属稳定化技术等。而国家环保部已将污泥焚烧列为污泥处理的首选技术，为此，积极开发城市生活污水处理厂产生的污泥处理技术，通过干化、焚烧等技术实现污泥的资源化、无害化、减量化处置显得十分紧迫。上海在这方面的国内领先技术是：污泥固化技术，已能生产日处理 1 000 t 污泥的成套装置。

③针对印染、造纸、酿造、制革、焦化、电镀、制药等重点行业，

推行"清洁生产+末端治理+资源化"的综合技术路线。重点研发、示范、推广高效膜集成技术、电絮凝技术、高级氧化/还原技术、高级厌氧和好氧生物处理技术、高效脱色絮凝剂及生物絮凝剂、新型生物脱氮除磷技术。上海在这方面的国内领先技术是：膜催化氧化成套处理装置、电镀废水处理装置。

④支持一批专业化程度高、拥有高新技术的骨干企业，在电镀、皮革、印染、酿造、焦化、印制线路板等领域，开展一批以膜技术处理工业废水的工程示范。上海开展膜技术处理工业废水方面走在全国的前列，有许多成功的范例。曾经为全国培训过近千名膜技术处理装置的操作工。

⑤据国家有关部门统计，我国每年产生地沟油约 800 万 t，其中约有 30%重上餐桌，这已经严重威胁人民群众的身体健康。针对地沟油治理中的严重问题，应重点支持有自主知识产权技术的企业开展以地沟油为主的厨房污水治理。上海在这方面的国内领先技术是：电催化消除厨房废水中油脂的装置。

（2）大气 VOCs、厨房油烟治理以及脱硫脱硝和二氧化碳捕集

①"十五"期间开展的节能减排工作对消减二氧化硫取得了很大的成绩，但大气环境污染的形势仍十分严峻，因此必须进一步改选和提高现有石灰石—石膏法脱硫技术，开发 600MW 以上机组石灰石—石膏配套的大型中速湿式磨机、吸收塔内喷淋大型浆液循环泵、大型氧化风机及在线监测与自动化控制系统等配套关键设备，并实现国产化。开发、示范、推广脱硫石膏的资源化技术。上海在这方面的国内领先技术是：大型电厂的脱硫成套装置、中小型热电厂的双碱法除尘脱硫成套装置。

②大力推进火电厂脱硝工程技术应用，建立采用国产催化剂的 SCR 示范工程，支持国产二氧化钛载体生产，实现 SCR 技术中催化剂和纳米级二氧化钛载体的国产化。

③重点提高除尘设备的除尘效率和降低能耗，进一步开发和扩大袋式除尘器的应用领域。上海在这方面的国内领先技术是：聚四氟乙烯长、短纤维及滤料、袋式除尘器用滑动阀片式电磁脉冲阀。

④以喷漆、石化、制鞋、印刷、电子、服装干洗等行业为重点，开发 VOCs、恶臭治理技术，提升单元净化设备的制造和工艺设计、过程优化和集成技术水平，开发和推广高效吸附材料、催化材料、过滤材料和生物净化菌种等。上海在这方面的国内领先技术是：大风量低温等离子除异味成套装置。

⑤着力发展 CO_2 捕获和储存技术（CCS 技术）。这对中国和上海 70% 能源靠煤提供来说意义特别重大，这其中也蕴藏着巨大的商机。上海石洞口电厂已经建成国内首个 CO_2 捕获项目，年捕获 CO_2 10 万 t，用于船厂焊接的保护气体，以及碳酸饮料、啤酒等食品行业。这个项目所捕获的 CO_2 仅占该厂总排放量的 4%，因此有着巨大的发展空间。

（3）汽车尾气净化和新能源汽车

①上海的大气环境中，汽车尾气污染已超过大气污染总量的 50%，因此，今后市场对汽车尾气治理技术需求会很旺盛。上海已有联合汽车电子公司（国内首家规模最大汽车电喷及净化配套企业）、欧美康宁、庄臣万丰、恩格哈根等车用催化净化器公司。已形成国内和亚洲汽车尾气净化环保产业最大集结地。每年产值估计在 150 亿元左右。

②"十二五"期间，汽油车、柴油车将全面实施国Ⅳ排放标准，摩托车将实施国Ⅲ排放标准。将对汽油车重点进行电控精细化调整和催化转化器性能的提升，对柴油车逐步实现发动机电喷化和催化转化器的配套。

（4）固废处理和资源综合利用、电子废物处理

①固废处理是今后环境保护的一个新的重点工作，据有关部门的数据显示，我国垃圾处理能力与城镇化发展严重不同步，历史欠账使垃圾收集和清运存在广阔市场需求，截至 2007 年年末，我国城镇化率达 44.9%，

城镇人口达 5.94 亿人，城市垃圾总产生量正常情况下达 26 136 万 t，但当年城市生活垃圾清运量仅为 15 214.5 万 t，清运率仅为 58.2%。在城市粪便处置方面，2007 年我国城市粪便产生量约 17 344.8 万 t，而清运量仅为 2 506.3 万 t，清运率仅 14.4%，城市粪便清运能力很低。另外，尽管近几年我国城市化快速发展，但 2003—2007 年城市生活垃圾清运量、处置量并没有显著增加，城市生活垃圾清运和处置存在很大缺口或欠账。与发达国家比较，我国城市垃圾的运营能力空间很大。据世界银行预测2030年中国城市固体废弃物将成为世界上最大的商品来源之一。我国生活垃圾年产生量已超过 5 亿 t，城市垃圾还在以年均 10%的速度增长，全国 400 多个大中城市中，约有 2/3 处在垃圾包围之中，历年堆存的垃圾量已达 60 亿 t 以上，侵占土地约 5 亿 m²。并且，随着工业化及人民生活水平的提高，我国固体废物污染问题日益突出，在垃圾逐年增加的同时，我国固体废弃物构成也发生显著变化，主要是无机物含量下降，有机物上升，可燃物与可回收利用物质增加，固废处置能力明显不足。全国设市城市中有近 50%的城市尚未建立垃圾处理设施，生活垃圾简单填埋，造成污染问题。我国废弃物处置业的未来市场容量十分巨大。

　　②上海每天的生活垃圾产生量超过 2 万 t，由于土地资源紧缺，上海已没有多少土地用于垃圾填埋，为此，要积极推广垃圾焚烧发电技术，扶持拥有垃圾焚烧技术的骨干工程公司和装备制造企业的发展，实现大型垃圾焚烧设备的标准化、定型化和成套化，形成具有竞争优势的企业联盟。同时上海应发挥技术和人才优势，要支持开发新型的资源化利用技术，如上海神工环保公司正在建设的生活垃圾处理项目，通过对生活垃圾进行分选，将可燃物和有机物分开后分别处理，通过气化技术和厌氧发酵技术发电。还要重点开发和推广膜技术等高新技术处理垃圾渗滤液。

　　③据有关部门统计，从 2006 年开始，上海市仅废弃彩电、冰箱、

洗衣机的总量就将达到816.74万台。加上近些年家用电脑普及率大幅增加，其报废期仅为3年左右，而各级政府、企事业单位电脑及电子办公设备的购置量和淘汰量都十分巨大。据保守估计，今后上海每年产生的电子电器废弃物将在20万t以上，约占全国的1/10。因此，应大力推广废弃电器电子产品处理与资源回收整厂设备、废印刷电路板中有价物质的回收利用技术、废旧线路板负压无损拆解处理系统、废旧家用电器自动化拆解利用技术、废镍镉、镍氢、铅酸蓄电池等回收利用技术。上海在这方面的国内领先技术是：冰箱自动破碎分拣成套装置、电脑硬盘处理装置、彩电处理成套装置。

（5）环境噪声治理。我国噪声和振动控制设备市场容量相对较小，需求主要在工业、道路、建筑中的噪声控制设备、耗材生产及技术研发。但随着城镇化程度的不断提高，城市交通和施工噪声污染问题日益突出，治理需求也不断加大。城市道路和城市铁路噪声是噪声与振动控制行业的重点，声屏障和隔声窗将可能成为治理手段中的热点产品。"十二五"期间，国家将开发推广公路、铁路、高速铁路、城市轨道交通等新型实用噪声与振动控制设备及材料，加强城市声环境敏感区域的高效隔振、噪声与振动控制，提升设备的工装工艺水平，从开放式声屏障、局部封闭全封闭声屏障到高效通风隔声窗，新的研究课题和实用技术将使噪声与振动控制行业创造出经济、实用、美观大方和具有高声学性能的相关产品，并会带来巨大商机。上海在这方面的国内领先产品是：道路高效隔声屏障、新型隔声通风窗。

（6）水和大气环境在线监测仪器仪表。上海是传统的精密仪器仪表生产地，曾经占据了国内市场的半壁江山。由于人才和技术的流失，近年来市场份额大大萎缩。然而在新一轮的环境保护工作中，国家对主要环境污染物都提高了治理标准，这需要高精度高质量的在线监测仪器仪表来实施。因此，上海未来要重点加强区域性特征污染物实时自动监测系统、应急监测仪器设备的开发和应用，加快多组分重金属在线监测等技术的示范推广，提高主要监测仪器设备的技术水平和核心部件的国产化率。

（7）生态修复。随着社会经济的发展，对生态修复技术的需求增加，如原污染企业搬迁后的房地产开发、废弃垃圾填埋场的重新利用等，应加快对废弃垃圾填埋场垃圾分拣设备、土地修复技术的研发。上海在这方面的国内领先技术是：废弃垃圾填埋场处理成套装置。

（8）环保服务业。随着环保事业和环保产业的发展，环保服务业将成为今后发展的重点，因此应该立足高起点，建立并完善以环境技术开发、环境咨询、环境信息、环境工程建设、设施运营、环境检测与分析、环境审核与评估、环境贸易、资金融通和投入、人才培训服务为主要内容的环境服务体系；推进环评、环境咨询、环境工程建设及运营、环境相关检测服务的市场化；推行污染治理设施专业化运营。上海在这方面有着巨大的优势，众多的大专院校、科研院所、信息平台、技术人才，使上海的环保服务业始终走在全国的前列。

（9）淘汰落后的环保制造业。在"十二五"期间，应按照国家关于淘汰落后制造业的要求，对上海环保制造业中落后的设备、工艺、产品，如板式压滤机、地沟油再生处理工艺、高耗能水处理气浮设备等，纳入上海市淘汰目录。在国家和上海市领导"创新驱动转型发展"思路的带动下，一场经济发展模式转变的东风将吹遍九州大地，将吹起七大新兴支柱产业的蓬勃发展之势，在数十年中将影响中华民族的复兴之路。上海环保制造业的发展也必将顺势而起。为今之计，政府必须努力打造"一个中心、两个体系、三个平台"，即以科学发展为中心，建立科技创新体系和人才培育体系，打造环保制造业信息平台、服务平台和市场平台，使上海的环保制造业在新的历史时期得到长足的发展，重塑辉煌。